AF302734

Ronald Kahle

Weltformel Seele

Quantensprung der Evolution

www.tredition.de

© 2014 Ronald Kahle
Umschlag, Illustration: Saskia Schulte, Mainz
unter Verwendung einer Zeichnung von Leonardo da Vinci,
Proportionsstudie nach Vitruv (Accademia, Venedig)
Lektorat: Horst Niebuhr, Buxtehude

Verlag: tredition GmbH, Hamburg

ISBN
Paperback   978-3-7323-1185-9
Hardcover   978-3-7323-1186-6
e-Book   978-3-7323-1187-3

Printed in Germany

Bibliografische Information der Deutschen Nationalbibliothek:
Die Deutsche Nationalbibliothek verzeichnet diese Publikation in der Deutschen Nationalbibliografie; detaillierte bibliografische Daten sind im Internet über http://dnb.d-nb.de abrufbar.

Inhaltsverzeichnis

„Kein Ding sieht so aus, wie es ist, am wenigsten der Mensch, dieser lederne Sack voller Kniffe und Pfiffe.“

Wilhelm Busch

„Wer sich über die Wirklichkeit nicht hinauswagt, der wird nie die Wahrheit erobern.“

Friedrich Schiller

„Auch ist das Gefühl eigener Hilflosigkeit zu allen Zeiten das Wahrzeichen wirklich großer Menschen gewesen, ist überdies ein feines Gefühl und vielleicht der Hafen, aus dem man auslaufen muß, um die Nordwestpassage zu entdecken.“

Matthias Claudius

Vorwort

Der Wissenschaft scheint das Herz abhanden gekommen und damit die Einheit der Natur – das beweist die globale Weltkrise eindringlich. Infolgedessen wühlt die Sehnsucht nach Einheit und wahrhaft menschlicher Gemeinschaft nun im Inneren der Menschen und drängt zur Verwirklichung. Zunehmend mit den Folgen eigener Handlungsweise konfrontiert, sensibilisiert sich das Bewusstsein für die Grenzen selbstbezogener Gesinnung. Die Reaktionen könnten verschiedener nicht sein: Mit Macht wird hier versucht, die verlorene Einheit nach eigenen Vorstellungen zu verwirklichen, während dort auf erhabene Ideale und spirituelle Methoden gesetzt wird. Die Kontroverse gipfelt in einer grundlegenden Sinnfrage, welche sich mit diffusen Vorstellungen und oberflächlichen Annahmen nicht länger verantwortlich beantworten lässt. Im Selbstverständnis des Menschen und in seinem Verhältnis zur Einheit der Natur liegt die Ursache der Problematik und auch der Schlüssel zu ihrer Überwindung verborgen; so viel kann aus der sich zuspitzenden globalen Entwicklung sicher abgelesen werden.

Um die elementaren Werte offenzulegen, ist tiefe Einsicht erste Pflicht. Es gilt den Blickwinkel zu weiten. Der kühle Verstand muss dem warmen Herzen unterstellt werden. Nichts verlieren die naturwissenschaftlichen Erkenntnisse an Wert, wo sie ernsthaft vom Herzen erwogen werden. Im Gegenteil, sie gewinnen gleichsam eine Dimension hinzu, weil sie nun in einem ganz anderen Licht erscheinen. Wo der Verstand zerteilt und Informationsflut schafft, da eint das Herz und fügt zusammen, was unvereinbar schien. Nach diesem Brückenschlag steht die Wissenschaft auch nicht länger im Widerstreit zur Bilderwelt der Religionen, Märchen, Mythen und Legenden. Der rote Faden des Lebens kann endlich wieder ans Licht treten. Und nur so, an der Hand des Lebens, werden wir der vor uns gestellten Aufgabe gerecht werden.

Mein Dank gilt all den vielen, die an der Entstehung des vorliegenden Werkes mitgewirkt haben, sei es durch tatkräftige Unterstützung, hilfreiche Worte oder die Fülle der inspirierenden Impulse, die mir als stille Begleiter stets hilfreich zur Seite gestanden haben und ohne die dieses Buch nicht möglich gewesen wäre. Mit diesem Beitrag für eine mögliche Lösung der so unheildrohenden Entwicklung hoffe ich, ihrer Unterstützung gerecht zu werden.

Bremen, im November 2014
Ronald Kahle

Ein mysteriöses Etwas

Es ist schon einige Zeit her, da hatte ich das Vergnügen, mich einer Jugendgruppe anschließen zu dürfen, die Prof. Oschwitz[1] von der Hochschule Bremen gebeten hatte, ihr über die damals aktuellen Voyager-Missionen zu berichten. Nun, was die Voyager-Missionen betrifft, habe ich von dem Vortrag nicht viel behalten. Beeindruckt haben mich aber seine einleitenden Worte, die ich hier, soweit ich sie erinnere, sinngemäß wiedergebe:

„Wenn wir gleich von kosmischen Dingen sprechen, dann werden wir auch mit astronomischen Zahlen konfrontiert. Wir sagen dann etwa: ,Die Sonne ist von der Erde ca. 150 Millionen Kilometer entfernt, der nächste Fixstern 40 Billionen Kilometer, das sind ca. 4,26 Lichtjahre‘, oder: ,Unsere Galaxie hat einen Durchmesser von ca. 90.000 Lichtjahren‘.

Wir nicken dann mit dem Kopf und glauben zu wissen, um was es sich handelt.

Zum Beispiel Tausend!“

Indem er „1000“ an die Tafel schrieb fuhr er fort:

„Das ist Tausend – – oder? – – Nein, das ist eine Eins mit drei Nullen! Das ist ein *Sinnbild* für Tausend! Zählen sie mal bis Tausend, jede Sekunde eine Zahl! Das braucht eine viertel Stunde, bis sie fertig sind. *Das* ist Tausend! – Oder eine Million:“

Er fügte noch drei Nullen an die „1000“ an.

„Das ist schnell hingeschrieben, nicht wahr? Aber zählen sie mal bis Eine-Million, acht Stunden pro Tag, also ein Arbeitstag, Samstag und Sonntag durchgezählt! Da brauchen sie über einen Monat. *Das* ist eine Million!

Weil wir etwas benennen können, glauben wir zu wissen, was dieses ist. Neulich fragte ich meine Studenten:

---

[1] Name geändert.

‚Was *ist* Kraft?'

Die haben mich erst einmal groß angeguckt, wie ich so eine dumme Fragen stellen könne. Schließlich stand einer auf, malte einen Pfeil an die Tafel, wie im Physikunterricht üblich, wenn eine Kraftwirkung dargestellt werden soll, und sagte:

‚Das ist eine Kraft!'

‚Das ist ein Pfeil', erwiderte ich, ‚keine Kraft.'

Ein anderer drückte einen Schwamm zusammen und sagte:

‚Das ist eine Kraft!'

‚Nein, das ist ein zusammengedrückter Schwamm, keine Kraft.'

Schließlich warf einer sein Radiergummi in hohem Bogen durch den Hörsaal, meinend, das sei nun eine Kraft. Aber es war ein fliegender Radiergummi, keine Kraft.

Es zeigte sich also, dass wir wohl Wirkungen einer Kraft beschreiben können, die Kraft selbst sich aber unserem Verständnis entzieht. Und wenn wir lange genug über etwas reden, meinen wir schließlich zu wissen, was das Ding an sich sei.

So wie es dem Ingenieur mit der Kraft und der Energie geht, so geht es dem Biologen mit dem Leben, dem Psychologen mit der Seele und dem Theologen mit Gott."

Damit zeigt Prof. Oschwitz: Was wir konkret beschreiben können, sind letztlich Phänomene, Wirksamkeiten von „Etwas". Diesem „Etwas" geben wir dann einen Namen wie Kraft, Energie, Leben, Seele, Gott oder Zufall und glauben, so die Welt verstanden zu haben.

Wenn wir ehrlich sind, müssen wir zugeben, vor einem Mysterium zu stehen, und das trotz all unserer wissenschaftlichen Erfolge. Sobald wir von den Phänomenen an den Kern der Dinge stoßen, greifen wir ins Leere. Diese Leere ist jedoch kein „Nichts". Eben weil wir es nicht als „Nichts", sondern als ein „Etwas" erfahren, benennen wir es ja. Was heißt in diesem Zusammenhang „erfahren"? Ist es nicht letzten Endes ein kindliches Staunen über einen wahrgenommenen Vorgang und ein wissendes Ahnen von etwas Verwandtem hinter dem Geschehen? Denn, wer erfährt das wirkende „Etwas"?

Der Körper? – Der Körper erleidet die Einwirkung oder nimmt äußere Reize als Einwirkungen wahr. Er bleibt damit auf der Ebene der Phänomene.

Die Psyche oder Seele? – Diese Begriffe sind, wie Prof. Oschwitz zeigt, Platzhalter für das „Etwas" in uns. Dem inneren „Etwas" steht folglich ein äußeres „Etwas" gegenüber, getrennt durch eine Mauer der Erscheinungen.

Vor diesem Hintergrund ist jeder Widerstand nur allzu verständlich, der sich erhebt, wenn versucht wird, seelische Aspekte wissenschaftlich oder gar physikalisch zu erklären. Insbesondere die Physik beschreibt doch nur Phänomene, während die Seele dem unfassbaren „Etwas" entspricht. Andererseits sind aber alle wahrnehmbaren Erscheinungen die Offenbarungen eines wirkenden „Etwas". Sind wir im Alltagsleben gewohnt, den Ball als Ursache für das Zerbrechen der Fensterscheibe anzusehen, weist die Physik auf die im Ball konzentrierte Bewegungsenergie hin, die auf die Glasscheibe einen Kraftstoß ausübt, der die innere Struktur des Glases auseinanderreißt.

Namentlich die Physik sucht das allgemein Wirkende, das geistige Prinzip zu erfassen, das uns hinter der Vielzahl der Erscheinungen entgegentritt. Sie fand: Energien und Kräfte, und entdeckte, dass dieses „Etwas" nicht willkürlich, sondern berechenbar, zuverlässig und unbestechlich ist.

Aber wer staunt heute noch über Naturgesetze? Schon als Kinder werden wir vollgestopft mit den Erkenntnissen der Menschheit; Zeitungen, Fernsehberichte und Wikipedia tun ein Übriges. Wir ertrinken in einer Flut von Informationen. Erfahrungen lassen sich nicht vermitteln, und so verbleibt alle Kenntnis auf der Ebene der Erscheinung. Oder ist es nicht so, dass wir letztlich an die Kräfte und Energien *glauben*, wie vorher an den fliegenden Ball und wie Naturvölker an Geister und Dämonen glauben mögen? Dem Materialisten mag es egal sein, schließlich ist die Glasscheibe sowieso kaputt.

Allein, wem es nicht genügt, nur für wahr zu halten, was andere behaupten, Skeptiker, wie Prof. Oschwitz, die selbst erfassen wollen, die ein Hunger nach Wahrheit treibt, diese vermögen sich dem Kern der Dinge zu nähern, die Begegnung mit dem „Etwas" auszuhalten, denn diesem stehen wir allein, gleichsam nackt gegenüber. Um dieses zu vermeiden, unsere gänzliche Unwissenheit vor uns selbst zu verbergen, neigen wir nur allzu leicht dazu, Theorien, Autoritäten, Traditionen und Gewohnheiten zu huldigen und verbleiben so in der Welt der Erscheinungen, im tiefsten Grunde jedoch ahnend, dass dies keine Lösung ist.

Nun gibt es natürlich auch Himmelsstürmer, Idealisten und Romantiker, denen das sogenannte Geistige und Ideelle als Wesentliches gilt. Ihre Liebe gehört der eigentümlich, tief innerlich wahrgenommenen Verbindung zum geheimnisvollen Unnennbaren. Darum empfinden sie die ausschließlich objektbezogene, nur Messbares anerkennende Forschung als zu kurz greifend. Infolgedessen kleiden sie das unfassbare „Etwas" als ein „Mysterium" in die Form hehrer Ideale und erhabener Mythen. Wenn im Namen dieses „Mysteriums" aber Andersdenkende als Ungläubige, Ketzer oder Heiden gebrandmarkt werden, als Untermenschen gar, wenn ihnen vielleicht mit Gewalt zum rechten Bekenntnis „verholfen" wird, dann offenbart sich eine Denkart, welche über die Mystifikation das „Mysterium" in seiner Reinheit offenkundig aus den Augen verloren hat.

Auf was zielen diese Enthusiasten hin? Suchen sie ihr „Mysterium" zu schützen? Wenn dieses sich aber bereits jedem Versuch entzieht, es auch nur begrifflich zu fassen, und wir darum nur andeutungsweise darüber zu sprechen vermögen, wovon sollte es dann bedroht sein?

Sehen sie ihre Passion darin, eine innere Erfahrung weiterzugeben? Doch wie soll das geschehen? Wenn das „Mysterium" sich der Begrifflichkeit entzieht, verschlägt es uns die Sprache. Wovon sich nichts sagen lässt, kann nicht gelehrt werden. Offensichtlich will dieses mysteriöse „Etwas" von jedem selbst entdeckt werden.

Wozu also all diese Kämpfe um Glauben und Ideologie? Ist da eine tiefe Angst, das „Mysterium" könnte entmystifiziert werden? Zweifellos empfinden nicht alle Menschen dieses „Etwas" in gleicher Weise. Sie benennen es anders, und manch einem ist jedes Denkbild bereits Hirngespinst und Träumerei. Aber gerade deswegen, weil die Meinungsverschiedenheiten in der Domäne des Begrifflichen verbleiben, vermögen sie das „Mysterium" nicht zu entmystifizieren. Es gehört einer völlig anderen Ebene an. Was entmystifiziert werden kann, sind Mystifikationen, Vorstellungen und Ideologien, Formen, in die wir das tief Empfundene gießen. Doch diese Formen gehören der Welt der Erscheinungen an, wie die Theorien und Kenntnisse der Pragmatiker. Außer darin, dass die einen primär die Empfindung, die anderen das Verständnis ansprechen, besteht zwischen beiden kein wesentlicher Unterschied.

Hat es dann überhaupt einen Sinn, zu versuchen, diesem mysteriösen „Etwas" auf die Spur zu kommen? Sicher, eine eindeutige Begriffsbestimmung, die uns das Mysterium in seiner Nacktheit sehen ließe, wird sich nicht finden lassen. Wir können aber, wie Prof. Oschwitz, Phänomen und Form vom unnennbaren „Etwas" unterscheiden. Zwar wissen wir dann immer noch nicht, was eine „Kraft" ist, aber wir verwechseln sie nicht länger mit einem Pfeil, einem zusammengedrückten Schwamm oder einem fliegenden Radiergummi. Statt einer Vielzahl widersprüchlicher Definitionen erhalten wir eine Fülle einander *ergänzender* Bilder, durch die das „Etwas" zu uns spricht. Indem wir den Knäuel unserer Begriffsverwirrung auflösen, schieben wir den Schleier der Mystifikation beiseite. So kann die hinter den Phänomenen wirkende Kraftlinienstruktur zum Vorschein kommen, mit deren Hilfe wir uns der Wirklichkeit zu nähern vermögen.

Seelenvorstellungen

Körper und Seele

Wo wollen wir ansetzen, um uns dem mysteriösen „Etwas" zu nähern? Was liegt näher, als den Menschen selbst zum Objekt der Betrachtung zu wählen? Nur hier haben wir, neben der äußeren Erscheinungsform, auch Zugang zur Innenwelt. Allerdings verbleibt auch hierbei eine Diskrepanz, denn während wir uns selbst aus der Innenperspektive heraus begreifen, vermögen wir vom anderen Menschen nur dessen äußere Erscheinung wahrzunehmen. So zeigt sich stets nur ein halber Mensch: Im eigenen Wesen das Innenleben, im Mitmenschen das äußere Wirken. Beide Teile lassen sich nicht ohne weiteres zusammenfügen, denn unser Gegenüber hat nur hypothetisch die gleichen Beweggründe wie wir selbst, was spätestens in Konfliktsituationen offen zu Tage tritt. Hier macht sich das mysteriöse „Etwas" bemerkbar. „Etwas" leidet daran, getrennt zu sein. Das „Etwas", welches uns im Außen als „lederner Sack voller Kniffe und Pfiffe" (Wilhelm Busch) entgegentritt, bringen wir mit dem „Etwas" in uns nicht zusammen. Schon sind wir mitten drin im Knäuel der Begriffsverwirrung: Wer sind wir, denen sich das Leid mitteilt, was ist das leidende „Etwas", und wo müssen wir die Seele ansiedeln, die ja auch in uns wohnen soll? Schauen wir uns darum zunächst einige Vorstellungen an, die über die Seele existieren, um diesen nebelhaften Begriff etwas zu umreißen.

Von dem, was die Seele sei, haben wir wohl alle unsere persönlichen Auffassungen. Die kindliche Vorstellung, uns gefühlsmäßig vielleicht am nähesten, sieht den Körper als Seelenhaus, in dem die Seele wohnt. Die Augen, als Fenster der Seele, gestatten ihr, einen Blick hinauszuwerfen. Sie ist im Körper eingeschlossen und vermag sich nur während des Schlafes zeitweilig von ihm zu lösen. Erst mit Eintritt des Todes verlässt sie den Körper, verliert damit aber auch ihr Werkzeug, um sich in der Welt ausdrücken zu können. Streng trennen wir Seele und Körper. Wir wollen die Seele nicht mit ihrem Haus identifizieren. Der Körper ist Werkzeug! Wäre er mehr, stände mit seinem Tod auch der Tod der Seele zur Diskussion.

Nach unserem Befinden befragt, unterscheiden wir dann auch gerne zwischen unseren körperlichen Gebrechen und unserer Seelenverfassung. Letztere meint dann zumeist unsere Gemütslage oder emotionale Stimmung. Wir übersehen dann gerne, dass Gemütsregungen nicht unabhängig von körperlichen Zuständen sind. Denken wir nur an Ärger und Wut, die auf den Magen schlagen, an Situationen, die uns Herzklopfen bereiten, Peinlichkeiten, die die Schamröte ins Gesicht treiben oder den kalten Schweiß auf die Stirn. Auch die körperlichen Bedürfnisse spiegeln sich im Seelenleben. Ein voller Bauch macht nicht nur den Körper träge und ein schmerzender Zahn lässt auch der Seele keine Ruhe. Langsam gewinnt die psychosomatische Bewertung von Krankheiten auch in der Medizin an Bedeutung. So ist beispielsweise der Einfluss psychischen Stresses auf die Körperfunktionen inzwischen unstrittig.

Wir verbinden die Seele mit etwas Unstofflichem, Ewigen, vielleicht gar Göttlichem. Sobald wir aber ihre Wirkungen betrachten, lässt sie sich vom Erscheinenden, den wahrnehmbaren Phänomenen, kaum mehr unterscheiden. Zwar können Gefühlen und Emotionen keine stofflich nachweisbaren Atome zugeordnet werden, als Zustände der Materie sind sie aber sehr wohl wahrnehmbar. Das führt dann zu dem erbitterten Dauerstreit darüber, ob der Körper den Zustand der Seele widerspiegelt oder die körperlichen Umstände die entsprechenden Seelenzustände hervorrufen. In Anbetracht der engen Wechselwirkung zwischen Körperzustand und psychischem Befinden, Gemütslage und körperlicher Verfassung, erscheint eine getrennte Sichtweise heutzutage sehr problematisch. Vorstellungen vom ewigen Seelenleben oder einem Leben nach dem Tod scheinen da nicht mehr recht hineinzupassen.

Dieses immer funktionalistischer werdende Bild des Menschen beginnt die Züge eines Golems anzunehmen. Nach der jüdischen Legende ist der Golem jener künstliche Mensch, den der kabbalistische Weise Rabbi Löw einst aus Lehm und Ton erschaffen haben soll. Zum Schutze der Gemeinde sollte dieser verschiedene Aufgaben verrichten. Zu diesem Zweck hauchte er ihm Leben ein. Nach vollbrachtem Werk entnahm der Rabbi seinem Geschöpf den ihm eingepflanzten Lebensfunken wieder und bettete ihn unter dem Dach der Altneusynagoge in Prag zur Ruhe.[2]

Mit dem Weisen kommt das Element des Geistes hinzu, der über seinen Hauch (die Seele) seinen Willen in der Körperform zum Ausdruck bringt. Was ist nun „Geist"? Handelt es sich hier um einen Kunstgriff, der das Weiterleben der Seele nach dem Tode sicherstellen soll, indem er sie zu sich emporhebt? Im Buch Genesis (1. Mose 2,7) formt Gott der Herr den Menschen aus einem Erdenkloß und bläst ihm den lebendigen Odem ein, wodurch der Mensch zu einer lebendigen Seele wird. Hier ist zweifellos der göttliche Geist tätig. Mit dem Begriff der „Einheit von Körper, Seele und Geist" wird aber auch der Mensch mit dem „Geist" in Verbindung gebracht. Im primitiven Ahnenkult werden die Verstorbenen zu Geistern, die aus dem Verborgenen heraus Einfluss nehmen und durch rituelle Opfer günstig gestimmt werden können. In der neuzeitlichen westlichen Welt wird „Geist" dagegen oft im Sinne von Verstand gebraucht. „Streng mal deinen Geist an!" ist dann auch die Aufforderung, einmal geordnet nachzudenken. In Unterscheidung zur „Knochenarbeit" wird „geistige" Tätigkeit denn auch als mentale Aktivität verstanden. Gegenüber der Gefühlszustände wahrnehmenden und erleidenden Seele wird Geist darum gerne als begriffliches Erkenntnis- und gestaltendes Willensvermögen gesehen.

Aber nur auf den ersten Blick scheint eine Zuordnung von Seele und Geist – entsprechend Fühlen und Denken – zweckmäßig. Bei genauerem Hinsehen erweist sich die Grenzziehung hier ebenso schwierig wie die zwischen Körper und Seele: Sind Gefühle denn frei von Denkbildern? Wenn wir enttäuscht, frustriert, vielleicht ärgerlich und wütend sind, haben wir dann nicht doch offensichtlich eine von der Wirklichkeit abweichende Vorstellung? Denkmuster bestimmen unsere Hoffnungen, Freuden und

---

[2] Frank, Eduard: Nachwort zu: Gustav Meyrink: „Der Golem".

Ängste. Umgekehrt treiben Gefühlswallungen unseren Verstand an, nach Lösungen zu suchen. Wir machen uns Gedanken, entwickeln vielleicht abstrakte Ideen und verändern unseren Blickwinkel – aber im Hintergrund treibt das seelische Begehren. Die liebende Seele wie der philosophierende Geist: Beide werden durch eine Sehnsucht getrieben. Mit den gebräuchlichen Begriffspaaren Seele und Geist oder Fühlen und Denken wird praktisch ein psychisches Arbeitsfeld aufgespannt. Verstrickungen im Gefühl können vom Denken durchschaut, starre Denkstrukturen von der Gefühlsseite her aufgebrochen werden. Wahrnehmung und Bearbeitung sind somit wechselseitig.

Im westlichen Kulturkreis ist derzeit eine recht raumgreifende Verstandesorientierung zu beobachten. Die Seele scheint ihrer Gebundenheit an den Körper entfliehen zu wollen, indem sie ihren „Geist" in immer abstraktere Höhen treibt. Dadurch entstehen seltsame Verknüpfungen materialistischer Weltanschauungen mit virtuellen Daseinssphären. Denken wir hierbei nicht nur an harmlose Computerspiele, sondern beispielsweise auch an volks- und betriebswirtschaftliche Abstraktionen, die, streckenweise computergesteuert, die weltweiten Finanzströme dirigieren. Das bleibt natürlich nicht ohne Einfluss auf die reale Welt, und es stellt sich die ernsthafte Frage, ob der Mensch noch die Entwicklung vorantreibt oder ob er nicht längst selbst zum Getriebenen geworden ist.

Wie die Neurobiologen zeigen, findet auch die „geistige" Arbeit ihren Niederschlag in den neuronalen Verknüpfungen der Hirnareale. „Geistige", seelische und körperliche Aktivitäten lassen sich darum nur äußerst schwer gegeneinander heraus differenzieren. Das mysteriöse „Etwas" entzieht sich unserem Zugriff. Jeder Versuch, das Ewige und Unsterbliche für uns sicherzustellen, wird unweigerlich mit „Du bist Erde und sollst zu Erde werden" (1. Mose 3,19) beantwortet.

Es gibt keinen Grund, irgendeine Körper-, Gefühls- oder Gedankenform auf ewig mit dem „Etwas" zu verbinden. Es ist frei von aller Form. Aber ist nicht, was wir Seele nennen, im Wesen dieses unnennbare „Etwas"?

> „Zwei Seelen wohnen, ach! in meiner Brust,
> Die eine will sich von der andern trennen;
> Die eine hält, in derber Liebeslust,
> Sich an die Welt mit klammernden Organen;
> Die andre hebt gewaltsam sich vom Dust
> Zu den Gefilden hoher Ahnen."[3]

So gibt Goethe in seinem Faust dem Seelenringen Ausdruck: hier die Welt mit sinnlichem Reiz und flüchtigem Schein, dort die ewige Harmonie, alles durchdringend und doch nicht zu fassen. Es sieht aus, als ständen wir in einem Kraftfeld einander widerstreitender, sich gegenseitig ausschließender Denkbilder, innerlich getrieben, einen Standpunkt zu beziehen.

Östliches Kollektiv

Liegt die Ursache unserer offenbar unzureichenden Erwägungen vielleicht in der abendländischen Denkweise, welche die Seele als Einzelwesen auffasst; schließlich sprechen wir doch von „meiner" Seele und „deiner" Seele? Ist die Seele überhaupt als Einzelding beschreibbar, oder ist ihr Wesen nicht gerade das Verbindende? Die Ostasiaten beispielsweise verstehen sich selbst primär als „in der Beziehung Seiendes". Nicht dass sie keine Individualität kennten, aber Individualität macht ohne Beziehung zu anderen keinen Sinn. Darum ist ihnen das Zwischen-Menschliche wichtiger als das Individuelle und definieren sie sich aus der Gemeinschaft. Disziplin und Pflichterfüllung gegenüber Familie und Staat stehen im Vordergrund. Die persönliche Individualität tritt dahinter zurück, muss dahinter zurücktreten, um einen Gesichtsverlust gegenüber ihrem Umfeld zu vermeiden. Im Mittelpunkt steht die Einheit des Seienden. Ihr hat sowohl die menschliche Gemeinschaft als auch der Einzelne zu dienen.

Neben dieser konfuzianisch geprägten extrovertierten Ansicht steht im indischen Kulturraum die ergänzende introvertierte Perspektive. Hier ist die individuelle Seele ein abgeirrter *Teil* des

---

[3]   Goethe: „Faust I", Vor dem Tor, Zeile 1112 – 1117.

Weltenschöpfers. Um sich wieder mit ihm zu vereinigen, muss sie sich über einen Kreislauf von Geburt und Tod in einer Welt der Täuschung von aller irdischen Befleckung reinigen. Hierzu gehört auch die Vorstellung einer von anderen getrennten Einzelexistenz.

Im Zusammenwirken mit dem Sinologen Richard Wilhelm erkannte C. G. Jung, dass die östliche Seelenlehre auf eine tiefere Seelenebene Bezug nimmt. Jung unterscheidet denn auch die der Individualität zugehörige Psyche von der wesentlich umfassenderen Seele, die auch kollektive Seeleninhalte und archetypische Urbilder in sich fasst, die allen Menschen gemein sind. Für diese Ebene existentiellen Eins-Seins hat C. G. Jung den Begriff des kollektiven Unbewussten in die Psychologie eingeführt. Es ist eine Art kollektive Atmosphäre, über die er 1935 in der Londoner Tavistock-Klinik sprach, als in Deutschland die Nationalsozialisten zwei Jahre an der Macht waren:

> „Wenn man in Deutschland leben oder sich dort nur für eine gewisse Zeit aufhalten würde, so würde man sich wohl in den meisten Fällen vergeblich zu wehren versuchen. Es geht einem unter die Haut."[4]

Wenn das Kollektiv sich durch mich ausdrückt, wenn ich durch das Kollektiv gelebt werde, wer bin dann ich?

Nehme ich das Kollektiv als Ausgangspunkt, dann ist sein Wohl wichtiger als das meine. Das Wohl des Kollektivs ist mein Wohl. Geht es meiner Familie und meiner Firma gut, dann geht es mir auch gut. Solange alle funktionieren ist die Welt in Ordnung und alles läuft – auf eingefahrenem Gleis. Treten interne Störungen auf, fällt jemand aus seiner Rolle, dann ruft das Kollektiv die Störenfriede zur Ordnung, zuerst durch psychische Spannung, reicht das nicht, durch persönliche Einflussnahme. Mit anderen Worten, die kollektive Seele wirkt, so sie den betreffenden Menschen nicht direkt zu erreichen vermag, nun von außen – durch Aktivierung ihrer Glieder – auf ihn ein. Es hat etwas

---

[4] Jung, Carl Gustav: „Über Grundlagen der analytischen Psychologie – Die Tavistock Lectures 1935", Abs. 93.

Gespenstisches, nicht wahr? Das Individuum scheint in einer Art Spinnennetz gefangen. Kaum gelingt es ihm, einen Faden zu zerreißen, ist schon die Spinne des kollektiven Unbewussten auf dem Plan.

Westlicher Individualismus

Für das Selbstverständnis des westlichen Menschen ist das ein völlig unakzeptabler Zustand. Für ihn steht die Individualität im Mittelpunkt. Sie sucht er auszubilden und ist bereit, sie gegen alles und jeden zu verteidigen. Freiheit bedeutet ihm alles. Dabei geht er dann selbstverständlich von einer irgendwie homogenen Identität aus, die er „Ich" nennt. Dieses „Ich" kann als eine Ansammlung verschiedenster Gedankenverbindungen aufgefasst werden, die dann den Ich-Komplex bilden. Als Komplexe bezeichnet C. G. Jung Zusammenballungen von Assoziationen, deren entsprechendem Bild ein intensiver Gefühlswert zugeordnet wird (Beispiel: Geltungsdrang, Angst-Komplexe, persönliche Ansprüche u. ä.). Ihres emotionalen Charakters wegen wirken sie bis in die organischen Körperfunktionen hinein und lassen sich darum als unabhängige Teilpersönlichkeiten deuten.

> „Wenn Sie zum Beispiel etwas sagen wollen und unglücklicherweise ein Komplex mit dieser Absicht zusammenstößt, dann sagen Sie etwas ganz anderes, als Sie im Sinn hatten. Man wird einfach unterbrochen, und die beste Absicht wird durch den Komplex zunichte gemacht, genauso wie wenn man durch ein menschliches Wesen oder äußere Umstände gestört worden wäre. Aus diesen Gründen können wir nicht anders, als von den Komplex-Tendenzen so zu sprechen, als seien sie mit einem gewissen eigenen Willen ausgestattet." [5]

Dieser setzt sie in die Lage, sich in schizophrenen Zuständen der bewussten Kontrolle zu entziehen.[6] Für Jung ist deshalb die sogenannte Einheit unseres Bewusstseins eine Illusion:

---

[5] Ebd., Abs. 149.
[6] Ebd., Abs. 150.

„Wir sind tatsächlich nicht Herrn im eigenen Haus. Es befriedigt uns, an unseren Willen, unsere Energie und an all das zu glauben, was wir vollbringen können; wenn es aber wirklich einmal darauf ankommt, stellen wir fest, daß uns das, was wir wollen, nur zu einem kleinen Teil gelingt, da wir durch jene kleinen Teufel, die Komplexe, daran gehindert werden. Komplexe sind autonome Assoziationsgruppen mit der Tendenz, sich selbständig zu bewegen, ihr eigenes Leben unabhängig von unseren Absichten zu leben. Nach meiner Auffassung besteht sowohl unser persönliches Unbewusstes wie auch das kollektive Unbewusste aus einer unbestimmten, da unbekannten Anzahl von Komplexen und Teilpersönlichkeiten."[7]

Und so wie wir dem Zentrum des Ich-Komplexes selbstverständlich ein Bewusstsein zusprechen, so könnten wir, laut Jung, mit gleicher Berechtigung allen anderen Komplexzentren ebenfalls ein Bewusstsein zusprechen.

Selbsterkenntnis

In der westlichen Anschauung zerfließt die Individualität bei genauerem Hinsehen also ebenso, wie vom asiatischen Blickwinkel aus betrachtet. Der Unterschied besteht lediglich darin, dass sich die Individualität des Asiaten gleichsam im Außen auflöst und der Abendländer sich durch die scheinbare Unauffindbarkeit der Seelenachse im Inneren verliert. Möglicherweise beschreiben beide Phänomene tatsächlich den gleichen Sachverhalt, der nur durch die jeweils gewählte Perspektive in einem anderen Licht erscheint.

Kennzeichnend ist in beiden Fällen das Entgleiten der Individualität, obwohl die Menschen beider Kulturen davon überzeugt sind, eine Individualität zu besitzen. Der östliche Typus benötigt im Grunde Selbsterkenntnis als Kenntnis seiner Andersartigkeit, um durch ein verantwortungsvolles, bewusstes Leben gestaltend in der Gemeinschaft mitwirken zu können und sie so vor Ver-

---

[7] Ebd., Abs. 151.

knöcherung zu bewahren. Der Abendländer benötigt Selbsterkenntnis, um die Andersartigkeit seiner Seelenachse von seinen Komplexen zu unterscheiden.

Selbsterkenntnis im hier gemeinten Sinne geht nicht in Charakterkenntnis auf. Sie erschöpft sich nicht darin, einflussnehmende Komplexe aufzuspüren und ihr Zusammenwirken zu ergründen. Selbst eine „Entschlüsselung des Genoms des Ich-Komplexes" ginge nicht tief genug und verbliebe bei den Phänomenen.

Nein, es geht um die Kenntnis der Seelenachse, den Wesenskern, das, was sich der Beschreibung im Grunde stets entzieht, um das „Etwas" in uns. C. G. Jung nennt diesen zentralen Punkt der Psyche „Nicht-Ich-Zentrum"[8] und bringt damit zum Ausdruck, dass es der Punkt der Psyche ist, der ihre Individualität begründet, aber nicht ihr Ich ist, denn dieses ist lediglich das Zentrum des Ich-Komplexes, der zwar groß und bestimmend ist, aber eben nicht alles.

Mit dem Spannungsfeld zwischen Ich und Nicht-Ich-Zentrum ist der faust'sche Konflikt, sind die zwei Seelen in der Brust benannt. Die Problematik dieses Konflikts ist darum so kompliziert, weil unser Bewusstsein naturgemäß schwerpunktmäßig ein Ich-Bewusstsein ist. Aus diesem heraus lässt sich ein Nicht-Ich-Zentrum natürlich bestenfalls nur ahnen. Die Situation ist vergleichbar mit der des Kopernikus, der aufgrund gewissenhafter Beobachtung der Sternenläufe zu dem Schluss kam, dass außer der Erde noch ein anderes Zentrum im Universum existieren könnte und dieses möglicherweise das wirkliche sei. Der Umstand, dass die sinnesorganische Wahrnehmung dem von ihm vertretenen heliozentrischen Weltsystem widerspricht, hat die Anerkennung seiner Lehre lange Zeit erschwert. Ein vergleichbarer Kraftakt ist es für das Ich-Bewusstsein, die Existenz eines anderen Zentrums in der Psyche zu erkennen. Dazu muss es eingestehen, nicht alles unter Kontrolle zu haben. Das aber macht Angst. Das Ich wäre nicht mehr unumstößlicher Herrscher im Hause. Es kann doch nicht zugelassen werden, dass irgendwelche Komplexe das Zepter übernehmen! Folglich wird jede aufkei-

---

[8]   Ebd., Abs. 379.

28

mende zarte Regung in der Psyche dem Ich-Komplex unterstellt, indem sie den entsprechenden Denk- und Gefühlsmustern angegliedert wird. Wo dies nicht gelingt, da wird sie außer Landes verwiesen, also verdrängt und als ein anderes, äußeres Nicht-Ich gedeutet.

Kann das Bewusstsein der Existenz eines Nicht-Ich-Zentrums dennoch Fuß fassen, dann ist dieses für das Ich-Bewusstsein etwas Mysteriöses, das sich seiner Fassbarkeit entzieht. Eben weil das Ich den Anspruch erhebt, der Repräsentant der ganzen Psyche zu sein, kann es das Nicht-Ich-Zentrum nicht erkennen. Seine Selbstdefinition schließt die Möglichkeit zur Erkenntnis aus. „Es kann nicht sein, was nicht sein darf!“

Wie können wir trotzdem von der Existenz eines Nicht-Ich-Zentrums wissen? Nun, der Ich-Komplex ist eben nur ein Komplex, wenn auch ein sehr bestimmender. Das Bewusstsein kann ja auch Empfindungen, Gedanken und Triebe wahrnehmen, mit denen das Ich sich nicht identifizieren will. Verdrängte Seeleninhalte, oder abgelehnte Wirklichkeitsbereiche des Menschen, können ja auch wieder bewusst gemacht werden.

Wer oder was ist aber das, welches dieses wahrnimmt und die Arbeit ausführt?

Nun, – Sie!

Und wer oder was sind Sie?

Ja, das ist die Frage, nicht wahr?

Auf der Suche nach dem mysteriösen Etwas

Wer zum wirklichen Kern seiner Selbst, seiner Seelenachse vordringen, wer dieses mysteriöse „Etwas" in sich erkennen will, steht vor der Aufgabe der Selbst-Erkenntnis. Er muss es – selbst – erkennen. Erkenntnis schafft Wissen, ist Wissenschaft im eigentlichen Sinne. *Besitz* von Wissen kann Erkenntnis nicht ersetzen. Das wird gerne übersehen. Wenn Prof. Oschwitz den Begriff „Million" mit einer sinnlich möglichen Erfahrung verknüpft, dann weist er damit auf diesen Unterschied hin. Erkenntnis selbst ist ein lebendiger Akt. Weil das eigene Selbst nichts wirklich Fremdes ist, spricht Platon im Hinblick auf diese Erkenntnis vom Wiedererinnern der Seele.[9] Diese Erinnerung gleicht einem Aufleuchten der Wahrheit, weshalb sie von bloßer wahrer Meinung, also Kenntnis, wohl zu unterscheiden ist.

Wer von der Existenz eines „Etwas" überzeugt ist, weiß also im tiefsten Wesen, was dieses Etwas ist. Das Wissen darüber ist jedoch im Unbewussten versunken und wirkt nun aus diesem heraus. Darum erscheint es so mysteriös. Zahlreiche Mythen der alten Völker zeugen von diesem verborgenen Wissen und zielen darauf ab, die Erinnerung im Menschen zu wecken. Wir sind geneigt, dieses „dunkle" mythische Wissen „Glauben" zu nennen. Wir sollten uns dann aber hüten, diesen in vollem Umfang einem einfachen Fürwahrhalten gleichzusetzen. Seinem tiefsten Wesen nach ist es unmittelbares Wissen, das intuitiv empfunden wird. Selbstverständlich wird dieses innere Wissen – seiner nebulösen Art wegen – mit irgendwelchen Kenntnissen, Vorstellungen und Glaubenssachen verknüpft, was dann in den meisten Fällen tatsächlich bloße Meinung oder ein Fürwahrhalten ist.

Das Wissen um das „Etwas" in ihm macht den Menschen zum Helden. Er identifiziert sich mit diesem „Etwas" und folgerichtig

---

[9]   Platon: „Menon" 98A.

achtet er seine Existenz in der Welt gering. Diese Menschen sind bereit, ihr Leben wegzuwerfen für ein großes Ideal, sei dieses nun nationalistisch, faschistisch, kommunistisch, humanistisch oder religiös geprägt. Es ist eine Tragödie: Die Kraft, die daraus erwächst, dass der Mensch sich mit den Impulsen seines Seelenkerns identifiziert, scheint stets das ihr aufgesteckte Ideal zu verfehlen. Offensichtlich mangelt es an Klarheit. Das zeigt auch der ständige Wechsel gesellschaftlicher Idealvorgaben. Nichts ist uns darum nötiger, als tiefer zum Wesen des „Etwas" vorzudringen.

Verschaffen wir uns zunächst einen kurzen Überblick über die darauf gerichteten bisherigen Anstrengungen der Menschheit.

*

Beginnend mit Thales von Milet (ca. 640 – 548 v. Chr.), suchte die Menschheit sich mittels des Verständnisses dem Mysterium des Seins zu nähern. Die Verwunderung über die Welt erregte den Wunsch, Einsicht in ihr Wesen oder in das, was Materie sei, zu gewinnen.

> „Das selbst Erlebte war auch ‚selbst' verständlich, im tiefsten Sinne des Begriffes. Einer Erklärung bedurfte es noch nicht. Das Wesen des Ich glaubten die Alten unmittelbar zu erfassen – die Dinge außerhalb dieses Ich, die waren unverständlich. Die *Materie* war fragwürdig, nicht das ohne Zwischeninstanz erlebte innere Wesen des Menschen. Darum wurde das Unerklärliche klar, wenn man es auf das Erklärliche, das Ich, zurückgeführt hatte".[10]

Für Thales war die gesamte Materie beseelt und vom Göttlichen erfüllt. Was sich im Außen als Rätselbild zeigte, konnte darum verstanden werden, wenn die Entsprechung im eigenen Wesen aufgefunden wurde.

Pythagoras (ca. 600 – 497/496 v. Chr.), der den in der Materie zum Ausdruck kommenden Formen nachspürte, entdeckte, dass sich diese stets durch Zahlen beschreiben ließen, zum Beispiel mittels der Geometrie. „Alles, was man erkennen kann, läßt sich

---

[10] Engelhardt: „Die geistige Kultur der Antike", S. 161.

auf eine Zahl zurückführen", sagt Philolaos.[11] Auf der Basis der babylonischen Zahlenmystik waren Harmonie und Zahl für Pythagoras Ausdruck einer geistigen Welt, während die Dinge der Sinnenwelt durch deren Nachahmung entstanden.[12].

Heraklit machte darauf aufmerksam, dass diese Dinge nicht statischer Natur sind, sie sich vielmehr im Wechselspiel der Gegensätze – in „gegenstrebiger Vereinigung" [13] – ständig im Werden befinden. Dem stellte Parmenides den Begriff des Seins gegenüber, das unteilbar, ewig in sich selbst ruht. Diese beiden Welten, die statische geistige und die bewegte materielle, verband Anaxaoras, indem er den Geist den Anstoß zur Bewegung der Materie geben ließ, die daraufhin ihrer Entwicklung folgte.

Zusammen mit Leukipp entwickelte Demokrit (ca. 460 – 371 v. Chr.) hierauf den Begriff der Atome, der kleinsten, unzerschneidbaren Körperchen, die er sowohl für die Seele, die er als einen Mikrokosmos verstand, als auch für die materiellen Körper annahm. So wie durch das Aneinanderfügen von Buchstaben Tragödien oder Komödien geschrieben werden, so sollten die Atome, in Abhängigkeit ihrer Zuordnung, alles Seiende formen. Ihre Bewegung im sonst leeren Raum gehorchte dabei einzig der Notwendigkeit.

Platon (427 – 347 v. Chr.) bemerkt: Jeder Körper, und sei er noch so klein, wird durch die ihn umgebenden Flächen gebildet. Diese lassen sich stets auf elementare mathematische Formen wie Dreiecke zurückführen. Ihrem Wesen nach sind Dreiecke Gebilde des Geistes. Die Basis aller Erscheinung ist folglich ein abstraktes Gesetz und damit geistiger Natur.[14] Weil alles sinnesorganisch Wahrnehmbare steter Wandlung unterworfen ist, kann ihm, schon dieser Änderung wegen, kein dauerndes Sein zugesprochen werden. Das wahrhaft „Seiende" existiert darum auf der Ebene der Urbilder der Vorstellung, die er „Ideen" nannte.

Für die Seele sind die Erscheinungsformen der Materie Bilder. Daraus bildet sie sich Meinungen, die sie zunächst einmal für

---

[11] Philolaos, Fragm. 3, in: Nestle, Wilhelm: „Die Vorsokratiker in Auswahl", S. 160.
[12] Dietzfelbinger, Konrad: „Mysterienschulen", S. 107.
[13] Fragm. 51 in: Diels, Hermann: „Herakleitos von Ephesos", S. 13.
[14] Platon: "Timaios" 53.

wahr hält. Mit der Verstandeserkenntnis ist es ihr dann möglich, sich einen sicheren Begriff vom Wesen der Dinge zu formen. Die Vernunft nun, die eine Erkenntnis des Geistes ist, sucht zunächst den Urgrund alles Seienden, um, von diesem ausgehend, sich über die Idee des begrifflich Erfassten klar zu werden.[15]

In seinem Höhlengleichnis[16] schildert Platon Menschen, die von Kindheit an in einer unterirdischen Höhle so gefesselt sind, dass sie weder ihre Köpfe noch ihre Körper bewegen können. Infolgedessen sind sie gezwungen, stets auf die ihnen gegenüberliegende Höhlenwand zu blicken, die von dem Lichtschein eines Feuers erhellt wird, das hinter ihrem Rücken am Eingang der Höhle brennt. Zwischen den Gefangenen und dem Feuer werden nun verschiedene Gegenstände (als Sinnbilder für die Ideen) vorbeigetragen. Den Gefesselten zeigt sich auf der Höhlenwand ein Schattenspiel, gebildet aus den Schatten ihrer eigenen Körper und dem ihrer Mitgefangenen sowie der vorbeigetragenen Gegenstände. Weil sie nie etwas anderes gesehen haben und auch der Schall von der Höhlenwand reflektiert wird, halten sie diese Schattenbilder für die einzige Wirklichkeit, streiten über ihr Kommen und Gehen und suchen dieses zu erforschen oder sich Wissen darüber anzueignen.

In gleicher Weise ist die Seele durch ihre Verbundenheit mit dem Körper gezwungen, das Geschehen in unserer Erscheinungswelt zu betrachten. Ihre Vorstellungen verbleiben dadurch auf der Ebene des Glaubens. Erst wenn sie sich von ihren Fesseln befreit und sich umwendet, vermag sie die Darstellung der realen Dinge zu erkennen. Sie werden ihr zunächst unwirklicher vorkommen als die gewohnten Bilder. So braucht es einige Zeit, bis sie sich einen sicheren Begriff vom Wesen der Dinge gebildet hat. Doch die Gegenstände, die sie jetzt wahrnimmt, sind nur Bildnisse für die Dinge außerhalb der Höhle, genauso wie die Schatten an der Höhlenwand nur Bilder dieser Gegenstände waren. Wenn sie die Objekte als Nachahmungen der realen Dinge erkennt, vermag sie zum Höhleneingang emporzusteigen und in der realen Welt die wahren Dinge (das sind die Ideen) zu schauen. Und

---

[15]   Platon: „Politeia" 508-511.
[16]   Platon: „Politeia" 514-520.

hinter diesen wird sie einmal das Eine Wahre und Gute entdecken.

Ihrem Wesen nach gehört die Seele der Ideenwelt an und „durchwaltet den ganzen Weltenraum".[17] Dabei ist sie selbst Anfang und Ursache aller Veränderung und Bewegung.[18] Ihre eigene Bewegung bewirkt sie infolge ihrer Freiheit bei der Wahl ihrer Willensrichtung. Dadurch, dass sie das Wohl des Ganzen aus dem Auge verlor, ist sie mit einem stofflichen Körper verbunden worden[19] und in diesen nun „eingesperrt wie die Auster in der Schale".[20] Um die von ihr vergessene Wahrheit wiederzufinden, bedient sie sich zunächst der sinnesorganischen Wahrnehmung des Leibes. Während sie so Ausschau hält, kommt ihr das stets wechselnde Verlangen des Körpers in die Quere und zwingt sie, ihre Aufmerksamkeit auf die Erfüllung der körperlichen Bedürfnisse zu richten.

Da die Welt in all ihrer Vielheit, nach Platon, dennoch ein organisches Ganzes ist, spiegelt sich die Abwendung der Seele von der Idee der Einheit in ihr selbst wider, wie Jan Patočka herausstellt:

> „Die Seele ist in sich geteilt, wie ein Königreich geteilt ist, wo es Parteiungen, Streit und Zwist gibt. Die Seele ist so geteilt, daß sie ihre Ganzheit dabei nicht verliert. Sie will in jedem Teil ein Ganzes sein, und die Qual ihrer Zerteilung besteht gerade darin, daß ihr zweifaches Selbst je eine Sprache spricht, welche den anderen ableugnet und nicht sehen läßt. Da die wahre Natur der Seele nur in demjenigen gefunden werden kann, was die ALETHEIA [Wahrheit] zu erblicken vermag, bedeutet die Teilung der Seele, daß sie als verleiblichte, als leibende sich selbst nicht kennt und sich verleugnet." [21]

---

[17] Platon: „Phaidros" 246.
[18] Platon: „Nomoi" 896.
[19] Platon: „Nomoi" 903/904.
[20] Platon: „Phaidros" 250.
[21] Patočka, Jan: „Vom Ursprung und Sinn des Unsterblichkeitsgedankens bei Plato". In: Pfeiffer, H.: „Denken und Umdenken: Zu Werk und Wirkung von Werner Heisenberg", S. 110.

Gelingt es der Seele jedoch, ihren Zustand zu erkennen, sich von ihren Fesseln so viel als möglich loszumachen und ihre Sorge um das leibliche Wohl auf das unbedingt Notwendige zu reduzieren, dann verleugnet sie – wohlbewusst – so viel als möglich den leiblichen Seelenteil. In diesem Augenblick der Umkehr beginnt die Seelenerlösung. Sie gleicht einem Sterbeprozess, in dem Körper und Seele geschieden werden.[22] O. Apelt. weist mit Recht darauf hin, dass dieses „Sterben nicht den wirklichen Tod bedeutet, sondern nur die möglichste Unabhängigkeit der Seele von körperlichen Bedürfnissen [...]". Platon fordert auch nicht Verzicht auf das irdische Leben, wie man sonst meinen könnte; er empfiehlt sogar die Gymnastik, denn „der Körper sollte möglichst lange den Ansprüchen des Geistes standhalten, sollte aber eben nur dienen, niemals herrschen."[23]

Aristoteles (384 – 322 v. Chr.), ein langjähriger Schüler Platons, greift die Naturphilosophie wieder auf, indem er die Welt der Erscheinungen, die er – anders als Platon – für die einzig wahre hält, einer genaueren Untersuchung unterzieht. Die Ideenlehre Platons läuft für ihn auf eine unnötige Verdoppelung des Seienden hinaus. Es existiert kein Allgemeines neben dem Singulären! Die allgemeinen Begriffe und Idealisierungen werden durch die Verstandestätigkeit erst nach der sinnesorganischen Wahrnehmung gebildet. Folglich sind die wahrgenommenen Dinge das wirklich Seiende, und dieses ist aus Materie und Form zusammengesetzt. Materie ist Möglichkeit der Form (z. B. Ton; Fleisch), Form Wirklichkeit der Materie (z. B. Tasse; Wolf). Die Form versteht er als innere formende Tätigkeit, als Seele. Anders ausgedrückt: Die Möglichkeit ist Stoff, dem die formende Kraft der Seele innewohnt. Die Seele unterteilt Aristoteles dann nach ihren Funktionsweisen in eine vegetative (pflanzliche), sensitive (tierische) und eine verstandesmäßig denkende Geistseele. Angestoßen durch göttlichen Impuls, strebt sie ihrer Zweckbestimmung zu, der Vereinigung mit der ihr zugehörigen Idee, was der Vereinigung mit Gott entspricht, der die Gesamtheit aller Ideen ist,

---

22   Platon: „Phaidon" 64-67.
23   Apelt, Otto: „Platon", „Phaidon", Anmerkung 17.

ewig, einzig, vollkommen und unveränderlich. Alle Veränderung der Natur ist somit Ausdruck der Verwirklichung einer der Materie innewohnenden spezifischen Potenz in aktueller Wirklichkeit.

Als Jesus von Nazareth mit seinem Wirken begann, waren seit Thales rund sechshundert Jahre vergangen. Sechshundert Jahre, in denen die Menschheit sich dem Mysterium des Lebens durch verstandesmäßige Erörterung genähert hat. Von der allgemeinen Betrachtung der Natur hin zum speziellen, innereigenen Selbstverständnis und wieder zurück. Zeit also, die Menschheit vor den folgenden Entwicklungsschritt zu stellen, der Verwirklichung. Jesus mystiziert nicht, er philosophiert nicht – er realisiert! Er weiß die Gefesselten „sehend blind und hörend taub", will sie von ihren Gebrechen heilen und die „verlorenen Söhne" hinaufführen in ihre ursprüngliche geistige Welt, ins Licht. Jesus von Nazareth ist die Erscheinung, die materielle Form, in der der leibliche Seelenteil zurücktritt und der Christus – die wahre Natur, die „Idee" des Menschen – sich offenbart.

Wie Platon in seinem Höhlengleichnis beschreibt, sind die Gefangenen außerstande, sich selbst zu befreien. Ihre Befreiung geschieht durch diejenigen, die selbst befreit wurden und nun, als befreite Seelen, wieder hinabsteigen in die Tiefen der Höhle.[24] Durch sie verbindet sich das wahrhaft Seiende mit den Höhlenbewohnern und hebt durch dieses „Selbstopfer" die Trennung auf.

> „Denn auch des Menschen Sohn ist nicht gekommen, daß er sich dienen lasse, sondern daß er diene und gebe sein Leben zur Bezahlung für viele" (Mark. 10, 45).

Sofern der leibgebundene Seelenteil es zulässt, *erfährt* die wahre Natur der Seele die Worte des Christus:

> „ daß ich in meinem Vater bin und ihr in mir und ich in euch" (Joh. 14,20).
> „Ich habe gesagt: Ihr seid Götter" (Joh. 10,34).

---

[24] Platon: „Politeia" 519-520.

„Will mir jemand nachfolgen, der verleugne sich selbst und nehme sein Kreuz auf sich und folge mir. Denn wer sein Leben erhalten will, der wird's verlieren; wer aber sein Leben verliert um meinetwillen, der wird's finden" (Matth. 16, 24-25).

Was folgt, ist notwendigerweise ein Seelenkampf, bis der leibliche Seelenteil erkennt:

„Er [der bisher von mir unterdrückte Seelenteil] muß wachsen, ich aber muß abnehmen. Der von obenher kommt [aus der Welt des Geistes], ist über alle. Wer von der Erde ist, der ist von der Erde und redet von der Erde. Der vom Himmel kommt, der ist über alle und zeugt, was er gesehen und gehört hat; und – sein Zeugnis nimmt niemand an" (Joh. 3,30-32).

Die Konsequenz ist ein Lebenswandel, den Paulus als „tägliches Sterben" charakterisiert (1. Kor. 15,31).

Die heutige kirchliche Lehrmeinung ist indessen sicher eine andere, aber noch Origenes (ca. 184 – 254), einer der ersten Kirchenlehrer, bekannte sich ausdrücklich zum inkarnierten Logos:

„Dieses ‚Wort', von dem man in körperlicher Weise redet, und von dem man ankündigt, es sei ‚Fleisch', ruft jene zu sich, die Fleisch sind, um sie zuerst zu solchen zu machen, die dem Fleisch gewordenen Worte gleichgestaltet sind, um sie dann emporzuführen, bis zur Schau dessen, was es war, bevor es Fleisch wurde, so daß sie fortschreitend und von der Einführung gemäß dem Fleische weitergehend, das Wort sagen: ‚Wenn wir einst Christus dem Fleisch gemäß kannten, so kennen wir jetzt ihn nicht mehr.' Er ist also ‚Fleisch geworden'; und Fleisch geworden, hat er *in uns* gezeltet' und ist nicht außer uns. Da er aber zeltete und in uns war, so verblieb er nicht in der ersten Gestalt, sondern führte uns auf den geistigen ‚hohen Berg' und zeigte uns seine Herrlichkeitsgestalt und das Leuchten seiner Kleider." [25]

---

[25] Origenes: „Geist und Feuer", S. 189.

Aufgrund der 1945 im ägyptischen Nag Hammadi gefundenen Schriften schreibt der Historiker Jacob Slavenburg:

> „Die Nag-Hammadi-Schriften werfen auch ein ganz neues Licht auf die Gestalt von Jesus und vor allem auf die Tragweite des Christseins. Bei genauerem Studium sowohl der christlichen als auch der nichtchristlichen Traktate dieser reichhaltigen Quelle fällt auf, dass der Christus als ein universelles Prinzip erfahren wird. Der Sohn des Geistes – das ist das Bewusstsein des Vaters – ist ein Bild für die universelle Kraft, die in dem Menschen Jesus von Nazareth Gestalt annimmt. Diese schriftliche Bestätigung vieler alter mystischer Offenbarungen ist auffällig. Dieser Gedanke schließt sich nicht nur an die feinsinnigen Offenbarungen des Autors des Evangeliums nach Johannes an, der davon ausgeht, dass der Logos Fleisch geworden ist, sondern gibt auch eine klare Einsicht in die transformierende Christuskraft in jedem Menschen persönlich. Die Kenntnis dieser Kraft geht über bloße ‚Religion' hinaus." [26]

Und der Gnosis-Forscher Gilles Quispel weist auf die Verwandtschaft der Paulus-Briefe zur hermetischen Lehre hin, wenn er, bezugnehmend auf 1. Kor. 15,45-49 schreibt:

> „Es sieht so aus, als wäre bei Paulus, ebenso im *Poimandres*, dieser *Antrôpos* der Christus, das Urbild der Christen, in dem sein Bild Gestalt angenommen hat. Christus ist, platonisch gesehen, die Idee des Neuen Menschen." [27]

Mit Recht wird auf die jüdischen Wurzeln des Christentums verwiesen werden. In seiner Rede „Über die Würde des Menschen" hebt Pico della Mirandola hervor, dass der Geist der hebräischen Geheimlehre, der Kabbala, nicht etwa der mosaischen,

---

[26] Slavenburg, Jacob: „Ein Schlüssel zur Gnosis, Einblick in die Bedeutung des Textfundes von Nag Hammadi für die Menschen von heute", S. 19/20.
[27] Quispel, Gilles: „Paulus und Hermes Trismegistos". In: „Die hermetische Gnosis", S. 255.

sondern vielmehr der christlichen Religion entspreche.[28] Liegt unter der Oberfläche jüdischer Texte also eine dem profanen Blick verborgene zweite Ebene, die sich nur dem Eingeweihten erschloss? Tatsächlich gründet die bekannte Kabbala auf alexandrinischer Überlieferung. Weil bekanntlich jedem Buchstaben der Kabbala eine Zahl zugeordnet ist, lassen sich wenigstens zwei Lesarten finden. Ähnlich wie bei Pythagoras dienen die Zahlen auch hier als Bindeglieder zwischen materieller und geistiger Welt. Aufgrund dieser Ähnlichkeit der Kabbala mit den Lehren des Pythagoras darf vermutet werden, dass beide auf die gleiche Quelle zurückgehen.[29]

> „Wenn die Kabbala, wie wir dies hinsichtlich des Alters der Überlieferung dargelegt haben, nur die Übertragung der Wahrheiten der Tradition ins Hebräische ist, der Wahrheiten, die in allen Tempeln und besonders in Ägypten gelehrt wurden – warum sollte es unmöglich sein, dass Platon, zwar nicht von der Kabbala selbst, wie wir sie heute kennen, aber doch von der uralten Philosophie, die der Ursprung der Kabbala ist, sehr stark beeinflusst wurde?
>
> Was hatten denn all die griechischen Philosophen in Ägypten zu tun und was lernten sie bei ihrer Einweihung in die Mysterien der Isis? Das ist wohl ein Punkt, den die akademische Kritik noch aufzuklären hätte.
>
> Erfüllt von seiner Idee über die Entstehung der kabbalistischen Lehre zu Beginn der christlichen Ära, vergleicht Franck mit ihr *die neuplatonische Philosophie der Alexandriner* und kommt so zu der Ansicht, dass diese Lehren Schwestern sind und den gleichen Ursprung haben."[30][31].

Auf der Basis des atmosphärisch gewordenen „Wortes" wird es nach K. Dietzfelbinger auch erklärbar, warum in einem kurzen Zeitraum von rund 50 Jahren so viele gnostische Strömungen mit

---

[28]   Mirandola, Pico della: „Über die Würde des Menschen", S. 59.
[29]   Hoefer, Ferdinand: „Histoire de la Chimie", Band 1, S. 249.
[30]   Papus: „Die Kabbala", S. 153.
[31]   Franck, Adolphe: „Die Kabbala", Paris 1843.

unterschiedlichen Traditionen auftraten, die dennoch die wesentlichen christlichen Inhalte beinhalteten, ohne dass sich irgend eine geschichtliche Entwicklung hierfür nachweisen ließe.

„Die ganze Menschheit wurde nach der Auffassung des Urchristentums zur Mysterienschule, seit das ‚Wort' Fleisch geworden war. Die Ordnung und Kraft des kosmischen Geistes verband sich in Jesus mit dem Geist der Menschheit, dem wahren Selbst des Menschen, forderte es zur Bewußtwerdung auf, befähigte es dazu und wirkte bis in die Sinnenwelt hinein, um diese wieder auf die Ordnung und Kraft des Geistes auszurichten. [...] Nach den Mysterienlehren wirkt aber ein solcher Impuls im gesamten seelisch-geistigen Organismus einer Kultur oder sogar der ganzen Menschheit. Dadurch wird es möglich, das *synchron* an verschiedenen dafür geeigneten Stellen dieses Organismus derselbe Impuls in verschiedenen Ausprägungen zutagetritt."[32]

Dabei wird selbstverständlich so viel als möglich an Bekanntem angeknüpft, was dann die diversen Eigenarten verursacht.

Die Neuplatoniker, deren Hauptvertreter Plotin (ca. 205 – 270) war, suchten die Welt der Erscheinungen auf der Basis der Einheit allen Seins zu erklären. So erhielten sie ein pyramidiales Weltsystem, an dessen Spitze als Urgrund das Eine, Gute steht, von dem alles ausgeht. Darunter den Weltengeist, dem die Vielheit der Ideen, als Einheit verbunden, entströmt. Eine Stufe tiefer die Weltenseele, aus der die Vielzahl der Seelen strahlt. Es folgt die Natur – und von dieser umfasst die Materie. Einzig, dass der Glanz des ewigen Einen noch durch diese hindurchleuchtet, hat die Materie selbst keinen Anteil mehr am Guten. Was aber keinen Anteil mehr am Guten hat, das ist das Böse bzw. hat keine wirkliche Existenz. Jede über das notwendige Maß hinausgehende Beschäftigung mit dem Körperlichen ist darum Narretei.

Der hierarchische Weltenbau lud in der Folgezeit zu weiterer Verfeinerung und, damit verbunden, zur Bevölkerung mit diver-

---

[32] Dietzfelbinger, Konrad: „Mysterienschulen", S. 215.

40

sen Göttern, Schutzgeistern und Dämonen ein, was seinerseits die Entstehung eines Autoritätsglaubens begünstigte. Darüber hinaus bahnte die polare Struktur des Systems radikalen und fanatischen Elementen den Weg. Die Einführung eines existierenden Bösen war zudem geeignet, Angst zu schüren.

Um das Wesen des Bösen zu erfassen, rang Augustinus (354 – 430) um eine Begriffsbestimmung. Wenn es nur einen Schöpfer gibt und dieser das Gute ist, was ist dann das Böse? Da alles, was geschaffen ist, vom Guten geschaffen ist, ist alles Geschaffene „sehr gut" (1. Mose 1,31). Das Böse ist also keine Substanz, sondern ein Mangel an Gutem (Enchirid. 11.). So schuf Gott nicht das Böse, wo es aber am Guten mangelt, da ordnet er es auf die rechte Weise in die Welt ein (Civ. Die XI, 17.), um aus dem Bösen Gutes zu schaffen. So wird jede Seele, die sündigt, also Mangel an Gutem hat, auf den ihr zukommenden Platz gestellt (EP. 140, 4).[33]

Die äußere Welt ist hier nicht mehr Erscheinung, in welche die Seele ihre Vorstellungen projiziert, sondern Realität, in der ein guter Gott ordnend waltet. Wie Aristoteles' Rationalismus auf Platons Ideenlehre verzichtet, um die wahrnehmbaren Dinge zu untersuchen, hob Augustinus' Mystizismus Platons Erscheinungen in den Stand des Seienden, um Gottes Größe darzustellen.

In dem 1945 in Nag Hammadi gefundenen „Evangelium der Wahrheit" heißt es, noch völlig platonisch:

> „Niemandem aber war bewußt geworden, daß durch den Irrtum ein Verlust der Erkenntnis eingetreten war. Beim Vater gibt es keinen [Verlust der Erkenntnis]. Bei ihm kann ein solcher Verlust nicht entstehen – wohl aber kann er durch eine (falsche) Reaktion auf ihn entstehen. In ihm entsteht immer nur Erkenntnis.
>
> Sie wurde nun offenbar, damit der Verlust der Erkenntnis aufgehoben und der Vater wieder erkannt werde. Da ein Verlust der Erkenntnis entsteht, wenn der Vater nicht erkannt wird, verschwindet dieser Verlust, sobald der Vater erkannt wird." [34]

---

[33] Engelhardt, Victor: „Die geistige Kultur der Antike", S. 469-470.

[34] Dietzfelbinger, Konrad: „Das Evangelium der Wahrheit". In: „Apokryphe Evangelien aus Nag Hammadi", S. 39. Anm. d. Hrsg. in (...). Vermutungen bei Textlücken oder mögl. Doppeldeutigkeiten in [...].

Dieser Ausgangspunkt setzt einen göttlichen Urkern in der Seele voraus, aus dem heraus die Erkenntnis (Gnosis), das platonische Wiedererinnern, entsteht. Beide Grundlagen, die göttliche Abkunft der Seele und die Erlösung durch einen vernünftigen Akt der Erkenntnis, empfanden die christlichen Neuplatoniker als unvereinbar mit ihrem Glauben. Das war unvermeidlich, denn durch die Anerkennung der Erscheinungswelt als Wirklichkeit wurde die eigene Existenz in dieser Welt seinsmäßig so weit vom Göttlichen weggerückt wie der Schatten vom Objekt. Die Kluft war unüberbrückbar – wenn nicht ein Wunder geschah. Den Gnostikern wurde dann auch Stolz und Hochmut vorgeworfen. Wenn Augustinus auch so viel als möglich die Philosophie Platons mit dem christlichen Glauben zu verbinden suchte, so schien ihm der Anspruch der platonischen Vernunft, aus der geschaffenen Welt zum Geist aufzusteigen, doch dem Stolze der Seele zu entspringen. Deshalb sei es für sie besser, sich in Demut zu üben und auf die Gnade Gottes zu vertrauen.

Bereits 325 war auf dem 1. Konzil von Nicäa die Wesensgleichheit des Sohnes mit dem Vater beschlossen worden. Nur er ist göttlichen Ursprungs. Folgerichtig stand der Mensch für Augustinus von Natur aus im Bösen und musste – notfalls mit staatlicher Gewalt – zum Guten erzogen werden. So begann die dogmatische Festlegung der Glaubensgrundsätze, die sich in den folgenden Jahrhunderten fortsetzte. Stück für Stück mutierte die Lehre vom Christus zu einem christlichen Mythos. Um die Liebe vor dem zerteilenden Verstand zu schützen, wurde wieder der Schleier des Mystischen über die philosophischen Erkenntnisse gebreitet.

Gestört wurde diese Entwicklung durch die damals hochstehende arabische Kultur, die mit dem Vordringen des Islam über Nordafrika und Spanien auch Europa erreichte. Der Islam begegnete der überall aufkeimenden Vielgötterei zwar mit einem radikalen Monotheismus, zeichnete sich ansonsten aber durch kulturelle Offenheit aus. Der Einzelne wurde angehalten, sich der eigenen Vernunft zu bedienen. So wurde das mystische Christentum mit Mathematik, Astronomie und den metaphysischen und naturphilosophischen Werken des Aristoteles konfrontiert, die im abendländischen Raum inzwischen in Vergessenheit geraten waren. Die Kirche sah sich gezwungen, die Rationalität des Aristoteles nun ihrerseits anzuwenden, um die Richtigkeit ihrer Glaubensinhalte beweisen zu können. Das Grundlagenwerk hierzu wurde in der Hochscholastik insbesondere von Thomas von Aquino (1225 – 1274) geschaffen. Der Mensch ist das höchste Geschöpf Gottes und steht als sein Abbild im Mittelpunkt der Welt und des Kosmos. Alle anderen Geschöpfe sind auf ihn hin orientiert.

Im ausgehenden Mittelalter gewannen die Originalschriften des Altertums wieder an Bedeutung. Von Cosimo de Medici beauftragt, übersetzte Marsilio Ficino (1433 – 1499) u. a. die Werke Platons und Plotins sowie das wiederentdeckte „Corpus Hermeticum" ins Lateinische, die nun als Quellentexte zur Verfügung standen. Mittelalterliche Ideale wie Jenseitsorientierung und Betonung übernatürlicher Zusammenhänge, die unter anderem in Kirche und Kaisertum ihren Ausdruck fanden, wurden in der Renaissance von neuen Leitbildern verdrängt. Freie Entfaltung des natürlichen Lebens und der in den Mittelpunkt gestellten Persönlichkeit traten nach vorn. Der Mensch war nun nicht mehr nur Kreatur. Als Individualität vor seine Selbstverantwortung gegenüber Gott gestellt, gewann er seine Freiheit und Würde zurück. In Anlehnung an die Asklepios-Schrift des Hermes Trismegistos stellte Pico della Mirandola (1463 – 1494) den humanistischen Menschen als einen Mikrokosmos (homo universalis) dar:

Daher beschloß denn der höchste Künstler, daß derjenige, dem etwas Eigenes nicht mehr gegeben werden konnte, das als Gemeinbesitz haben sollte, was den Einzelwesen ein Eigenbesitz gewesen war. Daher ließ sich Gott den Menschen gefallen als ein Geschöpf, das kein deutlich unterscheidbares Bild besitzt, stellte ihn in die Mitte der Welt und sprach zu ihm: ‚Wir haben dir keinen bestimmten Wohnsitz noch ein eigenes Gesicht, noch irgend eine besondere Gabe verliehen, o Adam, damit du jeden beliebigen Wohnsitz, jedes beliebige Gesicht und alle Gaben, die du dir sicher wünschst, auch nach deinem Willen und nach deiner eigenen Meinung haben und besitzen mögest. Den übrigen ist ihre

Natur durch die von uns vorgeschriebenen Gesetze bestimmt und wird dadurch in Schranken gehalten. Du bist durch keinerlei unüberwindliche Schranken gehemmt, sondern du sollst nach deinem eigenen freien Willen, in dessen Hand ich dein Geschick gelegt habe, sogar jene Natur dir selbst vorherbestimmen. [...] Wir haben dich weder als einen Himmlischen noch als einen Irdischen, weder als einen Sterblichen noch als einen Unsterblichen geschaffen, damit du als dein eigener, vollkommen frei und ehrenhalber schaltender Bildhauer und Dichter dir selbst die Form bestimmst, in der du zu leben wünschst. Es steht dir frei, in die Unterwelt des Viehes zu entarten. Es steht dir ebenso frei, in die höhere Welt des Göttlichen dich durch den Entschluß deines eigenen Geistes zu erheben.'" [35]

Nach Paracelsus' (1493/94 – 1541) Auffassung spricht Gott durch die Mysterien der Natur zum Menschen, der, als ein Mikrokosmos, Abbild des Makrokosmos ist. Aus dem daraus folgenden hermetischen Prinzip, „wie oben, so unten – wie unten, so oben; wie innen, so außen – wie außen, so innen", entwickelte er seine Heilkunde, die folgerichtig nicht nur die Krankheit des Menschen betraf, sondern ebenso Unvollkommenheiten der Natur einbezog, denn jeder unideale Zustand in der großen Welt hatte seine Entsprechung in der kleinen Welt, im Menschen selbst. Wo also der Mensch sein Leben mit seinem geistigen Grund in Übereinstimmung bringt, da führt er auch die Welt zu einem Zustand höherer Perfektion.[36]

Auf der gleichen Basis gründete Giordano Bruno (1548 – 1600) seine Lehre von den Monaden, die er als lebendige, unteilbare Ur-Einheiten einer organischen, kosmischen Ganzheit verstand. Keine von ihnen gleicht der anderen, und jede spiegelt auf jeweils andere Weise die lebendige Ganzheit wider.[37]

„Der Weg nach Innen zur Einheit der Seelenmonade ist nach Bruno der einzig gangbare Weg zur Erkenntnis der Weltzusam-

---

[35]   Mirandola, Pico della: „Die Würde des Menschen", S. 10/11.
[36]   Braun, Lucien: „Paracelsus", S. 83.
[37]   Kirchhoff, Jochen: „Giordano Bruno", S. 71.

menhänge, die einzige Möglichkeit, zwar nicht die ‚Rückseite des Spiegels' zu sehen, wohl aber den Spiegel selbst mit dem Gespiegelten zu vereinigen. Erst wenn der einzelne selbst zum ‚Lichtwesen' geworden ist, vermag er in blitzartiger Schau das göttliche Licht wahrzunehmen, ohne zu erblinden. Die Erkenntnisfähigkeit des einzelnen ist nach Bruno wesensmäßig eine Funktion seiner seelisch-geistigen Zustandsform, abhängig vom Reinheitsgrad des Spiegels."[38]

Die Herausforderungen, die das heliozentrische System des Kopernikus für die sinnesorganische Wahrnehmung bedeutet, nimmt Bruno zum Anlass, auf den begrenzten Nutzen dieser Erkenntnisquelle hinzuweisen:

„Wenn, so schließt Bruno, die Sinneswelt in diesem einen wichtigsten Punkt eine so fundamentale Täuschung zuläßt, so daß die kosmische Wahrheit ihr antipodisch entgegengesetzt ist, dann muß die sinnliche Wahrnehmung schlechthin als trügerische Erscheinung, ja als ‚Schein' angesehen und gewertet werden, wobei ‚Schein' im Sinne Brunos nicht als Traumwelt oder Phantasmagorie aufzufassen ist, sondern als ‚Welt der Wirkungen', deren eigentliche Ursachen im kosmischen Gefüge zu suchen sind." [39]

Für Giordano Bruno ist der Kosmos ein Organismus, in dem ein unaufhörlicher Stoffwechsel stattfindet, so dass eine „Sache" im Grunde nicht zweimal mit demselben Namen bezeichnet werden könne.[40] Der Grundsatz der Logik A = A sei deshalb auf die Ordnungen und Gesetze der Natur nicht anwendbar[41], weshalb diese mathematisch auch niemals vollgültig zu beschreiben seien.[42]

---

[38]   Ebd., S. 74.
[39]   Ebd., S. 14/15.
[40]   Ebd., S. 59.
[41]   Ebd., S. 61.
[42]   Ebd., S. 18.

In Abweichung dazu sahen Galileo Galilei (1564 – 1642) und Johannes Kepler (1571 – 1630) gerade im mathematischen Gesetz die Bestätigung eines wirkenden Geistes; war doch die mathematische Beschreibbarkeit der Planetenbahnen der Beweis, dass im Universum die gleichen Gesetze galten wie auf der Erde, dass das hermetische Axiom „wie oben, so unten" die volle Wahrheit aufzeigte.

Wenn die Befreiung des Denkens aus den Fesseln eines blinden Autoritätsglaubens auch wieder die freie Entfaltung des in Vergessenheit geratenen geistigen Menschen ermöglichte, so wurde dadurch aber auch die Tür zu den so lange unterdrückten weltlichen Freuden am diesseitigen Dasein aufgestoßen: Genuss der neu entdeckten Natur, schöpferische Selbstverwirklichung in Kunst und Kultur sowie Verfeinerung des Lebensstils. Hinzu kam, dass die Reformbemühungen, seien sie humanistisch oder sozial geprägt (z. B. Erasmus von Rotterdam), theologischer Art (z. B. Luther) oder allgemein wissenschaftlicher Natur (z. B. Paracelsus und Kopernikus), auf erbittertsten Widerstand kirchlicher und weltlicher Autoritäten stießen. Durch die wieder zugänglichen hermetischen Schriften und die Alchemie, die mit der sarazenischen Kultur ebenfalls den Weg in das europäische Abendland gefunden hatte, wurde die herrschende scholastische Lehrmeinung in ihren Grundfesten angegriffen. Die vom neuplatonisch-christlichen Denken abgelehnte Materie (die Welt = das Böse) gewann wieder an Bedeutung. Das kopernikanische heliozentrische Weltsystem wurde lange Zeit nicht ernst genommen, da es der sinnlichen Wahrnehmung widersprach. Bruno sah darin aber die „‚vormalige, wahre Philosophie'" des Hermetismus, die mit der Zeit verzerrt und korrumpiert" worden war. [43] Damit war das Lehr- und Meinungsmonopol der Kirche angegriffen[44], was Bruno auf dem Scheiterhaufen zu bezahlen hatte. Auch Galileo Galilei geriet in der Frage des kopernikanischen Weltsystems mit der kirchlichen Lehrmeinung in Konflikt, und auch ihm wurde der Prozess gemacht.

---

[43] Lerner, Lawrenc S. und Edward A Gosselin: „Galileo Galilei und der Schatten des Giordano Bruno", Spektrum der Wissenschaft S. 104.

[44] Dorn, Matthias: Leserbrief zu Lerner / Gosselin, Spektrum der Wissenschaft.

Gegen Ende der blutig ausgetragenen Reformationsstreitigkeiten bildeten sich drei Hauptströmungen heraus: Der Pantheismus, der Dualismus und der Materialismus.

Als Vertreter des Pantheismus ist für Spinoza (1632 – 1678) Gott bzw. das Naturgesetz in allen Dingen wirksam, gleichsam die innere Ursache allen Geschehens. Alle Ereignisse basieren somit auf Notwendigkeit. Ein Leiden bedeutet dies für den Menschen nur, sofern er sein Begehren mit unwahren Ideen verknüpft, etwa der eines getrennten Seins. Folglich ist nichts heilsamer für ihn, als wahre Kenntnis über seine Affekte zu gewinnen, um nach dem Gebot der Vernunft leben zu können (Ethik V/4, Anmerkung und I/15). Das Begehren, so wieder mit einer wahren Idee verknüpft, ist dann Antrieb für Handlungen, die in der eigenen Natur des Menschen gründen, und deshalb selbst Glückseligkeit (V/42).

Für Berkley (1685 – 1753) gibt es nur die wahrnehmbaren Dinge, was aber nicht ihre gesonderte Existenz beweist, schließlich nehmen wir auch im Traum Objekte wahr, ohne dass wir – bei wachem Bewusstsein – zwingend ihre Eigenexistenz fordern würden. Da nun die Seele, wie im Traum, selbst Ursache der Wahrnehmung sein kann, stellt sich die Grundsatzfrage: Wer sind wir?

In der Romantik wurde die Einsamkeit des in der Renaissance befreiten Individuums tief empfunden, woraus eine Sehnsucht nach Einheit erwachte. Wenn diese auch schließlich in nationalistische Ideen mündete, so gab es doch auch Stimmen, die eine andere Richtung wiesen, wie etwa die Novalis' (1772 – 1801):

> „Wir träumen von Reisen durch das Weltall: ist denn das Weltall nicht in uns? Die Tiefen unseres Geistes kennen wir nicht. – Nach Innen geht der geheimnisvolle Weg. In uns, oder nirgends ist die Ewigkeit mit ihren Welten, die Vergangenheit und Zukunft."[45]

Für Schelling (1775 – 1854) ist die Natur, als sichtbar gewordener Geist, ein alles umfassender Organismus. In ihr entwickelt

---

[45] Novalis: „Blüthenstaub", Fragment Nr. 16.

sich der unbewusste Geist zum selbstbewussten Ich. Hegel (1770 – 1831) sieht darum in der Geschichte ein Spiegelbild des Entwicklungsprozesses der Menschheitsseele, weshalb schließlich auch nicht das Individuum, sondern die Weltseele sich selbst findet.

Anders als die Pantheisten unterscheidet Descartes (1596 – 1650) deutlich zwei streng voneinander getrennte Realitäten: Hier die ausgedehnte Welt mit ihrem Mangel und ihren Unvollkommenheiten, in der alles mess- und teilbar ist, in der wir uns als Individuum erleben, und dort die denkende Welt, das Bewusstsein mit den höchsten und reinsten Ideen, ja, mit dem vollkommensten Sein, das durch Einheit und Unteilbarkeit gekennzeichnet ist. Entsprechend existiert der Mensch als Doppelwesen: In der ausgedehnten Welt als eine Art menschliche Maschine, dem Naturgesetz unterworfen, von Begierde und Leidenschaften beherrscht, und in der Innenwelt als freier Denker, dessen Aufgabe es ist, sich mittels der Vernunft über die Affekte zu erheben, um die menschliche Maschinerie in der ausgedehnten Welt steuern zu können.

Gemäß Kant (1724 – 1804) vermögen wir die Dinge, so wie sie wirklich sind („das Ding an sich"), nicht zu erkennen, denn unsere Wahrnehmungen sind durch unsere Vorstellungen gefärbt. Erst wenn wir – beispielsweise – das Gesetz von Ursache und Wirkung erkennen, wird es für uns wahrnehmbar. Die Erkenntnis erwächst darum nicht aus der sinnesorganischen Wahrnehmung des Gegenstandes. Vielmehr zeigt sich uns der Gegenstand entsprechend unserer Erkenntnis. Die Art der Erscheinung wird also vom erkennenden Subjekt selbst produziert. Dementsprechend stellt Kant die individuelle Erkenntnis über alle äußere Autorität und fordert, so zu handeln, als ob die Grundsätze des eigenen Willens dadurch zum allgemeinen Naturgesetz würden (kategorischer Imperativ).

Allein die Handlung gemäß dem eigenen Glaubenszustand auf der Basis subjektiver Wahrheit ist es denn auch, die, nach Kiekegaard (1813 – 1855), durch Erfahrung einen Erkenntnisfortschritt überhaupt erlaubt bzw. zu sicherem Wissen führt.

Um nicht eigenen oder fremden (Wunsch-)Vorstellungen aufzusitzen, die keinen wirklichen Bestand haben, rät Hume

(1711 – 1776), bei dem zu bleiben, was wirklich wahrnehmbar ist. Anders als Platon sieht er in den äußeren Erscheinungen mehr Realität als in den Ideen: Die Erscheinungen sind real und die Ideen, die wir uns von ihnen bilden, sind lediglich eine schwache Imitation der Wirklichkeit. Zusammenhängen, die wir verstandesmäßig konstruieren, jedoch nicht direkt wahrnehmen, kann mithin keine sichere Existenz zugesprochen werden. Es sind Vorstellungen, die wir uns selbst machen: Ein wahrnehmbarer, vielleicht messbarer, sich stets wiederholender Ablauf eines Geschehens, wie etwa die Planetenbewegung, ist eine Sache, diese zu beschreiben und auf die Existenz eines entsprechenden Naturgesetzes zu schließen, eine andere. Die Bewegung ist tatsächlich da. Das Naturgesetz aber ist nicht wahrnehmbar und seine Existenz darum spekulativ. Ebenso verhält es sich mit unserer persönlichen Identität. Was ist wirklich da? Wahrnehmungen, Gefühle und Gedanken, die kommen und gehen. Daraus auf die Existenz einer sich durchhaltenden individuellen Persönlichkeit zu schließen, ist durch nichts begründet.

Mit zunehmender Fähigkeit, die Naturerscheinungen berechnen zu können, breitete sich seit Galilei und Kepler ein mechanistisches Weltbild aus, das alle Vorgänge auf das Gesetz von Ursache und Wirkung zurückführte. Wo Descartes das Maschinenwesen nur auf den äußeren Menschen angewandt wissen wollte, da war der Mensch für den Arzt und Philosophen Lamettrie (1709-1751) nur und ausschließlich ein Mechanismus, eben eine Maschine. Der Marquis de Laplace (1749-1827) wandte diese Sichtweise auf das gesamte Weltall an: Wenn einem Wesen (dem sogenannten Laplace'schen Dämon) zu einem bestimmten Zeitpunkt Position und Zustand aller Objekte im Weltall bekannt wären, so sei es in der Lage, daraus alle Ereignisse der Vergangenheit und der Zukunft zu bestimmen. Ein freier Wille wäre damit Illusion und die Existenz eines Gottes rein hypothetisch.

Im 19. Jahrhundert bildete sich die moderne Naturphilosophie, die einzig die sinnlich wahrnehmbare bzw. messbare Welt als Grundlage der Erkenntnis akzeptierte, als prägende Denkrichtung heraus. Dabei hielt sie auch in Fakultäten wie Chemie, Biologie und Psychologie Einzug. Die Naturwissenschaft ist durch die so erfolgreiche Anwendung des galileischen Prinzips, „alles, was messbar ist, messen, alles, was nicht messbar ist, messbar machen",[46] zu einer Wissenschaft geworden, die das Objekt der Natur mittels Beobachtung und Experiment analysiert. Die Frage nach dem eigentlichen Wesen wird nicht mehr gestellt. Die Alchemie (gemeint sind hier nicht die Pseudo-Alchemisten, die Goldmacher und Tinkturenhersteller, die möglicherweise als Wegbereiter der Chemie gesehen werden können) stellte noch die Einheit der Natur ins Zentrum des Denkens. Der Alchemist suchte die Gegensätze zu vereinen, um Anteil zu erhalten am alles durchdringenden Geist (ausgedrückt durch das Gold) und dem wahren (das ist das ewige) Leben, das hinter allen Erscheinungen wirkt. Demgegenüber bewegte sich die neuzeitliche Naturwissenschaft in entgegengesetzte Richtung: Indem sie trennte, zerteilte und analysierte, suchte sie Kenntnis über die elementaren Gesetze der Natur zu erlangen, um diese zu beherrschen. In der Mannigfaltigkeit ihrer Erkenntnisse verlor sie den Geist oder das Wesen der Natur völlig aus den Augen. Die infolge des menschlichen Eingriffs aus dem Gleichgewicht geratene Natur beweist es. Weil die Wissenschaft das aus dem Zusammenhang gerissene Einzelteil zum Gegenstand ihrer Untersuchung machte, hat sich im Laufe der Zeit der Eindruck verfestigt, die Einzelerscheinungen seien die Wirklichkeit. Die eigene Existenz scheint dadurch nun so weit von dem im mathematischen Naturgesetz Ausdruck findenden Geist entfernt, wie der Schatten vom wirklichen Sein. Dem Laien bleibt nur noch Anbetung. Ihrer Komplexität wegen nimmt die Naturwissenschaft heute gleichsam den Stellenwert einer Weltreligion ein, wobei die (wissenschafts-)gläubige Menge zu den Wissenschaftlern als ihren Priestern aufblickt, auf dass diese das erlösende Wort sprächen: „Es hat keine Gefahr! Wir haben alles im Griff, nur hier und dort noch eine kleine Nuancierung angebracht – ansonsten: Nur weiter so!"

Zwar formiert sich hier und da Widerstand gegen die blind voranschreitende technische Entwicklung, insbesondere gegen Großtechnologien, doch wird dieser Streit auf moralischer oder

---

[46] Thiel, Bernward: „Von der Drei zur Vier: Individuationsprozeß und Naturerkenntnis bei Wolfgang Pauli", S. 65.

technischer Ebene geführt. Die eigentlichen Wurzeln der Fehlentwicklung bleiben dabei völlig unangetastet. Dabei hat zu Anfang des 20. Jahrhunderts in der Primärwissenschaft – der Physik – eine wirkliche Revolution stattgefunden, deren philosophische Konsequenzen bis heute noch nicht völlig ausgelotet sind. Abgesehen von Begriffen wie Kernspaltung, Radioaktivität und der Einstein-Formel $E = m \cdot c^2$ hat die Öffentlichkeit wenig Notiz davon genommen. Das mag damit zusammenhängen, dass Energiequanten, Atome und die Lichtgeschwindigkeit im praktischen Alltag wenig Probleme bereiten, zumal nach Ansicht von Niels Bohr, einem der maßgebenden Architekten der Kopenhagener Deutung der Quantenmechanik, sich die quantenmechanischen Phänomene auf die mikroskopischen Dinge beschränkten, während die uns umgebenden Dinge sich entsprechend der klassischen Physik verhielten.

Hirnforschung – oder: Wie frei ist der Mensch?

Der gesteuerte Mensch

Mehr Interesse als die Physik finden in der breiten Öffentlichkeit derzeit die Entwicklungen der Gentechnik und der Hirnforschung. Die Gentechnik, indem sie Hoffnungen auf eine Steigerung der Nahrungsmittelerträge und medizinischer Fortschritte oder auch Ängste vor unkalkulierbaren Risiken weckt; die Hirnforschung, weil sie den Glauben an einen freien Willen des Ich-Bewusstseins erschüttert. Zwar hat bereits Sigmund Freud dargestellt, dass das Ich nicht Herr im Hause sei, sondern die meisten psychischen Prozesse unbewusst ablaufen, doch haben die Erkenntnisse der Neurobiologen diese Aussage noch einmal verschärft.

Das Ich-Bewusstsein ist selbstverständlich davon überzeugt, aus eigenem freiem Willen heraus Entscheidungen zu treffen. Doch jeder noch so kleinen Entscheidung gehen wichtige Vorentscheidungen voraus, die vollkommen unbewusst bleiben. So wird beispielsweise aus der sinnesorganischen Informationsflut vorab herausgefiltert, was überhaupt an das Bewusstsein weitergegeben werden soll. Von den vielen Millionen Informationseinheiten (Bits) die jede Sekunde auf uns einwirken, werden dadurch nur ca. vierzig bewusst erlebt.[47] Wenn sich Albert und Josephine einen Kinofilm anschauen, dann wird dieser – unabhängig von ihrer Aufmerksamkeit – für beide einen völlig anderen Informationsgehalt in sich bergen. Was Albert sieht, bleibt Josephine unter Umständen völlig verborgen, einfach weil solche Informationen von ihrer seelischen „Posteingangsabteilung" aussortiert werden. Dafür bemerkt sie, was bei ihm bereits auf dem Vorwege herausgefiltert wird. Ins Bewusstsein dringt, was als wichtig erachtet wird und bearbeitet werden soll. Probleme, die nicht sofort gelöst

---

[47] Luczak, Hania: „Die Macht die uns lenkt", GEO Kompakt, Nr. 15, S. 108/109.

werden können, werden durch die unbewussten Hirnregionen in die Sphäre des Bewusstseins gehoben, um die verschiedenen Aspekte abwägen zu können. Dazu konstruiert das Gehirn Ich-Zustände, in denen der Mensch sich als bewusst erlebt. Er kann sich entscheiden, das eine zu tun oder das andere zu lassen. Die letzte Entscheidungsinstanz bei der Handlungssteuerung liegt jedoch beim limbischen System, das die Gefühlswelt steuert und die Gesamtsumme aller Erfahrungen, Hoffnungen und Ängste des bisherigen Lebens vergegenwärtigt. Sie liegt also wieder in Hirnregionen, die für das Ich-Bewusstsein weitgehend unzugänglich sind.[48]

Wer kennt sie nicht, die guten, hehren Vorsätze, die heiligen Schwüre – und das schließlich klägliche Scheitern? Dann das Bedauern: Das wollten wir nicht! Nein, das wollten wir wirklich nicht. Aber wer wollte das? Warum tun wir das?

Wir meinen, unsere Bewegungen, beispielsweise die Hand zu heben, bewusst auszuführen. Ehe wir uns aber dessen bewusst werden, so haben die Hirnforscher festgestellt, haben die Nervenzellen bereits die Befehle für die Bewegung erteilt. Dieser Vorgang bleibt dem Ich-Bewusstsein verborgen, weil das Hirn alle neuralen Ereignisse zurückdatiert. Dadurch haben wir die Vorstellung, genau dann den Schmerz zu empfinden, wenn wir uns in den Finger schneiden, obwohl der Transport des Nervenreizes zum Großhirn eine gewisse Zeit benötigt. „Das Ich lebt niemals im Jetzt", ist deshalb auch die Schlussfolgerung des US-Neurologen Benjamin Libet.[49] Es ist auch ein Irrtum, zu glauben, das Bewusstsein nehme die objektive Wirklichkeit wahr. Das Gehirn interpretiert die Nervenreize und stellt sein Ergebnis vor das Bewusstsein.

„Wir haben eine Deutungsmaschine im Kopf, die sich darauf spezialisiert hat, für alles eine Erklärung zu finden",

---

[48] Roth, Gerhard im Streitgespräch: „Das Hirn trickst das Ich aus", Der Spiegel Nr. 52/2004, S. 118.
[49] Klein, Stefan: „Die Entmachtung der Uhren", Der Spiegel Nr. 1/1997, S. 101.

sagt der US-Neurowissenschaftler Michael Gazzaniga.[50] In eklatanter Weise zeigt sich dies beim Cotard-Syndrom, bei dem die darunter leidenden Menschen davon überzeugt sind, sie seien tot, und sich zuweilen wundern, noch nicht begraben zu sein.[51]

Wenn unser Ich sagt: „Das bin ich, der das will und tut oder nicht will und nicht tut, dann handelt es sich", so der Bremer Kognitionsforscher und Neurobiologe Gerhard Roth, „zunächst nur um eine Zuschreibung, um ein Etikett, nicht um einen kausalen Vorgang."[52]

Aber haben wir nicht doch Ziele, die wir verfolgen und verwirklichen wollen? Die Motivationsforscher Peter Gollwitzer und John Bargh kommen zu dem Ergebnis, dass unsere persönlichen Ziele nicht etwa überlegt entworfen und verfolgt werden; vielmehr leben sie – uns unbewusst – ihr eigenes Leben in uns.[53]

Ist das Ich also nur eine Marionette, ein Schattenbild, das sich einbildet, selbst im Licht zu stehen? In jedem Fall ist das Ich-Bewusstsein eine Erfahrungsplattform. Hier werden die – oft schmerzlichen – Erfahrungen erlitten und verarbeitet. Diese Tätigkeit beeinflusst selbstverständlich auch die unbewussten Steuerungsmechanismen des Körpers, allerdings nicht in der Weise, wie das Ich es sich so gerne vorstellt: „Ich will – und es ist." Dazu bewegt sich das Ich zu sehr auf der Oberfläche und sind ihm die diversen mentalen und emotionalen Verknüpfungen der eigenen Vorstellungswelt zu wenig bewusst.

Nehmen wir nur einmal unsere Stimmungsschwankungen: Wenn wir gestern gut gelaunt und zufrieden waren und uns heute einfach alles auf die Nerven geht, dann könnte das Bewusstsein diesen Umstand zum Anlass nehmen, den inneren Ursachen der Unzufriedenheit nachzuspüren, um sich der verdrängten Komplexe, der Projektionen und der wahren Beweggründe bewusst zu werden. Es gewänne dadurch tatsächlich mehr Freiraum, denn alles, was bewusst wird, kann bearbeitet und mit der Zeit viel-

---

[50]   Gazzaniga, Michael, zitiert nach: Luczak, Hania: „Die Macht die uns lenkt", GEO Kompakt, Nr. 15, S. 106.
[51]   Kast, Bas: „Ich fühle also bin ich", GEO Kompakt, Nr. 15, S. 41.
[52]   Marzluf, Arnulf: „Wie das Gehirn das Denken produziert", WESER KURIER, 15.08.2007.
[53]   Luczak, Hania: „Die Macht die uns lenkt", GEO Kompakt, Nr. 15, S. 112.

leicht aufgelöst werden, muss sich jedenfalls nicht mehr unbedingt auf unbewussten Wegen zur Geltung bringen. Außerdem steht zu erwarten, dass mit jedem aufgelösten Komplex die Sicht auf die äußeren Dinge klarer und das Verständnis für die Mitmenschen größer wird, sich somit neue Wege zur Konfliktlösung oder –vermeidung erschließen. (In diesem Licht betrachtet wäre es vielleicht auch noch eine Überlegung wert, ob die Unzufriedenheit erzeugenden äußeren Anlässe denn tatsächlich so negativ sind, wie wir oft glauben.)

Ja, so könnte es sein, die Möglichkeit ist da, aber dazu muss ein Wille vorhanden sein, der die Ursachen der Unzufriedenheit in sich selbst aufdecken wollte. Die positiven Stimmungslagen bereiten in dieser Hinsicht kaum Probleme, wir schreiben sie gern unserer Wesensart zu, ja, sind manchmal nicht einmal bereit, anderen einen Anteil daran zuzugestehen. Wenn die äußeren Umstände jedoch mental und emotional abgelehnte Verknüpfungen des Unterbewusstseins aktivieren, dann neigen wir zur umgekehrten Verhaltensweise. Die verdrängten Komplexe werden nach außen projiziert und dort bekämpft. So wird das eigene Selbstwertgefühl beschirmt.

Anders formuliert: Das mysteriöse „Etwas", das Jung'sche Nicht-Ich-Zentrum, will bewusst werden und stellt die bearbeitbaren Blockaden als aktuelle Problempunkte vor das Bewusstsein. Pavel Simonov, Direktor des sowjetischen Akademieinstituts für höhere Nerventätigkeit und Neuropsychologie, spricht vom Überbewusstsein[54], das als schöpferische Intuition die ersten Etappen der Kreativität steuert, wodurch „psychische Mutationen und Rekombinationen" entstehen. Diese Prozesse bleiben unbewusst, damit die Entwicklungsmöglichkeiten sowohl vom „Konservatismus" des Bewusstseins als auch von der erdrückenden Erfahrungsfülle beschirmt werden, die im Unbewussten aufgehäuft liegt. Diese Mutationen tragen, so Simonow, „einen nicht vorhersehbaren, aber keinesfalls zufälligen Charakter. Die neuropsychologische Basis des Überbewusstseins bildet die Transformation und Rekombination von Engrammen" (das sind Spuren vergangener geistiger Eindrücke), „die im Gedächtnis aufbe-

---

[54]   Der Ausdruck „Überbewusstsein" geht auf M.G. Jaroschevskij 1973 zurück.

wahrt sind, und die primäre, zeitweilige Verknüpfung derselben in neuartiger Weise". Dem Bewusstsein obliegt dann die weitere Bearbeitung nach logischer Analyse und praktischen Kriterien. Weil es sich der impulsgebenden Intuition nicht voll bewusst ist, genießt es eine gewisse Illusion von Freiheit. Infolgedessen wird ein Gefühl persönlicher Verantwortung für die möglichen Folgen des Handelns geweckt. So mobilisiert das Bewusstsein in aktuellen Situationen dann die Reserven des Gedächtnisses, um die Rangordnung der persönlichen Motive zu überprüfen.[55]

Das Überbewusstsein fordert das Bewusstsein gleichsam auf, daran mitzuwirken, die unterbewussten Blockaden und Komplexe aufzulösen. Dieses hat dann im Grunde lediglich die Wahl, im Sinne des Überbewusstseins an der Auflösung mitzuarbeiten – oder eben nicht.

C. G. Jung sieht eine „disponible" psychische Energie (vergleichbar Freud's Libido, jedoch sehr viel weiter gefasst) am Werke, die der Intensitätsladung der psychischen Inhalte entspricht. Es ist eine Art Gegensatzspannung, die zum Ausgleich strebt und darum mit verstandesmäßigen Überlegungen nur bedingt zu steuern ist.

„Diese Energie kann [...] bestenfalls für eine kurze Zeit willkürlich angewendet werden. Meistens aber sträubt sie sich, die rational vorgehaltenen Möglichkeiten auf irgendwelche Dauer zu ergreifen. Die psychische Energie ist eben ein wählerisches Ding, das seine eigenen Bedingungen erfüllt haben will. Es kann noch so viel Energie vorhanden sein: dennoch können wir sie nicht nutzbar machen, solange es nicht gelingt, ein Gefälle herzustellen. [...] Wo zum Beispiel der günstige Fall eintritt, daß die disponible Energie [...] ein vernünftiges Objekt ergreift, da meint man, man hätte die Umformung mit bewußter Willensanstrengung zuwege gebracht. Darin täuscht man sich aber, indem auch die größte Anstrengung nicht genügt hätte, wenn nicht zugleich ein Gefälle in derselben Richtung vorhanden gewesen wäre. Wie wichtig das Gefälle ist, sieht man dort, wo einerseits die verzweifeltsten An-

---

[55] Petri, W.: „Evolution und Bewußtsein".

strengungen gemacht werden und andererseits das gewählte Objekt oder die erwünschte Form durch ihre Vernünftigkeit jedermann einleuchtet und doch die Umformung nicht gelingt, sondern einfach wieder eine neue Verdrängung entsteht.

Es ist mir hinlänglich klargeworden, daß nur dort, wo das Gefälle liegt, der Pfad des Lebens weiterführt. Es gibt aber keine Energie, wo keine Gegensatzspannung besteht; daher muß der Gegensatz zur Einstellung des Bewußtseins aufgefunden werden."[56]

Das Bewusstsein wird gleichsam in einen Zwiespalt geworfen: Als Ich-Bewusstsein ist es darauf angewiesen, dass die verdrängten Seeleninhalte unbewusst bleiben. Folglich neigt es dazu, der Energie das nötige Gefälle zu verweigern, wodurch sich diese dann aufstaut und schließlich destruktiv wird. Es entwickeln sich weitere Komplexe, wodurch das Ich zunehmend im Unbewussten versinkt und schließlich ganz von den dort lagernden Ängsten und Komplexen beherrscht oder gar verdrängt wird. Arbeitet es hingegen mit den Impulsen des Überbewusstseins zusammen und lässt es die verdrängten Persönlichkeitsanteile bewusst werden, dann kann es seine angemaßte Eigenexistenz auf Dauer nicht erhalten. Denn wenn die Grenzpfähle zu den Nicht-Ich-Eigenschaften beseitigt werden, löst sich das Ich, als ein von anderen getrenntes Sein, auf.

Im heiligen Gesang Indiens, der Bahagavadgita, wird diese Situation bildlich dargestellt: Der Wagenlenker (das steuernde Element), Krishna (das Überbewusstsein), fährt Arjuna (das Bewusstsein) auf den Kampfplatz, mitten zwischen zwei gewaltige Heere, die einander gegenüberstehen. Dort sieht Arjuna im feindlichen Heer seine Verwandten, Freunde und Lehrer stehen (als Verkörperung seiner Ichstruktur), die er nun töten soll. Da werden ihm die Beine weich und es entspinnt sich ein Dialog zwischen ihm und Krishna mit dem Leitmotiv: „Tu deine Pflicht! Nach dem Erfolg des Handelns frage nicht!"[57]

---

[56] Jung, Carl Gustav: „Über die Psychologie des Unbewussten", Abs. 76 – 78.
[57] „Bahagavadgita", übertr. u. kommentiert v. Leopold von Schroeder, Diederichs, München, 6.Aufl. 1990, S. 10.

Krishnas Rat,

„Im Geiste alles Tun auf mich hinwerfend, mir ergeben ganz,
Auf des Geistes Andacht bauend, denke beständig nur an mich.
Mein denkend, die Gefahren all durch meine Gnade du besiegst;
Doch wenn du, allzu selbstbewußt, mein Wort nicht hörst, gehst du zugrund.
Wenn du in deinem Eigensinn etwa ‚ich will nicht kämpfen!' denkst,
Vergeblich ist dann dein Entschluß – es wird dich treiben die Natur.
Gefesselt durch die eigne Pflicht, wie sie aus deiner Art entspringt,
Wirst, was du töricht nicht gewollt, du wider Willen dennoch tun."[58]

zeigt letztlich die Alternativen auf: Entweder die Ichstrukturen werden auf dem inneren Kampfplatz des Bewusstseins aufgelöst – oder der Konflikt wird nach außen projiziert, wodurch der Kampf dann dort stattfindet und den Menschen schließlich zu sehr bedauernswerten Handlungen treibt. Der Konflikt *wird* ausgetragen! Der Kampf *wird* geführt – so – oder so. Das Bewusstsein hat die Wahl – aber eben nur diese: sich an die Seite des Wagenlenkers (des steuernden Elements) zu stellen oder sich ihm zu verweigern. Dementsprechend wirkt der Konflikt auf eine Auflösung behindernder Komplexe hin oder auf eine Sensibilisierung des Bewusstseins für die Situation.

Wir können somit von drei wirksamen Willensaspekten sprechen. Da ist zunächst der unbewusst wirkende dynamische Wille des Überbewusstseins, der an die Rudimente verdrängter Inhalte im Gedächtnis anknüpft, um mittels eines intuitiven Impulses das Bewusstsein zu bewegen, die abgelehnten Seelenanteile wieder bewusst werden zu lassen. Von der anderen Seite her sucht das konservative Unterbewusstsein eine Überforderung des Bewusstseins zu verhindern, denn wenn alle verdrängten Komplexe

---

[58]   „Bahagavadgita", 18. / 57-61.

plötzlich bewusst würden, könnte das Bewusstsein darauf in keiner Weise reagieren und müsste zerbrechen. Aus diesem Grunde führt es die psychische Energie der Komplexe am Bewusstsein vorbei zur Konkretisierung, denn sie müssen durch Handlung nach außen abgeleitet werden, wenn im Inneren nicht so etwas wie ein Überdruck entstehen soll, der sich schließlich in völlig unkontrollierter Weise Bahn brechen würde. Es bleibt dem Bewusstsein dabei überlassen, solch unfreiwilligen Handlungen eine Bedeutung zu unterstellen und sich zu suggerieren, mit Absicht gehandelt zu haben.[59]

Das Bewusstsein selbst steht zwischen diesen beiden Willenswirksamkeiten. Als ein Ich-Bewusstsein ist es naturgemäß völlig vom Unterbewusstsein abhängig, denn das Ich definiert sich ja gerade als getrennt von den abgespaltenen Persönlichkeitsanteilen, weshalb eine Ablehnung seiner Mitwirkung an den Interessen des Überbewusstseins nicht als wirklich freie Entscheidung bezeichnet werden kann. Diese Ablehnung erfolgt im Regelfall aber auch nicht vollbewusst, denn nachdem der kreative Impuls aufgefangen wurde, sucht das Bewusstsein tatsächlich nach Wegen zur Umsetzung – aber eben unter Beibehaltung der Ich-Strukturen. Infolge des dadurch zu flachen Gefälles der disponiblen Energie entwickelt sich, durch ihre dann destruktive Wirkungsweise, eine stets zunehmende Zwangslage, die schließlich auch bewusst wird und so abermals den Appell zur Mitwirkung an den Zielen des Überbewusstseins zu Geltung bringt, nach der Devise: Wer nicht hören will, muss fühlen!

Der hochgerühmte freie Wille des Ichs wirkt unter diesen Gesichtspunkten wie ein Pinocchio, eine Marionette, die vor der Wahl steht, in einem vermeintlich ihrer Eitelkeit schmeichelnden Stück mitzuspielen oder wahrhaft menschliches Sein zum Ausdruck zu bringen.

Nun haben wir uns bei den bisherigen Betrachtungen primär an die Außenperspektive der Dinge gehalten. Die Erkenntnisse der Neurobiologen erlauben jedoch auch noch einen anderen Blickwinkel.

---

[59] Roth, Gerhard im Streitgespräch: „Das Hirn trikst das Ich aus", Der Spiegel Nr. 52/2004, S. 118.

Der Mensch am Steuer

Weil wir die Dinge der Welt sehen können, schließt das kindliche Vorstellungsvermögen, wie eingangs erwähnt, auf eine Seele, die im Körper wohnt und aus den Augen, wie durch Fenster, in die Welt hinausschaut. Im Biologieunterricht haben wir gelernt, wie das Licht durch Hornhaut, Linse und Glaskörper hindurch auf die Netzhaut mit ihren lichtempfindlichen Zellen trifft, welche ihrerseits die Impulse über den Sehnerv, den Nervus opticus, zur Sehrinde des Großhirns weiterleiten. Dort werden alle Informationen über Muster, Form und Farbe zusammengesetzt und verarbeitet. Das, was sich uns als ein Bild der Außenwelt darstellt, der blühende Garten, die Amseln, die auf der Wiese nach Regenwürmern picken und Franz, der gerade mit einer Tüte knackfrischer Brötchen vom Bäcker kommt, alles findet im Gehirn statt. Kein Lichtstrahl dringt nach Innen, alles, selbst der Raum und das Licht werden im Dunkel der Gehirnhöhle erschaffen.

Aber wir hören doch die Spatzen zwitschern und Franz's Schritte sich nähern! Doch was heißt hören? Es ist ein Aufnehmen von Energie, die in Form von Schallwellen in unser Ohr eindringt und das Trommelfell in Schwingung versetzt. Im Mittelohr wirken Hammer, Amboss und Steigbügel als Verstärker und leiten die Reize an das Innenohr weiter. Dort, in den Membranen der Hörschnecke, werden die Nervenzellen des Cortischen Organs erregt und die Impulse über den Hörnerv an das Gehirn weitergegeben. Dieses wertet sie aus, um schließlich den passenden Sound zu den Bildern des Großhirnkinos zu liefern. Also auch hier nichts Wirkliches, keine Realität.

Wir spüren doch das Brötchen in unserer Hand, fühlen seine ofenfrische Wärme! Nun, jedenfalls werden unsere Tastrezeptoren gereizt und leiten diese Impulse über die Nervenbahnen dem Gehirn zu, das daraus ein Gefühl von etwas Leichtem und Warmen entwickelt. – Echtes Fühl-Kino also. Wenn es eines Beweises bedurft hätte, dass die Sinnenwelt nur in unserem Hirn existiert und mit der realen Außenwelt nur bedingt übereinstimmen muss, der Cyberspace mit seinen virtuellen Welten liefert ihn.

Die ganze sinnesorganisch wahrgenommene Welt wird sozusagen im Gehirn erzeugt. Berge und Meere, alle Pflanzen, Tiere und Menschen mit ihren diversen Meinungen, ja selbst Mond und Sonne sowie die galaktischen Tiefen des Universums – sie sind in uns. Es ist ein ganzer Kosmos, ein Mikrokosmos, ein Abbild des angenommenen wirklich existierenden Kosmos, jedoch – und das gilt es dabei stets zu beachten – nach dem Ermessen unseres Gehirns gestaltet. Das einmal so entwickelte Modell einer Außenwelt dient fortan als Basis für die Arbeit des Bewusstseins. Denn da dieses nur eine begrenzte Anzahl von Informationen verarbeiten kann, greift das Gehirn auf in der Vergangenheit abgespeicherte Inhalte zurück. Dazu sucht es nach vergleichbaren Nervenmustern, die den aktuellen Reizen entsprechen. Was sich uns als Außenwelt zeigt, ist dann im Wesentlichen das abgespeicherte Modell, bei dem lediglich die Eindrücke aktualisiert werden, auf die sich unsere Aufmerksamkeit richtet. Auf alles andere reagieren wir entsprechend den einmal abgespeicherten Mustern. So entgehen uns die langsamen Entwicklungsprozesse des Partners, bis wir irgendwann feststellen, uns auseinandergelebt zu haben, und wir sehen die Gefahr in der gewohnten Umgebung nicht, weil wir „betriebsblind" sind. „Ins Bewusstsein gelangt nur das, worauf die Aufmerksamkeit liegt", sagt Wolf Singer, Direktor am Max-Planck-Institut für Hirnforschung in Frankfurt a. M.[60] Und der Hirnforscher Andreas Kreiter an der Universität Bremen erklärt:

„Wir haben ein inneres Modell dessen, was da draußen los ist. Und die Aufmerksamkeit hilft uns, jene Informationen der Sinnesorgane herauszufiltern, die wir brauchen, um das innere Modell upzudaten."[61]

---

[60] Singer, Wolf, zitiert nach: Henning Egelen, „Die Erfindung des Ich", GEO Kompak, Nr. 15, S. 87.
[61] Kreiter, Andreas, zitiert nach: Henning Egelen, „Die Erfindung des Ich", GEO Kompak, Nr. 15, S. 87.

Das Gehirn ist ein Objekt der Außenwelt. Darum ist es in der Innenperspektive als Schöpfer und Beobachter der mikrokosmischen Welt ohne Bestehensort. Sagen wir darum besser so: Im Mikrokosmos gibt es ein Bewusstsein, das den Impulsen aus der Außenwelt ein internes Erscheinungsbild verleiht, dem das Ich-Bewusstsein eine Wirklichkeit zumisst, ja, das sich selbst als Mittelpunkt dieser Wirklichkeit sieht und mit der zentralen Erscheinung identifiziert. Der formgebende Einfluss des mikrokosmischen Bewusstseins bleibt dem Ich-Bewusstsein nahezu völlig verborgen. Wie in Platons Höhlengleichnis starrt das Ich-Bewusstsein gebannt auf die Schattenbilder der (Gehirn-)Höhle, unfähig, sich von ihnen abzuwenden. Es wird deshalb nicht gewahr, dass es sich mitsamt seinem Mikrokosmos völlig von der wirklichen Welt isoliert hat, in der Höhle, sprich, im Körper, versunken ist. Es gleicht einem Schlafenden, der im Traum Bilder der Wirklichkeit mit eigenen Phantasien vermengt.

Bemerkenswert in diesem Zusammenhang ist die Vielzahl der Hinweise in der Bibel, die auf einen Schlafzustand des Menschen hinweisen und ein Erwachen fordern oder vom Auftun der Augen sprechen. Desgleichen in den östlichen Weisheitslehren: Die Inder nennen die Erscheinungen dieser Welt Täuschung (Maya), und Buddha lehrt den Weg zum Nirwana, das all das Bekannte eben nicht ist, eben keine Täuschung, oder wie Christus sagt: „Mein Reich ist nicht von dieser Welt" (Joh. 18,36). Auch alte Legenden wie die von Narziss, der sich in sein eigenes Spiegelbild verliebt, sind sinnbildliche Beschreibungen des menschlichen Seinszustandes aus Sicht der Innenperspektive.

Ist es nicht seltsam, dass wir durch unseren Körper nahezu völlig von den uns umgebenden Dingen abgeschnitten sind? Denn was wissen wir von der wirklichen Welt? Nichts – einzig, dass uns Energieimpulse erreichen, aufgrund derer wir unseren Mikrokosmos gestalten. Und genaugenommen basiert selbst dieses Wissen auf neurologischen Untersuchungen von Schattenbildern. Dennoch dürfen wir aufgrund der in unserem Mikrokosmos feststellbaren Gesetzmäßigkeiten auf vorhandene geistige Strukturen schließen.

Mit dem Wort „Ich" gehen wir gewöhnlich auf Distanz zu allem anderen Sein, derweil wir uns auf ein irgendwie geartetes privates Domizil zurückziehen. In der sinnesorganischen Abgeschnittenheit von der wirklichen Welt nimmt die konsequente Verwirklichung solch eines Ich-Zustandes Gestalt an. Von der wirklichen Außenwelt nichts mehr wahrnehmend, erfüllt das Ich den ganzen Mikrokosmos. Alles durchdringend, offenbart es sich in allen Erscheinungen – als ein Gott im eigenen Kosmos.

Warum dann aber diese Misstöne, die Widerstände und Streitereien? Warum sollte sich das Ich seinen Mikrokosmos so unbequem ausstaffieren? Treten wir, um dieser Frage nachzugehen, noch einmal in die Außenwelt hinaus: Alle Elemente, die Luft, die Ozeane, Pflanzen, Tiere und Menschen sind miteinander verknüpft und beeinflussen sich wechselseitig. Sie bilden gleichsam die Organe des umfassenden, lebendigen Organismus Erde. Die verschiedenen Modellrechnungen zur Prognose der Klimaentwicklung zeigen, wie empfindlich diese Systemprozesse sind. Es liegt auf der Hand, dass Organe primär dem Gesamtorganismus verpflichtet sind. Dessen ungeachtet besitzen sie eine ausgeprägte Individualität, schließlich sind Lunge, Leber, Herz und Nieren doch voneinander unterscheidbare Organstrukturen. Für die Zellen als Unterstrukturen der Organe gelten dieselben Prinzipien. Die Menschheit ist – als ein Organ – der Erde verpflichtet, und darum steht auch der individuelle Mensch – als Einzelzelle – dem Planeten gegenüber in der Verantwortung. Zum Ausgleich werden alle Zellen und Organe vom Gesamtorganismus versorgt und weiterentwickelt. Gerät nun das Verhältnis von Verantwortung und Individualität aus der Balance, dann entwickelt sich eine Fehlfunktion. Bei einer Überforderung seitens des Gesamtorganismus zerbricht das Individuum infolge Überlastung. Kommt hingegen das Individuum seiner Verantwortung nicht nach und nutzt die ihm zugeführte Energie nach eigenem Ermessen, dann entwickelt sich das, was in der Medizin als Krebszelle bezeichnet wird, eine individuelle Existenz, die sich dem Zellverbund verweigert und ihr eigenes Leben lebt. Wie in einem schwarzen Loch verschwindet jede Energie in ihr und wird nicht mehr herausgegeben. Dem Willen zum Einssein des Gesamtorganismus steht damit der Wille zum Einssein des Individuums gegenüber, dem Bewusstsein der elementaren Verbundenheit das Bewusstsein der Trennung.

Nicht die Individualisierung (im Sinne einer speziellen Ausprägung) bewirkt die Abtrennung von der Umwelt, sondern der Wille, selbst ein (abgeschlossenes) Ganzes zu sein, was bedeutet, das Bewusstsein der eigenen Individualität ins Zentrum zu setzen und zum Maß aller Dinge zu erheben. Ist, wie oben dargestellt, die „sinnesorganische" Abgeschnittenheit von der wirklichen Welt vollzogen und das ich-zentrale Bewusstsein zum Leitprinzip im Mikrokosmos geworden, dann hat sich der Trennungswille damit nicht erschöpft. Diese dynamische Kraftwirksamkeit setzt sich notwendigerweise nun innerhalb des Mikrokosmos fort. Das (abgeschlossene) Ganze will sich als Ganzheit gegenüber anderen erleben, und so zerbricht die gerade noch intakte Einheit des Mikrokosmos durch Aufspaltung des Bewusstseins. Der eine Teil – das Ich-Bewusstsein – definiert sich durch bestimmte Eigenschaften. Diese schreibt es einer Person zu, mit der es sich identifiziert. Das Bewusstsein für die auf diese Weise ausgegrenzten Nicht-Ich-Eigenschaften wird im Ich-Bewusstsein ausgeblendet und sammelt sich im anderen Bewusstseinsteil, dem sogenannten Unbewussten. Dieses übernimmt – gleichsam auf Geheiß des Ichs – die Ausgestaltung der Wesensmerkmale dieser Eigenschaften. In dem Maß, wie das Ich-Bewusstsein dem Unbewussten die Steuerung überträgt, engt es seine eigene Freiheit ein. Durch die ihm verborgene Arbeit des Unbewussten erlebt es sich zunehmend in Zwangslagen, zum Beispiel durch (unbewusste) Projektion der verdrängten Persönlichkeitsanteile auf ein scheinbares Außen. Wille und Handlung des Ichs werden auf diese Weise zunehmend vom Unbewussten gelenkt. Das Leben des Ich-Bewusstseins wird immer mehr zu einem Scheinleben. Die Persönlichkeit lebt kaum mehr – sie wird zunehmend gelebt – während das Ich-Bewusstsein wähnt, als König oder Königin im eigenen Mikrokosmos noch am Steuer zu stehen. Und wenn dieses Ich eines überhaupt nicht akzeptieren kann, dann ein Anzweifeln seiner Autonomie und Souveränität. Da fürchtet es um sein Selbstbestimmungsrecht, seine Unabhängigkeit und Freiheit. C. G. Jung spricht es darum deutlich aus:

> „Unsere wahre Religion ist ein Monotheismus des Bewußt-
> seins, eine Bewußtseinsbesessenheit mit fanatischer Leugnung
> der Existenz von autonomen Teilsystemen." [62]

Es ist nur zu verständlich, dass ein Aufschrei durch die Lande geht, jetzt, wo die Neurobiologen diesen Sachverhalt offenlegen und der Thron des Ichs ins Wanken gerät. Zudem ist der Rückweg abgeschnitten durch das Gefälle der disponiblen psychischen Energie. Es gibt kein Zurück zur einstigen „Glorie" des Ichs, zur selbstbezogenen Einheit im Mikrokosmos, ja, nicht einmal der Status quo lässt sich erhalten.

Infolge der sinnesorganischen Trennung von der Außenwelt ist unser Leben in eine Schattenwelt gefallen. Durch die verhängnisvolle Wechselwirkung zwischen dem Ich-Bewusstsein und dem seiner Art nach konservativen Unterbewusstsein entwickelte sich nun eine stets zunehmende Unfreiheit, ein Scheinleben. Wir drohen zu Schatten innerhalb der Schattenwelt zu werden, zu reinem Nichts. Unsere Situation wäre tatsächlich hoffnungslos, wenn es keine andere Lebensbasis als diesen alles Bewusstsein ausgrenzenden Prozess für uns gäbe.

Wenn wir das Individuum als Organ in einem größeren Organismus verstehen, dann treten deutlich drei Bewusstseinsfunktionen hervor: Gleichsam im Mittelpunkt steht das *Selbst*-Bewusstsein des Individuums. Durch das *Unter*-Bewusstsein ist es „nach unten" mit der niederen Organstruktur verbunden, während das *Über*-Bewusstsein es in ein größeres Gefüge einbettet. Das Überbewusstsein ist somit gewissermaßen ein transzendentes Bewusstsein, das den Bedürfnissen des Ganzen Rechnung trägt und sich eins damit weiß.

Die Grenzen zwischen den Bewusstseinszuständen sind fließend. In dem Maße, wie wir beispielsweise durch Heizung, warme Kleidung oder Hygiene für unser körperliches Wohlbefinden sorgen, ziehen sich die unterbewusst wirksamen, selbstregulierenden Funktionen des Körpers zurück. Das Unterbewusstsein kämpft nicht um Kompetenzen, aber was wir – über längere Zeit – selbst übernehmen, dafür haben wir dann auch sorgen.

---

[62] Jung, Carl Gustav: Kommentar zu: „Das Geheimnis der goldenen Blüte", Abs. 51.

Sonst wird der Körper krank, und es erfordert eine gewisse Zeit des Entzugs (der Bequemlichkeiten), ehe die Arbeit wieder vom Unterbewusstsein übernommen wird.

In ähnlicher Weise gestaltet sich das Verhältnis zum Überbewusstsein: Auch hier wird nicht gestritten. Obwohl das Überbewusstsein einer höheren Hierarchieebene angehört, ist es dem Individualbewusstsein nicht verboten, sich anders zu entscheiden. Wäre dieses ein reiner Befehlsempfänger, ein unfreier Mechanismus, dann hätte sich kein selbstbezogenes Trennungs-Bewusstsein eines sich autonom wähnenden Ichs entwickeln können, das sich anschickt, die Lebensgrundlagen seines Planeten zu vernichten. Selbstverständlich kann der Großorganismus Erde solch eine zersetzende Wirkungsweise nicht zulassen, weshalb die betreffenden Individuen eingekapselt werden, dergestalt, dass in ihren Mikrokosmen ein Rückkopplungsprozess wirksam wird, der sie die Art ihres Irrtums erkennen lässt, um sie daraufhin, mit tieferer Einsicht ausgerüstet, wieder ins Ganze zu integrieren. Mit anderen Worten, das ich-zentrale Bewusstsein erfährt eine Ent-Täuschung nach der anderen. Es hat dann die Möglichkeit, seine Täuschung (selbst ein Ganzes zu sein) einzusehen oder darin zu beharren. Im Beharrungsfall wird das Ich-Bewusstsein durch seinen Trennungswillen stets weiter in den einkapselnden Prozess hineingetrieben, wodurch die Selbstisolierung immer beklemmender zutage tritt. Das Überbewusstsein zieht sich in diesem Prozess zunächst immer weiter zurück, wird schließlich latent und beschränkt sich darauf, von Zeit zu Zeit einen regenerativen Impuls als einen Ruf zur Umkehr im Individualbewusstsein zu verankern. Dabei bedient es sich fundamentaler oder archetypischer Inhalte, die an den mikrokosmischen Urzustand einer harmonischen Einheit anknüpfen. Ideale, wie das Wahre, Gute und Schöne, Gleichheit, Freiheit, Liebe und Gerechtigkeit leuchten dann im Bewusstsein der Persönlichkeit auf. An der Reaktion zeigt sich, ob genügend Einsicht und Erfahrungsbewusstsein vorhanden ist, dem Trennungswillen, der Idee eines abgetrennten Seins, zu entsagen. Wo nicht, da nimmt die Katastrophe ihren unvermeidlichen Lauf, denn die Energie dieser Impulse ist unabweisbar auf die Reintegration in die bestehende Einheit gerichtet. Wo das Trennungsbewusstsein sich ihrer bemächtigt, da werden, über kurz oder lang, die Unzulänglichkeiten offengelegt und bewusst gemacht.

So mündete beispielsweise die Französische Revolution in ein Blutbad, bei dem sich zeigte, dass die Freiheit, die sie meinten, sich nicht durch Gleichheit auszeichnete und man durchaus nicht gewillt war, jedermanns Bruder zu sein.

Die sozialen Revolutionen, Anfang des 20. Jahrhunderts, die Gerechtigkeit forderten, mündeten in einen totalitären Überwachungsstaat, der seinen Bürgern misstraute.

Im Hitler-Deutschland sind die Impulse, welche die Menschen aus ihrer kleinmenschlichen, egozentrischen Existenz erlösen und zu wahrer Würde zurückführen wollten, nach außen projiziert worden. So folgte man dem vermeintlichen Erlöser, dem „Führer", der die auserlesene Menschenrasse zum „Herrenmenschentum" emporführe, hinein in das größte Inferno, das die Welt je gesehen hatte.

Und wieder wird die Menschheit gerufen, zur Einheit zurückzukehren, und sie schickt sich an, eine globale Weltordnung zu errichten. Wird dies gelingen? Einheit ist mehr als die Summe der Einzelteile. In der Einheit hat ein Trennungsbewusstsein keinen Platz. Die Art, in der die Globalisierung sich vollzieht, muss darum nachdenklich stimmen. Der amerikanische Physiker David Bohm weist mit folgenden Worten auf die Problematik hin:

> „Wie schon gesagt, können aber Menschen, die sich von solch einem fragmentierten Selbst-Weltbild leiten lassen, auf lange Sicht nicht umhin zu versuchen, durch ihr Handeln sich selbst und die Welt in Stücke zu brechen, wie es ihrer gewohnten Denkweise entspricht. Da die Fragmentierung in erster Linie einen Versuch darstellt, das analytische Zergliedern der Welt in getrennte Teile über den angemessenen Bereich hinaus fortzuführen, so bedeutet dies eigentlich den Versuch zu teilen, was in Wirklichkeit unteilbar ist. Der nächste Schritt wird dann darin bestehen, daß wir zu vereinigen versuchen, was sich in Wirklichkeit nicht vereinigen läßt. [...] Wahre Einheit im Einzelmenschen, zwischen Mensch und Natur, zwischen Mensch und Mensch kann sich nur durch eine Form des Handelns bilden, die nicht darauf aus ist, die

Ganzheit der Realität zu zerstören. [...] Wie gesagt, wir versuchen zu teilen, was eins und unteilbar ist, und dies hat im nächsten Schritt zur Folge, daß wir versuchen, gleichzusetzen, was verschieden ist.

Die Fragmentierung ist also ihrem Wesen nach eine Verwirrung angesichts der Frage, was verschieden und was zusammengehörig (oder eins) ist, aber das klare Erfassen dieser Kategorien ist in jeder Lebensphase notwendig. *Wer das, was verschieden ist und was nicht, durcheinanderbringt, bringt alles durcheinander.* Daher ist es kein Zufall, wenn unsere fragmentierende Denkweise ein derart breites Spektrum von Krisen hervorbringt: soziale, politische, ökonomische, ökologische, psychologische usw., und dies sowohl im einzelnen wie in der Gesellschaft im ganzen." [63]

Die Einheit braucht nicht geschaffen zu werden; sie ist. Sie will nur erkannt werden, um als inneres, leitendes Prinzip wirksam sein zu können, sei es als Gott, als Geist, als Liebe, Leben, wahres Selbst, Energie oder wie immer wir es benennen mögen. *Sie* ist das mysteriöse „Etwas", und es ist nun deutlich, warum es so verborgen und unzugänglich erscheint. Es ist unser vom Trennungsbewusstsein bestimmtes Denken, welches den Zugang verstellt.

Resümee

So zeigt sich die „Innenperspektive" als objektive Wirklichkeit, und – von ihr umfangen – die uns so gewohnte „Außenperspektive" der Dinge als subjektive Wahrnehmung eines selbstbezogenen Individuums. Aus dieser „Innenperspektive" heraus suchen die verschiedenen Religionen, Mythen und Märchen, jedes in der Sprache seiner Zeit, auf die Situation des Menschen hinzuweisen und ihn vor seine Aufgabe, die Wiederverbindung (lat.: re-ligio) mit der Einheit zu stellen.

Für unser gewöhnliches Ich-Bewusstsein, das aus der Idee eines abgetrennten Seins lebt, sind solche Überlegungen gedankli-

---

[63] Bohm, David: „Fragmentierung und Ganzheit". In: David Bohm: „Die implizite Ordnung – Grundlagen eines dynamischen Holismus", S. 36/37.

che Abstraktionen oder Märchen ohne jeden Realitätsbezug. Alle sinnesorganischen Wahrnehmungen bestätigen doch die Existenz von Einzeldingen! Die Einheit ist ein schönes, paradiesisches Ideal und erstrebenswert. Auch eine über das Einzelwesen hinausgehende göttliche, ordnende und schöpferische Macht kann es sich vorstellen (zumeist auch als Einzelwesen). Doch beides erscheint unendlich fern. Die Kluft ist unüberbrückbar.

Beide Sichtweisen bereiten uns Probleme. Die eine erlaubt eine ganzheitliche Sicht, doch um den Preis sinnesorganischer Abstinenz. Die andere wartet mit einer Welt voller Erscheinungen auf, doch dafür finden wir uns wieder als im All verlorene Einzelexistenzen. Beide sind für uns relevant. Diese beschreibt unsere jetzige Lebenssituation mit ihren Zwängen und Nöten, jene weist auf unsere Wurzeln, die Ursachen unseres Leidens und die Zielrichtung hin.

Wer das Trennungsbewusstsein hinter sich lassen will, der sei an dieser Stelle gewarnt: Es lässt sich nicht einfach die eine Sichtweise gegen die andere austauschen! Das ist die Methode des in Trennungen denkenden Bewusstseins! Wer sich als ein solches selbstbezogenes Individuum in die Innenperspektive wirft, der läuft Gefahr, sich seinen verdrängten, unbewussten Komplexen auszuliefern und von ihnen übermannt zu werden.

Wohl müssen wir, wie die Gefangenen in Platons Höhle, uns letztlich von den Schattenbildern lösen, wenn wir der Wirklichkeit teilhaftig werden wollen, doch dazu müssen wir sie zunächst als solche erkennen, müssen lernen, sie in der rechten Weise zu deuten, denn wozu werden sie uns vorgestellt, wenn nicht, um uns zu lehren, wie die Dinge sich in Wahrheit gestalten, auf dass, wo wir von den Erscheinungen abließen, wir uns im Wirklichen zurechtzufinden imstande wären. „Alles Vergängliche ist nur ein Gleichnis", so fasst Goethe es am Schluss seines zweiten Faustteils zusammen. Mittels der Phänomene sollen wir uns dem Wahren nähern. Dabei haben wir streng darauf zu achten, die Erscheinungen als das zu nehmen, was sie sind, und sie nicht mit Phantasien und Spekulationen zu vermengen. Auf diese Weise wird das uns vorgestellte Bild so weit wie möglich von den Vorstellungen des Trennungsbewusstseins gereinigt, wodurch die verschütteten ganzheitlichen Inhalte wieder hervorzutreten vermögen. Es ist dies ein Lernprozess, den Platon als Wiedererinnern der Seele bezeichnet[64], was ein unmittelbares Gewisswerden, eine Verbindung mit dem Eigentlichen (Episteme; Wissen) bedeutet und weit über eine Analyse oder das Ergebnis einer logischen Ableitung (Dianoia; Kenntnis), wie sie dem fragmentarischen Verstandesdenken eigen ist, hinausgeht.

---

[64] Platon: „Phaidon" 72-76; „Menon" 81.

Kann die Physik Geltung für die Seele haben?

Wollen wir uns Gewissheit verschaffen über die Rückschlüsse, die wir aus den Erkenntnissen der Neurobiologen gewonnen haben, und nach tieferem Verständnis trachten, dann wird es gut sein, die nüchternste aller Wissenschaften zu Rate zu ziehen, die am wenigsten Raum für Spekulationen bietet, die Physik. Keine andere Fakultät fühlt sich, wie sie, der exakten Beobachtung verpflichtet. So heißt es in der Einleitung eines Oberstufenlehrbuchs zur Physik:

> „Wollen wir Menschen die richtigen, naturgemäßen *Begriffe* und *Gesetze* finden, so ist uns nur dann Erfolg beschieden, wenn wir bescheiden und mühsam unser Denken nach den Tatsachen und nicht nach unseren Wünschen richten." [65]

Mit diesem Anspruch geraten wir aber bald an unsere Grenzen, wie Giordano Bruno bereits aufzeigte. Schon wenn wir ein Ereignis beschreiben und einen Begriff wählen, idealisieren wir, verlassen wir die Ebene des Wahrgenommenen und zwängen das Geschehen oder den Gegenstand in ein Denkmuster. Aus diesen „Denkschubladen" heraus bedienen wir uns, um Zusammenhänge zu erklären und Naturgesetze zu formulieren. Nun arbeitet die theoretische Physik so viel wie möglich mit allgemeinen, abstrakten Größen wie Kraft, Energie, Masse, Feld u. ä., deren Verknüpfungen sie mittels der Sprache der Mathematik auszudrücken sucht. Sie erhält dadurch zwar die größtmögliche Objektivität, doch letztlich bleiben auch die so formulierten Naturgesetze mathematische Konstruktionen mit hypothetischem Charakter, bleiben Versuche, sich dem mysteriösen „Etwas" zu nähern. So äu-

---

[65] Dorn: „Physik", S. 10.

ßerte sich Niels Bohr bezüglich der Aufgaben und Möglichkeiten der (Quanten-)Physik:

> „Es gibt keine Quantenwelt. Es gibt eine abstrakte quanten-physikalische Beschreibung. Es ist falsch anzunehmen, daß es die Aufgabe der Physik sei, herauszufinden wie die Natur ist. Physik interessiert sich für das, was wir über die Natur sagen können." [66]

Die Physik strebt danach, ihre Gesetze so zu formulieren, dass ihnen universelle Gültigkeit zukommt. Sie bleiben aber *Mittel* zum Verständnis und sollen mehr auch nicht sein. So schreibt Albert Einstein in „Mein Weltbild":

> „Wenn es nun wahr ist, daß die axiomatische Grundlage der theoretischen Physik nicht aus der Erfahrung erschlossen, son-dern frei erfunden werden muß, dürfen wir dann überhaupt hof-fen, den richtigen Weg zu finden? [...] Hierauf antworte ich mit al-ler Zuversicht, daß es den richtigen Weg nach meiner Meinung gibt und daß wir ihn auch zu finden vermögen. Nach unserer bisherigen Erfahrung sind wir nämlich zum Vertrauen berechtigt, daß die Natur die Realisierung des mathematisch denkbar Ein-fachsten ist. Durch rein mathematische Konstruktionen vermögen wir nach meiner Überzeugung diejenigen Begriffe und diejenigen gesetzlichen Verknüpfungen zwischen ihnen zu finden, die den Schlüssel für das Verstehen der Naturerscheinungen liefern." [67]

Nun ist die Wesensart der Erkenntnis eine zweifache. Auf der Basis reiner Kenntnis lassen sich die physikalischen Gesetze an-wenden, um Maschinen zu bauen oder Sonden zum Saturn zu schicken. Das Begriffsvermögen verbleibt dabei völlig auf der Ebene fragmentarischen Verstandesdenkens. Wenn es nicht so wäre: Die Atombombe wäre uns wohl erspart geblieben. In die-sem Sinne bemerkte A. Einstein in seiner Rede anlässlich der

---

[66] Bohr, Niels zitiert nach Arendes, Lothar: „Das Realismusproblem in der Quanten-mechanik", S. 24.
[67] Einstein, Albert: „Mein Weltbild", S. 129/130.

Eröffnung der 7. Deutschen Funkausstellung und Phonoschau 1930 in Berlin:

> „Sollen sich auch alle schämen, die gedankenlos sich der Wunder der Wissenschaft und Technik bedienen und nicht mehr davon geistig erfasst haben als die Kuh von der Botanik der Pflanzen, die sie mit Wohlbehagen frisst." [68]

Wenn wir darum die naturgesetzlichen Aussagen der Physik als *Schlüssel* zum Verständnis des Weltzusammenhangs betrachten, wie Einstein sagt, dann sind ihre Merksätze und mathematischen Formeln *Hilfsmittel* zu einem naturphilosophischen Weltverständnis, das weit über die Physik hinausreicht und auch unser Selbstverständnis auf den Prüfstand zu stellen vermag. Es geht dann nicht mehr um einzelne Objekte, um diese oder jene Eigenschaft; es geht dann darum, mit dem Eigentlichen in Verbindung zu kommen.

Diese Verfahrensweise, sich dem Mysterium des Daseins zu nähern, hat in Griechenland mit Thales von Milet ihren Anfang genommen. Aus dem eigenen Selbstverständnis heraus wurde nach dem Wesen der Materie gefragt. In der Folge wurde das antike Gottesverständnis mit seine Autoritäten von den Sockeln gestoßen und der Mensch vor seine Selbstverantwortung gestellt. Heute nun sehen wir uns mit dem Ausgangspunkt konfrontiert, unserem Selbstverständnis, unserer Identität. Erschien dem Menschen damals die Materie fragwürdig, nicht aber sein eigenes Ich, so stehen wir heute in der Situation, dass wir die Materie bis in die innere Struktur des Atoms hinein beherrschen können, dafür aber die eigene Seelenachse aus den Augen verloren haben. Die Suche nach dem Mysterium in der Außenwelt hat nicht zum Erfolg geführt. – Oder etwa doch? – Stets entzog es sich dem Zugriff, wich zurück wie eine Luftspiegelung. So ist der Mensch sich selbst zum Mysterium geworden. Das sich ausbreitende Interesse an östlicher Weisheit, Spiritualität und esoterische Themen weist

---

[68] Einstein, Albert: Eröffnungsansprache der 7. Großen Deutschen Funkausstellung und Phonoschau, Berlin, Haus der Rundfunkindustrie, 22. August 1930.

auf diese zunehmende Innenorientierung der Mysteriensuche hin.

Wozu dieser lange Weg durch die Irrungen der Außenwelt, wenn nicht, um ein Unterscheidungsbewusstsein auszubilden, welches imstande wäre, nun auch im eigenen Innenraum und frei von Schwärmereien und Mystifikationen, das, was wirklich ist und sein kann, zu trennen von all den Phantasien, Spekulationen, Halbwahrheiten und falschen Hoffnungen, die sich im Laufe der Zeit dort angesammelt und zu psychischen Komplexen verdichtet haben, die nunmehr unser Leben dominieren, statt dass wir selbst den Kurs bestimmen.

Wenn wir heute ein Wegbrechen der Traditionen und einen allgemeinen Zerfall der Werte in unserer Gesellschaft feststellen, dann offenbart dies eine nicht mehr genügende Kraft der alten Systeme, Ordnungen und Methoden, um ein offenes Hervorbrechen der Selbstbezogenheit zu verhindern. Nicht neue Gehege oder frische Weiden für egozentrische Ansinnen sind hier vonnöten, sondern eine rechte Einordnung des Teiles im Ganzen, nicht mittels eines stählernen moralischen Korsetts, das notwendigerweise an äußere Autorität gebunden wäre, sondern vielmehr auf Basis tiefer Ein-Sicht und Selbst-Erkenntnis.

Nun ist es sicher nicht nach jedermanns Geschmack, die Seele mit physikalischen Gesetzen in Zusammenhang zu bringen. Dieses Unbehagen folgt aber aus der Vorstellung, wir wüssten bereits, was Seele, Materie, Kraft oder Energie eigentlich seien. Wie Professor Oschwitz' Studenten hantieren wir dabei aber tatsächlich nur mit Platzhaltern, die unsere Unwissenheit bemänteln. Haben wir darum doch den Mut, die verschiedenen Ansichten des so ungreifbaren „Etwas" nebeneinander zu stellen. Es geht dabei ja auch nicht darum, den einen Blickwinkel (z. B. den religiösen) durch den anderen (etwa den biologischen) auszustechen. Wie eingangs bereits erwähnt, lässt sich das Wesen des „Etwas" auf diese Weise überhaupt nicht ergründen; alles verbleibt in der Domäne des Fragmentarischen. Erst mit genügend Abstand zeigt sich das Mosaikbild dem Betrachter. Jeder Stein hat seine Berechtigung; und wie dieser sich im Bild verlieren muss, um die Darstellung hervorzubringen, so ist selbst das Gesamtgebilde nur

Mittel, um der Intention seines Schöpfers Ausdruck zu verleihen. Das Eigentliche liegt also auf einer völlig anderen Ebene. Vorausgesetzt, wir halten unsere bruchstückhafte Kenntnis nicht bereits für das Wesentliche, kann sie uns als Brücke oder Schlüssel dienen, um mit dem Eigentlichen in Verbindung zu treten.

Zweifelsohne ist eine physikalische Herangehensweise im Sinne westlicher materialistischer Denkart jedenfalls konservativ und wird soviel als möglich ohne spekulative Elemente auszukommen trachten. Es geht – in Anlehnung an Niels Bohrs Aussage zur Physik – ja auch nicht darum, zu sagen, was Seele, Leben, Geist, Gott, Natur oder Einheit sei, sondern vielmehr darum, was wir objektiv darüber zu sagen vermögen.

Quanten – Physik der Einheit

Mit unseren vorhergehenden Überlegungen, wie die Einzelteile des Mosaikbildes sich zur Einheit formen, berühren wir bereits den zentralen Punkt der Quantenphysik. Wenn wir etwas als Einheit verstehen, dann uns selbst. Wir denken uns ja nicht als eine Ansammlung von Organen, Zellen und Flüssigkeiten, ordentlich in einem Ledersack verstaut, sondern als etwas über die Summe der Teile hinausgehendes, dem wir möglicherweise Ausdruck verleihen, indem wir von der Einheit von Körper, Seele und Geist sprechen. Was immer wir darunter auch verstehen mögen, es beweist die Existenz einer Vorstellung dessen, was Einheit sei.

Die Dinge um uns herum empfinden wir als „Anderes". Sie sind aus unserer Einheit ausgeschlossen. Was aber, wenn dieses Andere nicht da ist – keine Dinge, kein Raum, keine Zeit? – Sicher, diese Frage ist sehr hypothetisch, aber bei dem Versuch, sie zu beantworten, vermissen wir sofort ein Gegenüber, was die Unvollkommenheit eines Einheitsverständnisses offenlegt, das ausgrenzt, denn wo ein Etwas ein Anderes benötigt, um selbst existieren zu können, da sind beide nur Teile in einem größeren Zusammenhang. Natürlich fürchtet unser Ego sogleich, in diesem umfassenden Einen aufgelöst zu werden, und meldet in seiner Existenzangst Bedenken an.

Lassen wir diese emotionale Befindlichkeit aber zunächst einmal außer Acht, dann begegnen wir der Einheit an den beiden Endpunkten des Universums: Erstens ist da das All selbst, das alles umfängt und in dem alles ist. Von dieser Einheit vermögen wir nur die innere Struktur zu erkennen. Seine wahre Art bleibt uns verborgen, so wie den Nierenzellen die Art unserer Existenz verborgen sein mag. Zweitens dürfen wir die kleinsten Bausteine der Materie als abgeschlossene Einheiten auffassen.

Hier also die Einheit des Alls, dort die Einheit des Elementarteilchens – und dazwischen das Getrennte und Teilweise?

Beide Pole der Einheit sind mit uns, die wir uns getrennt wähnen, verbunden: Wir sind ein Teil des Kosmos, zugleich aber aus den Elementarbausteinen der Natur aufgebaut. Unser Erkenntnisvermögen ist deshalb auch zweifacher Art: Analytisch unterscheidend und intuitiv erfassend. Analytisch unterscheidend dort, wo uns die Teile selbst als ein Ganzes gegenübertreten, versehen mit Form und Eigenschaft. Es ist das Seziermesser, das Herz, Leber, Lunge, Gefäße, Zellen, Zellkerne, Moleküle und Atome scheidet oder, um ein größeres Objekt zu nehmen, staatliche Organe, Verwaltungsstrukturen und soziale Zellen.

Die innere Struktur, die die Einzelteile zusammenhält, die aus der Ansammlung der Zellen Organe und aus diesen einen biologischen Körper oder ein staatliches Gebilde erschafft, bleibt hierbei verborgen. Diese ist ihrem Wesen nach unsichtbar – wie Kraft. So wie Professor Oschwitz es seinen Studenten demonstrierte, können wir an den Dingen nur die *Wirkung* der Kraft feststellen. Allein, da die Kräfte auch auf uns einwirken und wir selbst mit ihnen umgehen (Druck erzeugen, etwas anziehen, abstoßen oder in Bewegung setzen ...), können wir sie erkennen und vermögen wir etwas über sie auszusagen. Das Erfassen des Geschehens ist dann intuitiv und wir versuchen es irgendwie auszudrücken, sei es durch mathematische Beschreibungen, wie in der Physik üblich, oder mehr gefühlsbetont, wenn wir beispielsweise ein Staatswesen charakterisieren, indem wir von dessen „Atmosphäre", dem Lebensgefühl oder dem dort „wehenden Geist" sprechen.

Feld

Gerade die gefühlsbetonte Beschreibung zeigt, dass diese innere Struktur am besten als Kraftfeld aufgefasst werden kann. Kraftfelder sind für uns nicht sichtbar. Wir können nur ihre Wirkungen erfahren, das Gravitationsfeld der Erde, wenn wir emporspringen und sofort wieder von der Erdanziehungskraft auf den Boden zurückgeholt werden. Allgemein bekannt sind noch elektrische und magnetische Felder sowie elektromagnetische Wechselfelder.

In der Physik wird von einem Feld gesprochen, wenn jedem Punkt in einem Raumgebiet eine physikalische Größe zugeordnet werden kann. Unsere Wetterkarten zeigen unter anderem die verschiedenen Temperatur- und Luftdruckwerte an und stellen auf diese Weise das Temperatur- und Luftdruckfeld dar. Beim Strömungsfeld des Windes kann neben der Windgeschwindigkeit auch noch die Richtung angegeben werden. Das ist dann ein Kraftfeld, vergleichbar einem Magnetfeld, in dem sich Eisenspäne nach den Feldlinien ausrichten.

In einem Kraftfeld wirkt eine Kraft zwischen zwei Raumpunkten, im Falle des Windkraftfeldes zwischen dem Zentrum des Hoch- und dem des Tiefdruckgebietes, im Falle eines Magneten zwischen dessen Nord- und Südpol. Beide Pole eines Kraftfeldes beeinflussen sich stets wechselseitig, weshalb von Wechselwirkung gesprochen wird. Der Begriff der Wechselwirkung ersetzt hier den in der Mechanik gebräuchlichen Begriff der Kraft. Eine polarisierende Wertung im Sinne von Täter und Opfer ist in einem Feld nicht möglich, denn definitionsgemäß sind stets beide Pole an den sie treffenden Einwirkungen beteiligt. Wir können es auch so sagen: Die Begriffe Subjekt und Objekt werden im Begriff der zwischen ihnen stattfindenden Wechselwirkung aufgehoben. Ohne Wechselwirkung wären Subjekt und Objekt völlig isoliert und hörten schon deshalb auf, Subjekt und Objekt zu sein. So schreibt Carl Friedrich v. Weizsäcker:

„Das, was wir empirisch als isoliertes Teilchen ansprechen, ist in Wahrheit selbst schon ein Ergebnis seiner Wechselwirkung mit der stets vorhandenen Umwelt. Solche Überlegungen legen es nahe, die Eigenschaften der ‚isolierten‘ Teilchen grundsätzlich als Wechselwirkungen aufzufassen." [69]

Das Lindenblatt ist grün. So denken wir gewöhnlich und halten die Wechselwirkung zwischen Blatt und Auge für ausgesprochen nebensächlich. Infolgedessen glauben wir, die Welt sei so,

---

[69] Weizsäcker: Carl Friedrich von: „Die Einheit der Natur", S. 164.

wie sie uns erscheint. Das Lindenblatt *ist* aber nicht grün. Es hat lediglich die Eigenschaft, Lichtstrahlung im grünen Frequenzbereich zu reflektieren. Nur weil es das grüne Licht weggibt, weil es das Grünsein verliert und gerade eben nicht mehr grün ist, nur darum kann es dem Auge als grün erscheinen. Aber auch das Auge ist nicht objektiv. Der Farbenblinde sieht das Blatt als Grauschattierung und einem ultraviolett- oder infrarotempfindlichen Auge mag das Lindenblatt noch völlig anders erscheinen. Bei der Aussage, das Blatt sei grün, handelt es sich also in gewisser Weise um eine subjektive Zuschreibung seitens des Wahrnehmenden. Das Blatt als grün gefärbt wahrzunehmen, ist also eine Eigenschaft des Beobachters. Grün *ist* das Blatt nur für ihn.

Die Eigenschaft des Lindenblattes, Licht im grünfrequenten Bereich zu reflektieren, und die des Auges, dieses wahrnehmen zu können, bilden lediglich die Voraussetzungen dafür, dass eine entsprechende Wechselwirkung zwischen ihnen stattfinden kann. Die Wechselwirkung selbst besteht in einem Energietransfer vom Blatt zum Auge, hier in Form eines Lichtimpulses im grünen Frequenzbereich. Sie entspricht sozusagen dem „geistigen" Band zwischen beiden.

Die Physik unterscheidet vier elementare Wechselwirkungen, auf die alle Kraftwirksamkeiten zurückgeführt werden können: Die Gravitation (oder Massenanziehung, auch Schwerkraft), die elektromagnetische Wechselwirkung, die schwache und die starke Wechselwirkung, wobei die beiden letztgenannten nur im Bereich der Atomkerne wirksam sind. Allen gemeinsam ist, dass „Subjekt" und „Objekt" ständig Energie austauschen, sei es als Licht- oder als Materiestrahlung. Die Physiker sagen: Sie tauschen ein Feldquant aus. Im Falle der elektromagnetischen Wechselwirkung ist es ein Lichtteilchen – Photon genannt – das als Feldquant, also als energieübertragendes Teilchen wirkt. Der Begriff „Quant" trägt dabei dem Umstand Rechnung, dass, nach der Entdeckung von Max Planck, Energie nicht beliebig stetig unterteilt werden kann, da sie in der Natur nur in kleinen Portionen, den sogenannten Energiequanten vorkommt. Heute würde er vielleicht gesagt haben: Die Energie ist nicht analog, sondern digital.

Wenn wir das Universum als Einheit auffassen, dann können äußere Kräfte nicht die Ursache der Bewegung der Materie sein. Auch in den Objekten isolierte Kräfte scheiden aus, da sie, eben wegen ihrer Isolation, nicht wirksam sein können. Folglich sind die bewegenden Kräfte des Weltalls *zwischen* den Objekten – zwischen Dir und mir. Diese Kräfte *sind* die Wechselwirkung.

Die Quantenphysik beschreibt darum die herrschenden Beziehungen *innerhalb einer existierenden Einheit.* Unser Bewusstsein, das gewohnt ist, mit getrennten Elementen zu operieren, etwa einem separaten Ich und einen separaten Du, wird dadurch in seiner Vorstellungskraft aufs Äußerste beansprucht. Am Beispiel der elektromagnetischen Wechselwirkung beschreibt Howard Georgi den Vorgang gleichsam als äußerer Beobachter:

„Die Quantenelektrodynamik beschreibt die Wechselwirkung zwischen geladenen Teilchen, beispielsweise zwei Elektronen, als Austausch eines dritten Teilchens. Dieses intermediäre Teilchen ist das Photon, das Quant der elektromagnetischen Strahlung. Das Photon ist ein masseloses Teilchen, das selbst keine Ladung besitzt und sich (per Definition) mit Lichtgeschwindigkeit bewegt. Indem man die elektromagnetische Kraft als Austausch von Photonen beschreibt, vermeidet man den problematischen Begriff von einer Fernwirkung über Entfernungen hinweg. Die Wechselwirkung ist nämlich jetzt auf zwei Ereignisse (an zwei Punkten in Raum und Zeit) reduziert: die Emission und die Absorption eines Photons." [70]

Vom aussendenden bzw. empfangenden Objekt aus betrachtet tritt die Kraft also in Teilchenform auf. Ein anderes Bild zeigt sich, wenn wir das Feldquant, das energieübertragende Teilchen, als Basis der Betrachtung wählen, wie der Physiker Bernhard Philberth:

---

[70]   Georgi, Howard: „Vereinheitlichung der Kräfte zwischen den Elementarteilchen", Spektrum der Wissenschaft, Juni 1981, S. 76.

„Die Wirkung hat kein Feld sondern *ist* Feld. Die Wirkungsintensität übt keine Kraft aus, sondern *ist* Kraft. Die individuelle Erscheinungsform der Wirkungsintensität *ist* die Ladungskraft – und in ihr existiert die elektrische Ladung und das elektrische Feld. [...] Ein Wirkungsquantum ist überhaupt kein ‚Teilchen‘, ‚Körper‘ oder etwas ähnliches. [...] Vielmehr sind die Wirkungsquanten eines Nukleons die Wirkung [...] des Nukleons selbst, in welcher das Nukleon Raum und Zeit erschließt und gestaltet. [...] Das Nukleon existiert überhaupt in diesen seinen Wirkungsquanten und als diese Wirkungsquanten in Raum und Zeit. Die Wirkungsquanten erfüllen nicht den Nukleonenraum, sondern stellen ihn überhaupt dar. Der Raum ist wesenhaft Wirkung; er existiert als Energie mal Zeit in den Nukleonenquanten. Dieser Raum ist radial auf das existenztragende Elementarvolumen hinorientiert und bildet so das Nukleonenfeld; das Feld, d. h. die Raum-Zeit-Existenz."[71]

Wird das Augenmerk auf die Wechselwirkung gelegt, dann verschmelzen Objekt, Feld und Raum zu einer Einheit. Die Wirkung, der Energieaustausch und die Existenz des Teilchens *ist* der Raum. Warum aber kann dann das Objekt im Raum gefunden werden? Diesen Widerspruch löst Carl Friedrich von Weizsäcker wie folgt auf:

„M. a. W., ich glaube nicht, daß Raum und Wechselwirkung grundsätzlich trennbare Phänomene sind, sondern daß der Ort eines Objektes nichts anderes ist als diejenige seiner Eigenschaften, von der seine Wechselwirkung mit anderen Objekten abhängt. Daß es aber überhaupt eine solche Eigenschaft oder Eigenschaftsklasse gibt, folgt aber, so scheint mir, aus dem Sinn des Objektbegriffs."[72]

Wirkung bedeutet Energieaustausch und dieser Energieaustausch ist nicht etwas, das mit der Materie geschieht, sondern er

---

[71]   Philberth, Bernhard: „Der Dreieine", S. 251/252.
[72]   Weizsäcker, Carl Friedrich von: „Die Einheit der Natur", S. 204.

ist eine Eigenschaft der Materie. Etwas personifizierter ausgedrückt: Die Materie existiert überhaupt nur dadurch, dass sie sich verschenkt. Es ist – wenn man so will – das göttliche Gesetz der Liebe. Dieses Prinzip hält das Universum umfangen und durchdringt alles. In biologischen Systemen findet es beispielsweise Ausdruck in den diversen Stoffwechselprozessen.

Die Feldquanten der Gravitation und der elektromagnetischen Wechselwirkung erfüllen also gleichsam den ganzen universellen Raum bzw. stellen ihn überhaupt dar. Da diese Aussage für jedes Teilchen gleichermaßen gilt, bedeutet dies, dass alle Dinge den *gleichen* Raum einnehmen, mithin alles in allem und alles in jedem existiert, ja, dass selbst alles in Einem (dem Universellen) und das Eine in jedem ist.

Es ist meines Erachtens dieser Aspekt der Materie, auf den die alten Weisheitslehren die Aufmerksamkeit lenken, wenn es zum Beispiel in der Bibel heißt:

„An dem Tage werdet ihr erkennen, daß ich in meinem Vater bin und ihr in mir und ich in euch." (Joh 14,20)

„Das Reich Gottes kommt nicht mit äußerlichen Gebärden; man wird auch nicht sagen: Siehe hier! oder: da ist es! Denn sehet, das Reich Gottes ist inwendig in euch." (Luk. 17,20-21)

„Wisset ihr nicht, daß ihr Gottes Tempel seid und der Geist Gottes in euch wohnt?" (1.Kor 3,16)

oder in der Chândog ya-Upanishad:

„In der Brahmaburg (des Leibes) ist eine kleine Lotusblüte als Behausung. Darin ist ein kleiner Innenraum. Was in diesem sich befindet, muß man erforschen, das muß man zu erkennen suchen. [...] ‚So groß wie hier dieser Raum, so groß ist der Raum im Innern des Herzens. Himmel und Erde sind beide darin enthalten, Agni und Vâyu beide, Sonne und Mond beide, Blitz und Gestirne;

was hier (des Menschen) ist und was nicht, das alles ist darin enthalten.'" [73]

Und im Kybalion des Hermes Trismegistos heißt es:

„Wenn Alles im All ist, so ist es in gleicher Weise wahr, daß das All in Allem ist." [74]

Was wir von den Wirkungen wahrzunehmen vermögen, sind ausschließlich Ereignisse, also Zustandsänderungen in der Zeit. Was aber ist Zeit, wenn nicht die Zustandsänderung der Objekte. Carl Friedrich von Weizsäcker geht von der Relativitätsphysik aus, wenn er schreibt:

„Von der Materie ausgehend sagten wir bisher: Materie ist die Substanz der Dinge. Energie ist das Vermögen, Materie zu bewegen. Wenn Materie und Energie identisch sind, so ist Materie zugleich das Vermögen, sich selbst zu bewegen. Hierin bleibt ein Dualismus von Substanz und Bewegung. Warum bewegt sich die Substanz überhaupt, und warum ist sie zugleich das Vermögen, sich zu bewegen? Gehen wir von der Zeit als Grundbegriff aller Physik aus, so werden wir etwa sagen: Alles, was ist, ist letzten Endes Zeit. Um Zeit sein zu können, muß es Änderung, d. h. Bewegung sein. [...] Sie muß also zugleich das Vermögen sein, sich selbst zu verändern, d. h. zu bewegen." [75]

Das überrascht – nicht wahr? Wir sind in unserem Denken gewohnt, Bewegung aus dem Wirken äußerer Kräfte abzuleiten. Inkonsequenterweise sind wir aber auch davon überzeugt, unsere Bewegung selbst zu verursachen. Messen wir da mit zweierlei Maß? An dieser Stelle neigen wir dazu „das Leben" oder „unsere Seele" zur Rechtfertigung unserer Inkonsequenz zu bemühen, ohne allerdings, wie bereits besprochen, über deren Wesen Aus-

---

[73]   Châdogya-Upanishad, Der Lotus des Herzens, in: „Upanishaden: Die Geheimlehre der Inder", S. 122.

[74]   Hermes Trismegistos: „Kybalion", S. 55.

[75]   Weizsäcker, Carl Friedrich von: „Die Einheit der Natur", S. 346.

kunft geben zu können. Die verschiedenen Platzhalter für das mysteriöse Etwas, in diesem Falle „Leben" und „Seele", lassen sich bequemerweise dazu benutzen, die gewohnte Sichtweise nicht in Frage zu stellen und so eine Annäherung an das existenzielle Wesen des Seins zu verhindern.

Bevor wir mit der weiteren Untersuchung der Strukturprinzipien der Materie fortfahren, möchte ich das Augenmerk zunächst auf einige Aspekte der uns umgebenden Felder lenken. Gerade weil wir unsere Umgebung gewöhnlich als im Raum angeordnete Gegenstände wahrnehmen, übersehen wir nur allzu leicht die Vielzahl der einwirkenden Felder. Wie im Beispiel des grünen Lindenblattes gezeigt, laufen wir dabei stets Gefahr, uns über Ursache und Wirkung zu betrügen, was eventuellen Projektionen und unbilligen Schuldzuweisungen den Boden bereitet.

Lebensfelder

Uli Deker und Harry Thomas haben sich die Frage gestellt, in welchem Ausmaß ein Zuschauer mit seiner Masse von 75 kg in etwa 1 m Entfernung vom Billardtisch die Bewegung der Billard-Kugeln beeinflusst. Obgleich die vom Zuschauer ausgehende Gravitationskraft (Schwerkraft) kleiner ist als ein Milliardstel des Eigengewichts der Kugel, zeigt die Nachrechnung,

„[...] daß bereits die neunte Karambolage – je nach Position des Beobachters – einen völlig offenen, unberechenbaren Ausgang nimmt. Der Winkel, unter dem die Kugeln auseinanderfahren, kann alle Werte zwischen 0 und 360 Grad annehmen [...]. Nach anfänglicher Unbedeutsamkeit wachsen die Abweichungen also explosionsartig an. Das zeigt auch die Übertragung auf ein Gas, beispielsweise Sauerstoff. Die Sauerstoff-Moleküle kann man sich als Kügelchen vorstellen, die ständig aufeinanderprallen. Was geschieht, wenn sie durch die winzigste Kraft gestört werden, die überhaupt denkbar ist: die Gravitationskraft, die von einem Elektron am ‚Rande' des Universums, also in rund 10 Milliarden Lichtjahren Entfernung ausgeht? Allein dieses eine, unvorstellbar weit entfernte Elektron macht die Bewegung der irdischen Sauerstoffmoleküle ab dem 56sten Zusammenstoß unberechenbar."[76]

Angesichts dieser beeindruckenden Ergebnisse nimmt es wenig wunder, wenn externe planetarische Einflüsse steuernd auf chemische Reaktionen einwirken. Beispielsweise fällen im Wasser gelöste Stoffe im Frühjahr langsamer aus als im Herbst, weil die Intensität des Erdmagnetfeldes jahreszeitlicher Veränderung unterworfen ist. Hervorgerufen wird dies durch die Doppelbewegung der Erde um die Sonne und beider um das Galaxiszentrum. Gegenüber diesem Zentrum bewegt sich die Erde dabei innerhalb des galaktischen Magnetfeldes in unterschiedlichen Richtungen und kreuzt dessen Kraftlinien in wechselnden Winkeln, was die Intensitätsschwankungen des Erdmagnetfeldes hervorruft.[77]

Auch Materialien unseres täglichen Umgangs bewirken elektrische und magnetische Feldwirkungen, selbst wenn sie uns als elektrisch und magnetisch neutral gelten. In einigen chemischen Verbindungen, wie z. B. dem Wassermolekül, weichen die Schwerpunkte der positiven und der negativen elektrischen Ladung aufgrund der atomaren Struktur voneinander ab. Die Moleküle wirken dadurch als Dipol, d. h. wie kleine Stabmagnete, besitzen also einen positiven und einen negativen magnetischen Pol. Beim Wasser ist diese Eigenschaft besonders ausgeprägt. Ihr verdanken wir unter anderem, dass Kochsalz sich im Wasser auflöst, denn die magnetische Wirksamkeit der Wassermoleküle ist stark genug, um die Ionenverbindung der Kochsalzstruktur zu lösen. Die Ionenlösung selbst ist dann, als Elektrolyt, elektrisch leitfähig. Weil der menschliche Körper zu etwa zwei Dritteln aus Wasser besteht, ist eine Reaktion auf elektrische und magnetische Feldwirkungen voraussehbar.

Die Evolution der biologischen Systeme entwickelte sich selbstverständlich unter dem Einfluss des elektromagnetischen Feldes der Erde, mit all seinen Schwankungen, hervorgerufen

---

[76] Deker, Uli und Harry Thomas: „Unberechenbares Spiel der Natur: Die Chaos-Theorie", Bild der Wissenschaft 1/1983, S. 68 und 73.

[77] Sigel, Felix: „Schuld ist die Sonne", S. 128/129.

unter anderem durch ständige Änderung der Sonnenaktivität und kosmische Strahlung. Es ist darum nicht verwunderlich, dass Lebewesen sehr sensibel auf Schwankungen elektrischer und magnetischer Felder reagieren. Die Wirkung solcher sehr schwacher elektrischer und magnetischer Felder auf Organismen ist von Alexander Pressmann, Professor der Biophysik an der Universität Moskau, untersucht worden. Wie sich zeigte, reagierten die Lebewesen selbst bei Feldenergien unterhalb der mittleren Energie der Wärmebewegung der Moleküle, und zwar intensiver, als dies rein physikalisch erklärbar wäre. Sie reagierten also primär nicht als mechanisches, sondern als informationsverarbeitendes System.[78][79]

Jeder Empfang einer Wirkung bedeutet auch den Empfang eines Signals, einer Information. Im Gesamtorganismus addieren sich die einzelnen Informationen nicht nur, sondern werden zu einer Gesamtinformation verarbeitet. Ausgelöste chemische Prozesse, die Dipolwirkung des körpereigenen Wassers, die Ionen im Blut, die durch Reibung im Blutplasma statisch aufgeladen Erythrozyten, elektrische Nervenreaktionen und, nicht zuletzt, das Vermögen der Nervenzellen, als Hertzscher Dipol, also wie eine Antenne zu wirken, sie alle liefern die Buchstaben, die in den Zellverbänden, Organen und im Gesamtorganismus in gewisser Weise zu Worten, Sätzen und Texten zusammengefügt werden. Daraus ergibt sich die auf den ersten Blick unverständliche Tatsache, dass Reaktionen des Gesamtorganismus sich auf molekularer oder zellulärer Ebene manchmal nicht nachweisen lassen.[80]

Bei heiterem Wetter bildet sich über freien Flächen ein elektrisches Gleichfeld in der Atmosphäre aus, auch Schönwetterfeld genannt. Dieses regt viele biochemische Lebensprozesse und Organfunktionen an, erhöht die Abwehrkraft gegen Krankheiten und den Sauerstoffgehalt des Blutes, wirkt sich also günstig auf Gesundheit und Wohlbefinden aus. Das gilt aber nur für das Gleichfeld.[81] Durch meteorologische Prozesse in der näheren

---

[78] Pressmann, Alexander S.: „Electromagnetic Fields and Life".
[79] Pressmann, Alexander S.: „Elektromagnetische Felder – Informationsträger in der lebenden Natur".
[80] Sigel, Felix: „Schuld ist die Sonne", S. 124.
[81] Leibold, Gerhard: „Trotz Wetterfühligkeit gesund und fit", S. 19.

Umgebung, wie Gewitter oder der Durchzug von Warm- und Kaltfronten, wird das Gleichfeld gestört. Es entstehen elektrische und magnetische Wechselfelder, die im Körpergewebe elektrische Ströme induzieren. Bei empfindlichen Personen können sich dadurch physische und psychische Beschwerden einstellen, sobald die neue Wetterlage sich mit ihrem ungünstigen Elektroklima stabilisiert. Das kann Stunden oder gar Tage vor dem tatsächlichen Wetterwechsel geschehen und wird bislang aus den langen elektromagnetischen Wellen erklärt, die dem Wetterumschwung lange Zeit vorausgehen.[82]

Konkrete Einflüsse elektrischer und magnetischer Felder auf den menschlichen Körper sind noch nicht vollständig erforscht. Für Nervensystem, Hypophyse, Hypothalamus und die Zirbeldrüse konnte A. Pressmann jedoch eine Empfängerfunktion eindeutig nachweisen. Außer Frage steht auch eine Beeinflussung des vegetativen Nervensystems, speziell das Zusammenwirken von Sympathikus und Parasympathikus.[83] Infolge der Wechselbeziehung zwischen dem vegetativen Nervensystem und den Hormondrüsen wird auch der Hormonhaushalt in Mitleidenschaft gezogen. Des Weiteren gibt es Studien, die einen erhöhten Austritt von Kalziumionen aus Nervenzellen unter elektrischen Wechselfeldern belegen. Kalziumionen kommt eine wichtige Funktion beim Zellstoffwechsel und bei der Reizleitung über Nervenzellen zu. Außerdem wird eine Veränderung des Kalziumstoffwechsels u. a. mit einer Beeinflussung des Immunsystems und des Melatoninspiegels in Verbindung gebracht.[84]

Elektromagnetische Wellen wirken als elektrische und magnetische Wechselfelder auf den Organismus ein. Ihnen gegenüber verhalten sich die einzelnen Nervenfasern wie eine Antenne, denn da die Nerven als elektrische Leiter wirken, kann in ihnen, durch externe Felder, auch ein Strom induziert werden. Die Länge der Nervenfaser bestimmt dabei die Empfangsfrequenz. So ist bei vielen Untersuchungen biologischer Systeme eine ausgeprägte Fenstereigenschaft festgestellt worden, und zwar sowohl hin-

---

[82] Ebd., S. 44/45.
[83] Ebd., S. 25.
[84] Gralla, Gisbert: „Elektrosmog", S. 16.

sichtlich der verwendeten Frequenzen als auch der Intensitäten. Mit anderen Worten, bestimmte Reaktionen treten nur in einem begrenzten Frequenz- und Intensitätsbereich auf, darüber und darunter jedoch nicht.[85] Das Empfangsverhalten ist also unserem Gehör vergleichbar, das nur dann auf Schallwellen reagiert, wenn diese bestimmte Frequenzen und Intensitäten nicht über- bzw. unterschreiten. Die Frequenzen entsprechen hierbei der Tonhöhe, die Intensitäten der Lautstärke.

Selbstverständlich wirken die Nervenzellen nicht nur als Empfangsantenne, sondern ebenso als Aussender elektromagnetischer Wellen. Vielleicht haben Sie selbst schon einmal etwas Ähnliches erlebt: Ihr Vorgesetzter tritt in den Raum, und sofort wissen Sie: Er ist „geladen". Da lassen Sie ihn am besten in Ruhe, damit Sie „keinen gewischt bekommen". Die physikalischen Begriffe haben längst Eingang in unsere Umgangssprache gefunden, wenn wir von solchen – außersinnlichen – Wahrnehmungen berichten. Denken wir zum Beispiel an die „geladene" Atmosphäre, die „knisternde Spannung", die „elektrisierende" Nachricht, den „Funken", der überspringt. Es ist eine Frage der Abstimmung, ob diese atmosphärischen Informationen bewusst oder unbewusst wahrgenommen werden.

John Hagenbeck vermutet hier den Ausgangspunkt tierischer Verständigung, wenn er von den Forschungsarbeiten Prof. Dr. Alexander Alexejews spricht:

„Er konnte einwandfrei feststellen, daß sowohl beim Menschen als auch beim Tier jede seelische Erregung Nervenströme auslöst. Diese Ströme können genau gemessen werden. Das ganze Nervensystem aber ist eine in sich geschlossene Kette, die genau so aufgebaut ist wie es elektrische Schwingkreise sind. Von elektrischen Schwingkreisen aber gehen unter Umständen Wellen aus. Diese Wellen sind, seit wir Radiowellen als eine Selbstverständlichkeit betrachten, nichts Ungewöhnliches. Sie kennen auch keine Grenzen. Sie gehen über den Körper hinaus und breiten sich kreisförmig weiter aus. Noch wissen wir nicht genau, ob die

---

[85] Gralla, Gisbert: „Elektrosmog", S. 20.

elektromagnetischen Wellen, die im Hirn und in den Nervenzellen entstehen, allein verantwortlich sind für gewisse Regungen, die wir beim Tier beobachten, wenn es in engster Gemeinschaft mit dem Menschen lebt. [...] Es sind Wellen und Ströme, die aber auch von Tier zu Tier funktionieren. Wir haben es also mit einer Verständigung der Lebewesen untereinander zu tun. Allerdings muss eine Abstimmung erfolgt sein. Die Tiere untereinander verstehen sich. Die Verständigung zwischen Mensch und Tier ist schon schwieriger. Aber die Wellen, die vom tierischen Hirn ausgehen, können vom Menschen aufgenommen werden. Die Hirnwellen des Menschen können vom Tier empfangen werden. Dabei bleibt noch zu erforschen, inwieweit das Herz bei den tierischen Wellenströmen eine besondere Rolle spielt. Beim Menschen ist es wahrscheinlich ganz ähnlich. Denn schließlich ist es unser Herz, das blutet, das leidet, das versagt, das bricht.

So würde es sich erklären, wieso manche Menschen sich mit den ihnen ans Herz gewachsenen Tieren verständigen können, ohne ein Wort zu sagen, nur durch Gedanken, durch einen winzigen Fingerzeig, durch – eine Gleichschaltung, wie man sie sonst nur schwerlich zwischen Menschen herstellen kann. Das Tier ist passiver und nimmt deshalb stärker auf." [86]

Der Amerikaner David Thomson entwickelte einen Detektor, vergleichbar einem EKG, mit dessen Hilfe er das elektromagnetische Kraftfeld von Personen in einiger Entfernung zu messen vermochte. Zusammen mit Dr. Jack Ward aus Trenton, New Jersey, entdeckte er, dass das Kraftfeld eines Menschen die Frequenzen der Kraftfelder anderer Personen aus der Entfernung erfasst und von ihnen beeinflusst wird. Um seine Annahme, die Kraftfelder reagierten auf Furcht, Aggression, Panik oder Freundlichkeit anderer Personen zu beweisen, baute er einen Sender, mit dem er „Angstwellen" senden, also ein Feld aufbauen konnte, das dem einer äußerst ängstlichen Person glich. Die Menschen reagierten sofort darauf. Thomson berichtete, dass sich ein überfüllter Raum binnen 15 Minuten entleerte, nachdem er diesen Sender

---

[86] Hagenbeck, John: „Aug' in Aug' mit 1000 Tieren", S. 298/299.

eingeschaltet hatte. Mit einem anderen Sender, der „Ruhewellen" ausstrahlte ließ sich dagegen das Kraftfeld entspannter, heiterer Personen verdoppeln.[87]

Wenn wir von Verantwortung sprechen, dann verbinden wir damit für gewöhnlich unser äußeres Handlungsleben. Gedanken und Gefühle betrachten wir als innereigene Privatangelegenheit. Doch die hier aufgezeigten Wechselwirkungen drängen dazu, unsere Verantwortung viel weiter zu fassen. Schon in der Bergpredigt heißt es (Matth. 5, 21-22):

> „Ihr habt gehört, daß zu den Alten gesagt ist: ‚Du sollst nicht töten; wer aber tötet, der soll des Gerichts schuldig sein.' Ich aber sage euch: Wer mit seinem Bruder zürnet, der ist des Gerichts schuldig [...]"

Gedanken oder Gefühle, als elektromagnetische Wellen in die Welt gesetzt, nehmen ihren unaufhaltbaren Lauf. Jeder, der eine „Antenne" dafür hat, kann sie auffangen. Diese Impulse können dann einen Anstoß geben, einen vorhandenen Spannungszustand verstärken oder als letzter Tropfen das Fass zum überlaufen bringen. – – – Wer ist dann der Täter?

Es scheint, dass die Individualität nicht so lokalisiert ist, wie wir gemeinhin glauben. Wir sind gewohnt, sie mit *einem* Körper zu verknüpfen. Unter dem Feldaspekt ist diese Sichtweise unzureichend, und es drängt sich die Frage auf: Wo hört die eigene Individualität auf und wo fängt die des anderen an? Diese Frage lässt sich, wie wir oben gesehen haben, *prinzipiell* nicht beantworten, weil der Raum wesenhaft Wechselwirkung *ist*. Es ist die Trennungsidee unseres ich-zentralen Bewusstseins, die uns hier den Blick verstellt.

In einer alten indischen Sûtra wird die Beziehung der Individuen zueinander bildhaft dargestellt, bekannt als das Juwelennetz der Indra:

---

[87]   Maclean's Magazine, Sept. 1968: „Science and Psi" nach: Ostrander, Sheile und Lynn Schroeder: „PSI", S. 346.

„Oben im unendlich weiten und breiten Himmel hängt ein ebenfalls unendlich großes Netz. An jeder Masche dieses Netzes hängen wiederum unzählbar viele Kugeln. Jede Kugel hat je eine andere Farbe: eine glänzt weiß, eine andere blau, noch eine andere gelb (usw.). Alle Kugeln spiegeln sich gegen-, in- und miteinander wunderschön ... Da fällt eine Kugel aus dem Netz herunter. Dann ist die Farbe einer benachbarten Kugel verändert, und dies wirkt weiter auf die benachbarte Kugelfarbe ... Schließlich sind alle Kugelfarben anders geworden als zuvor ...“ [88] [89] [90]

Der Raum ist Wechselwirkung. Mit anderen Worten: Das Umfeld eines jeden hat eine Entsprechung zu seinem Wesen. Darum erleben wir immer wieder vergleichbare Situationen, begegnen wir immer wieder den gleichen Menschentypen und stehen immer wieder vor ähnlichen Problemen. Sicher sehen wir die Dinge stets vor dem Hintergrund unserer psychischen Gewohnheiten, unseres Charakters und unserer persönlichen Geschichte. Aber unser Umfeld entspricht dem auch. Im Feldaspekt lassen sich innen und außen nicht trennen.

Wir sind – gleichsam wie im Traumleben – mitten in unseren Seelenkonflikt hineingestellt. Wir besitzen hierbei eine handelnde Individualität, die umgeben ist von Verkörperungen ihrer verschiedenen Seelenaspekte. Die Facetten, mit denen sich das Ich-Bewusstsein nicht identifizieren mag, die es ausgrenzt, wird es in entsprechender Weise in seiner Umgebung wiederfinden. Kampf und Widerstand erzeigen sich darum stets als ungeeignete Mittel zur Konfliktbewältigung. Auch ignorieren und weglügen lassen sich die Probleme auf Dauer nicht, denn ein Weglaufen ist im eigenen Seelenfeld nicht möglich. Das Problem will in seinem Wesenskern erkannt und überwunden werden. Niemand kann

---

[88] Okochi, Ryogi: „Der Mensch als Bodhisattva: Zur interkulturellen Verständigung“. In: Pfeiffer, H.: „Denken und Umdenken: Zu Werk und Wirkung von Werner Heisenberg“, S. 244.

[89] Vgl.: Giordano Brunos Monadenlehre s. S. 44.

[90] Gottfried Wilhelm Leibniz vergleicht die Monaden mit den Perspektiven unter denen ein und dieselbe Stadt betrachtet werden könne. Jeder Punkt bietet einen anderen Blick, ist jedoch auch selbst Element der Stadt und wirkt an ihrem Erscheinungsbilde mit. „Monadologie“ 57.

sagen: „Ich habe keine Lust dazu!" Er kann es zwar sagen, aber seine Lebensaufgabe wird sich wie ein Schatten an seine Fersen heften und ihn immer wieder vor das Mysterium seines Daseins stellen. Auch ein vertraglich geregeltes, friedvolles Nebeneinander wird keine dauerhafte Lösung bewirken. „Du sollst deinen Nächsten lieben wie dich selbst" (Matth. 22,39) verlangt keine Schöntuerei, sondern eine Totalität: Die Beseitigung der Grenze zwischen Ich und Nicht-Ich. Es geht dabei nicht um mentale Konstruktionen im Sinne eines „positiven Denkens"; es geht um wirkliche Selbst-Erkenntnis wie es bereits in der 1614 veröffentlichten Rosenkreuzerschrift „Fama Fraternitatis R.C." heißt:

> „[...] damit der Mensch doch endlich seinen Adel und seine Herrlichkeit erkenne und verstehe, warum er Mikrokosmos genannt wird und wie weit sich seine Kunst in der Natur erstreckt." [91]

Eine unbestimmte Welt

Wenn wir die räumliche Lokalisierung der Individualität zugunsten einer Feldbeschreibung aufgeben, dann müssen wir auch die Frage nach der Unterscheidung von Ich und Du und unsere Beziehung zueinander einer Prüfung unterziehen. Wenn sich die elektromagnetischen Felder gegenseitig durchdringen und die Nervenzellen sowohl als Sende- wie auch als Empfangsantennen wirken, dann werden alle aus der gleichen „Atmosphäre" gespeist, dann sind wir einander vollkommen gleich, einzig, dass ein jeder sich aktuell in anderen Lebensumständen befindet. Diese Lebensumstände, die unser Umfeld bilden, bestimmen dann unsere Erscheinungsform – vergleichbar den Widerspiegelungen der Kugeln im Netz der Indra. Durch dieses elektromagnetische Netz sind wir dann in gewissem Sinne bestimmt.

Ich spreche hier mit Absicht nicht von der Individualität, sondern von der Erscheinungsform. Diese wird vom Netz bestimmt. Das heißt, an gleicher Stelle, unter genau gleichen Umständen

---

[91]   Anonym: „Fama Fraternitatis R.C. oder Bericht der Bruderschaft des hochlöblichen Ordens R.C an alle Häupter, Stände und Gelehrten Europas". In: Jan van Rijckenborgh: „Der Ruf der Bruderschaft des Rosenkreuzes", S. XXI.

reagieren alle genau gleich, so wie der Netzknoten, also die örtliche Feldstärke es vorgibt oder zulässt. Die Nervenströme werden erregt, erzeugen Gefühlszustände, Gedanken und Handlungsimpulse. Diese werden – wie oben dargestellt – von der Hirntätigkeit einem fiktiven, mit der Erscheinungsform verknüpften „Ich" zugeschrieben, das selbständig zu agieren meint. Und dies ist nun die eigentliche Tragik: Die ich-zentrale Denkweise erzeugt ihrerseits eine elektromagnetische Wirksamkeit. Das atmosphärische Feld, aus dem wir „leben", erhält dadurch einen zunehmend egozentrischen Charakter und fördert die Ausbildung bzw. den Erhalt eines Trennungsbewusstseins. In dieser Matrix sind Freiheit, Liebe oder Gerechtigkeit völlig illusorisch; ja selbst das eigene Leben wird zur Fiktion.

Indem wir mit anderen Erscheinungsformen in Kontakt treten, nehmen wir sinnesorganisch an der Wechselwirkung teil. Am Beispiel des grünen Lindenblattes hat sich gezeigt – und so sagen es ja auch die Hirnforscher – dass wir unseren sinnesorganischen Wahrnehmungen nicht a priori vertrauen, sondern sie bestenfalls als erkenntnistheoretisches Hilfsmittel oder als Messinstrument verwenden können. Dessen ungeachtet verstehen wir uns gerne als neutrale, objektive Beobachter des Geschehens um uns herum. „Wir haben schließlich mit eigenen Augen gesehen und genau gehört!" Entspricht dies nicht einer objektiven physikalischen Messung? In der Tat, wenn wir uns auf den reinen Beobachtungsvorgang beschränkten. Grünes Licht strahlt uns vom Lindenblatt her entgegen. Das lassen uns die Sinnesorgane wissen. Was darüber hinausgeht, ist Hypothese, Meinung, Glaube, Einsicht oder inneres Erfassen. In jedem Fall ist es individuell. Mögen mit der Wahrnehmung verknüpfte Aussagen noch so sehr der Wahrheit entsprechen, für jene, denen sie sich nicht erschließt, bleiben sie nur Gelerntes und Gehörtes, bleiben also Hypothese, Meinung oder Glaube. Kurz: Für die Theorie, mit der wir unsere sinnesorganischen Wahrnehmungen unterlegen, sind und bleiben wir selbst verantwortlich. Wir können glauben, dass das Lindenblatt grün *ist,* vielleicht weil alle sagen, dass es grün ist. Es bleibt *für uns* dann auch grün. Es tut uns den Gefallen – bis zum Herbst...

„Ich habe es mit eigenen Augen gesehen und selbst gehört ...“ Dieser Satz begleitet in den seltensten Fällen eine reine Wahrnehmungsbeschreibung. Meistens wird auf diese Weise versucht, eigene hypothetische Vorstellungen zu zementieren, so wie der kleine Fridolin seinen skeptischen Freund vor die Tatsache stellt, doch selbst den Weihnachtsmann gesehen zu haben.

Um nicht solchem Wunschdenken aufzusitzen, arbeitet die Physik unter der Hypothese, die Naturerscheinungen gehorchten einem geistigen Gesetz, und dieses lasse sich im Wesentlichen in der Sprache der Mathematik beschreiben. Ihren Anfang nahm diese Art der Naturerkenntnis mit Thales, dem es 585 v. Chr. gelang, mit Hilfe mathematischer Berechnungen eine Sonnenfinsternis vorauszusagen, womit er bewies, dass die Bewegungen der Gestirne nicht der Willkür der Götter, sondern vielmehr Gesetzen gehorchten, die der Mensch zu ergründen vermöge. Hiermit hatte ein Erkenntnisprozess eingesetzt, in dem die Natur selbst den um Einsicht ringenden Menschen führen konnte. Alle Hypothesen waren zugelassen, allein durch die konsequente Anwendung offenbarte sich in der Natur ihr Wahrheitsgehalt, und dort, wo Vorstellung und Wirklichkeit sich nicht deckten, da zwang sie den Menschen zu genauerem Hinsehen und tieferem Ergründen. Werner Heisenberg hat die über die Physik am Anfang des 20. Jahrhunderts hereinbrechende Notwendigkeit zum Umdenken und das Ringen der Physiker um die richtige Einordnung der Fakten in verschiedenen Vorträgen und Aufsätzen zum Ausdruck gebracht.

„Seit der Planckschen Entdeckung des Wirkungsquantums im Jahre 1900 war in der Physik ein Zustand der Verwirrung entstanden. Die alten Regeln, nach denen man über zwei Jahrhunderte lang die Natur erfolgreich beschrieben hatte, wollten nicht mehr zu den neuen Erfahrungen passen. Aber auch diese Erfahrungen selbst waren in sich widersprüchlich. Eine Hypothese, die sich in einem Experiment bewährte, versagte in einem anderen. Die Schönheit und Geschlossenheit der alten Physik schien zerstört, ohne daß man aus den oft divergierenden Versuchen einen wirklichen Einblick in neue und andersartige Zusammenhänge hätte gewinnen können. Ich weiß nicht, ob es erlaubt ist, den Zustand der Physik in jenen 25 Jahren nach Plancks Entdeckung [...] mit den Zuständen der heutigen modernen Kunst zu vergleichen. Aber ich muß gestehen, daß sich mir dieser Vergleich immer wieder aufdrängt. Die Ratlosigkeit bei der Frage, was man mit den verwirrenden Erscheinungen tun solle, die Trauer über die verlorenen Zusammenhänge, die doch immer so überzeugend aussehen, all dies Unbefriedigende hat doch das Gesicht der beiden so verschiedenen Bereiche und Epochen in ähnlicher Weise bestimmt. Dabei handelt es sich offenbar um ein notwendiges Zwischenstadium, das nicht übersprungen werden kann und das die spätere Entwicklung vorbereitet. Denn, so hieß es bei Pauli, jedes Verstehen ist ein langwieriger Prozeß, der lange vor der rationalen Formulierbarkeit des Bewußtseinsinhalts durch Prozesse im Unbewussten eingeleitet wird. Die Archetypen funktionieren als die gesuchte Brücke zwischen den Sinneswahrnehmungen und den Ideen.

In dem Moment aber, in dem die richtigen Ideen auftauchen, spielt sich in der Seele dessen, der sie sieht, ein ganz unbeschreiblicher Vorgang von höchster Intensität ab. Es ist das staunende Erschrecken, von dem Plato im ‚Phaidros' spricht, mit dem die Seele sich gleichsam an etwas zurückerinnert, was sie unbewußt doch immer schon besessen hatte."[92]

Und in seinen „Erinnerungen an Niels Bohr" schreibt er über sein erstes persönliches Gespräch mit ihm:

„Ich verstand zum erstenmal, daß Bohr seiner eigenen Theorie viel skeptischer gegenüberstand als manche andere Physiker jener Zeit [...] und daß die Kenntnis der Zusammenhänge für ihn nicht aus einer mathematischen Analyse der zugrunde gelegten Annahmen entsprang, sondern aus einer intensiven Beschäftigung mit den Phänomenen, die es ihm ermöglichte, die Zusammenhänge mehr intuitiv zu erfühlen als abzuleiten. So also ent-

---

[92] Heisenberg, Werner: „Die Bedeutung des Schönen in der exakten Naturwissenschaft". In: Werner Heisenberg: „Schritte über Grenzen", S. 267/268.

steht Naturerkenntnis, und erst im zweiten Schritt kann es gelingen, das Erkannte mathematisch zu präzisieren und der vollen rationalen Analyse zugänglich zu machen. Bohr war primär Philosoph, nicht Physiker; aber er wußte, daß in unserer Zeit Naturphilosophie nur dann Kraft besitzt, wenn sie sich dem unerbittlichen Richtigkeitskriterium des Experiments in allen Einzelheiten unterwirft." [93]

Was den Physikern jener Zeit so zu schaffen machte, war der Umstand, dass die Ergebnisse ihrer Experimente keine eindeutigen Aussagen mehr zuließen. Bis dahin war man davon ausgegangen, dass die Dinge, salopp gesagt, sind wie sie sind und es nur eine Frage der Messgenauigkeit sei, um tiefere Einblicke in das Wesen der Materie zu gewinnen. Nun stellte sich aber eine *grundsätzliche* Unbestimmtheit heraus. Damit zusammenhängende Phänomene drängten schon Ende des 19. Jahrhunderts in den Vordergrund. Die Physiker hegten da aber noch die Hoffnung, die Widersprüche durch eine allgemeine physikalische Theorie auflösen zu können.

So gab es für das Licht zwei experimentell bestätigte Hypothesen, die sich gegenseitig jedoch ausschlossen. Die eine behauptete, dass es sich beim Licht um eine Teilchenstrahlung handele: Jedes Lichtteilchen, das die Netzhaut des Auges trifft, erzeugt eine Lichtempfindung. Dem entsprechend wird beim sogenannten Photoeffekt die Energie des Lichtteilchens auf ein Elektron der Photoplatte übertragen, wodurch dieses aus seiner Bindung herausgelöst werden kann. Auf diesem Prinzip entwickelte sich die Fotografie. Wenn ein Strom solcher Teilchen die Erdoberfläche trifft, dann muss sich durch den Aufprall dieser Teilchen ein gemittelter Flächendruck ergeben, vergleichbar niederprasselnder Regentropfen oder Hagelkörner. Nach der Einsteinschen Gleichung lässt sich dieser Druck mit ca. 0,0005 Gramm pro Quadratmeter berechnen, was etwa einem halben Kilogramm pro Quadratkilometer entspricht. Dieser Strahlungsdruck konnte auch tatsächlich nachgewiesen werden. Er ist damit Teil des Son-

---

[93] Heisenberg, Werner: „Erinnerungen an Niels Bohr aus den Jahren 1922 – 1927". In: Werner Heisenberg: „Schritte über Grenzen", S. 53/54.

nenwindes, der beispielsweise die Schweifbildung der Kometen bewirkt.[94]

Die zweite Hypothese beschreibt das Licht als Welle, woraus sich Lichtbrechung, Polarisation, Interferenz- und Beugungserscheinungen erklären lassen. Der Regenbogen und die mit zunehmender Entfernung unschärfer werdenden Schattenkonturen sind hierfür alltägliche Beispiele. 1888 gelang Heinrich Hertz der Nachweis der von James Clerk Maxwell bereits beschriebenen elektromagnetischen Wellen, und er erkannte das Licht als Teil des elektromagnetischen Spektrums.

Es ergibt sich also eine paradoxe Situation: Das Licht flutet als Welle durch den ganzen Raum, trifft aber als Korpuskel nur ein einzelnes Elektron. Die Intensität einer Welle nimmt mit der Entfernung ab, d. h., mit der Entfernung von der Lichtquelle wird es dunkler. Und doch wird dem einen getroffenen Elektron die volle Energie des Lichtteilchens übertragen. Was nun ist also das Licht, Welle oder Körper?

Die gleiche Problematik stellte sich schließlich im Bereich der Elementarteilchen auch für „echte“ Materie. Werner Heisenberg versuchte, die Teilchen als Korpuskel zu beschreiben, um den Wellencharakter zu widerlegen, während Erwin Schrödinger eine reine Wellenmechanik entwickelte. Beide mathematischen Ansätze wurden – verblüffenderweise – gleichermaßen durch das Experiment bestätigt.

Heisenbergs Ansatz zeigt als Ergebnis eine *grundsätzliche* Genauigkeitsgrenze auf, dergestalt, dass es zum Beispiel unmöglich ist, Ort und Geschwindigkeit eines Teilchens gleichzeitig beliebig genau zu messen (Heisenberg'sche Unschärferelation oder Unbestimmtheitsrelation). Schrödingers Wellenmechanik beschreibt ein Wahrscheinlichkeitsfeld, ist also statistischer Natur. Es bildet das Kollektivverhalten (die Wellenbewegung) korrekt ab, erlaubt darum aber über das Individuum (den einzelnen Wassertropfen) keine konkrete Aussage. Umgekehrt: Ist der Aufenthaltsort eines Tropfens bekannt, dann lässt sich daraus noch lange nicht auf das Kollektiv schließen. So ist es auch in der Praxis: Auf der Photoplatte zeigt sich das Individuum, am Prisma das Kollektivverhal-

---

[94] Dorn: „Physik“, S. 392.

ten. Es ist also die Art der Messung, oder allgemeiner: die Fragestellung des Beobachters, die bestimmt, was in Erscheinung tritt. Der Beobachter verliert damit seine Unschuld. Er nimmt durch seine Beobachtung am Geschehen teil und bestimmt mit, was geschieht. Indem der Beobachter sich selbst aus der Wechselwirkung des beobachteten Geschehens herausnimmt, stört er den ursprünglichen Zustand der Einheit. Das, was sich ihm dann als Phänomen zeigt, ist dementsprechend auch nichts real Existierendes mehr. Das Licht oder die Materie ist kein Teilchen; es ist auch keine Welle. Einzig die *Beobachtung* lässt sich als Teilchen oder Welle *beschreiben*.

Wer oder was ist Albert? Wie ist er, wenn er sich mit seinem Freund Max trifft, wie, wenn er mit seiner Ehefrau Josephine zusammen ist? Wie erscheint er seinen Kollegen, seinem Vorgesetzten oder seiner Freundin Lina? Wie stellt Albert sich dar, wenn er mit Max und Josephine zusammen ist, oder Josephine ihn mit Lina trifft? Allein weil Albert mit seinen Bekannten in Wechselwirkung tritt, können wir eine Aussage über ihn machen. Doch die Art seines Erscheinens wird durch die Eigenart seiner Bekannten mitbestimmt. Wenn ihn mit Lina eine untadelige Freundschaft verbindet, dann vermag das unerwartete Auftauchen seiner von Eifersucht geplagten Ehefrau doch Reaktionen hervorzurufen, die ihre Eifersucht bestärken, obwohl faktisch kein Anlass dazu besteht.

Es gibt für uns keine Objektivität. Jeder lebt in einer Wirklichkeit, die durch ihn selbst beeinflusst ist, sei es durch seine Erkenntnisfähigkeit, seine Erwartung oder seinen Seinszustand. Dieser Einfluss ist auch elektromagnetisch nachweisbar, wie Eduard Naumow erklärt:

> „Wir zeichneten ein genaues elektromagnetisches Bild von einer Gruppe auf. Dann führten wir eine neue Person ein – und sofort änderte sich das gesamte elektromagnetische Schema der Gruppe." [95]

---

[95] Ostrander, Sheila und Lynn Schroeder: „PSI", S. 133.

Beobachter und Objekt bilden zusammen eine einzige Realität. Jede Trennung in Einzelaspekte führt unweigerlich zu Fehldeutungen. Wir müssen uns dessen bewusst werden – so drückt Bohr es aus – „daß wir nicht nur Zuschauer, sondern stets auch Mitspielende im Schauspiel des Lebens sind."[96]

Jede Auflösung des Existierenden in Einzelobjekte bedeutet die Zerstörung des ursprünglichen einheitlichen Zustandes. Die Einzelobjekte können dann zwar als Teile der ursprünglichen Einheit aufgefasst werden, bleiben aber in der Summe hinter dieser zurück. Es ist etwas verloren gegangen, denn eine Ansammlung von Organen oder eine Zusammenstellung der notwendigen chemischen Stoffe, selbst wenn sie vollständig ist, bleibt fragmental und ist etwas anderes als die Einheit des Lebewesens, dessen Teile sie waren.

Wenn nun Beobachter und Objekt als eine einzige Realität zu sehen sind, beide aber als Gesamtheit, sozusagen zusammenaddiert, hinter der Einheit zurückbleiben, wie ist dann die Existenz von Einzelobjekten einzuordnen? Dazu schreibt Carl Friedrich von Weizsäcker:

> „Für sich betrachtet ist also ein quantenmechanisches Objekt Eines und hat nicht zugleich eine bestimmte Lage und eine bestimmte Bewegung. Wir müssen aber darüber hinaus fragen, wie es zur räumlichen Bestimmung für Objekte kommt. Dies geschieht nur durch Wechselwirkung mit anderen Objekten. Beschreibt man nun die Wechselwirkung rein quantenmechanisch, so ist sie die innere Dynamik eines aus den wechselwirkenden Objekten bestehenden Gesamtobjekts; das ursprünglich betrachtete Objekt ist in diesem Gesamtobjekt ‚untergegangen'."[97]

Wir müssen also neben dem Beobachter und dem beobachteten Objekt als drittes die Einheit berücksichtigen, die beide umschließt. Es bereitet uns Schwierigkeiten, die umfassende Einheit als einflussnehmenden Faktor zu erkennen, was, wie schon ge-

---

[96] Heisenberg, Werner: „Das Naturbild der heutigen Physik". In: Werner Heisenberg: „Schritte über Grenzen", S. 101.

[97] Weizsäcker, Carl Friedrich von: „Die Einheit der Natur", S. 485.

sagt, offenbar in unserem Trennungsbewusstsein begründet liegt, denn wir haben keine Schwierigkeiten, wenn wir sagen: Alberts Herz klopft schneller, wenn er an Josephine denkt. Im Gegenteil: Beschränkten wir uns auf die Feststellung neuronaler Ströme im Großhirn, die eine Anregung der Herzmuskelaktivität bewirkten, dann fehlte uns etwas. Der Bezug erschiene maschinell – unlebendig. Erst durch das Herz und Hirn umschließende Element, das wir hier „Albert" nennen, erscheint uns das Geschehen belebt. Wer oder was ist nun „Albert"? Ich will „Albert" hier einmal als „Seele" des Geschehens bezeichnen. Das umschließende, Herz und Hirn koordinierende Steuerungselement ist dann die Seele. Nichts anderes ist die umfassende Einheit des Zusammenwirkens des Beobachters mit dem beobachteten Objekt. Hier zeigt sich die Feldwirkung, die eine räumliche Lokalisierung der Beteiligten nicht mehr erlaubt. Allgemein gilt also: Die Seele kommt in der Wechselwirkung der von ihr umschlossenen Dinge zum Ausdruck. Damit ist sie ein quantenphysikalisches Objekt. So kann der Begriff *„Seele" definiert werden als quantenphysikalisches Objekt mit innerer Struktur*. Aufgrund der in der Quantenphysik beschriebenen Wechselwirkungen ist das im Grunde natürlich eine unnötige Doppelung. Ich möchte damit auch nur allgemein deutlich machen, dass die Seele nicht aus den Elementen des Körpers *besteht*, sondern als Strukturprinzip die Einzelteile als ein Ganzes *zusammenwirken lässt*.

Der klassischen Aussage zum Geltungsbereich der Quantenphysik wird damit – in praktischer Hinsicht – nicht widersprochen. Denn selbstverständlich genügt in der Welt der uns geläufigen Dimensionen die klassische Physik, um die Bewegung der Körper hinreichend genau zu beschreiben. Wäre es nicht so, die Ergebnisse der Quantenphysik würden uns nicht so befremden. Alberts Körper wird uns darum kaum mit Quantensprüngen überraschen. Grundlage *dieser* Sichtweise ist, genaugenommen, unser Trennungsdenken, denn wir sehen den Körper aufgebaut aus in sich abgeschlossenen Organen, Zellen, Molekülen und Atomen. Die einzelnen Quanteneffekte gehen dabei im statistischen Mittel unter. Das Laub in den Wipfeln mag noch so zittern; der Feldberg liegt da, ruhig wie immer, mag Wind sein oder nicht.

Ein quantenphysikalisches Objekt ist aber Eines. Die Seele kann nicht, wie der Körper, als eine Anhäufung in sich abgeschlossener Einzelelemente angesehen werden. Deshalb sind die Aussagen der klassischen Physik nur bedingt auf sie anwendbar und treten quantenphysikalische Phänomene in den Vordergrund. Hier, auf der Seelenebene, sind uns sogenannte Quantensprünge und Unvorhersehbarkeiten doch nicht fremd? Hier erleben wir die Abhängigkeit vom Umfeld und wie dieses auf unser Verhalten Einfluss nimmt. Nur weil die Seele selbst Teil dieser Welt ist, konnten die quantenphysikalischen Phänomene überhaupt (wieder-)entdeckt und verstanden werden.[98]

Unverkennbar zeigt sich die Seele als quantenphysikalisches Objekt mit innerer Struktur in der engen Wechselwirkung der Organe und Zellen im Allgemeinen und in den Kommunikationsstrukturen wie Blut, Lymphe und Nerven im Besonderen. So ist von sich aus verständlich, dass eventuelle Zustände der „Seele" in den Organen zum Ausdruck kommen, mithin alle Krankheit psychosomatisch begriffen werden kann. Durch Substanzen, die den körperlichen Organen zugeführt werden (Nahrungsmittel, Diäten, Hormone, chemische Präparate etc.), lassen sich dann – gleichsam von unten – Seelenzustände in gewisser Weise erzwingen. Methodisch wird so Krankheiten und körperlichen Unpässlichkeiten begegnet oder psychische Entspannung und gar Bewusstseinserweiterung gesucht.

Es springt hier aber auch sofort die Grenze dieser Verfahrensweise ins Auge, bzw. es zeigt sich die Basis, auf der eine erfolgreiche Therapie ruhen muss. Alle zugeführte Substanz vermag nur in dem Maße in den Organen zu wirken, als das übergeordnete, steuernde Prinzip es zulässt. Kein äußerer Eingriff vermag grundsätzliche Unzulänglichkeiten der Führungsebene zu berichtigen. Dazu bedarf es Einsicht, der im Normalfall ein durch Notlagen und Unglücksfälle in Gang gesetzter Bewusstwerdungsprozess vorausgeht. Für Thorwald Dethlefsen und Rüdiger Dahlke liegt darin das Wesen der Krankheit:

---

[98] Vgl. Heisenberg-Zitat Fußnote 92.

„Es fehlt an Bewußtheit, dafür hat man ein Symptom."[99]

Dieses, so weiter, kann dem Kranken helfen,

„[...] das *ihm Fehlende* zu finden und so das eigentliche Kranksein zu überwinden. Jetzt wird das Symptom zu einer Art Lehrer, der hilft, uns um unsere eigene Entwicklung und Bewußtwerdung zu kümmern, und der auch viel Strenge und Härte zeigen kann, wenn wir dieses, unser oberstes Gesetz mißachten. Krankheit kennt nur ein Ziel: uns heil werden zu lassen."

Bezüglich der biologischen Formenbildung (Morphogenese) weist der Biochemiker Rupert Sheldrake auf die Unzulänglichkeit hin, diese allein aus den Genen heraus erklären zu wollen:

„In Ihrem Körper zum Beispiel ist das gleiche genetische Programm in Ihren Augenzellen, in Ihren Leberzellen ebenso wie in den Zellen Ihrer Arme und Beine vorhanden. Aber wenn sie alle identisch programmiert sind, warum entwickeln sie sich dann so unterschiedlich? [...] Ihre Form läßt sich nur mit etwas erklären, was über die Gene und die von ihnen koordinierten Proteine hinausgeht."[100]

Als steuerndes Element sieht er sogenannte morphogenetische Felder, die auf Vermutungen der Biologen Hans Spemann (1921), Alexander Gurwitsch (1922) und Paul Weiss (1923) zurückgehen[101] und über die Gurwitsch schreibt:

„Der Ort des embryonalen Geschehens und der Formbildung ist ein Feld (im physikalischen Sprachgebrauch), dessen Grenzen mit den jeweiligen des Embryos im allgemeinen nicht zusammenfallen, vielmehr dieselben überschreiten. Die Embryogenese spiele sich mit anderen Worten innerhalb eines Feldes ab [...]. Dasje-

---

[99] T. Dethlefsen: „Krankheit als Weg", S. 23.
[100] Sheldrake, Rupert: „Der 7. Sinn der Tiere", S. 354f.
[101] Sheldrake, Rupert: „Gedächtnis der Natur", S. 132.

nige, was uns als lebendes System gegeben ist, bestünde demnach aus dem sichtbaren Keim (oder Ei) und aus einem Feld."[102]

Die Art solcher biologischer Felder ist offensichtlich elektrodynamischer Natur, wie Dr. Harald Burr, Professor der Neuroanatomie an der Yale-Universität feststellte. Alle lebende Materie ist davon umgeben, von der Keimzelle bis hin zum ausgewachsenen menschlichen Wesen.[103] Mit Hilfe der Kirlian- oder Hochfrequenzfotografie können diese „biologischen" Felder sichtbar gemacht werden. Man könnte bei diesen Luminizenzmustern eine Abbildung der elektrischen Aktivität der Zellen vermuten, wäre da nicht der Umstand, dass das Feld, beispielsweise das eines Blattes, vollständig bleibt, selbst wenn ein Teil abgeschnitten ist. Erst wenn mehr als ein Drittel des Blattes abgeschnitten wird, stirbt das Blatt und das Feld löst sich auf. Es scheint eine Art Organisationsfeld zu sein. Wenn Pflanzen erkranken, verändern sich ihre Luminizenzmuster. Und vor allem: Diese Veränderungen zeigen sich bereits, ehe sie in der Substanz überhaupt nachgewiesen werden können.[104]

Auf ein Organisationsfeld weisen auch Versuche von Dr. Alexander Studitskij am sowjetischen Institut für tierische Morphologie hin. Er füllte die Wunde einer Ratte mit zerhacktem Muskelgewebe aus. Aus dieser Masse gestaltete der Körper daraufhin einen völlig neuen Muskel.[105] Es scheint hier der gleiche Mechanismus am Werk, wie bei der so wunderbaren Transformation, die innerhalb der Puppenhülle stattfindet, die den Zellverband der Raupenform auflöst und aus eben derselben Substanz eine völlig andere Formoffenbarung mit gänzlich anderen Eigenschaften erzeugt, nämlich einen Schmetterling, und zwar unter Beibehalt individueller Erfahrungen aus dem Raupenstadium, wie neuere Forschungsergebnisse, durchgeführt an der Georgetown University, zeigen.[106]

---

[102] Gurwitsch, Alexander: „Über den Begriff des embryonalen Feldes", S. 392.
[103] Burr, H. S. und F. Northrop: „The Elektro-Dynamik Theory of Life".
[104] Ostrander, Sheila und Lynn Schroeder: „PSI", S. 184 ff.
[105] Salisbury, Harrison E. (Hrsg.): „The Soviet Union: The Fifty Years".
[106] Blackiston, Douglas: zitiert nach Süddeutsche Zeitung vom 11.3.2008.

Für all diese nachweislich vorhandenen Erscheinungen gibt es bislang noch kein allgemein anerkanntes theoretisches Modell, nicht einmal eine einheitliche Benennung. Die Ursache mag unter anderem in unserer konventionellen Unterscheidung von belebter und unbelebter Materie wurzeln, denn solange wir hieran festhalten wollen, muss notwendigerweise das den lebendigen Körper beseelende Feld anderer Natur sein als die physikalischen Felder der „toten" Materie. Da aber der lebendige Körper aus „toter" Materie aufgebaut ist, geraten wir in eine Erklärungsnot, in der wir uns mit künstlichen Konstruktionen oder metaphysischen Begrifflichkeiten helfen, die als Platzhalter des mysteriösen „Etwas" unweigerlich sehr „wolkig" bleiben. Vergegenwärtigen wir uns, dass es noch gar nicht so lange her ist, das den Frauen eine Seele, den Tieren Gefühle und den Pflanzen Leben abgesprochen wurde. Dies berücksichtigend, erscheint die Grenzziehung wenig fundiert und recht willkürlich.

Wenn wir darum den Begriff Seele als quantenphysikalisches Objekt mit innerer Struktur definieren, dann lässt sich dieser gleichfalls auf Tiere und Pflanzen anwenden. Auch Moleküle und Atome, alles hat eine innere Struktur. Selbst die kleinsten Bausteine der Materie, wenn sie auch selbst nicht weiter teilbar sind, besitzen, wie die Teilchenphysik zeigt, offenbar doch ein „Innenleben", bestehend aus verschiedenen Quarks, die ihrerseits Gluonen, sogenannte Farbladungen, austauschen. So wir die Seele als lebendig verstehen wollen, müssen wir konstatieren: *Es gibt keine „tote" Materie – alles ist lebendig!*

Eine Unterscheidung zwischen „einfacher" Materie, Pflanzen, Tieren und Menschen bezeichnet dann den *Grad des Bewusstseins*. Die evolutionäre Entwicklung bewirkt somit nicht primär eine Ausbildung der Arten – diese ist sekundär – sondern die eines Bewusstseins, ausgehend von einem unbewussten oder schlafenden atomaren Sein über ein erwachendes, pflanzliches und bewusstes tierisches hin zum selbstverantworteten, selbstschöpferischen Sein.

Außerdem erkennen wir eine hierarchische Seelenstruktur, denn die Einheit des Waschbären umschließt die Einheit seiner Organe. Diese wiederum umschließen die Einheiten ihrer Zellen, diese die ihrer Moleküle, diese die ihrer Atome usw. Auch wir selbst sind, wo wir in Wechselwirkung stehen, Teil einer größeren Einheit. Auf diese vermag unser Denken wohl zu schließen, die alles beherrschende Trennungsvorstellung vermag es dabei aber nicht zu überwinden. Es zeigt sich hier eine Gesinnung, die der umfassenden Einheit geradewegs entgegengesetzt ist. Die innere organische Struktur ist natürlich auf diesen Seelenzustand abgestimmt und hält sich selbst instand. Denken wir hierbei nur an die Trennung suggerierenden Wirksamkeiten sinnesorganischer Wahrnehmung. Auf die umfassende Einheit bezogen, ist dies ein ausgesprochen kranker Seelenzustand, dem, aufgrund seiner systemleitenden Funktion, mit äußeren Mitteln nicht beizukommen ist.

Eine verschränkte Welt

Bis hierhin haben wir den Blick gleichsam nach „unten" gerichtet, um uns über den quantenphysikalischen Objektbegriff Klarheit zu verschaffen, der uns bei der Beobachter und Objekt umschließenden Einheit Schwierigkeiten bereitet hat. Wir haben gesehen, dass diese Schwierigkeit offenbar die Grenze unseres Bewusstseinszustandes bezeichnet, weshalb sich jenseits dieser Grenze eine andere Perspektive zeigt. Unterhalb dieser Grenze vermögen wir die verschiedenen Einheiten (Körper, Organe, Zellen ...) zu erkennen, während uns die innere Struktur verborgen bleibt; es sei denn, wir verschaffen uns mit Gewalt Zugang. Oberhalb der Grenze ist die Situation umgekehrt: Wir blicken in die Innenwelt der Einheiten, an denen wir Anteil haben. Die Einheiten selbst bleiben uns sinnesorganisch verborgen. Sie lassen sich aber durchaus vom Bewusstsein erschließen. So erkennen wir die Fortsetzung der Seelenhierarchie beispielsweise über Partnerschaft, Familie, Gruppe, Volk, Menschheit, Erde, Sonnensystem usw.

Wie verhält es sich nun mit der den Beobachter und das beobachtete Objekt umschließenden Einheit, die als steuernder Faktor wirkt?

Unserem Körper obliegt bei der Beobachtung die sinnesorganische Wahrnehmung. Er erfüllt damit lediglich die physikalische Funktion eines Messinstruments. Das Objekt der Wahrnehmung befindet sich außerhalb seiner selbst. Körper und Objekt bilden die beiden Pole des Feldes, sind also elementare Bestandteile der zwischen ihnen stattfindenden Wechselwirkung. Das Objekt als etwas vom Körper Getrenntes wahrzunehmen, als ein „Du", ein Nicht-Ich, bedeutet eine Interpretation der sinnesorganischen Wahrnehmung. Es ist *unsere* Sichtweise der Dinge und darum in Wahrheit nichts Äußeres, sondern ein Aspekt unserer selbst. In der Wechselwirkung zwischen Körper und Objekt zeigt sich der oben festgestellte Feldaspekt der Seele (S. 98), der ihre räumliche Lokalisierung aufhebt. So blicken wir mittels unseres Körpers gleichsam in den eigenen Seelenraum, bringen darin Veränderungen an, lösen Probleme bzw. Komplexe auf oder schaffen neue. Alle sinnesorganische Wahrnehmung bleibt dabei unvermeidlich fragmental, da ja der Körper hierbei selbst Teil des Seelenraumes und unserer Beobachtung ist. Aus diesem Grund ist keine höhere Einheit, als sie unser Körper vorstellt, sinnesorganisch wahrnehmbar, nicht wir selbst, nicht die Natur und auch kein Gott.

Wenn Albert und Josephine sich treffen, also in Wechselwirkung stehen, dann sieht Albert sich als Beobachter und sie als beobachtetes Objekt. Als Seele, als umschließende Einheit, umfasst er seinen Körper und die Erscheinungsform von Josephine, nicht jedoch Josephine selbst. Selbiges gilt für Josephine, die sich ebenfalls als Beobachterin und ihn als beobachtetes Objekt sieht. Als Seele, als umschließende Einheit, umfasst sie ihren Körper und die Erscheinungsform von Albert, nicht jedoch Albert selbst. Beide nehmen nur wahr, was sich in ihrem eigenen Seelenraum als Bild vom anderen zeigt. Beide sind völlig isoliert voneinander. In der Symbolik des Netzes der Indra gesprochen: Jeder der beiden befindet sich innerhalb seiner Kugel (seines Mikrokosmos) und sieht nur die Bilder, die sich durch die Wechselwirkung mit den anderen Objekten auf der Oberfläche seiner Kugel abbilden. Was ihnen als Welt erscheint, ist mithin nur ein Schattenbild der Wirklichkeit, das sie zudem auch noch als Projektionsfläche für ihre Vorstellungen und Phantasien über die Wirklichkeit gebrauchen.

Es ist erstaunlich, wie genau die moderne Physik Platons Höhlengleichnis bestätigt. Alle Beobachtung erfasst niemals die wahre

Art des Objekts, sondern nur die Wechselwirkung, die der Beobachter ermöglicht, bzw. durch seine Eigenart mitbestimmt. Wollen wir vordringen zu dem, was Albert oder Josephine tatsächlich sind, dann müssen wir uns, wie in Platons Höhlengleichnis, von den Schattenbildern lösen und emporsteigen zum Höhleneingang. Das erfordert, unser Bewusstseinsniveau zur Einheit zu erheben, die Albert und Josephine umschließt. Dann sehen wir ihre (mikrokosmischen) „Kugeln" gleichsam von außen und erkennen ihre Vernetzung (im Netz der Indra, dem Schrödinger'schen Wahrscheinlichkeitsfeld). Hier sieht Albert Josephine nicht; er hat Anteil an ihr und sie an ihm. Sie sind miteinander verwoben. Sie durchdringen einander, wie verschiedene Töne den gleichen Raum erfüllen. Individuell bleibend, vermögen sie sich doch in einem resonanzgesteuerten harmonischen Akkord zu finden. Die Wechselwirkung auf dieser Ebene der Einheit bestimmt, was in der Erscheinungsebene als Phänomen zutage tritt.

Wenn dies wahr ist, dann ist die Wechselwirkung verschiedener Objekte unabhängig von ihrer räumlichen Lokalisierung, d. h., räumlich getrennte Objekte vermöchten sich gegenseitig augenblicklich und ohne äußeren Anlass zu bestimmen. Auf diese Konsequenz der Quantentheorie haben A. Einstein, N. Rosen und B. Podolski 1935 hingewiesen. Unter Verweis auf die spezielle Relativitätstheorie, nach der keine Wirkung sich mit Überlichtgeschwindigkeit fortpflanzen kann, eine augenblickliche Einflussnahme also ausgeschlossen ist, vermuteten sie eine Unvollständigkeit der Quantentheorie. Einstein sprach in diesem Zusammenhang von einer „spukhaften Fernwirkung".

Erwin Schrödinger hingegen verstand die augenblickliche Wechselbeziehung getrennter Teilchen als Zustand der „Nichtseparierbarkeit". Beide Teilchen (Töne) befinden sich in einem Zustand (Akkord), in dem sie nicht mehr hinreichend als Einzelobjekte beschrieben werden können, weil die Eigenschaften des Gesamtsystems in den Vordergrund treten. Nichtseparierbarkeit bedeutet nicht Verschmelzung oder chemische Verbindung der Teile, sondern sie macht sich nur auf der Ebene der Eigenschaften geltend. Deshalb spielen Entfernungen hierbei keine Rolle. Wenn, um ein Beispiel zu nennen, ein Gesamtobjekt so definiert wird, dass es aus zwei entgegengesetzt polarisierten Objekten besteht, es also nach außen neutral ist, dann muss ein eventueller Polaritätswechsel in beiden Teilelementen zeitgleich stattfinden; anderenfalls würde das Gesamtobjekt nicht existieren.[107]

Nur wenn sie sich des verbindenden Elementes nicht bewusst sind, vermögen Albert und Josephine sich selbst als abgeschlossenes Ganzes zu sehen. Das verbindende, ihnen dabei unbewusste geistige Band ist in diesem Falle die Idee der Autonomie oder der Trennung. Sie tritt durch Polarisierung zutage. So kann jeder der beiden beliebige Nicht-Ich-Eigenschaften definieren und ausgrenzen. Ihre Wechselwirkung beruht dabei auf ihren aktuell entgegengesetzten Eigenschaften. Weil eine existenzielle Trennung aber tatsächlich nicht realisierbar ist – der Einheit des Universums wegen –, zeichnet sich die Eigenschaft des Gesamtobjektes „Trennung" als Erscheinungs- oder Schattenwelt aus.

Stellvertretend für die ganze Menschheit diene uns die noch recht übersichtliche Beziehung von Alfred und Josephine als Beispiel: Ihre „Ehe" – das Gesamtobjekt der Trennung, in der beide sich voneinander abgrenzen – zeigt nach außen hin eine vollkommene Einheit, weil beide sich stets ideal ergänzen. Sie ergänzen einander aufgrund ihrer entgegengesetzt polarisierten Eigenschaften. Jede Abweichung des einen von der Mitte bedeutet eine entgegengesetzte Abweichung des anderen. Albert ist heiter, Josephine betrübt. Er ist begeistert, sie gelangweilt. Allgemeiner formuliert: Das Wohlsein des einen lässt sich nur durch das Unbehagen des anderen erreichen, die „Güte" des einen durch des anderen „Schlechtigkeit". Selbstverständlich bliebe ihre „Ehe" auch bei räumlicher Trennung bestehen. So mag sein Erfolgsstreben während der Sitzung in Philadelphia mit ihren Versagensängsten bei der Kindererziehung korrespondieren. In diesem Falle träte das Gesamtobjekt „Ehe" in Wechselwirkung mit den Umständen und bestimmte dadurch die augenblicklichen Seinszustände der beiden. Die Einzelobjekte, „Albert" und „Josephine", wären dann nicht wirksam, sondern im Gesamtobjekt „Ehe" aufgegangen.[108] Sofern nur das Gesamtobjekt in Wechselwirkung

---

[107] Scarani, Valerio: „Physik in Quanten", S. 85.
[108] Vgl. S. 99 C. F. v. Weizsäcker.

steht, kann nicht mehr sinnvoll von Albert und Josephine gesprochen werden. Versucht man es doch, so treten die von Einstein, Rosen und Podolski formulierten Widersprüche auf.

Wenn nicht mehr sinnvoll von Albert und Josephine gesprochen werden kann, heißt das nicht, Albert und Josephine existierten nicht mehr. Es heißt nur, die von ihnen ausgehenden Wirkungen sind sekundär, während die des Gesamtobjektes, „Ehe", im Vordergrund stehen. Wenn Albert zur Geschäftssitzung nach Philadelphia fliegt, würden wir ja auch nicht seine Knochen, Muskeln und Sehnen dafür verantwortlich machen wollen, obschon diese ihn ins Flugzeug gebracht haben.

Nun könnte eingewendet werden, die im Gesamtobjekt (Ehe) miteinander verknüpften Einzelobjekte (Albert und Josephine) – Schrödinger spricht von verschränkten Objekten – verhielten sich in der angegebenen Weise, weil ihr Anfangszustand zum Zeitpunkt der Trennung sie dazu bestimmt. In diesem Falle könnte ihr Verhalten, ohne ein Gesamtobjekt, nach dem klassischen Ursache–Wirkungs–Prinzip erklärt werden. In unserem Beispiel würde dann zum Zeitpunkt des letzten Abschieds von Albert und Josephine irgendein Aspekt in ihnen die Ursache dafür sein, dass sie sich einige Stunden oder Tage später zeitgleich gegenpolig verhielten.

Zur Klärung dieser widersprüchlichen Standpunkte entwickelte der Physiker J. S. Bell ein Unterscheidungskriterium, mit dessen Hilfe experimentell eindeutige Aussagen hierzu gefunden werden konnten. Diese Experimente bedeuteten die Nagelprobe für die Quantentheorie. Die Natur selbst sollte das Urteil fällen. Es ging darum, ob eine objektiv und exakt definierte Realität überhaupt existiert. Dann wäre die Quantentheorie unvollständig. Anderenfalls gilt das sogenannte Bell'sche Theorem, welches besagt, dass „keine Theorie der Realität, die mit der Quantentheorie kompatibel ist, davon ausgehen kann, daß räumlich getrennte Ereignisse voneinander unabhängig sind."[109]

Nun, diese Experimente sind unter sehr allgemeinen Voraussetzungen durchgeführt worden, und ihre Ergebnisse beweisen, „daß die Unbestimmtheitsrelationen die Realität selbst betref-

---

[109] Leonard, George: „Der Rhythmus des Kosmos", S .99.

fen."[110] An diesen Fakten gibt es nichts mehr zu rütteln, allein sie kollidieren mit unseren gewohnten Realitätsvorstellungen. Verständlich ist darum, dass die Physiker bei ihrem Ringen um die „richtige" Deutung ihrer Ergebnisse stets um „Schadensbegrenzung" bemüht waren, um nicht in einer heillosen Spekulativistik zu versinken.

In der Kopenhagener Deutung der Quantenmechanik ging Bohr 1927 noch davon aus, dass die Quantenmechanik primär die „kleinen" Quantenobjekte betreffe, während die „großen" Objekte nach den klassischen Gesetzen der Physik beschreibbar seien. Wo aber sollte diese Grenze sein? Für C_{60}-Moleküle, das sind kugelförmige, aus 60 Kohlenstoffatomen bestehende Moleküle, ist 1999 in Wien ein kollektives Quantenverhalten experimentell nachgewiesen worden.[111] Und 2001 berichteten B. Julsgaard, A. Kozhekin und E. S. Polzik vom Institute of Physics and Astronomy an der Universität Aarhus über verschränktes Verhalten zweier getrennter Cäsiumgase mit jeweils ca. 10^{12} Atomen.[112]

Weil große Objekte aus kleinen Objekten zusammengesetzt sind, ist nach Gerhard Vollmer, promovierter Physiker und Professor der Philosophie an der Universität Braunschweig, die Quantenmechanik grundsätzlich für beide maßgebend:

> „Der Eindruck, die klassische Mechanik beschreibe die Makrowelt, die Quantenmechanik aber die Mikrowelt, entsteht dadurch, daß man die klassische Mechanik in der Physik der Elementarteilchen, Atome und Moleküle nicht anwenden *kann*, während man die Quantenmechanik auf die makrokosmischen Phänomene nicht anwenden *will*. Genaugenommen ist die klassische Mechanik überall falsch, die Quantenmechanik dagegen (hypothetisch!) richtig." [113]

[110] Mückenheim, W: „Das EPR-Paradoxon und die Unbestimmtheit der Realität", Physikalische Blätter 10/1983, S. 331.

[111] Nature 401, 1999, S. 680-682: "Wave-particle duality of C60 molecules".

[112] Nature 413, 2001, S. 400-403: "Experimental long-lived entanglement of two macroscopic objects".

[113] Vollmer, Gerhard: „Evolutionäre Erkenntnistheorie", S. 175.

Carl Friedrich von Weizsäcker erkennt die Problematik als grundsätzliche Grenze des Wissens:

„Eigentlich ist die Beschreibung irgendeines Objektes in der Welt als isoliert Eines ja immer illegitim. Das Objekt wäre nicht Objekt in der Welt, wenn es nicht durch Wechselwirkung mit ihr verbunden wäre. Dann aber ist es strenggenommen gar kein Objekt mehr. Wenn es etwas geben könnte, was in Strenge ein quantentheoretisches Objekt sein könnte, dann allenfalls die ganze Welt. [...] Aber aufs ganze Weltall bezogen ist bei voller quantentheoretischer Beschreibung niemand mehr da, der diese Information wissen könnte. Vom schlechthin Einen gibt es nicht einmal ein mögliches Wissen." [114]

Und weiter unter Bezug auf Platons Parmenides:

„Das Weltall selbst kann nur *sein*, insoferne es nicht eines, sondern vieles ist. All dies viele aber besteht nicht für sich, so wie es die Logik und die klassische Ontologie beschreibt. Es besteht nur im undenkbaren Einen." [115]

Unter dieser Voraussetzung können für alle Objekte im Universum verschränkte Zustände nicht ausgeschlossen werden. Wir müssen folglich mit Verknüpfungen verschiedener räumlich getrennter Objekte rechnen. Wenn, wie Bell sagt, alles auf alles Einfluss hat, dann gilt eine Ordnung, nach der jedes Einzelne Verantwortung für alles trägt, und umgekehrt das ganze All dem Einzelnen dient. Es ist die innere Ordnung des Einen, das Gesetz, welches das Verhältnis seiner Organe und Zellen untereinander regelt. Dieses Gesetz ist unantastbar.

Wenn wir „Seele" definiert haben als quantenphysikalisches Objekt mit innerer Struktur, dann bestimmt das umfassende Objekt, die Seele, die Ordnung der inneren Strukturen zueinander. Für die einzelnen Organe und Zellen ist diese Ordnung dann

---

[114] Weizsäcker, Carl Friedrich von: „Die Einheit der Natur", S. 486.
[115] Ebd., S. 490.

Gesetz, der Geist, der das betreffende Organisationsfeld beherrscht.

Damit *kann der Begriff „Geist" definiert werden als: innere Wirksamkeit des umfassenden Objektes auf seine Teile.* Erkennbar wird seine Wirksamkeit nur, insofern die Teile als Gesamtobjekt auftreten. Geist ist somit das verknüpfende Band, das die verschränkten Zustände bestimmt.

Wir sprechen von „Seele", wenn wir die äußere Ansicht des Gesamtobjektes bezeichnen wollen: zum Beispiel Waschbär, Albert, die Natur, Eines. „Geist" nennen wir die innere Ansicht: der Geist des Dargestellten, Geist der Natur, Weltgeist, göttlicher Geist. Wegen der Begrenzung unseres Bewusstseinszustandes sprechen wir den von uns wahrnehmbaren Einzelobjekten – je nach religiöser Auffassung – eine Beseelung zu. Die größeren Objekte, in denen wir selbst nur ein Teil sind, fassen wir dagegen vorrangig als geistige Wirksamkeiten auf, wenn wir dafür auch durchaus Begriffe wie Menschheitsseele, Weltseele oder Gott gebrauchen.

Freiheit und Determination – Einheit und Trennungsbewusstsein

Die Einheiten der Gesamtobjekte (Atom, Molekül, Zelle, Organ, Waschbär, Natur ...) sind miteinander verschachtelt. Das weist auf die schon erwähnte Seelenhierarchie hin. Ihre Struktur ist durch den Geist bestimmt, dergestalt, dass der Geist der obersten Hierarchieebene die elementarsten Gesetze vorgibt. In den darunter folgenden werden die Einzelheiten immer feiner ausgebildet, jedoch stets im Geiste der höheren Hierarchieebenen. Je nach Hierarchiestufe oder Bewusstsein ergibt sich daraus ein bestimmter Verantwortungsbereich und ein damit übereinstimmendes Verhältnis von Freiheit und Determination.

Nun ließe sich hieraus aber auch eine weitestgehende Unfreiheit des Willens ableiten, denn die höheren Hierarchieebenen können eine freie Entscheidung der untergeordneten Strukturen nur zulassen, solange diese sich innerhalb der zulässigen Bandbreite ihrer Vorgaben bewegen. Das Einhalten dieser Ordnung könnte als Kadavergehorsam interpretiert werden, als reines

Funktionieren, das eine Illusion von Freiheit erzeugt; denn wer im Sinne der übergeordneten Gesetze agiert, gerät mit diesen auch nicht in Konflikt, spürt infolgedessen auch seine Fesseln nicht. Das Gesetz oder der Geist des Einen wäre dann das einzig lebendige Element, der Laplace'sche Dämon, und das Universum ein totaler Mechanismus.

So schnell geraten wir in die Denkstrukturen unseres Trennungsbewusstseins oder, besser gesagt, zeigt sich seine Begrenztheit. Der Verstand zieht seine logischen Schlüsse, allein, das Herz ist mit den Ergebnissen nicht zufrieden und rebelliert. Doch wo ist der Fehler?

Nun, das Problem liegt darin, dass wir die allergrößten Schwierigkeiten haben, „Einheit" zu denken. Wir verbinden uns selbst, unsere Seele, derart eng mit einer Erscheinungsform, nämlich der unseres Körpers, dass wir Einheit mit Auslöschung gleichsetzen und um unsere Existenz bangen. Wir gleichen einem Wassertropfen, der fürchtet, nicht mehr zu existieren, wenn er erkennt, im Ozean zu sein.

Die Physiker wissen, dass sie durch Messung den ursprünglichen Zustand zerstören. So auch wir: Indem wir das Eine teilen, in Formoffenbarung oder Universum einerseits und regelndes Gesetz oder Geist andererseits, da töten wir es, hört es *für uns* auf, zu existieren. Wenn wir dann Universum und Gesetz für tatsächliche Realitäten halten und vergessen, dass es sich hierbei nur um Annäherungen an die Wahrheit handelt, um überhaupt irgendetwas aussagen zu können, dann sind alle darauf aufbauenden weiteren Schlüsse notwendigerweise falsch.

Das Gleiche gilt für eine Teilung des Einen in ein Ich und ein davon verschiedenes Nicht-Ich. Dazu Erwin Schrödinger:

> „Der Grund dafür, daß unser fühlendes, wahrnehmendes und denkendes Ich in unserem naturwissenschaftlichen Weltbild nirgends auftritt, kann leicht in fünf Worten ausgedrückt werden: Es ist selbst dieses Weltbild. Es ist mit dem Ganzen identisch und kann deshalb nicht als Teil darin enthalten sein." [116]

---

[116] Schrödinger, Erwin: „Das arithmetische Paradoxon – Die Einheit des Bewußtseins". In: Erwin Schrödinger: „Geist und Materie", S. 39.

Des hohen Abstraktionsgrades wegen, den der Begriff der Materie in der heutigen Physik erhalten hat, stellt der englische Mathematiker und Astrophysiker Sir Athur S. Eddington das Bewusstsein in den Mittelpunkt:

> „Indem wir erkennen, daß die physikalische Welt vollkommen abstrakt ist und abgesehen von ihrer Bindung zum Bewußtsein keinerlei ‚Tatsächlichkeit' besitzt, setzen wir das Bewußtsein wieder in eine fundamentale Stellung ein, anstatt es als unwesentliche Komplikation anzusehen, die in einem späten Entwicklungsstadium inmitten der unorganischen Natur dann und wann angetroffen wird." [117]

Wenn nun das Eine ist, so sind seine Teile in harmonischer Beziehung zueinander. Dann lautet das Gesetz oder ist der Geist, der im Einen wirkt: Liebe. Verschränkungen sind mithin Offenbarungen der Liebe. Bezüglich der Willensfreiheit ließe sich nun fragen: Bin ich willenlos und unfrei, wenn ich liebe? Ist Liebe, Verständnis, Harmonie und Verantwortung ein Ausdruck von Zwangseinwirkungen?

Wie auch immer, jedenfalls weicht *unsere* Wirklichkeit mit ihren Streitereien und Konflikten von dieser Welt der Einheit ab. Durch unser Trennungsbewusstsein stellen wir uns selbst außerhalb dieses Seins. Nicht dass wir in Wahrheit außerhalb des Einen existierten, das ist völlig unmöglich, sind wir im tiefsten Wesen doch selbst Teil dieses Einen. Aber durch die Behauptung einer Trennung sehen wir die Realität nicht mehr im rechten Licht, verlieren wir den Maßstab für unser Handeln und halten schließlich die Erscheinung, das Produkt unserer Denkhaltung, für das Wesentliche. Der Physiker David Bohm sieht darum in der Art unseres Denkens die Ursache für unsere unbefriedigenden Lebensumstände, die durch Streit und Gewalt geprägt sind:

---

[117] Eddington, Sir Athur S.: „Wissenschaft und Mystizismus". In: Dürr: „Transzendenz der Physik", S. 111.

„Es ist nämlich die Ganzheit, die real ist [...] und Fragmentierung ist nur die Antwort dieses Ganzen auf das Handeln des Menschen, das sich von einer trügerischen, von zerteilendem Denken geformten Wahrnehmung leiten läßt. Mit anderen Worten, eben weil die Realität ganz ist, erhält der Mensch auf sein fragmentierendes Vorgehen notwendig eine entsprechend fragmentierte Antwort. Was also dem Menschen nottut, ist Aufmerksamkeit gegenüber seinem gewohnheitsmäßig fragmentierenden Denken, sich dessen bewußt zu sein und es dadurch zu beenden. Dann kann der Mensch vielleicht ganzheitlich an die Realität herantreten, und folglich wird auch die Antwort ganzheitlich sein.

Ausschlaggebend dafür ist jedoch, daß sich der Mensch den Vorgang seines Denkens *als solchen* bewußt macht, das heißt als eine Ansicht, eine Anschauungsweise und nicht als ‚ein wahres Abbild der Realität wie sie ist‘.“ [118]

Die unser Denken so dominierende Trennungsidee ist nichts Geringeres als eine Antithese zum Einen, die in der Vorstellung eines autonomen Ich ihren Ausdruck findet. Trennung ist Isolation, totale Einsamkeit, Tod. In Bezug auf das Eine ist es das Nicht-Sein, das in sich selbst ruhende, noch nicht Geoffenbarte. Als Grundlage einer evolutionären Entwicklung des Bewusstseins ist dieses aber weder notwendig noch hilfreich. Im organischen Einen kann Entwicklung nur auf der Basis von Erkenntnis, Verständnis und Liebe entstehen. Es gibt jedoch einen Punkt in der Bewusstseinsentwicklung, an dem das Bewusstsein sich seiner selbst bewusst wird, ggf. auch die Perspektive einer weiteren Bewusstseinsentwicklung begreift und nun vor der Aufgabe steht, die Prioritäten richtig zu setzen, also die eigene Entwicklung nur im Rahmen der Entfaltung des Ganzen, nur in dessen Dienst zu fördern. Die Gefahr, hier in einer Art jugendlichen, pubertären Eifers oder der Selbstüberschätzung über das Ziel hinauszuschießen, ist durchaus gegeben. In diesem Sinne ausgeführte Handlungen fügen sich nicht mehr harmonisch in das

---

[118] Bohm, David: „Fragmentierung und Ganzheit“. In: Dürr: „Transzendenz der Physik“, S. 271.

Ganze; es entsteht eine Störung und folglich die Notwendigkeit, das so handelnde Bewusstsein über die Art seiner Verfehlung zu unterrichten. Die Bibel drückt diesen Sachverhalt so aus (1. Mose 2,17):

> „[...] aber von dem Baume der Erkenntnis des Guten und Bösen sollst du nicht essen; denn welches Tages du davon issest, wirst du des Todes sterben."

Real Gegebenes durch eigene Vorstellung zu ersetzen, heißt, das Eine aus dem Auge zu verlieren, heißt, Trennung des Einen in Gut und Böse, heißt, das Eine sich als Fremdes gegenüberzustellen. Es heißt, von der Wirklichkeit der erfahrenen Seelengemeinschaft gleichsam ins eigene Innere verbannt, einer Erscheinungswelt gegenübergestellt zu sein, wie die Gefesselten in Platons Höhlengleichnis. Tod ist hier nicht Vernichtung, sondern ein Unwirksamwerden nach außen, denn selbstverständlich kann das Eine nicht zerstört werden, weshalb alle zersetzende Wirkung sich im inneren Wesen zu manifestieren hat. So sind wir im Orkus angekommen, der Unterwelt, von der die Mythen berichten.

Im Evangelium der Wahrheit wird das Mysterium des Sündenfalls dann auch als ein Erkenntnisproblem dargestellt (s. S. 41), dergestalt, dass durch den Irrtum ein Verlust der Erkenntnis eingetreten war, der verschwindet, sobald der „Vater" erkannt wird. Hieran knüpft Plotin an, wenn er schreibt:

> „Was in aller Welt hat es denn bewirkt, dass die Seelen, die doch von dorther ihr Wesen haben und überhaupt jenem angehören, Gott den Vater vergassen und so weder sich selbst noch jenen kennen? Der Anfang und das Princip des Bösen nun war für sie der tollkühne Hochmuth und die Werdelust und das erste Anderssein und das Verlangen sich selbst anzugehören." [119]

Auch die mosaischen Gebote weisen auf die Gotterkenntnis des Einen hin (2. Mose 20,3–5,7):

---

[119] Plotin: „Enneaden" V, 1.

116

„Du sollst keine anderen Götter neben mir haben. Du sollst dir kein Bildnis noch irgend ein Gleichnis machen, weder des, das oben im Himmel, noch des, das unten auf Erden, oder des, das im Wasser unter der Erde ist. Bete sie nicht an und diene ihnen nicht. [...] Du sollst den Namen des Herrn, deines Gottes, nicht mißbrauchen; denn der Herr wird den nicht ungestraft lassen, der seinen Namen mißbraucht."

Einen Gott haben bedeutet, Teil eines Gesamtobjektes zu sein und dessen Gesetz bzw. dessen Geist in und durch sich wirken zu lassen. Über die Seelenhierarchie, sagten wir, wirkt der Geist des Einen auf allen Ebenen des Seins. Wozu dann diese Gebote? Nun, sie sind zu jenen gesprochen, die den „Namen" missbraucht haben. Sie haben den „Namen", das „Eine" nicht auf das Eine bezogen, sondern auf einen Teil des Einen, auf sich selbst, denn ein getrenntes Sein ist ja ein Eines. Die „Strafe" ist die Konsequenz der Handlung: ein weitgehendes Vergessen der Wirklichkeit des Einen und ein sich wiederfinden in einer Welt der Erscheinungen, der Schattenwelt, die die Illusion einer getrennten Existenz zulässt. Auf diese Weise finden sich die Abtrünnigen ihrer eigenen Schöpfung gegenübergestellt.

Eine solche Trennungswelt ist als Substanz zweifellos existent, ihrem Wesen nach aber Täuschung – Maya, wie die Inder sagen. Was in ihr in Erscheinung tritt, ist immer nur ein Abbild des Wirklichen. „Du sollst dir kein Bildnis noch irgend ein Gleichnis machen", ist darum auch die Aufforderung, diese Abbilder nicht für Realität zu nehmen, sie nicht anzubeten, ihnen nicht zu dienen. Wer lange genug an einem Irrtum festhält, wird schließlich dessen Opfer, da dieser Macht über ihn gewinnt. Der Mensch ist dann nicht mehr Herr seiner Gedanken und Gefühle; er wird von ihnen beherrscht. Die Erscheinungen wecken verworrene Assoziationen und treiben den so Irrenden weiter in den Irrtum hinein, zwingen ihn, die Bilder, die er selbst gemacht hat, zu bedenken, ihnen Aufmerksamkeit zu schenken – kurz: sie anzubeten. So entwickeln sich Zwangslagen, erschütternde Situationen und damit verbunden ein Leidensprozess, der den Menschen nach Wahrheit suchen lässt.

„Du sollst keine anderen Götter neben mir haben" ist darum nicht der donnernde Ordnungsruf eines eifersüchtigen Gottes, der auf fromme Anbetung erpicht ist; es ist der Ariadnefaden, der von der Trennungswelt zurück zur Einheit führt. Auf diese Rückkehr zielt auch die Bergpredigt (Matt. 5,26) ab: „Ich sage dir wahrlich: Du wirst nicht von dannen herauskommen, bis du auch den letzten Heller bezahlest." Das ist keine Drohung; damit wird der Blick auf die beabsichtigte völlige Wiederherstellung des Menschen gelenkt, denn wenig später heißt es (Matth. 5,48) „Darum sollt ihr vollkommen sein, gleichwie euer Vater im Himmel vollkommen ist."

Auch Buddha beschreibt in seinem Gespräch mit Râdha einen Bewusstwerdungsprozess, der aus der von Mâra (Sanskrit: Mörder oder Tod) regierten Natur ins Nibbâna (Pali; Sanskrit: Nirvâna) führt:

„'Wo ein Körperliches besteht, da ist auch Mâra, dort ist auch einer, der vernichtet, und fürwahr einer, der da stirbt. Darum erblicke du, Râdha, das Körperliche als Mâra, sieh es als den, der tötet, schau es als den, der stirbt: als Krankheit, Geschwür, als scharfes Schwert; erkenne es als Übel, leidvoll geworden. Welche es auf solche Weise betrachten, die schauen es recht.

Bei dem Fühlen, dem Wahrnehmen, bei den das Tun gestaltenden Triebkräften wahrlich ist Mâra. Auch bei dem Bewußtsein findet sich Mâra, ein solcher, der vernichtet, oder einer, der stirbt. Darum erblicke du, Râdha, das Bewußtsein [das Trennungsbewusstsein] als Mâra, sieh es als den, der tötet, und schaue es als einen, der stirbt; erkenne es als Leidenschaft, als Geschwür, als scharfes Schwert, schaue es als Übel, leidvoll geworden. Welche es so betrachten, die schauen es recht.'

,Was hat die rechte Ansicht hier für einen Sinn, Herr?'

,Wahrlich, die rechte Anschauung hat die Unzufriedenheit mit dem weltlichen Leben zum Ziel.'

,Was hat nun, Herr, die Unzufriedenheit mit dem weltlichen Leben für einen Sinn?'

‚Die Unzufriedenheit mit dem weltlichen Leben, Râdha, hat die Leidenschaftslosigkeit zum Zweck.'

‚Was aber hat die Leidenschaftslosigkeit für einen Sinn?'

‚Die Leidenschaftslosigkeit wahrlich, Râdha, hat die Erlösung zum Ziel.'

‚Was für einen Zweck hat die Erlösung?'

‚Die Erlösung wahrlich hat das Nibbâna zum Ziel.'

‚Was für einen Sinn aber hat das Nibbâna?'

‚Fürwahr, du vermagst hier nicht das letzte Ende deiner Frage zu begreifen.'" [120]

Spürbar geht aus dem Gespräch hervor, dass es sich bei besagter Bewusstwerdung, oder beim Wiedererinnern, nicht um einen intellektuellen Verstandesakt handelt, sondern um einen Seelenzustand, um eine Seele, die sich prozessmäßig von ihren Illusionen löst, deren leibgebundener Seelenteil, im Sinne Platons, stirbt.

Je nach gewählter Sichtweise ist, wie oben beschrieben, eine Wirksamkeit der „Seele" oder des „Geistes" in der Materie feststellbar. Es ist darum wichtig, in welchem Zusammenhang wir diese Begrifflichkeiten verwenden. Grundsätzlich sind darum zunächst zwei „Welten" zu unterscheiden:

1. Die Realität der Einheit:

    Auf diese weisen die Mysterien und Religionen, jedes in seiner Sprache, seit Urzeiten hin. Physikalisch-philosophisch ist sie als einzig wahre Existenz erkennbar, in der alle Dinge für, mit und durch einander existieren. Aufgrund unseres Trennungsbewusstseins haben wir aber sinnesorganisch keinen Anteil an ihr. Sie ist für uns darum weitgehend latent.

2. Die Welt der Erscheinung:

    Die Erscheinungen sind (Schatten-)Bilder von Einzelaspekten der Realität (der Einheit). Die dargestellten Ein-

---

[120] Buddha: „Samyutta-nikâya" 23,1.

zelobjekte sind notwendig fragmental und darum unvollkommen. Sie sind grundsätzlich wertfrei. Wir können die Objekte zur Abgrenzung, zur Herausbildung eines von allen abgetrennten, ichzentralen Seins benutzen, oder aber als Hilfsquelle zur Wiedererinnerung. Erstes, indem wir uns suggerieren: „Das bin ich nicht", zweites dadurch, dass wir die nach außen projizierten Seeleninhalte als psychische Realitäten in uns selbst erkennen.

Der Bruch, den der Trennungswille zur Realität erzeugt, spiegelt sich in der Erscheinungswelt wider, denn der Wert oder Unwert, den wir den Erscheinungen zumessen, ist ein Produkt unserer Vorstellung – oder Phantasie. Neben der „Dingwelt" der Erscheinungen entsteht so eine emotional-mentale Spiegelwelt, aus der heraus wir leben. Diese Sphäre ist das eigentliche Zentrum des Trennungsbewusstseins, des abgetrennten Ichs. Es ist der Ort aller Phantasieprodukte, die auf der Existenz eines abgeschlossenen Seins gründen.

Prüfen wir nun, inwieweit sich der oben definierte Begriff des Geistes auf die beiden „Welten" anwenden lässt.

1. Geist in der Einheit:

   In der Realität der Einheit ist der Geist im oben beschriebenen Sinne der alles ordnende Faktor.

2. Geist in der Erscheinungswelt:

   Die Welt der Erscheinung ist ein Grenzzustand der Einheit, der die Erfahrung einer freien, nicht vom Geist gelenkten Existenz ermöglicht. Das kommt in der neutralen Art der Objekte zum Ausdruck, die ja nach eigenem Ermessen genutzt werden können. Es ist darum nur bedingt zulässig hier von einer Wirksamkeit des Geistes der Einheit zu sprechen. Andernfalls hätten wir die Offenbarungen des Trennungsbewusstseins als Manifestationen der Einheit zu begreifen, was widersinnig wäre.

   Nun gibt es natürlich in der Erscheinungswelt Ordnungen, Funktionen und Systeme, denen definitionsgemäß Geist zugesprochen werden muss. Am ehesten lässt sich hier vielleicht von einer heilenden Geistwirksamkeit sprechen, welche die Möglichkeit zur bewussten Reintegration in die Einheit offenhält und unterstützt. Es ist gewissermaßen die äußere Infrastruktur, welche die Erfahrung des Getrenntseins ermöglicht und der gleichzeitig eine bewusstseinschaffende Systemwirksamkeit innewohnt.

Daneben ließe sich ein Geist der Trennung stellen, dessen Trennungswille und Autonomiestreben in allen selbstbezogenen Offenbarungen zum Ausdruck kommt. Objektiv ist dieser Geist eine Fiktion, da er selbst das Produkt eines Irrtums ist. In der emotional-mentalen Spiegelwelt ist er aber alles, der Herr der Gegensätze und des Zwiespalts, der Widerspruchsgeist oder wie man ihn sonst noch nennen mag.

In der Erscheinungswelt kommen somit zwei geistige Wirksamkeiten zur Offenbarung. Entsprechend spannt sich unser Lebensfeld zwischen diesen beiden Polen aus: Hier die universelle Einheit als Realität, dort die abgetrennte, autonome Nichtexistenz.

Nun kann natürlich die Frage gestellt werden: Wes Geistes Kind ist nun der Mensch? Nun, Kraft seiner Existenz im Einen gehört er zum Geist der Einheit, aber infolge seiner Selbstbezogenheit, seiner Identifikation mit nur einer Erscheinungsform unter Ausgrenzung aller anderen, ist er durch die Wirksamkeiten des Trennungsgeistes bestimmt. Da es zwischen den beiden geistigen Polen keinen Kompromiss gibt – das macht ja eben das Spannungsfeld aus – gibt es auch keine geistige Mischexistenz. „Kein Knecht kann zwei Herren dienen: entweder er wird den einen hassen und den anderen lieben, oder wird dem einen anhangen und den anderen verachten." (Luk. 16,13). Darum müssen wir den Menschen der Erscheinungswelt im Hinblick auf den Einen Geist im Wesentlichen als unwirksam oder latent ansehen. Er ist in dieser Hinsicht wie tot. Wenn er aber seine Selbstbezogenheit ihrem tiefsten Wesen nach überwindet und sich dadurch wieder bewusst für die Wirksamkeiten des Geistes der Einheit öffnet, kann in der Tat von einer „Auferstehung von den Toten" oder einer „Wiedergeburt" gesprochen werden, einer Wiedergeburt im Geist – streng zu unterscheiden von Reinkarnation, was Wiederverkörperung in der Erscheinungswelt bedeutet.

Bezüglich der Seele wusste ja bereits Goethe von den zwei Seelen in seiner Brust mit ihren so grundverschiedenen Neigungen.

1. Seele in der Einheit:

Die Seele in der Einheit kann nicht ohne den Geist gedacht werden, da dieser ihr Platz und Bestimmung im Einen gibt. In ihrem Umfeld offenbart er sich ihr als ihr zugehörige Monade. Das aus Seele und Geistwirksamkeit entstehende Bewusstsein ist ein *Umfassen* dessen, was ist. Jede neue Erkenntnis schärft das innere Gebot, wodurch die Seele sich ein Recht auf größere Freiheit erwirkt; Platz und Bestimmung werden ihr durch den Geist gegeben.

2. Seele in der Erscheinungswelt:

Die Welt der Erscheinung existiert im Einen. Die Art der Seele ist darum nicht primär eine Frage ihres Existenzortes, sondern eine ihrer Ausrichtung. Wenn sie existentiell auf die Einheit gerichtet ist, dann ist sie offen für die Wirksamkeit des Geistes. Dann gilt das zuvor Gesagte natürlich auch hier. Die Erscheinungswelt ist dann zwar auch für sie nur ein Bild der Realität, doch sie erkennt die Wirksamkeit des Geistes, so wie aus einem Gemälde auf die Beweggründe des Malers geschlossen werden kann.

Ist sie hingegen auf die Trennungsidee hin orientiert, dann ist sie ausschließlich das Organisationsfeld einer vergänglichen Naturerscheinung, das im blinden, weil nicht durch den Geist geleiteten Trieb ein autonomes Sein zu verwirklichen trachtet. Dadurch wird ein mentales, emotional geladenes elektromagnetisches Feld einer autonomen Existenz erzeugt, das alle Dinge nur im Hinblick auf den eigenen Nutzen bewertet. Dieses wirkt selbstverständlich auf die Seele zurück, weshalb sie ihm letztlich wie einem Irr-Licht folgt. Entsprechend dem Resonanzgesetz schlägt es sie in seinen Bann, raubt ihr die Kraft (aus der es ja ausschließlich besteht) und wird dadurch immer mächtiger. Obwohl letztlich ihr Geschöpf, droht die Autonomie-Idee die Seele zunehmend unter ihren Einfluss zu zwingen. So, indem das Bewusstseinsniveau von der Seelenebene auf die Ebene der Körperlichkeit herabsinkt, wird das Mysterium der in den Leib eingeschlossenen Seele zu ihrer Lebenswirklichkeit, abgekapselt von allem, den sinnesorganischen Wahrnehmungen der Körperlichkeit und den Suggestionen des Autonomiefeldes preisgegeben.

Darum: Hier, in der Ausrichtung der Seele, entscheidet sich, wes Geistes Kind wir sind, wem unsere Liebe gilt. Glücklich, wer noch sagen kann: „Zwei Seelen wohnen, ach! in meiner Brust", denn für diesen ist die Wiederbelebung der latenten geistigen Wirksamkeit des Einen noch im Bereich der Möglichkeiten.

Damit sehen wir uns abermals in das Spannungsfeld von Freiheit und Determination gestellt. Zunächst können wir feststellen: Beide Begriffe werden im Allgemeinen nicht wertfrei gebraucht. Freiheit ist für gewöhnlich positiv belegt, Determination negativ. Mit dieser Wertung drohen wir bereits wieder ein Opfer der Trennungsmanie zu werden und einem alles zerreißenden Schwarz-Weiß-Denken zu verfallen.

Diese Wertung weist bereits darauf hin, dass die Frage aus der Naturerscheinung heraus gestellt wird und Bezug nimmt auf die Erscheinungswelt. Der Körper, als Ausdruck der leibgebundenen Seele, will sich nach *seinen* Bedürfnissen ausleben. So wie die Seele sich in ihrem Autonomiestreben der Leitung des Geistes verweigert, so scheint sich auch der hierdurch disponierte Körper der Leitung der Seele zu entziehen, indem er sie, durch die Wirksamkeit seiner Sinnesorgane, in seinen Dienst stellt.[121] Dies kann

---

[121]   vgl. Platon: „Phaidon" 65.

in sehr kultivierter Form geschehen. Ausgewählte Delikatessen, brillante Vertonungen, opulente Bilder, schmeichelhafte Ehrungen, verbürgte Sicherheiten und Ähnliches suggerieren die Erfüllung paradiesischer Sehnsüchte.

Was nützt der Seele die Freiheit (von der Leitung des Geistes), wenn sie diese nicht in rechter Weise zu gebrauchen vermag, wenn sie zum Opfer ihrer eigenen Werke wird, zur Gefahr für den Planeten, und die Herrschaft über sich selbst verliert, da sie es versäumte, rechtzeitig gegenzusteuern? Sie ist der Zauberlehrling, von dem Goethe in seinem Gedicht schreibt, dass ihm die einmal unrechtmäßig aufgerufenen Kräfte entgleiten und er sie aus eigenem Vermögen nicht mehr zu bändigen vermag. Erst seine Besinnung auf den Meister – den Geist des Einen – vermag ihn aus seiner Not zu befreien. Diese Befreiung gibt es für die Seele nur, wenn sie die Determination als notwendiges, ergänzendes Element ihrer Freiheit begreift.

Was ist Determination? Dem sich autonom wähnenden Wesen dünkt es die Gewalt einer fremden Macht. Aber ist nicht auch das nur Schein? Wenn sich ein Bewusstsein ausschließlich auf *ein* Element im großen Einen richtet und alles andere dem Objekt seiner Aufmerksamkeit unterordnet, hört dadurch das Eine, hören die Bestehenskreise, in denen dieses Objekt eingebettet ist, darum auf zu existieren? Sicher nicht! Wo dennoch eine Trennung vorgenommen wird, da entsteht zum Ausgleich eine Polarität, ein Plus und ein Minus. Beide Pole sind dann zwar verschieden, aber im Grunde keine Gegensätze; sie bedingen einander und ergänzen sich wie Schlüssel und Schloss. In dem zwischen ihnen wirkenden Feld kommt dann die ihnen zugehörige Einheit zum Ausdruck. Wir haben es daher mit einem verschränkten Zustand zu tun. Das Problem liegt darum in unserer Beurteilung, in der Wertung der Pole, nicht im Wesen der Dinge selbst.

> „Erst seit auf Erden
>
> Ein jeder weiß von der Schönheit des Schönen,
>
> Gibt es die Häßlichkeit;
>
> Erst seit ein jeder weiß von der Güte des Guten,
>
> Gibt es das Ungute." [122]

wusste schon Lao-Tse. Und in der Bergpredigt heißt es (Matth. 7,1-3):

> „Richtet nicht, auf daß ihr nicht gerichtet werdet. Denn mit welcherlei Gericht ihr richtet, werdet ihr gerichtet werden; und mit welcherlei Maß ihr messet, wird euch gemessen werden. Was siehest du aber den Splitter in deines Bruders Auge, und wirst nicht gewahr des Balkens in deinem Auge?"

Eine komplementäre Welt

Mit dem Begriffspaar Freiheit und Determination sind wir abermals auf das Phänomen der Scheingegensätze gestoßen, Gegensätze, die unserem gewöhnlichen Denken völlig unvereinbar scheinen, sich bei einer komplexeren Sichtweise aber als zwei Seiten der gleichen Medaille erzeigen. Teilchen und Felder, Subjekt und Objekt, Innen und Außen, Beobachter und beobachtetes Objekt, Welle und Körper haben unser Vorstellungsvermögen bereits aufs äußerste strapaziert.

Offenbar haben wir es hier mit einer grundsätzlichen Eigenschaft unseres Lebensfeldes zu tun. Meines Erachtens ist es jene Polarität, die, wie zuvor beschrieben, aus dem Akt der Trennung entsteht. Die Erscheinungswelt spannt sich zwischen diesen Polen aus, welche auf dieser Ebene die unüberwindbaren Grenzen des Daseins bilden.

Im Konfuzianismus wird durch das Setzen des großen Firstbalkens, des Tai Gi, des letzten Prinzips der zweitlosen Einheit, die polare Zweiheit erzeugt, die sich als das Lichte (Yang) und das Schattige (Yin) offenbart und nur innerhalb des Gebietes der

---

[122] Lao-tse: „Tao-Tê-King", Kap.2.

Erscheinung wirksam ist.[123] Auch hier weist die Symbolik augenfällig auf den gemeinsamen Ursprung hin und enthält sich dabei jeglicher Wertung, wird doch allein durch das Legen des Firstbalkens bereits links und rechts geschaffen.

Der Firstbalken bildet die obere gemeinsame Kante der links und rechts abfallenden Dachflächen. Auf diesen bezogen stehe ich eindeutig links oder rechts, nicht viel links oder wenig rechts. Es ist die Höhe, die die Nähe zum Firstbalken anzeigt, nicht die Menge von Links oder Rechts.

Gibt es ein Rechts, dann gibt es auch ein Links. Befinde ich mich links, ist notwendigerweise die Masse rechts. Befinde ich mich auf der linken Dachhälfte, ist mir die rechte Seite verborgen, befinde ich mich auf der rechten, die linke. Weil mir eine Seite verborgen ist, hört diese aber nicht auf zu bestehen, sie ist nur aktuell für mich nicht erfahrbar, weil ich eine bestimmte einseitige Position bezogen habe. Ändere ich meinen Standpunkt, wechsele ich die Seite, dann zeigt sich mir die ihr zugehörige Perspektive im Licht und die vorherige scheint dunkel und unklar. Will ich dem Zustand der Halbheit entkommen, muss ich zum Firstbalken aufsteigen oder darüber hinaus. Nur von dort erkenne ich das Dach als Ganzes.

Durch ständigen Wechsel der Seite, indem ich mich mal der linken, mal der rechten aussetze, vermag ich die Halbheit nicht aufzuheben. Das Wesen des Lichtes erschließt sich mir nicht, indem ich abwechselnd den Photoeffekt und den Regenbogen betrachte, seine Körper- und seine Wellenerscheinung auf mich einwirken lasse. Es erweitert vielleicht die Kenntnis über das, was sich über das Licht oder, allgemeiner, über die Dinge sagen lässt; die Polarität wird dadurch aber nicht aufgehoben.

Bei den dargestellten Eigentümlichkeiten handelt es sich um natürliche Phänomene eines polaren Lebensfeldes. Eine Wertung, im Sinne von gut oder schlecht, ist damit noch nicht gegeben. In einer polaren Welt sind die Pole miteinander nicht vereinbar, und doch sind sie voneinander abhängig, bedingen sie einander, gehören sie zusammen, lassen sie sich nicht wirklich trennen, denn

---

[123] Wilhelm, Richard: „Tai I Gin Hua Dsung Dschi – Schulprinzipien der Goldenen Blüte". In C. G. Jung und Richard Wilhelm: „Geheimnis der goldenen Blüte", S. 75.

sie weisen auf eine unteilbare Einheit hin. Dieses gilt es, auf das Genaueste zu beachten, damit wir uns nicht in Trennungsphantasien verlieren, denn durch unsere Selbstbezogenheit neigen wir zur Wertung, heißen wir den einen Pol gut und den anderen schlecht oder gar böse. Von hier ist es dann nicht mehr weit zu der Vorstellung, dieses „Schlechte" oder „Böse" könne beseitigt werden. In der Folge bilden sich dann notwendigerweise Lager, die sich hasserfüllt gegenüber stehen...

Die Vorstellung, die Welt ließe sich im Sinne der eigenen Wertung komplett „gut" machen, muss darum als Donquichotterie erkannt werden. Es sind vergebliche Mühen eines Sisyphus. Was hat die Menschheit in dieser Hinsicht nicht schon alles unternommen! Denken wir nur einmal an die humanitäre Hilfe, die großartigen medizinischen Erfolge. Welcher mitfühlende Mensch wollte sich dagegen auflehnen? Doch selbst dieser glänzenden Seite der Kulturentwicklung folgt unausweichlich ihre dunkle Schattenseite: die Bevölkerungsexplosion mit Hungersnöten, Energiekrise, Waldsterben und Klimawandel im Gefolge.

Das Streben nach Güte, Harmonie und Vollkommenheit ist dabei nur zu verständlich, sind wir doch im tiefsten Wesen Teil des großen Einen. Es ist die Antwort auf die uns treffende Wirksamkeit des Einen Geistes. Die Tatsache, dass wir auf diese Impulse reagieren, die uns nach dem verlorenen Paradies suchen lassen und die doch in unserem polaren Lebensfeld *grundsätzlich* nicht realisiert werden können, weist auf unsere Verwandtschaft mit diesem impulsgebenden Feld hin, beweist die Versunkenheit des menschlichen Geistes in einer polaren Welt der Trennung. Der Umstand unseres permanenten Scheiterns offenbart dabei ein grundlegendes Unverständnis. Darum: Welch ein Geist, der der beständigen Antwort der Natur: „Es gibt hier keine Einheit!" selbst nach Jahrtausenden des Scheiterns ein beständiges „Und es gibt die Einheit doch!" entgegenschmettert; aber welch eine Dummheit auch, diese als abgetrennte Existenz verwirklichen zu wollen! Und welch langmütiges Erbarmen, stets „Es gibt *hier* keine Einheit!" zugerufen zu bekommen.

Offensichtlich ist es für uns notwendig, zu einem grundlegend anderen Verständnis der in unserer Welt auftretenden Polaritäten zu kommen. Es ist uns ja die ständige Wertung und Beurteilung so in Fleisch und Blut übergegangen, dass wir die überall vorhandenen Polaritäten wie selbstverständlich als Gegensätze, mithin als absolute Unvereinbarkeiten begreifen, was sie ihrem Wesen nach jedoch nicht sind.

Den einzig wirklich unvereinbaren Gegensatz schaffen wir selber, indem wir uns gegenüber dem Einen als abgeschlossenes Ganzes behaupten. Damit setzen wir uns als Mittelpunkt des Universums, um den sich alles dreht, auf den alles gerichtet und bezogen ist. Unsere sinnesorganische Wahrnehmung untermauert diese These schließlich aufs Eindrucksvollste. Auf dieser Basis ist es dann ein Leichtes, den selbst erzeugten Gegensatz nach außen zu projizieren, ihn dort für das eigentlich aufzulösende Problem zu nehmen, um so den Fortbestand der postulierten eigenen Autonomie sicherzustellen.

Die Erscheinungswelt wirkt als ein Mittler zwischen den beiden Einen, dem universellen Einen und dem individuellen Einen. Sie gibt der Trennungsidee Form, jedoch ohne dabei die Einheit allen Seins zu verleugnen. Dies ist der Christus-Mythos, die sich opfernde Gottheit, die zum gefallenen Menschen herabsteigt, Form wird wie dieser, sich in *reiner* Form, d. h. den Gesetzmäßigkeiten der universellen Einheit gehorchend, offenbart und eben dadurch wieder zur Welt der Einheit zurückkehrt mit der Aufforderung: „Folget mir nach" (Mark. 1,17).

Wir haben es somit bei den zu Tage tretenden Widersprüchen weniger mit Gegensätzen als vielmehr mit Paradoxa zu tun. Widersprüche entstehen, wenn Aussagen verschiedener Seinsebenen ohne Differenzierung miteinander vermengt werden. Das geschieht stets, wenn der „Beobachter" übersehen wird, wenn dieser sich selbst herausnimmt und feststellt: „Das passt so nicht zusammen!"

Wie bereits beschrieben, hat die Frage, ob die Materie ihrem Wesen nach Körper oder Welle sei, in der Quantenphysik zu grundlegend neuen Sichtweisen geführt. Neben der Verantwortung des Beobachters zeigt sich in der grundsätzlichen Genauigkeitsgrenze der Heisenberg'schen Unbestimmtheitsrelation auch eine reale Unbestimmtheit der Materie selbst. Während das Objekt sich in der Erscheinungswelt notwendig räumlich lokalisiert und mit sehr speziellen Eigenschaften versehen zeigt, erfolgt diese zeiträumliche Manifestation stets unter Berücksichtigung sämtlicher berechtigter Ansprüche alles Seienden. Diese finden mathematisch im Wahrscheinlichkeitsfeld der Schrödinger'schen Wellenmechanik ihren Ausdruck und können als Maß von Freiheit und Determination verstanden werden.

Die einander widersprechenden Bilder und Aussagen wie: Materie ist ihrem Wesen nach Teilchen/Welle, ist zeiträumlich lokalisiert/nicht lokalisiert, ist einer Masse/Frequenz zuschreibbar, sind keine Polaritäten im eigentlichen Sinne. Bohr bezeichnet sie als komplementär, d. h., sie widersprechen einander, sind aber richtig, wenn sie an der richtigen Stelle verwendet werden. Indem die scheinbaren Widersprüche als einander *ergänzende* Aspekte verstanden werden, lösen sie sich in einem erweiterten Rahmen auf, in dem die Begriffe ihre Unabdingbarkeit verlieren.

In einem Gespräch mit W. Heisenberg und W. Pauli 1952, am Rande einer Tagung in Kopenhagen zum Bau eines europäischen Großbeschleunigers, brachte N. Bohr seine Ansicht zum Ausdruck, wonach das mit der Komplementarität gefundene Prinzip sehr elementar und geeignet sei, zu einem neuen Weltverständnis durchzudringen:

> „Die Quantentheorie ist so ein wunderbares Beispiel dafür, daß man einen Sachverhalt in völliger Klarheit verstanden haben kann und gleichzeitig doch weiß, daß man nur in Bildern und Gleichnissen von ihm reden kann. Die Bilder und Gleichnisse, das sind hier im wesentlichen die klassischen Begriffe, also auch ‚Welle‘ und ‚Korpuskel‘. Die passen nicht genau auf die wirkliche Welt, auch stehen sie zum Teil in einem komplementären Verhältnis zueinander und widersprechen sich deshalb. [...] Wahrscheinlich ist es doch bei den allgemeinen Problemen der Philosophie, insbesondere auch der Metaphysik, ganz ähnlich. Wir sind gezwungen, in Bildern und Gleichnissen zu sprechen, die nicht genau das treffen, was wir wirklich meinen. Wir können auch gelegentlich Widersprüche nicht vermeiden, aber wir kön-

nen uns doch mit diesen Bildern dem wirklichen Sachverhalt irgendwie nähern." [124]

In ähnlicher Weise äußert sich der österreichische Physiker Wolfgang Pauli 1927 in einem Gespräch mit Werner Heisenberg anlässlich der Solvey-Konferenz in Brüssel:

> „Denn erst durch ihn [den Begriff der Komplementarität] kann man verständlich machen, daß die Vorstellung eines materiellen Objektes, das von der Art, wie es beobachtet wird, ganz unabhängig ist, nur eine abstrakte Extrapolation darstellt, der nichts Wirkliches genau entspricht. In der asiatischen Philosophie und in den dortigen Religionen gibt es die dazu komplementäre Vorstellung vom reinen Subjekt des Erkennens, dem kein Objekt mehr gegenübersteht. Auch diese Vorstellung wird sich als eine abstrakte Extrapolation erweisen, der keine seelische oder geistige Wirklichkeit genau entspricht." [125]

Über die erhebende Aussicht, möglicherweise alle Widersprüche auflösen zu können, dürfen wir aber nicht übersehen, dass mit der Komplementarität auch ein Grundgesetz der Erscheinungswelt beschrieben ist: Wenn wir in dieser Welt sein und eine Aussage von etwas machen wollen, so sind wir gezwungen, einen Standpunkt zu wählen, der einen anderen komplementär ausschließt. Diese Spannung müssen wir aushalten! Sie ist der Preis, mit dem die Illusion der eigenen Ganzheit bezahlt werden muss. So entdecken wir uns in einer ausgrenzenden Naturordnung, einer Welt, in der die alles umfassende Liebe und das absolut Gute niemals gefunden werden kann.

Mit der Komplementarität kommt zum Ausdruck, dass die Naturordnung der Einheit die Welt der Erscheinung durchdringt, ja deren Existenz überhaupt erst ermöglicht. In der *Trennungs*welt

---

[124] zitiert nach Heisenberg Werner: „Positivismus, Metaphysik und Religion". In: Werner Heisenberg: „Der Teil und das Ganze", S. 119/120.

[125] zitiert nach Heisenberg, Werner: „Erste Gespräche über das Verhältnis von Naturwissenschaft und Religion". In: Werner Heisenberg: „Der Teil und das Ganze", S. 104.

sind Einheit und (All-)Liebe selbstverständlich ein Störfaktor, denn die Einheit passt ebensowenig in die Trennungswelt wie ein abgeschlossenes Sein in die Welt der Einheit. Die Unvollkommenheiten, die das selbstbezogene Bewusstsein in seinem Umfeld erfährt, sind darum die Widerspiegelungen der Dissonanzen, die es selbst im Feld der Einheit erzeugt. Die Komplementarität ist einfach die *Möglichkeit* von Trennungserscheinungen. Es liegt darum an uns, wie wir sie nutzen oder sehen wollen, als Mittel zur Abgrenzung in einer unvollkommenen, gottlosen Erscheinungswelt oder als offene Tür, um von der Erscheinung zur Realität durchzudringen.

Relativität – Physik der Trennung

Komplementär zur Quantenphysik

Es ist eine der Pointen der Quantenphysik, dass das sie so bestimmende Prinzip der Komplementarität innerhalb unserer zeiträumlichen Naturordnung auch auf sie selbst angewandt werden kann. Wer die Aussagen der Quantenphysik als etwas eigenartig, einseitig oder überzogen empfindet, vielleicht gar an seinem Begriffsvermögen zweifelt, der darf nun aufatmen: Möglicherweise ist er nur eine komplementär andere Sichtweise gewohnt. Er befindet sich dabei in guter Gesellschaft. Einstein zum Beispiel hat Zeit seines Lebens nichts unversucht gelassen, Fehler und Unvollständigkeiten in der Quantentheorie aufzuspüren, um ihre Unbrauchbarkeit nachzuweisen. Nun, es ist ihm nicht geglückt, aber andererseits hat diese der von ihm entwickelten Relativitätsphysik auch nichts anhaben können. Es ist, wie Bohr sagt: Die Bilder und Aussagen widersprechen sich, sind aber richtig, wenn sie an der richtigen Stelle verwendet werden.

Die Quantentheorie wählt als Basis ihrer Betrachtung die Einheit des Objekts und beschreibt dessen innere Struktur, die Wechselwirkung der von ihm umschlossenen Elemente. Gegenstand der Untersuchung ist die Wechselwirkung; die Teile treten dahinter zurück. In der Relativitätsphysik ist nun gerade das Einzelobjekt in Raum und Zeit Gegenstand der Untersuchung. Hier ist die Trennung Basis der Betrachtung. Wo die Quantentheorie beschreibt, wie die Dinge Eins sind, da stellt die Relativitätstheorie dar, wie sie getrennt sind.

Die Quantentheorie beschreibt die Möglichkeiten, die realisierbar sind, die Potenz des Seins. Es ist die innere Anschauung der Welt. In der Relativitätsphysik zeigt sich die steinharte Wirklichkeit dessen, was von den Möglichkeiten in die Tat umgesetzt wurde. Hier befinden wir uns mitten in der Erscheinungswelt. Es ist die äußere Anschauung der Welt.

Wenn wir uns nun nicht mehr in der Einheit befinden, dann bedeutet die Trennung vom Anderen auch einen Wegfall der Wechselwirkungen. Es ist uns damit mindestens eine Seinsdimension abhandengekommen. Wer einmal versucht hat, eine abgepellte Apfelsinenschale auf einer ebenen Fläche auszubreiten, hat einen Eindruck von der Situation: Es will nicht recht glücken. Die Apfelsinenschale wölbt sich oder reißt. Vor dem gleichen Problem stehen die Kartographen, wenn sie die Erdoberfläche auf einer ebenen Karte abbilden wollen. Nur dadurch gelingt ihnen die Darstellung, dass sie entweder die Längen, die Flächen, die Winkel oder mehreres gleichzeitig verzerren. Die Karte zeigt also ein verzerrtes Bild der Wirklichkeit, wobei die Art der Verzerrung der gewählten Eigenart der Darstellungsweise immanent ist.

Natürlich kann die Wechselwirkung mit den Anderen nicht völlig wegfallen; dann befänden wir uns im reinen Nichts. Aber durch Verzerrung der uns treffenden Wirkungen können sehr subjektive Erscheinungen hervorgerufen werden. Denken wir, um ein sinnesorganisches Beispiel zu benutzen, nur einmal an die perspektivische Wahrnehmung. Der Raum erscheint um uns herum gedehnt, die Längen in unserer Nähe sind länger, die Bäume höher und meine Kirschen größer als die des Nachbarn. Diese Eindrücke halten zwar der einfachsten objektiven Überprüfung nicht stand, spiegeln aber das Prinzip der subjektiven Wirklichkeitsverzerrung wider.

Was in der subjektiven Erscheinung zu Tage tritt, ist ein auf den speziellen Standpunkt des Beobachters bezogenes Bild des Wirklichen. Es ist nicht die Wirklichkeit selbst, sondern eine – verfremdete – Information über das, was war. Das Bild bleibt hinter der Gegenwart zurück, denn die bilderzeugende Information erfordert eine Realität, die vordem war, der Zeit wegen, die das Licht benötigt. Die Sonne, die ich sehe, ist das Bild der Sonne vor acht Minuten. Der Mond zeigt sich mir mit ca. einer Sekunde Verspätung relativ aktuell, der Saturn dagegen lässt sich über eine Stunde Zeit. Doch selbst das ist noch vergleichsweise gegenwartsnah, wenn wir die Fixsterne zum Vergleich heranziehen. Proxima Centauri, unseren nähesten Nachbarn in der Milchstraße sehen wir in einer Verfassung, in der er sich vor über vier Jahren befand, das Zentrum der Milchstraße in seinem Zustand vor 27.000 Jahren und den Andromedanebel als er noch ca. 2,2 Millionen Jahre jünger war als heute.

Was sich uns als einheitliches Bild zeigt, ist mithin ein zeitliches Tohuwabohu, dem so nichts Wirkliches entspricht. Die Gegenwart liegt somit im Dunkeln! Dass wir eine zeitliche Differenz der Erscheinungen zur Gegenwart nicht wahrnehmen, liegt, neben der Trägheit unserer Sinnesorgane, auch an den kurzen Entfernungen zu den Objekten unseres täglichen Umgangs. Dessen ungeachtet existiert die Lücke auch hier. Gegenwart existiert somit nur im Innen. Im Außen begegnet uns nur die Vergangenheit.

Im Jetzt ist das Gesamtobjekt wirksam, so dass nicht sinnvoll von Einzelobjekten gesprochen werden kann. Hier finden alle Elemente des Seienden ihre Berücksichtigung und fügen sich zusammen, um ein Bild der Vergangenheit zu hinterlassen. Es ist wirklich ein Bild, etwas, was Jetzt schon nicht mehr ist. Oder wollen wir behaupten, der Andromedanebel sähe heute noch so aus wie vor 2,2 Millionen Jahren? Dann wäre alles starr und unbeweglich – ohne Leben.

„Während die Ungewißheit der Zukunft als notwendige – wenn auch keineswegs hinreichende – Bedingung für die Willensfreiheit des Individuums im allgemeinen ohne psychologische Hindernisse akzeptiert wird, bereitet es doch enorme Schwierigkeiten, einzusehen, wie eine der Gegenwart prinzipiell anhaftende Unbestimmtheit plötzlich verschwinden kann, sobald die Gegenwart zur Vergangenheit geworden ist. Der Sachverhalt läßt sich nicht durch Annahme eines in der Gegenwart noch nicht abgeschlossenen Prozesses erklären; das Problem liegt vielmehr darin, daß zu einem Zeitpunkt to [der Gegenwart] eine physikalische Größe X(to) keinen genauen Wert besitzt, während man zu einem späteren Zeitpunkt unter Verwendung einfachster Naturgesetze einen eindeutigen und exakten Wert für X(to) erschließen kann. Mit anderen Worten: Es existiert keine objektive, exakt definierte Realität – aber man kann sie berechnen."[126]

W. Mückenheim weist damit darauf hin, dass die Unbestimmtheitsrelation eine sehr konkrete Realität beschreibt, in der sich zwei völlig komplementäre Welten durchdringen. Die Einheit steht – bildlich gesprochen – senkrecht auf unserer Trennungswelt und durchdringt sie – – – aber ausschließlich im Jetzt. Und dieser winzige Schritt von der Möglichkeit zur Verwirklichung bezeichnet die Grenze zwischen dem Geltungsbereich der Quantentheorie und dem der Relativitätstheorie, dem Einen und dem Getrennten. Es hat keinen Sinn, zum Zeitpunkt der Wirksamkeit des Gesamtobjekts nach den aktuellen Eigenschaften seiner Teile zu fragen. Dennoch ist aus dem Bild des schließlich Konkretisierten die gesetzmäßige Wirkungsweise des umschließenden Einen ablesbar. Solange die Würfel in der Hand sind, ist es sinnlos, zu fragen: „Wieviele Augen sind es jetzt?"[127] Erst wenn die Würfel gefallen sind, ist die Augenzahl ablesbar; dafür ist aber auch nur eine der Möglichkeiten sichtbar geworden. Selbst das Einzelobjekt wird in der Erscheinungswelt in einen sichtbaren und einen unsichtbaren Teil getrennt: Nur einer der ihm möglichen Zustände tritt nach außen. Carl Friedrich v. Weizsäcker zieht die Grenze darum wie folgt:

„Zwischen die Einheit des Vielen in der Natur und die Einheit des Einen tritt die Einheit der Zeit."[128]

Energie

„Alle Dinge sind durch dasselbe gemacht, und ohne dasselbe ist nichts gemacht, was gemacht ist." (Joh. 1,3)

Dieses Axiom zu Beginn des Johannesevangeliums hätte auch als Unterschrift unter der berühmten Einsteinformel $E = mc^2$ ste-

[126] Mückenheim, W.: „Das EPR-Paradoxon", Physikalische Blätter 10/1983, S. 335.
[127] Danin, Danil: „Blick ins Unsichtbare", S. 373.
[128] Weizsäcker, Carl Friedrich von: „Die Einheit der Natur", S. 487.

hen können, die Energie als das Produkt von Masse und dem Quadrat der Lichtgeschwindigkeit beschreibt. Mit ihr wird ausgedrückt, dass Masse eine *Form* der Energie ist, so wie Bewegung, Wärme, Licht, Elektrizität, Magnetismus u. ä. Und wenn der Autor des Johannesevangeliums sich auf das „Wort" oder den „Logos" bezieht, der am Anfang bei „Gott" war, so ist unser heutiger Energiebegriff ähnlich „wolkig", denn die Begriffshinterfragung, die Professor Oschwitz mit seinen Studenten am Beispiel der Kraft durchführte, ergäbe hier das gleiche Resultat. „Energie" ist ein Platzhalter für das mysteriöse „Etwas".

Wenn Masse eine Form der Energie ist, dann haben wir jedenfalls keine Schwierigkeiten, uns unter „Masse" etwas vorzustellen. Aber das ist eben „Vorstellung"; den Physikern bereitet die Frage, was denn überhaupt über die Masse gesagt werden könne, durchaus Schwierigkeiten.

Mit dem Atombombenabwurf über Hiroshima und Nagasaki ist sehr eindrucksvoll und sehr unschön gezeigt worden, welch ungeheure Menge an Energie in der Masse vorhanden ist; und dabei sind nur 0,8 % der eingesetzten Uranmasse in Energie umgewandelt worden. Durch Neutronenbeschuss wird der Kern des Uranatoms gespalten. Als Spaltprodukte entstehen beispielsweise ein Krypton- und ein Bariumkern sowie zwei freie Neutronen. Die Anzahl der Kernbausteine, also die der Protonen und Neutronen, ist vor und nach der Spaltung die gleiche. Es gibt also nach der Trennung nicht weniger Elementarteilchen – und doch ist Masse verschwunden; die Spaltprodukte wiegen weniger!

Bei der Kernverschmelzung ist es ähnlich: Im Sonneninneren werden bei 20 Millionen Grad, wie bei der Explosion einer Wasserstoffbombe, je zwei Protonen und Neutronen zu einem Heliumkern verschmolzen. Und obwohl der Heliumkern auch aus je zwei Protonen und Neutronen besteht, tritt doch ein sogenannter Massendefekt von 0,76 % ein. Das heißt, bei Bildung von einem Kilogramm Helium verschwindet eine Masse von 7,6 Gramm. Bei einer Strahlungsleistung der Sonne von $3,84 \cdot 10^{23}$ kW bedeutet das einen Massenverlust von 4,28 Millionen Tonnen pro Sekunde.

In beiden Fällen, bei der Kernspaltung und der Kernverschmelzung, werden neue Kerne mit höherer Bindungsenergie erzeugt. Dies ist Wassertröpfchen vergleichbar, die sich zunächst zu größeren Tropfen zusammenfügen, welche sich aber, wenn sie zu groß werden, wieder in Tropfen mittlerer Größe teilen. Es wird also ein möglichst stabiler energetischer Zustand angestrebt, genauso wie ein Ball den Hang hinunter ins Tal rollt, bis er eine stabile Position erreicht hat. Der Ball besitzt die gleiche Form, auf dem Berg ebenso wie im Tal. Im Tal liegt er aber auf einem niedrigeren Energieniveau. Durch das Herabrollen ist Energie in Bewegung umgesetzt worden, und diese Energie muss wieder investiert werden, wenn der Ball an seinen ursprünglichen Ort zurückgebracht werden soll. Die im Ball gespeicherte verwendbare, sogenannte potentielle Energie kommt in seiner Höhenlage, seinem Abstand zum Talboden zum Ausdruck. In ähnlicher Weise, wenn auch mit umgekehrtem Vorzeichen, ist die Masse ein Ausdruck der potentiell nutzbaren Energie.

In den großen Teilchenbeschleunigern der Kernforschungszentren, wie des CERN bei Genf, werden Elementarteilchen bis nahe an die Lichtgeschwindigkeit heran beschleunigt, um sie dann frontal aufeinander prallen zu lassen. Beim Zusammenstoß dieser Teilchen wird die Bewegungsenergie frei. Damit sollten, so die anfänglichen Erwartungen der Physiker, die Protonen und Neutronen, die offensichtlich auch eine innere Struktur besitzen, gespalten werden. Was sich aber zeigte, war eine Umwandlung der Energie in Masse; es entstanden neue Elementarteilchen. Man stelle sich vor: Zwei Tennisbälle prallen aufeinander – und dann sind es drei Bälle. Erzeugung von Materie aus reiner Energie gelang erstmals 1997 am Stanford Teilchenbeschleuniger SLAC in Kalifornien dadurch, dass man hochenergetische Lichtteilchen, sogenannte Photonen, frontal aufeinanderprallen ließ. Die Photonen, die eine Ruhemasse von Null besitzen, also aus reiner Bewegungsenergie bestehen, erzeugten durch den Zusammenprall ein Elementarteilchenpaar, bestehend aus einem Elektron und einem dazu äquivalenten Positron.[129]

Masse und Materie sind nach den Ergebnissen der physikalischen Untersuchungen zu Begriffen geworden, über die kaum

---

[129] Schnabel, Ulrich: „Amerikanische Physiker schufen erstmals Materie aus reinem Licht", DIE ZEIT, 42/1997.

mehr sinnvoll etwas ausgesagt werden kann. Carl Friedrich von Weizsäcker versucht es so:

> „Die erste Materie kann durch nichts anderes charakterisiert werden als durch die Form, die an ihr gefunden werden kann. Das ‚kann‘ in diesem Satz charakterisiert sie als Materie; Materie ist, aristotelisch gesprochen, Möglichkeit von Form. Das ‚an ihr‘ des eben geäußerten Satzes ist darum pleonastisch. Erste Materie ist, streng gesprochen, nicht etwas, ‚woran‘ eine Form gefunden werden kann; das wäre sie nur, wenn sie selbst noch eine von der ‚an ihr‘ zu findenden Form verschiedene Form wäre. Sie *ist* vielmehr die Möglichkeit, dass Form gefunden wird. Was gefunden werden kann, ist eo ipso Form.“ [130]

Und Werner Heisenberg geht bei seiner Rede auf dem Pnyxhügel gegenüber der Akropolis in Athen 1964 der Frage nach, inwiefern die moderne Physik heute den seit der Antike tobenden Streit bezüglich der Struktur der Materie zu entscheiden vermöge, ob die von Leukipp und Demokrit begründete materialistische Betrachtungsweise mit dem Atombegriff im Mittelpunkt ihr Wesen besser erfasse oder Platons Lehre von den ideellen Grundbestandteilen:

> „Man kann sagen, daß alle Teilchen aus derselben Grundsubstanz gemacht seien, die man Energie oder Materie nennen kann; oder man kann formulieren: Die Grundsubstanz ‚Energie‘ wird zur ‚Materie‘, indem sie sich in die Form eines Elementarteilchens begibt. In dieser Weise haben uns die neuen Experimente gelehrt, daß man die beiden scheinbar widersprechenden Behauptungen: ‚Die Materie ist unendlich teilbar‘ und ‚Es gibt kleinste Einheiten der Materie‘ vereinen kann, ohne in logische Schwierigkeiten zu geraten. Dieses überraschende Ergebnis unterstreicht wieder, daß unsere gewöhnlichen Begriffe nicht unzweideutig auf diese kleinsten Einheiten angewendet werden können. [...] Ich glaube, die moderne Physik hat an dieser Stelle definitiv für Plato ent-

---

[130] Weizsäcker, Carl Friedrich von: „Die Einheit der Natur“, S. 362.

schieden. Denn die kleinsten Einheiten der Materie sind tatsächlich nicht physikalische Objekte im gewöhnlichen Sinn des Wortes; sie sind Formen, Strukturen oder – im Sinne Platos – Ideen, über die man unzweideutig nur in der Sprache der Mathematik sprechen kann." [131]

Die Welt der Erscheinung ist in diesem Sinne eine Formenwelt, die dadurch entsteht, dass die „Energie" sich als Form offenbart. Eine formlose Existenz ist für uns als Formenwesen nicht vorstellbar, doch können wir die Wirksamkeit von Feldern als *Bild* dafür nehmen. Im Jetzt, wo alles gerade noch nicht zur Form geronnen ist, durchdringen sich alle Felder des Seienden und entscheidet sich, entscheidet ein Jedes, was ist und sein soll, um daraufhin, als Form, Zeugnis abzulegen. Doch dann ist die Gegenwart, das Jetzt, bereits fortgeschritten. Was ist lebendiger, dynamischer und wirklicher als das noch ungeformte Sein im Jetzt? Aber das Einzelne ist hier nicht lokalisierbar.

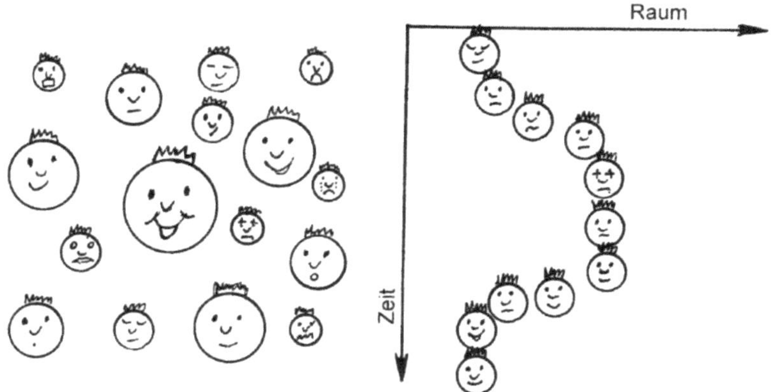

Abb. 1
Alberts quantenphysikalisches
Eigenschaftsfeld. Es besteht gerade
eine hohe Wahrscheinlichkeit,
ihn gut gelaunt anzutreffen.

Abb. 2
Albert in der Relativitätsphysik:
Stimmungswandel in Abhängig-
von Raum und Zeit.

---

[131] Heisenberg, Werner: „Das Naturgesetz und die Struktur der Materie". In: Werner Heisenberg: „Schritte über Grenzen", S. 199/200.

Hier kommt einmal mehr die komplementäre Art der Relativitätsphysik gegenüber der Quantentheorie zum Ausdruck: Wo die Quantentheorie die jetzt möglichen Zustände eines Objekts unter Berücksichtigung des aktuellen Umfeldes beschreibt, da perlt die Relativitätstheorie die Zustände in der Reihenfolge ihrer Erscheinung an der Zeitschnur auf. Hier eine Art chronologische Fotosammlung, die Alberts Erscheinungsformen seit seiner Geburt dokumentiert, dort ein Spektrum der ihm jetzt eigenen Ausdrucksmöglichkeiten. Nun müssen Zustände der Vergangenheit nicht zwangsläufig auch jetzt noch realisierbar sein, und was heute zum Ausdruck kommt, kann früher völlig ausgeschlossen gewesen sein. Albert ist somit in beiden Darstellungsweisen auf jeweils andere Weise verwischt.

Entwicklung der Erscheinungswelt

Wir können uns nun an die Untersuchung der Erscheinungswelt machen, um dadurch zu einem tieferen Verständnis der Art unserer biologischen Erscheinung zu kommen. Als biologische Wesen sind wir Teil der Erscheinungswelt. Indem wir uns ausschließlich mit diesem einen Geschöpf identifizieren, distanzieren wir uns aber tatsächlich räumlich von allem anderen. So wird uns die Welt der Erscheinung zu einer Welt der Trennung. Aber eben dadurch vermögen wir uns auch als autonomes oder abgeschlossenes Ganzes zu erleben. Unser Denken und Fühlen ist so sehr auf diese Trennungswelt abgestimmt, dass die Welt der (quantenphysikalischen) Einheit uns fast völlig fremd ist und wir sie nur mehr dunkel zu ahnen vermögen. Das ist eigentlich sehr verwunderlich, ist doch die Welt der Einheit die primäre Ordnung und die Erscheinungswelt nur ein untergeordneter Grenzzustand, ein Schattenbild des Wirklichen. Die Ursache dieser Wahrnehmungsweise muss in der Trennungsidee liegen. Der Wille, selbst ein abgeschlossenes Ganzes oder unabhängiges, autonomes Wesen zu sein, bedeutet in letzter Konsequenz eine Trennung von allem. Es bedeutet, die Wechselwirkung mit dem Umfeld einzustellen. Der Abbruch der Beziehungen ist allerdings einseitig, denn das Eine kann die Wechselwirkung nicht beenden, da dies einer Selbstzerstörung gleichkäme. Selbstverständlich wird es die Wechselwirkung nicht in vollem Umfange weiterführen; sondern sie auf das unbedingt Notwendige beschränken. Die Trennung wird darum niemals vollkommen, denn auch das „abgetrennte" Objekt will und soll sein. Von dem ihm zugehörigen „Ich–bin–Element" des Einen wird es sich daher niemals zu trennen vermögen.

Die innere Struktur, die Seele des Objekts, wird dagegen in vollem Umfang vom Trennungswillen ergriffen. Die Wirksamkeiten des *einenden* Geistes werden von ihm darum in *trennende* Wirkungen umtransformiert. Diese können aber von Objekten, die durch den Geist geleitet werden, nicht aufgenommen werden, einfach weil sie keine Entsprechung dazu haben. Der Großorganismus des Einen reagiert nicht auf die zersetzende Strahlung eines autonomen „Ich bin". Täte er es, hieße dies für ihn Selbstzerstörung oder Totalunterwerfung – des Autonomieanspruchs wegen, den der Abtrünnige erhebt. Die Wechselwirkung ist somit gestört. Die Trennungswirkung verbleibt darum eingekapselt im trennungswilligen Objekt und wirkt dort auf die Schaffung eines abgeschlossenen „Ich bin" hin. Alles was nicht „*Ich* bin" ist, wird infolgedessen prozessmäßig abgeschält, ohne dass es Raum fände, in dem es verbleiben könnte. Die zersetzende Wirkung des separatistischen Objekts ruft darum eine *innere* Spaltung hervor. Das „Ich bin" verbleibt im Einen, während die Spaltwirkung des Autonomiestrebens sich in diesem singulären Punkt als Offenbarungsform der sich abgrenzenden Seele sammelt.

Zum Schluss existiert das „abgetrennte" Objekt nur noch latent. Die ursprünglich mit dem Geist des Einen verbundene Seele hat in ihrem Autonomiestreben gleichsam einen Selbstmord verübt und ihre äußere Offenbarungsform eingebüßt. Die „Idee", die Konzeption der Individualität, ist und bleibt – als Monade – eins mit dem Einen. Sie ist aber unwirksam geworden bzw. kann sich nicht offenbaren, weil sie als „Ich bin" an das in seinen zersetzenden Wirkungen eingekapselte Objekt gebunden ist.

Um der Monade des Geistes wieder eine Ausdrucksmöglichkeit zu geben, ist die gesamte trennende Wirkung in eine solche umzutransformieren, die sich mit den Anforderungen des Einen verträgt. Diese Umwandlung muss, das kann nicht anders sein, im Objekt selbst stattfinden. Wie die Raupe sich verpuppt, im

Kokon zersetzt und neu formiert, um danach als Schmetterling wieder am Leben teilzunehmen, so muss auch die in ihrer Trennungswirkung zum Ausdruck kommende selbstbezogene Seele sich auflösen, um der Monade, den Prinzipien des universellen Geistes entsprechend, eine Re-Formation der Seelenstruktur zu ermöglichen.

Grundlage dieser „alchymischen" Umwandlung sind erstens die Substanz des „Objekts" und zweitens, optional, die Wirkungen des Gesamtorganismus des Einen, die ja weiterhin das separatistische Objekt zu treffen vermögen. Ihm wird damit die Möglichkeit gegeben, sofort wieder am Geist des Einen teilzuhaben. In der Atomphysik wird hier von „Anregung" gesprochen. Die Atome werden dabei über einen äußeren Impuls auf ein höheres Energieniveau gehoben und angeregt, nun ihrerseits wirksam zu werden, etwa um elektromagnetische Strahlung abzugeben, so wie sonnenerhitzter Asphalt am späten Sommerabend die aufgenommene Wärme wieder abstrahlt oder Leuchtziffern der Armbanduhr im Dunkeln die gespeicherte Energie als Licht abgeben.

Allein wo weiterhin mit einer trennenden Wirkung reagiert wird, entsteht eine energetische Konzentration oder Überhitzung, die aus oben genannten Gründen nicht nach außen abgestrahlt werden kann. Infolgedessen richtet sich die Energie notwendigerweise nach innen, verdichtet sich zunehmend, wird Materie, um schließlich, beim Erreichen der Grenzballung, mit einer Implosion in sich selbst zu versinken, ein sogenanntes schwarzes Loch zurücklassend. Es ist die Entfaltung eines inneren Kosmos, die Geburt der Erscheinungswelt.

Weil die Formeln der Allgemeinen Relativitätstheorie im „Urknall" ihre Gültigkeitsgrenze finden (Raum und Zeit verschwinden, während die Masse ins Unendliche wächst), suchen die Physiker um Abhay Ashtekar, Physik-Professer an der Pennsylvania State University und Direktor des dortigen Center for Gravitational Physics and Geometry, sich dem kritischen Punkt von der anderen Seite zu nähern: Indem sie die Quantentheorie auch auf die Raum- und Zeitstruktur anwenden, also kleinste Raum- und Zeitelemente postulieren, gelingt es ihnen, mit dieser Quantengeometrie das Nadelöhr des „Urknalls" zu passieren. Raum und

Zeit, wie sie in der Relativitätstheorie beschrieben werden, gibt es dabei nur diesseits des Nadelöhrs:

> „Die Frage, ob das Universum einen Anfang in endlicher Vergangenheit hat, ist nun transzendiert. Zunächst scheint die Antwort ‚nein' zu lauten in dem Sinn, dass die Quantenentwicklung nicht am Urknall aufhört. Da jedoch die Raumzeit-Geometrie sich beim Urknall auflöst, verliert auch der Begriff der Zeit und somit das ‚Vorher' oder ‚Nachher' seine gewohnte Bedeutung. Deshalb ist die Frage genaugenommen nicht mehr sinnvoll. Ein Paradigmenwechsel hat stattgefunden, und sinnvolle Fragen müssen nun anders gestellt werden, ohne sich an die klassische Raumzeit anzulehnen."[132]

Beim Durchlaufen der Übergangsphase wird die Innenseite des zusammengestürzten Systems quasi nach außen gedreht, wie Martin Bojowald, Physiker am Max-Planck-Institut für Gravitationsphysik in Potsdam, erläutert:

> „Der Raum wird praktisch in sich selbst umgestülpt. Das kann mit einem ideal kugelförmigen Luftballon veranschaulicht werden, aus dem die Luft entweicht. Übrig bleibt ein leerer Ballon, wobei alle Teilstücke der Hülle aufeinanderstoßen – wie in einer Singularität. Nun muss man sich aber vorstellen, dass sie sich stattdessen ungehindert durchdringen können und einfach weiterfliegen, sodass der Ballon sich wieder zu einer Kugel aufbläht, wobei die vorherigen Innenseiten nun außen sind und umgekehrt."[133]

Um eine Vorstellung von diesem Geschehen zu bekommen, können wir, als Bild, unser allabendliches Einschlafen zum Verständnis heranziehen: Während unser Körper nahezu – wie tot – regungslos im Bett liegt, zieht sich unser Bewusstsein aus der

---

[132] Ashtekar, u. a.: zitiert nach Vaas, Rüdiger: „Der umgestülpte Urknall", Bild der Wissenschaft 4/2004, S. 54.

[133] Bojowald, Martin, zitiert nach Vaas, Rüdiger: „Der umgestülpte Urknall", Bild der Wissenschaft 4/2004, S. 55.

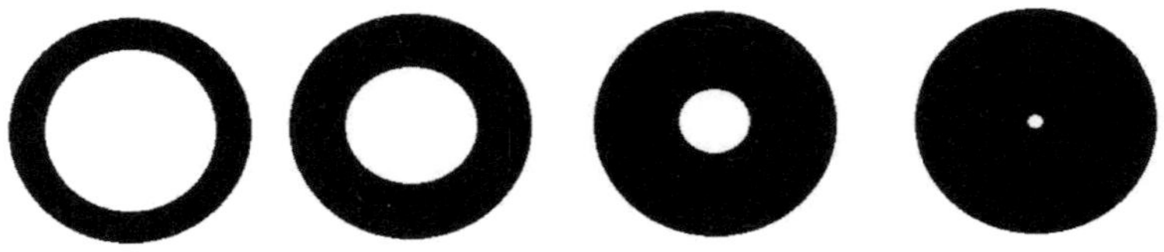

Abb. 3: Fall in den Brunnenschacht. Blick zurück zur Brunnenöffnung.

Sinnenwelt in sich selbst zurück und tritt in ein inneres Universum ein, das Gegenstandsformen unserer wachbewussten Welt nach eigenen Gesetzmäßigkeiten nutzt und ordnet. Dabei wird dem Bewusstsein seine Gespaltenheit in ein wahrnehmendes Subjekt und eine scheinbare Außenwelt, als Widerspiegelung seiner Bewusstseinselemente, zumeist nicht bewusst.

Ebenso verbleibt das selbstbezogene Objekt im Einen an seinem Ort, während es in einer Implosion in sich selbst versinkt. Als Bild soll uns dazu ein bodenloser Brunnenschacht dienen, in den wir, als separatistisches Objekt, hineinfallen. Von der Erdoberfläche aus gesehen verbleiben wir dann am gleichen Ort – wir verlassen den Brunnen ja nicht. Für den Beobachter aber, der uns in den Brunnen hineinfallen und in der Tiefe versinken sieht, schrumpfen wir mit jedem durchfallenen Meter weiter zusammen. Füllte unser Volumen anfangs noch fast den ganzen Brunnenquerschnitt aus, so vermag er uns zuletzt kaum noch als ein Pünktchen auszumachen. Aus seiner Perspektive kann also wirklich von einer Implosion gesprochen werden, einem Zusammenstürzen des Bestehenden auf seinen Mittelpunkt.

Anders gestaltet sich das Geschehen in unseren Augen, die wir im Brunnen selbst Meter um Meter durchmessen. Die äußere, lichte Welt wird von den Brunnenwänden verschluckt. Jede ihrer Steinschichten erschließt im Vorbeieilen immer neue Tiefen des Raumes. Die Brunnenöffnung, die uns ihren letzten lichten Gruß nachsendet, eilt davon und schrumpft zur Größe eines Lichtfunkens. Die Brunnenwände sind zu unserem Universum geworden, immer noch Steinschicht um Steinschicht erschließend, beständig an Raumtiefe gewinnend. In dieser Hinsicht könnten wir gewis-

144

sermaßen von einem sich ausdehnenden (Brunnen-)Universum sprechen.

Im Brunnen zeigt sich das Geschehen also völlig anderes als aus der Perspektive der Außenwelt. Während die ordnende Einheit entschwindet, entsteht die uns bekannte Welt der Erscheinungen, in der alles, aber auch alles, relativ wird. Mit gleicher Berechtigung zeigt jede subjektive Sichtweise ihr individuell gefärbtes, eigenes Zerrbild der Wahrheit. Kein Wunder also, wenn das Wesentliche sich als mysteriöses „Etwas" unserem Zugriff entzieht: Die alles verbindende Einheit ist uns abhanden gekommen.

Aber langsam; eines nach dem anderen. Zunächst zur Art, wie sich die Trennung vollzieht und der Raum bildet. Danach wollen wir den Fall in den Brunnenschacht der Raumzeit zu erfassen suchen, um uns schließlich der Wahrnehmung innerhalb dieses Brunnenuniversums zuzuwenden.

Die Gegenwart ist, so können wir sagen, der Punkt, an dem die Erscheinungswelt – durch uns – mit der Einheit verbunden ist. Wie gezeigt, hat die Erscheinungswelt an der Gegenwart gerade eben keinen Anteil. Auf die Existenz der Zeitdimension schließen wir ausschließlich aus der Veränderung der Dinge; ja, „Zeitmessung" ist nichts anderes als Bezugnahme auf periodisch sich wiederholende Erscheinungen wie Sonnenaufgänge, Pendelbewegungen oder Lageänderungen des Sekundenzeigers. Es sind die vorbeieilenden Steinschichten des Brunnens. Dieser dahineilenden Raum-Zeit des Brunnenschachtes steht die unveränderlich *gegenwärtige* Öffnung des Schachtkopfes (komplementär) gegenüber.

Nach der Planck'schen Entdeckung ist Energie als Wirkung je Zeiteinheit definiert. Wo wir aber nahezu in der Gegenwart verbleiben – denn immer ist Jetzt – da wird die Zeit gleichsam ins Unendliche gedehnt. Wem die Zeit stillsteht, dem ist keine Wirkung mehr möglich. Er ist *in der vierdimensionalen Raum-Zeit* praktisch wirkungslos – wie tot. Nach dem Tod folgt der Zerfall. Anders formuliert: Nach der Lösung vom ursprünglichen Daseinsfeld setzt sich der Trennungsprozess fort. Den Betreffenden erscheint es so, als ob die Zeitdimension von den verbliebenen

Raumdimensionen getrennt würde. Sie finden sich in einem dreidimensionalen Raum wieder, in dem die Objekte ihre Eigenenergie (die potentielle Energie oder das Energieniveau) im Raum verlieren. Die Wirkung der Energie ist der trennende Raum, in dem jeder Augenblick mit Lichtgeschwindigkeit enteilt. Wir entfernen uns vom Niveau der vierdimensionalen Welt der Gegenwart tatsächlich so wie ein in den Brunnen Fallender von der Erdoberfläche.

Aber wir haben doch Anteil an der Gegenwart? – Sicher, der „Fall" ist ja tatsächlich auch kein Fall in die Zeit, sondern besteht in einem Absinken des eigenen Energieniveaus unter einen Minimalwert, der es noch erlauben würde, in der vierdimensionalen Raum-Zeit wirksam zu sein. Nehmen wir zur Veranschaulichung ein schnell dahinrollendes Wagenrad, das abgebremst wird, bis es stillsteht. Beim Bremsvorgang wird seine Bewegungsenergie in Wärme umgewandelt und abgestrahlt; sie geht ihm also verloren. Das Geschwindigkeitsniveau des Rades sinkt. Der Wagen verliert an Fahrt und bleibt schließlich stehen. Aus Sicht des Wagenrades erfordert jeder folgende Meter während des Bremsens einen immer größeren Anteil der ihm noch verbliebenen Eigenenergie. Zum Schluss ist selbst die unmittelbare Umgebung unerreichbar geworden. Mit dem Energieverlust ist dem Rad gleichsam auch die Raumtiefe verloren gegangen.

Wie das Wagenrad beim Bremsen auf ein niedrigeres Geschwindigkeitsniveau fällt und die Raumtiefe verliert, so wird durch die Trennungswirksamkeit das Energieniveau eingebüßt und dadurch die Zeitdimension verloren. Das Energieniveau einbüßen heißt: Fallen. Es wird also Raum oder besser Tiefe durchmessen. So tut sich der Brunnenschacht mit dem „Urknall" auf, und die trennende Wirkung der angesammelten Energie bricht sich Bahn. Die Falltiefe zeigt den Verlust der Wirkungsmöglichkeiten an. Statt in der Zeit zu wirken, wird die Wirkung in der Raumtiefe verloren.

146

Die sich im Raum verlierenden Trennungswirkungen erzeugen – entsprechend der Trennungsproblematik – zwei gleich große, entgegengesetzt wirkende Kräfte.[134] Die eine gibt der Selbstbezogenheit des Trennungswillens Ausdruck, die andere der Zugehörigkeit alles Seienden zum Einen. Weil beide Kräfte letztlich in der Einheit gründen, wird ihre Gegensätzlichkeit durch eine bipolare Wirksamkeit in beiden im Gleichgewicht gehalten (im chinesischen Yin-Yang-Symbol angedeutet durch den lichten Punkt im dunklen Feld und den dunklen Punkt im lichten Feld).

Die Gravitations- oder Massenanziehungskraft schafft räumlich lokalisierte Energie- und Massenkonzentrationen. Diese ermöglichen die Verkörperung scheinbar autonomer Einzelexistenzen. Die kleinen Objekte sind dabei über das Gravitationsfeld an die größeren und darum schwereren Massenkomplexe (Galaxie, Sonne, Erde, Apfel) gebunden. In dieser „Macht der Masse" offenbart sich die hierarchische Ordnung der Erscheinungswelt.

Auf der anderen Seite muss diese Verkörperung aber durch Raumerschließung erkauft werden, die uns vom Gros der Himmelskörper abtrennt. Im Hinblick auf das negative Energiepotenzial des Gravitationsfeldes spricht Bernhard Philberth, Physiker und Mitglied der Akademie der Wissenschaften von Chieti, darum von einer „Verschuldung" gegenüber dem Weltall:

> „Jede Masse tritt schon ins Dasein mit einem energetisch-existentiellen Schuldkonto; dem Kredit für ihr Dasein in der Tiefe des Potentials in Raum und Zeit; Potential als Energieniveau unter Null. Mit diesem Kredit stehen die Massen im Dasein."[135]

Auch im übertragenen Sinne kennen wir die „Macht der Masse". Diese Masse ist, wie jedes Einzelding, ebenfalls auf ihren

---

[134] Es werden hier nur die Wechselwirkungen mit unendlicher Reichweite angesprochen. Die Physik kennt neben der Gravitation und dem Elektromagnetismus noch zwei weitere fundamentale Wechselwirkungen, die schwache und die starke Wechselwirkung mit sehr kleinen Reichweiten, welche die innere Struktur der Atomkerne bzw. die der Elementarteilchen regeln. Sie können gegenüber den hier beschriebenen, im Außen wirkenden Kräfte als innere Kräfte aufgefasst werden, die den äußeren Kräften spiegelsymmetrisch gegenüberstehen.

[135] Philberth, Bernhard: „Der Dreieine", S. 134.

eigenen Schwerpunkt bezogen. Sogenannte Solidargemeinschaften wie Familien, Interessengemeinschaften und politische Gebilde bilden dabei die Gravitationszentren, das Kollektiv-Ego, welches das Individuum umschließt. Die auf eine autonome Existenz hin orientierte Seele erfährt in der Kälte ihrer Isolation ihre Macht- und Schutzlosigkeit. In der Gemeinschaft mit Gleichgesinnten sucht sie Beistand und Unterstützung. Dabei läuft sie allerdings Gefahr, vom Kollektiv-Ego vereinnahmt und dominiert zu werden.

Im Elektromagnetismus zeigt sich eine innere Kraftwirksamkeit. Die freien, entgegengesetzt polarisierten Ladungen entstehen durch Trennung und haben das Bestreben, sich wieder zu vereinigen. Deshalb ziehen sich entgegengesetzte Ladungen an und stoßen sich gleichnamige ab. Werden bewegte elektrische Ladungen abgebremst, erzeugen sie Wärme oder Licht, wodurch Energie ins Weltall abgestrahlt wird. Dadurch glättet sich die Energieverteilung im Raum, bis letzten Endes alle Ungleichförmigkeit aufgehoben ist (dieser Effekt ist als zweiter Hauptsatz der Wärmelehre bekannt).

Auch hier sind uns die entsprechenden seelischen Prozesse nur allzu vertraut: Einerseits zeigt sich, in der Polarität, das Produkt der Trennung und andererseits, in der Wirksamkeit des Feldes, die Korrekturkraft, die zum Ausgleich drängt. Die Ich-Vorstellung lässt sich nur durch wertende Ausgrenzung aufrechterhalten. Ausgrenzung aber bedeutet Trennung, und Trennung Polarisierung. Aber wie sehr wir uns auch mühen: Der abgewiesene Pol lässt sich nicht abschütteln. Immer wieder tritt er uns entgegen, sei es auch in veränderter Form, aber umso energischer, je heftiger wir ihn bekämpfen und nicht zulassen wollen. Die Reibung am Gegenpol kostet Energie, die entweder in hitzigen Reaktionen von uns abstrahlt und unser Umfeld aufheizt oder uns ein „Licht aufgehen" lässt, wodurch wir unsere Lebenshaltung einsichtiger zu gestalten vermögen.

Für das Trennungsbewusstsein des Individuums ist damit in der Erscheinungswelt ein permanenter Kampf an mehreren Fronten vorprogrammiert. Auf der einen Seite droht ihm, durch das Kollektiv-Ego verschluckt zu werden oder in der Schutzlosigkeit unterzugehen. Auf der anderen bleiben ihm die abgelehnten

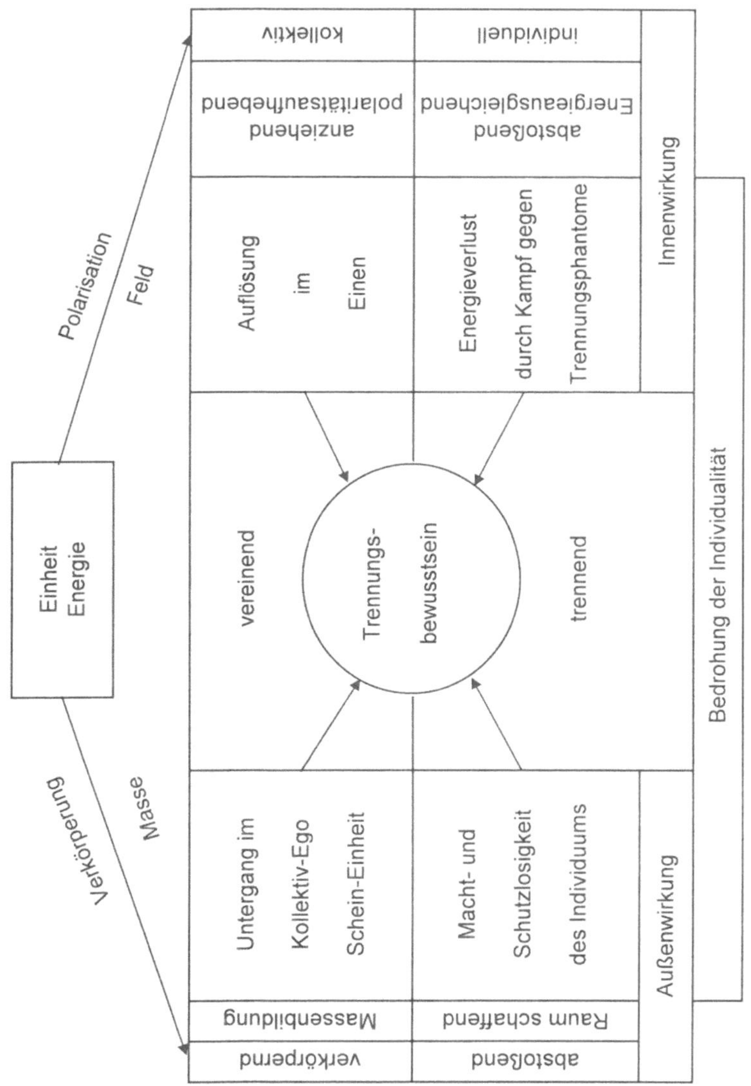
Einheit
Energie
Polarisation
Feld
Verkörperung
Masse
kollektiv
individuell
polaritätsaufhebend
anziehend
Energieausgleichend
abstoßend
Auflösung
im
Einen
Energieverlust
durch Kampf gegen
Trennungsphantome
Innenwirkung
vereinend
Trennungs-
bewusstsein
trennend
Bedrohung der Individualität
Untergang im
Kollektiv-Ego
Schein-Einheit
Macht- und
Schutzlosigkeit
des Individuums
Außenwirkung
Massenbildung
Raum schaffend
verkörpernd
abstoßend

Seeleninhalte auf den Fersen, und es droht ihm, alle Energie an die Phantome der Trennungsidee zu verlieren, wenn es sich nicht in der Einheit des Einen auflösen will.

Die Erscheinungswelt entsteht im Einen in einem hochenergetischen, homogenen, quasi-statischen Zustand mit einer Implosion, in der die Substanz in sich selbst hineinfällt. Wir können es uns so vorstellen: Das Raumelement des Anfangs ist energiegesättigt. Nun wird ein Teil der Energie darauf verwendet, das Raumelement zu komprimieren. Dadurch entsteht hier „freier" Raum, in dem die aufgewendete Energie raumschaffend wirkt, und dort eine Energieverdichtung, die als Materie mit Masse und Form hervortritt. Diese hervorgebrachte Energieverdichtung ist um die aufgewendete (oder „verbrauchte") Verdichtungsenergie ärmer, die nun natürlich nicht mehr zur Verfügung steht. Das Energieniveau ist also gesunken. So entsteht Raum zwischen der erzeugten Masse und dem ursprünglichen Energiehorizont. Die zur Komprimierung erforderliche Energie verbleibt im Raumelement (in Abb. 4 als Federn dargestellt), da sie die Trennung aufrechterhalten muss. Der Raum ist also nicht so etwas wie ein leerer Rahmen, in dem sich Materie befindet und in dem irgendwelche physikalischen Ereignisse stattfinden. Nein, der Raum gehört wesenhaft zur Materie. Er ist auch nicht leer, sondern erfüllt von den Wirkungen eben dieser Materie, beispielsweise von Gravitation[136] und elektromagnetischen Feldern.

> „Wir können daher Materie als den Bereich des Raumes betrachten, in dem das Feld extrem dicht ist [...] in dieser neuen Physik ist kein Platz für beides, Feld und Materie, denn das Feld ist die einzige Realität."[137]

---

[136] Nach Einsteins Allgemeiner Relativitätstheorie kann die Gravitation auch als Eigenschaft des Raumes gedeutet werden, als Raumkrümmung.

[137] Einstein, Albert, zitiert nach M. Capek: „The Philosophical Impact of Contemporary Physics", S. 319.

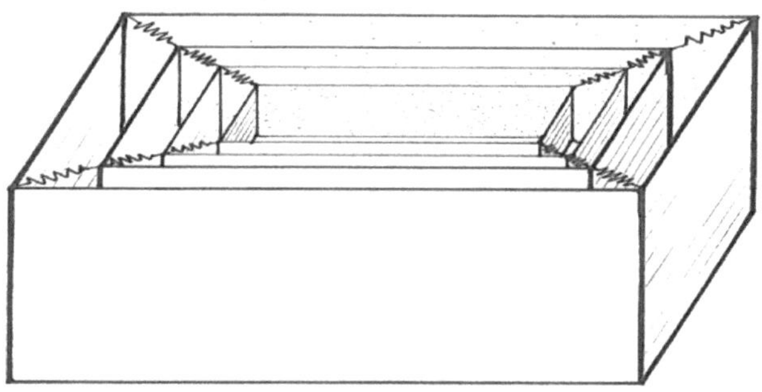

Abb. 4   Fall in den Raum: Die (Feder-)Energie verbleibt im Raum

Da die Dinge der Welt in Bewegung sind, können wir feststellen, dass die energetische Wirkung der Materie kein einmaliger Akt ist. Vielmehr wirkt sie immerfort. Das bedeutet aber auch eine fortwährende Raumerschließung. Bezogen auf den unveränderlichen Rand unseres Universums (der Erscheinungswelt), versinken wir unablässig in allen drei Raumdimensionen, also von allen Richtungen her gleichzeitig – quasi in uns selbst.[138] Die russischen Matrjoschka-Steckpuppen mit immer weiteren, kleineren Exemplaren in ihrem Inneren sind dafür ein sprechendes Bild. Die Materie verdichtet sich immer weiter durch Massendefekt, Abstrahlung von Wärme und Licht sowie die Gravitationswirkung. Diese abgegebenen Wirkungen sind der energetische „Tribut", den das Objekt für seine Trennung entrichten muss. Damit wird Raumschale um Raumschale erzeugt, die sich um die abtrünnige Masse legt. Im Bild des Brunnenschachtes sind dies die Steinschichten, die, eine nach der anderen, an uns vorbeieilen, während wir im Brunnenschacht auf ein immer tieferes Niveau fallen und sich immer mehr Raum zwischen uns und die Brunnenöffnung schiebt (Abb. 5).

Die Raumerschließung, das Vorbeieilen der Steinschichten, nennen wir Zeitfluss. Aus diesem Grund können wir zur Entfernungsmessung Längen- und Zeiteinheiten verwenden. Die 2,5

---

[138]   Vgl. Philberth, Bernhard: „Der Dreieine", S. 205.

Kilometer bis zum Brandenburger Tor lassen sich auch mit 30 Gehminuten angeben – eventuelle Ablenkungen durch Schaufenster nicht mitgerechnet. Wegen der handlicheren Zahlen werden astronomische Längen in ebensolcher Weise zumeist in Lichtjahren gemessen, also auf die Strecke bezogen, die Licht in einem Jahr zurücklegt. So entsprechen die bescheidenen vier Lichtjahre zu unserem Nachbarstern Proxima Centauri stattlichen 40,4 Billionen Kilometern. Zweckmäßig ist diese Praxis vor allem auch, weil das uns erreichende Licht ja tatsächlich ein vier Jahre altes Bild übermittelt.

Im Beispiel unseres Brunnenschachtes können wir an den Brunnenwänden den Abstand zur Öffnung, die Falldauer und die Tiefe des Energiepotenzials an der gleichen Messlatte ablesen. Daraus ist ersichtlich, dass die Absenkung des Energiepotenzials die Raum- und Zeiteffekte erzeugt und es sich um Facetten desselben Phänomens handelt. Raum, Zeit und Energiepotenzial bilden

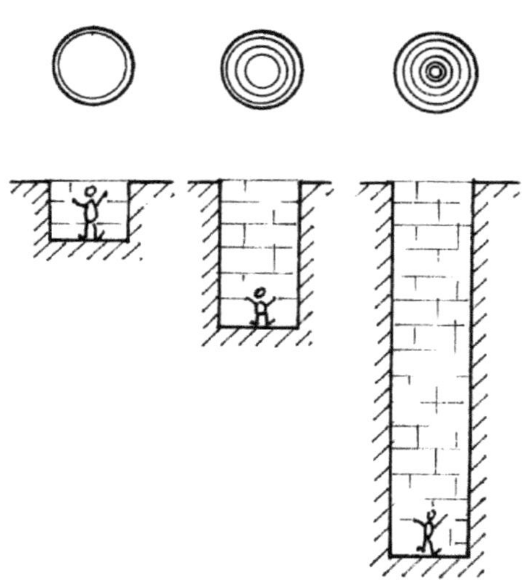

Abb. 5: Die Steinschichten im Brunnenschacht als Maß der vorbeieilenden Zeit und des erschlossenen Raumes

eine Einheit. Die Brunnenwände selbst sind statischer Natur; Struktur, Farbe und Risse in den Steinschichten verbleiben an ihrem Ort, in ihrer Zeit, auf ihrem Potenzial. Es sind die von uns an jenem Ort, in jener Zeit, auf jenem Potenzial erzeugten Wirkungen, wie die elektromagnetischen Erzeugnisse unserer Gedanken und Gefühle. Sie sind unwiderruflich in die Steintafeln des Lebens eingraviert.

Sollen Beziehungen zu anderen Objekten in der Erscheinungswelt mit einfließen, so ist das Bild ein wenig zu erweitern.

Üblicherweise wird es so dargestellt, dass die Brunnenöffnung sich im Takt des Zeitflusses weitet. So können zwei Messlatten angelegt werden, eine vertikale und eine horizontale. An der vertikalen lesen wir, wie bisher, Zeit und Tiefe des Energiepotenzials ab und an der horizontalen die Raumtiefe. Jede (vertikal) hinzukommende Zeiteinheit erzeugt dann gleichzeitig eine zusätzliche (horizontale) Längeneinheit (Abb. 6). Glätten wir die so entstandene Stufenform, dann erhalten wir das Bild eines Trichters, der sich in die Tiefe bohrt. In jeder Zeiteinheit wird dieser Trichter also etwas tiefer ausgehoben. Und wenn die Trichterwände nun noch gläsern sind, dann sehen wir dort die uns bisher verborgene Umgebung ans Licht treten, die im nächsten Moment aber auch schon wieder abgeschält wird, um noch größere Tiefen freizulegen. Die Trichterwände zeigen somit ein dynamisches Bild, das, wie bei einem Daumenkino, den Eindruck sich bewegender Objekte erweckt. In eben dieser Weise nehmen wir die Objekte des Universums wahr. Jeden Augenblick wird das Bild unserer Umgebung an der Trichterwand aktualisiert, derweil wir in der Zeit versinken und ein immer tieferes Energieniveau erreichen.

Wie in einem Erdtrichter Ameisengänge und Baumwurzeln hervortreten, so erscheinen im „Lichttrichter" des Universums Sterne wie Proxima Centauri, aber auf einem Energieniveau, das nicht das unsere ist. Wir können eine Entfernung zu uns, dem Trichtermittelpunkt, ermitteln, aber damit haben wir keine Aussage des aktuellen Abstands. Wir wissen nicht, wie die Ameisengänge und Baumwurzeln im Erdreich weiter verlaufen. Ebensowenig wissen wir, welchen Weg Proxima Centauri in den letzten vier Jahren genommen hat. Diese Wege, die sich wie Baumwurzeln durch die Raumzeit schlängeln, werden Weltlinien genannt und können niemals flacher verlaufen als die Trichterwände. So liegt selbst unsere unmittelbare Umgebung zum gegenwärtigen Zeitpunkt für uns völlig im Dunkeln. Allein durch das beständige Erschließen weiterer Raum- und Zeitelemente, durch immer weitere Entfernung von unserem Ausgangspunkt, wird sie für uns sichtbar, ist dann aber schon nicht mehr Gegenwart, ist mit Lichtgeschwindigkeit enteilt und unerreichbar geworden.

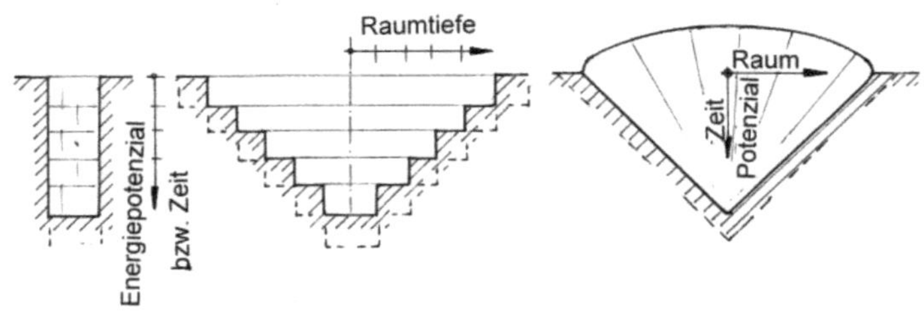

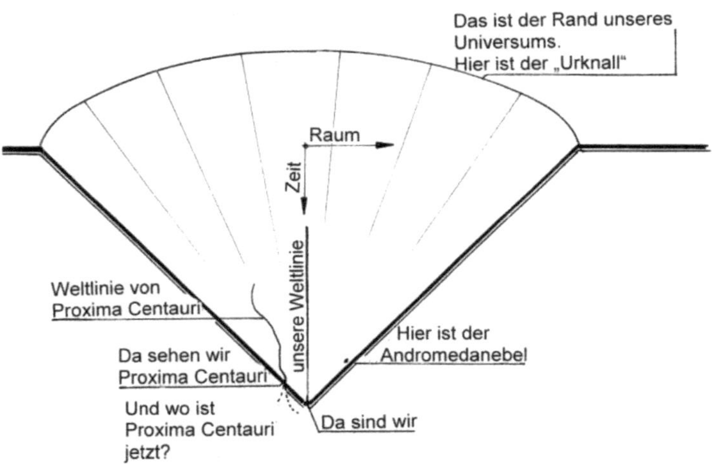

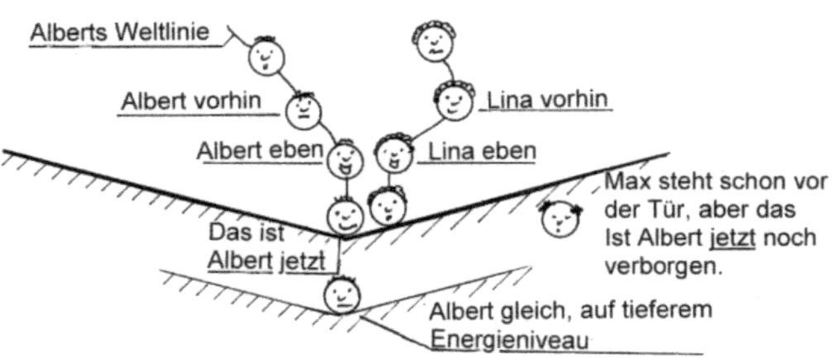

Abb. 6: Oben: Aufweitung des Brunnenschachtes zur Raum- und Zeitmessung
- - - Linie: nächster Zeitabschnitt.
Mitte: Im „Lichttrichter" zeigt sich unser Bild des Universums.
Unten: Alberts Fall auf ein tieferes Energiepotenzial.

Eine endliche Welt

Wo endet das Ganze? Wie tief ist der Brunnen? Nun, Raumerschließung kostet Energie, die in den Raumelementen zurückbleibt, und da die Anfangsenergie eine begrenzte Größe ist, kann der Prozess nicht ewig währen. Wenn der Prinzessin ihre goldene Kugel in den Brunnen fällt, dann weiß der Physiker, dass diese ihre Lageenergie in Bewegungsenergie umsetzt, mit der sie im Sediment des Brunnenbodens einen Einschlagkrater erzeugt. Von alleine kommt sie da nicht mehr heraus; der Raum zwischen Brunnenöffnung und Kugel verhindert das. Der Froschkönig, der die Kugel wieder an die Erdoberfläche holt, muss dazu die räumliche Distanz mit der Kugel überwinden. Dabei muss von ihm die gleiche Energiemenge aufgebracht werden, wie die Kugel sie bei ihrem Fall freigesetzt hat. Die Schuld der Prinzessin, die in der Tiefe des Brunnens zum Ausdruck kommt, wird durch die Arbeit des Froschkönigs dadurch getilgt, dass er durch sein Emporklimmen die im Raum verlorene Energie wieder in die Kugel sammelt. Verständlich, dass er die ihm zugesagte Belohnung auch einfordert.

Gehen wir von der Zeitdehnung aus, also von der Senkung des Energieniveaus, die wir mit dem Bremsen eines Wagenrades verglichen haben, so sehen wir einen Wagen, der aus der vierdimensionalen Raumzeit in eine dreidimensionale Welt hineinfährt. Um ihn wieder in den Zustand der vierdimensionalen Beweglichkeit zu versetzen, muss das Energieniveau wieder erhöht, muss das Wagenrad beschleunigt werden. Auch hierfür ist die gleiche Energiemenge aufzubringen, die zuvor freigesetzt wurde.

Die Energie, die verbraucht wurde um die Erscheinungswelt hervorzubringen, steht in der Welt der Einheit nicht mehr zur Verfügung. Das bedeutet einen Zustand der Trennung. Wir sagten aber, dass eine Trennung vom Einen nicht möglich ist. Die Erscheinungswelt existiert jedoch in einer Art gedehnter Gegenwart. Die Energie wird also gleichsam sofort wieder zurückgegeben. Eine solche praktisch nicht bemerkbare Verletzung des Energie- und Impulserhaltungssatzes wird von der Heisenberg'schen Unschärferelation zugelassen. Im Experiment entsteht zwischen der Emission und der Absorption dann ein virtuelles Teilchen, ein Photon oder ein Teilchenpaar mit entgegengesetzter Polarisation. Edward P. Tryon, Physik-Professor der City University of New York hat 1973 darauf aufmerksam gemacht, dass das ganze Universum als eine solche Quantenfluktuation aufgefasst werden kann, wenn die Gesamtenergie des Universums null ist. Das ist der Fall, wenn die Gravitation als negative Energie gedeutet wird. Das Universum könnte dann über eine sehr lange Zeitspanne hin (gemessen an der Messlatte der Erscheinungswelt) existieren. [139]

Es ist auch die Frage: Sprechen wir hier tatsächlich von der objektiven Welt oder nicht vielmehr von dem virtuellen Bild, das sich uns, den sich autonom Wähnenden, zeigt. Möglicherweise erfolgt der Energieausgleich in jedem Augenblick. Wie der Schatten augenblicklich der Bewegung des Körpers folgt, so geht aus der lebendigen Gegenwart beständig die Erscheinungswelt hervor, geordnet nach dem Gesetz der Einheit – was das Trennungsbewusstsein natürlich als Eingrenzung seiner Möglichkeiten erlebt. Schon im nächsten Moment ist die Erscheinung wieder verschwunden, ist als sogenannte „Vergangenheit" unwiederbringlich enteilt, um einem „aktuelleren" Schattenbilde Platz zu machen. Vielleicht ist dieser beständige Ausgleich des Energiedefizits überhaupt die Ursache der so merkwürdigen Energieportionierung in der Quantenphysik und die Erklärung der die Relativitätsphysik bestimmenden Lichtgeschwindigkeitsgrenze. Unzweifelhaft ist, dass alle Energie der Erscheinungswelt wieder an die Natur der Einheit zurückgezahlt werden muss. Und weil die Wiederherstellung des Anfangszustands den gleichen Energieaufwand erfordert, wie die Erzeugung des Endzustands, darf der Massendefekt 50% nicht überschreiten. Wenn somit die Hälfte der ursprünglichen Massenenergie verbraucht ist, erzeugt das Schuldpotenzial der Gravitation einen so großen Druck, dass die Trennungserscheinung nicht mehr aufrechterhalten werden

---

[139] Tryon, P. Edward: „Is the Universe a Vacuum Fluctuation?", Nature 246, S. 396/397, 14.12.1973.

kann.[140] Die Dichte der Materie ist dann so groß, dass nicht mehr sinnvoll von einzelnen Teilchen gesprochen werden kann.[141] Sie werden zu „Eins" zusammengedrückt und hören auf, als getrennte Objekte zu existieren. Weil es Objekte der Einheit in der Erscheinungswelt aber nicht geben kann, entsteht ein sogenanntes schwarzes Loch, das die verbliebene Materie-Energie prozessmäßig verstrahlt und dadurch die entstandenen Ungleichförmigkeiten im Weltall wieder glättet (Hawking-Strahlung).

Da der Raum die Nullergänzung zur erschienenen Materie ist, reicht die in ihr verkörperte Energie gerade aus, um den Rand des Universums zu erreichen. Die Materie der Erscheinungswelt ist dann komplett verstrahlt. Mit anderen Worten: Kein Objekt der Erscheinungswelt kann zum Einen durchdringen; alles was erscheint, wird auch wieder zunichte.

Wenn uns die Totalverstrahlung der Materie derzeit auch nicht unmittelbar betrifft, so ist damit doch eine *grundlegende* Wirksamkeit der vereinenden elektromagnetischen Kraft bezeichnet. Alles, was erscheint, wird wieder zunichte; das ist unser täglich Brot! Wir jagen nach Besitz, nach Ansehen oder Macht, und haben wir es erreicht, zerrinnt uns alles unter den Fingern, oder Krankheit und Tod stechen rücksichtslos in die Seifenblasen unserer Träume. Wir streben danach, hehren Idealen zu genügen, und geraten über die Wege zu ihrer Verwirklichung miteinander in Streit. Wir treiben unsere Kultur zu höchsten Höhen, damit Kriege, Neid, Entartung und Dekadenz sie in Grund und Boden stampfen. Wie viele sind es, die in heiliger Entrüstung nun ihrerseits das Schwert ziehen, sich in das Kampfgewühl werfen, die Welt nach ihrem Sinn zu zwingen. Und was der Mensch nicht selbst zunichtemacht, wird durch die Urgewalten der Natur vollbracht.

All die eifrige Betriebsamkeit, das mühevolle Schaffen und angespannte Wollen, es zeitigt die gleichen Ergebnisse wie die Anstrengungen des Sisyphus und die Mühen der Danaiden in der antiken Unterwelt. Der Eindruck, mit der Welt sei etwas nicht

---

[140] Philberth, Bernhard: „Der Dreieine", S. 310ff.
[141] Von Bryce S. De Witt: „Quantentheorie der Gravitation", S. 40.

in Ordnung und ihr Schöpfer ein Stümper, ist darum nur zu verständlich. Schon die diversen Schöpfungsmythen der Völker berichten vom Weltenschöpfer, der sich in Eigenwilligkeit den göttlichen Gesetzen widersetzt, um selbst alleiniger Gott zu sein und so zum Herrscher der Unterwelt, des Totenreichs wird.

Durch jahrhundertelanges falsches Verständnis und blühende Phantasien sind diese Dinge oft sehr angstbesetzt. Um nicht ein Opfer dieser Phantome zu werden, tun wir gut daran, uns hier vor aller Wertung zu hüten. Es hat keinen Sinn, die Hinfälligkeit der Seifenblasenexistenzen in der Erscheinungswelt leugnen zu wollen und sich an ihren schillernden Oberflächen zu berauschen, so schön sie auch sein mögen. Auch die Meinung, es sollte nicht sein, dass alles immer wieder kaputt geht, verkennt unsere Trennung von der Einheit und sucht ein Paradies der Unmöglichkeit zu verwirklichen.

Als Geschöpfe der Erscheinungswelt empfinden wir die fortwährende Zermahlung alles Bestehenden selbstverständlich als Dissonanz und Bedrohung. Die für unsereinen ewig geschlossenen Tore zur Welt der Einheit sind geeignet, alles Existierende als ziellos und sinnleer wahrzunehmen. Hier drohen tiefe Depressionen. In angsterfüllter Hast greift so manch einer nach kurzzeitigen, Vergessen machenden Lustbarkeiten, sofern er nicht jenseitigen Wonneversprechungen vertrauen und sich bis zum Tode gedulden will. Wir sind aber mitnichten gezwungen, in dieser bewertenden Polarisierung mitzutun. Es ist eine Frage, worauf wir unsere Aufmerksamkeit richten, von wo wir unser Heil erhoffen.

Die Erkenntnis, als Wesen der Erscheinungswelt die Einheit niemals erreichen zu können, vermag auch die Last von unseren Schultern zu nehmen, den kulturellen Gütenormen in jeder Hinsicht entsprechen zu müssen.

Die zweifellos vorhandene Polarität, die in der Formenbildung einerseits und deren Zerstörung andererseits Ausdruck findet, dient offensichtlich höherem Zweck. In der Erscheinung nimmt die Idee des getrennten Seins Form an, doch sie existiert aus der Gnade der Einheit und ist gezwungen, die geborgte Energie zurückzuzahlen, wodurch alles wieder in sich zusammenfällt. Die Geschöpfe des Trennungsgeistes können der Wirksamkeit der

Einheit nicht entfliehen. Die Mythen berichten in dieser Hinsicht dann auch vom Kampf der Götter.

Es geht bei der Entwicklung der Erscheinungswelt entschieden nicht darum, etwas Sinnvolles, Schönes oder Gutes hervorzubringen, denn über ausnahmslos alles dort ist das Todesurteil gesprochen. Es geht ausschließlich darum, dem Individualbewusstsein der *ursprünglichen* Wesenheit den Irrtum der Trennungsidee bewusst zu machen, die Monade zu beleben und das gesamte Lebenssystem wieder auf den Geist der Einheit abzustimmen.

> „Und niemand fährt gen Himmel, denn der vom Himmel hernieder gekommen ist, nämlich des Menschen Sohn, der im Himmel ist." (Joh. 3,13)

Alles was in den Brunnenschacht gefallen ist, kommt wieder heraus; auch die vom Trennungsbewusstsein erzeugten zersetzenden Wirkungen können dort nicht verbleiben. Diese sind es, die in steter Zermahlung des Erscheinenden letztlich die Reifung der Einsicht bewirken. Es ist die Arbeit des als garstig empfundenen Froschkönigs, der das Lebenssystem, den Mikrokosmos, die goldene Kugel schließlich wieder ans Licht bringt. Aber der Preis dafür ist auch klar: Die Prinzessin muss ihr Leben mit dem Frosch teilen. Das heißt, das Bewusstsein muss sich von der Trennungsidee lösen und sich wieder mit all dem zuvor Ausgegrenzten verbunden wissen. An dieser Trennungswand zwischen Erscheinungswelt und Einheit zerschellt das Wahngebilde des garstigen Frosches und wird die liebevoll wirkende Wahrheit erkannt. [142]

Nach dem Fall aus der Einheit wird in der Innenwelt mithin ein Läuterungsprozess zur Selbsterkenntnis durchlitten, dadurch, dass eine Daseinsschicht nach der anderen durchmessen wird. Durch die Ausbremsung der Zeitdimension dürfen wir den Raum als Schnittlinie in einer vierdimensionalen Existenz sehen, denn wie der Schnitt durch einen dreidimensionalen Gegenstand eine zweidimensionale Fläche bildet, so erzeugt ein Schnitt durch ein vierdimensionales Objekt ein dreidimensionales Gebilde. Die

---

[142] Vgl. Märchen der Gebrüder Grimm: „Der Froschkönig".

Bewegung einer solchen Schnittfläche erweckt die Illusion sich selbständig bewegender Flächen oder Körper, wie wir es bereits am Bild des sich in die Tiefe bohrenden Zeittrichters festgestellt haben. Der Mathematiker und Physiker Hermann Weyl beschreibt das Raum-Zeit-Kontinuum der Relativitätstheorie darum wie folgt:

„Der Schauplatz der Wirklichkeit ist nicht ein stehender dreidimensionaler *Raum*, in dem die Dinge in *zeitlicher* Entwicklung begriffen sind, *sondern die vierdimensionale Welt, in welcher Raum und Zeit unlöslich* miteinander verwachsen sind. Diese objektive Welt *geschieht* nicht, sondern sie *ist* – schlechthin; ein vierdimensionales Kontinuum, aber weder Raum noch Zeit. Nur für den Blick des in den Weltlinien der Leiber emporkriechenden Bewusstseins ‚lebt' ein Ausschnitt dieser Welt ‚auf' und zieht an ihm vorüber als räumliches, in zeitlicher Wandlung begriffenes Bild. [...] So erlebt jedes Individuum seine Geschichte. Untereinander stehen ihre Bewußtseins-Ströme in einem Wirkungszusammenhang, der durch die von uns geschilderte Weltstruktur in seinen Möglichkeiten begrenzt ist. Die Welt selber aber hat keine Geschichte. So kommt in der modernen Physik, nachdem sie sich längst von den Sinnesqualitäten befreit hatte, die große Erkenntnis Kants zur Geltung, daß Raum und Zeit nur Formen unserer Anschauung sind und ohne Bedeutung für das Objektive." [143]

Wird ein horizontaler Schnitt durch eine Baumkrone geführt, zeigt sich eine Fülle unterschiedlichster Schnittflächen der Äste, Zweige, Blätter und Stängel. In gleicher Weise vermag ein Schnitt durch ein vierdimensionales Objekt eine Vielzahl dreidimensionaler Körper zu erzeugen. Infolge der wirkenden Trennungsidee identifiziert sich das Bewusstsein mit nur *einer* Körpererscheinung und wird dadurch nicht gewahr, dass Beobachter und wahrgenommene Umwelt ein und dasselbe Objekt vergegenwärtigen. Die diesem Irrtum entspringenden Handlungen führen

---

[143] Weyl, Hermann: „Die Einsteinsche Relativitätstheorie". In: „Gravitation", S. 27.

natürlich zu den schmerzhaftesten Begegnungen, die letztendlich aber zur Erkenntnis der Einheit allen Seins hinleiten.

Wir dürfen das vierdimensionale Objekt hierbei nicht als statisch und unbeweglich betrachten. Das im Körper durch die Raumzeit kriechende Bewusstsein folgt nicht einer vorgegebenen Bahn wie das Lübecker Marzipan in unserem Verdauungstrakt. Dreidimensionales Bewusstsein und vierdimensionales Objekt bilden vielmehr eine Einheit, sind rückkoppelnd miteinander verknüpft, wodurch sich das Bewusstsein schließlich über seine Dreidimensionalität erhebt. Vielleicht dürfen wir den Prozess mit einem hochkomplexen Computerspiel vergleichen, bei dem die Handlungen der Akteure den Spielverlauf in einer virtuellen Wirklichkeit bestimmen. Ungeachtet des definierten Handlungsfreiraums der Spieler gibt das Programm, als Bestandteil der realen Welt, Grundstruktur und Ziel vor, die durch die Hardware – ebenfalls Bestandteil der realen Welt – durchgesetzt werden.

Wenn bereits bei den üblichen Computerspielen Realitätsverluste erkennbar sind, dann ist der Verlust der Seelenachse in der Erscheinungswelt nur allzu verständlich. Die Identifikation mit einer Einzelerscheinung birgt daher die ernste Gefahr, eine Vorstellungswelt zu erzeugen und emotional zu beleben, der keine einzige Realität mehr entspricht, diese für die einzige Wirklichkeit zu nehmen und sich in ihr zu verlieren. Es ist die Wirksamkeit der Trennungsidee, die innere Struktur der Seele, die ein autonomes Sein verwirklichen will. Sie endet in einem totalen Wahngebilde, einem absoluten Nichts, einem Nichts, vor das sie durch die von ihr ausgegrenzten Kraftwirksamkeiten immer wieder gestellt wird. Denn das ist die Trennung in letzter Konsequenz: Nichts. Doch auch dieses Nichts ist nicht real; es ist eine Erscheinung, denn im Universum gibt es keinen Mülleimer, in dem verbrauchte Energie ihr Endlager findet; der Energieerhaltungssatz der Physik gewährleistet das. Außerdem hieße eine solche Endlagerung in der Erscheinungswelt eine Trennung vom Einen, was aber ausgeschlossen ist, weil die geborgte Energie zurückgegeben werden muss. Denkbar ist allerdings ein Festhalten am Trennungswillen bis zum Gravitationskollaps, bis sich also ein sogenanntes schwarzes Loch bildet. In diesem Falle wäre das Ziel nicht erreicht. Der Endzustand entspräche dem Anfangszustand und alles begänne wieder von vorne. Auch auf dieser Seite ist der Fluchtweg versperrt.

Eine relative Welt

Was erscheint eigentlich in der Erscheinungswelt? Wir sind dieser Frage im Rahmen der Quantentheorie bereits nachgegangen, haben die sinnesorganische Wahrnehmung als unzureichend gefunden, um das mathematische, physikalische oder geistige Gesetz zu ergründen, dem die Natur gehorcht. Wir haben uns auf die Suche nach dem hinter den Naturerscheinungen wirkenden elementaren Geist gemacht und das wirkende Eine gefunden.

Hier nun befinden wir uns in der Erscheinungswelt und fragen, was wir anhand der Erscheinungen denn für wahr halten dürfen. Der Blick in den Sternenhimmel hat bereits eine totale zeitliche Wirklichkeitsverzerrung offengelegt, und bei der Untersuchung des Falles in den Brunnenschacht haben die räumlichen Verzerrungen der perspektivischen Wahrnehmung völlig verschiedene Ansichten zum Ausdruck gebracht, ein zusammenschrumpfendes Objekt hier, ein sich ausweitendes Brunnenuniversum dort.

Derweil das Energieniveau des Ursprungsobjektes sinkt, wird Energie freigesetzt, Masse erzeugt und ein Eindruck zeiträumlicher Trennung bewirkt. Der Zeitfluss wird gebremst (die Uhren gehen in der Nähe schwerer Massen langsamer) und in gleicher Proportion schrumpfen auch die Längenmaßstäbe, was die sogenannte Raumkrümmung erzeugt.

Interessanterweise übertragen wir die raumzeitlichen Wahrnehmungen auf innere, psychische Bereiche und kommen dort zu analogen Anschauungen: Je träger und schwerfälliger die Masse – Mensch –, umso mehr Zeit benötigt die Verarbeitung seelischer Problem- oder Konfliktsituationen. Die Maßstäbe, mit denen das Umfeld gemessen wird, sind natürlich darauf abgestimmt. Entsprechend groß oder klein stellen sich die zu bewältigenden Hindernisse dar.

In jedem Falle sehen wir uns hier abermals der Beobachterproblematik gegenübergestellt, die wir schon in der Quantenphysik kennengelernt haben. Aber anders wie dort wollen wir den

Beobachter hier nicht im Gesamtobjekt aufgehen lassen, sondern ihn als Einzelexistenz erhalten. Dann sehen wir uns aber genötigt, Rechenschaft über die Maßstäbe zu geben, die wir anlegen wollen, und auch der Subjektivität unseres Tuns müssen wir uns bewusst sein.

Während der Zug von Hannover nach Berlin nach Osten fährt, läuft Albert im Gang auf das Zugende zu nach Westen. Josephine am Bahnübergang sieht den Zug mit Albert zusammen nach Osten entschwinden, während Albert mit Recht behauptet, er laufe nach Westen. Nach Josephines Ansicht bewegt sich der Zug in der ruhenden Landschaft. Albert hingegen sieht die Landschaft bewegt am Fenster vorbeigleiten. Während er 10 Meter im Zug zurücklegt, eilt Josephine mit einer Geschwindigkeit von 70 km/h vorüber. Sie misst die Strecke, von der Albert meint, es seien 10 Meter, mit 190 Metern. Beide beobachten und messen richtig, erhalten aber verschiedene Ergebnisse. Die Ursache der Differenzen liegt in den unterschiedlichen Bezugssystemen begründet, die ihrer Wahrnehmung zugrunde liegen. Für Albert ist der Zug das ruhende System und er setzt alle Bewegung zu ihm in Bezug. Josephine hingegen bezieht alles auf sich und die ruhende Erdoberfläche. In Josephines Bezugssystem sind die 10 Meter von Albert auf 190 Meter gedehnt; dafür ist im Bezugssystem Zug die Erdoberfläche bewegt, die nach Josephines Meinung in sich selbst ruht.

Vielleicht neigen wir dazu, Josephine beizupflichten, die Erdoberfläche sei das richtige Bezugssystem; schließlich sind wir es so gewohnt. Betrachten wir die Situation aber von einem anderen Bezugspunkt aus, zum Beispiel dem Erdmittelpunkt, dann sehen wir Josephine auf dem 52-sten Breitengrad in der Rotation der Erde mit einer Geschwindigkeit von ca. 1025 km/h. Von der Sonne aus betrachtet jagt sie mit dem Planeten zusammen gar mit einer Geschwindigkeit von 108.000 km/h im Kreis herum. Und wenn wir das Zentrum der Milchstraße als Bezugspunkt wählen kommen wir auf eine Geschwindigkeit von ca. 900.000 km/h. Aber das ist geradezu ein Schneckentempo, verglichen mit der Geschwindigkeit, mit der sie sich von der Öffnung des Brunnenschachtes, dem Rand des Universums, entfernt. Von dort aus betrachtet enteilt sie nämlich mit Lichtgeschwindigkeit, also ca. 300.000 km/sec.

In der Quantenphysik zeigte die Heisenberg'sche Unbestimmtheitsrelation, dass der Beobachter durch die Art seiner Messung bzw. Fragestellung bestimmt, was in Erscheinung tritt. Hier nun bestimmt die Wahl des Bezugssystems, was gemessen wird.

Zunächst können wir also feststellen: Jedes Bezugssystem umschließt den gesamten universellen Raum. Folglich durchdringen alle Bezugssysteme sich gegenseitig. Und darum erscheinen in allen Bezugssystemen die gleichen Dinge und Ereignisse. Sie bilden sich aber anders ab, und zwar unter anderem zeitlich, räumlich und bewegungsmäßig. Da von jedem Objekt aus betrachtet alle anderen Objekte räumlich entfernt und zeitlich zurückversetzt in Erscheinung treten, besitzt jedes Objekt seine eigene Raum-Zeit und damit auch sein eigenes Bezugssystem. In seinem Bezugssystem ist das Zentralobjekt daher stets das am tiefsten in Raum und Zeit versunkene.

Von der Erde aus sehen wir die Sonne auf der einen Seite aufsteigen, über den Zenit wandern und auf der anderen Seite versinken. Sie beschreibt also eine Kreisbahn um die Erde. Die Sonne hingegen sieht die Erde auf einer Kreisbahn, während sich in der Galaxie die Erdbahn als wellenartiges Gebilde darstellt. Für die Galaxie sind die Erscheinungen im Bezugssystem Erde nebensächlich, während auf der Erde die der Galaxie unerheblich erscheinen. So ist jedes System *selbst* mit seinem Maßstab allen anderen vorberechtigt, doch *in jedem anderen* Bezugssystem ist es nur von untergeordneter Bedeutung.

Da der Raum, wie oben besprochen, kein leeres Rahmengebilde ist, sondern wesenhaft zur Materie gehört, ist es unmöglich, aufgrund irgendwelcher physikalischer Erscheinungen ein absolutes Maß zu bestimmen. Jede Masse hat ihr eigenes Bezugssystem, ihren eigenen Mittelpunkt und ihr eigenes Maß, mit gleichem Recht wie jede andere Masse auch. Zugespitzt können wir sagen: *Jedes Objekt existiert in seiner eigenen Erscheinungswelt und keine zwei sind einander gleich.* Das ist doch auch unsere leidvolle seelische Erfahrung im täglichen Umgang miteinander? Die Objekte können sich wohl gegenseitig wahrnehmen, messen jedoch stets mit verschiedenen Maßstäben; und diese absolute Einsamkeit kann auf der Ebene der Erscheinungen *prinzipiell* nicht überwunden werden, denn dies *ist* die Erscheinungswelt.

Am Anfang des Universums steht die homogene Singularität, in der das „Ich bin" nicht lokalisiert ist. Das „Ich bin" durchdringt alles. Mit der, bildlich gesprochen, Öffnung des Brunnenschachtes, der Auffaltung des inneren Kosmos, ändert sich die Situation: Aus dem alles durchdringenden „Ich bin" wird das trennende „Ich bin ich" geboren. Masse, Form und Raum entstehen in der besprochenen Weise und die zersetzenden Trennungswirkungen treiben, das „Ich bin" mit einer Form zu identifizieren, wodurch ein „Ich bin ich" hervortritt, das vom „Ich bin" wohl zu unterscheiden ist.

Im „Ich bin ich", in der Identifikation mit *einer* Formoffenbarung setzt sich das Trennungsstreben der ursprünglichen Seele fort. Diese Form wird zum Bezugspunkt gewählt. Sie ist das Maß aller Dinge und der Mittelpunkt des Geschehens. Das „Ich bin" wird dieser Form *zugeschrieben*, wodurch das „Ich bin Ich" entsteht, ein autonomes „Ich", das allem anderen gegenübersteht. Den Neurowissenschaftlern um H. Henrik Ehrson vom Karolinska Institut, Stockholm, ist es interessanterweise gelungen, diese Zuschreibung im Versuch nachzuweisen. Durch sinnesorganische Täuschung erlebten die Versuchspersonen ihren eigenen Körper beim Händeschütteln als den eines anderen.[144] Das Ich sieht sich selbst im Zentrum der Erscheinungswelt, besitzt als bloße Zuschreibung aber keine reale Existenz, ja, im Grunde nicht einmal Erscheinung. Es ist ein schattenhaftes Nichts, eben die Nichtexistenz der Trennung. Es ist dieser Antithese zum Einen jedoch gelungen, Macht über die Erscheinungsform zu gewinnen, dadurch, dass die an sich neutralen Erscheinungen, mittels Wertung, in gute und schlechte geteilt werden.

Wenn wir in gewöhnlicher Weise von „unserer" Seele sprechen, so verstehen wir darunter im Allgemeinen unsere psychischen Befindlichkeiten, unsere Gedanken, Gefühle und Intuitio-

---

[144] Petkova Valeria I., Ehrsson H. Henrik: „If I Were You: Perceptual Illusion of Body Swapping", PLoS ONE 3(12) 2008.

nen. All dies ist zumeist formgebunden, an die Ich-Vorstellung gekoppelt und in weiten Bereichen von der Existenzangst des Ichs geprägt. Diese Seele kennt nur einen Herrn, gehorcht nur einem Geist, dem „Ich bin Ich" und wird von ihm getrieben. Die Macht dieses Trennungsgeistes auf die Seele ist zwar groß, sie kann jedoch, durch Bewusstwerdung der Seele, gebrochen werden. Denn wenn diese die äußeren Erscheinungen der Trennungswelt als Projektionen ihrer inneren Wirklichkeit begreift und ihre totale Verlorenheit im Universum erfährt, wenn sie somit die Relativität der Erscheinungen zu durchschauen beginnt und die Aussichtslosigkeit erkennt, die Trennung und die damit verbundenen Probleme innerhalb der Trennungswelt auflösen zu können, dann „droht" sie auch die Geistwirksamkeit des Einen zu entdecken und der Illusion eines abgetrennten Ichs zu entsagen. Ein solcher Machtverlust ist für den Zentralgeist der Erscheinungswelt fatal, denn er wird dadurch auf seinen Platz verwiesen, das absolute Nichts. Das Bemühen des Trennungsgeistes, solch eine Entwicklung mit aller Kraft zu verhindern, nimmt in der „Macht der Masse" Gestalt an. Durch das Kollektiv-Ego wird die einwirkende Leitidee zu *Imitationen* der Einheit verfremdet. Imitationen, weil das Ego bedrohende Elemente ausgeschlossen werden. Es sind Zweckbündnisse, die auf einer Liebesimitation gründen, der es, im Gegensatz zu der von Paulus beschriebenen wahren Liebe (1. Kor. 13), an Langmütigkeit fehlt, die Mutwillen treibt, sich blähet und ungebärdig stellt, die das Ihre sucht, daher erbittert, alles nachtragend, unverträglich wird, endlich Hoffnung und Geduld verliert, um sich schließlich in Hass zu verkehren, der alles im Blut ersäuft. Und jene, die dieser würgenden Umarmung zu entfliehen trachten, sich von der Masse abgrenzen und ihr Heil in der Ausformung einer ausgeprägten Individualität erhoffen, jene werfen sich mit einem trotzigen „Ich bin Ich!" der anderen Seite des Trennungsgeistes in die Arme, außen dem Hass des Kollektivs ein willkommenes Objekt, im Inneren ihre Lebensenergie an die Autonomie-Phantome verwirkend. So drohen selbst jene, denen ihre Situation bewusst zu werden beginnt, zu blutleeren Schattenbildern der Selbstbezogenheit zu entwerden.

„O glücklich, wer noch hoffen kann,
Aus diesem Meer des Irrtums aufzutauchen!" [145]

seufzt, an die Grenze des Verstandeswissens gelangt, Goethes Faust, und Paulus stellt die Notwendigkeit fest, hier einen völlig anderen Kampf kämpfen zu müssen als den, der uns in der Erscheinungswelt mit ihren Polaritäten so bekannt ist (Eph. 6,12):

„Denn wir haben nicht mit Fleisch und Blut zu kämpfen, sondern mit Fürsten und Gewaltigen, nämlich mit den Herren der Welt, die in der Finsternis dieser Welt herrschen, mit den bösen Geistern unter dem Himmel."

Im Valentinus zugeschriebenen gnostischen „Evangelium der Pistis Sophia" schreit die sich in dieser Situation wiederfindende Seele ihre Not heraus:

„O Licht der Lichter, an das ich von Anfang an geglaubt habe, höre jetzt, o Licht auf meine Reue. Rette mich, o Licht; denn böse Gedanken sind in mich eingeflossen.

Ich blickte hinab zu den niederen Gebieten und sah dort ein Licht und dachte: ich will zu jenem Ort hinabgehen, um jenes Licht zu nehmen. Und ich ging. Doch ich geriet in die Finsternis im unteren Chaos, und ich war nicht imstande, zu flüchten und zu meinem Gebiet zurückzukehren; denn ich wurde von allen Schöpfungen des Authades bedrängt und die Kraft mit dem Löwenkopf raubte mir mein Licht.

Und ich schrie um Hilfe. Doch nicht ist meine Stimme aus der Finsternis gedrungen. Und ich blickte in die Höhe, damit das Licht, an das ich geglaubt hatte, mir zur Hilfe käme.

Und als ich in die Höhe blickte, sah ich alle Archonten und Äonen, wie sie auf mich herabsahen und sich über mich belustigten, obwohl ich ihnen nichts Böses zugefügt hatte. Sie haßten mich ohne Grund. Und als die Geschöpfe des Authades die Scha-

---

[145] Goethe: „Faust I", Vor dem Tor, Zeile 1064.

denfreude der Archonten und Äonen sahen, wußten sie, daß sie mir nicht zu Hilfe kommen würden. Und diese Geschöpfe faßten Mut und bedrängten mich mit Gewalt, indem sie mir das Licht, das nicht von ihnen stammt, genommen haben." [146]

In seiner angstgetriebenen Selbstbezogenheit grenzt das „Ich bin Ich" selbst das „Ich bin" aus, das dadurch zum „Nicht-Ich-Zentrum" wird, von dem C. G. Jung spricht. Das „Ich bin" ist am Anfang nicht lokalisiert, und es gibt keinen Grund, anzunehmen, dass sich durch das Absenken des Energieniveaus daran etwas ändert. Wie die frischen, jungen Triebe im Frühjahr eins sind mit Kohlmeyers Kirschbaum, so verzweigt die Existenz sich in der Erscheinungswelt. Die Weltlinien aller Dinge der Raumzeit haben den gleichen Ursprung. Blicken wir von der Einheit, also vom Stamm des Lebensbaumes aus, auf die Verästelungen des Wurzelsystems: Mit zunehmender Tiefe oder tieferem Energiepotenzial entdecken wir, wie das „Ich bin" sich verzweigt. Die abfließende Zeit legt, wie Bodenerosion, scheibchenweise das Wurzelgeflecht frei (auch einen sinkenden Wasserspiegel im Mangrovenwald können wir als Bild benutzen). Denken wir uns die Wurzeln direkt an der (abgesenkten) Erdoberfläche geschnitten. Dann repräsentiert jede Wurzelschnittfläche den Mittelpunkt eines Bezugssystems in der Erscheinungswelt. Diese Punkte existieren im eigenen System in absoluter Ruhe, ohne Eigenbewegung. Ihnen wohnt keine Bewegungsenergie inne. „Bewegung" zeigt sich in den Systemen nur außerhalb des Bezugspunktes, etwa indem sich Nachbarwurzeln im Laufe der Zeit (bei weiterer Erosion) dem eigenen Bezugspunkt nähern oder sich von ihm entfernen.

Während die Bezugssysteme der verschiedenen Objekte sich gegenseitig durchdringen und den gleichen Raum einnehmen, wenn auch zeiträumlich verzerrt, können die Bezugspunkte sich gegenseitig niemals begegnen. Keine Baumwurzel, einmal entstanden, wird in größerer Tiefe je den gleichen Raumpunkt mit einer anderen teilen. Weil sich außerdem das Energiepotenzial stets weiter absenkt, ist ausschließlich eine größere Vereinzelung

---

[146] Valentinus: „Evangelium der Pistis Sophia", Kap. 32.

zu erwarten. Wenn sich in der Erscheinung auch das „Ich bin" offenbart; Einheit ist nicht realisierbar. Es fehlt eine Dimension. Es ist auch ein Irrtum, zu glauben, Einheit realisieren zu müssen. Die Einheit ist da! Sie steht aber gleichsam senkrecht auf dem Raum, wie die Baumwurzeln auf der Schnittebene. Sie ist somit der innerste Kern jedes Objekts. Aber dieser Kern, dieses Zentrum, kann in der *Erscheinungswelt* nicht gefunden werden. Das „Ich bin" hat keinen Anteil an der Erscheinungswelt, es projiziert sich in ihr gleich einem Körper vor dem Höhleneingang, der mit der Höhle nichts zu schaffen hat, dessen Schatten sich aber doch an der Höhlenwand abzeichnet.

Da die Masse der Materie Einfluss auf die Geometrie des Raumes nimmt, gilt ein Bezugssystem, nach der allgemeinen Relativitätstheorie, nur für den jeweiligen Bezugspunkt. In allen anderen Punkten herrschen andere raumzeitliche Zustände.[147] Zum Beispiel gehen bewegte oder höher gelegene Uhren schneller, weil der Zeitfluss dort gegenüber dem Bezugspunkt beschleunigt ist. Dessen Maßstab ist darum auf Objekte außerhalb des Bezugspunktes nicht anwendbar.

Ein wichtiger Punkt

Der Bezugspunkt ist *in* der Erscheinungswelt, aber nicht notwendig ein *Element* der Erscheinungswelt. Er kann, ebenso wie das „Ich bin", als Zentrum oder innerster Kern des jeweiligen Objekts verstanden werden. Der Bezugspunkt unterscheidet sich vom „Ich bin" aber dadurch, dass er nur ein Teil des umfassenden „Ich bin" ist. Diese Aufspaltung des umfassenden Objekts in seine Teile haben wir im Rahmen der Quantenphysik ausführlich untersucht. Sie entspringt unserer fragmentalen Denkweise und stellt keinen Mangel dar, solange die Teile nicht als abgetrennt angesehen werden. In der Relativitätsphysik kommt dies in der Beschränkung der Bezugssysteme auf den jeweiligen Bezugspunkt zum Ausdruck. Solange die im Bezugssystem auftretenden Erscheinungen ausschließlich auf den jeweiligen Bezugspunkt bezogen werden, bleibt alles homogen, bleibt alles „Ich bin". Die

---

[147] Philberth, Bernhard: „Der Dreieine", S. 405.

zeiträumlichen Zerrbilder bilden dann einzig die verschiedenen Facetten des Ganzen ab und legen das Wesen der Trennungsidee offen, wodurch Ziel und Verantwortbarkeit des Willens zur Trennung hinterfragt und ggf. korrigiert werden können.

Wie wir oben festgestellt haben, entspricht solch ein Erkenntnisprozess einer Bewusstwerdung, die entsteht, wenn die Seele mit der ihr zugehörigen Monade des Geistes zusammenwirkt. In der relativistischen Raumzeit offenbart er ihr die durch ihr Autonomiestreben geschaffene Abgeschlossenheit und sieht nun ihrer Reaktion entgegen. Wir können den Bezugspunkt darum auch als Bewusstseinsbrennpunkt bezeichnen; jedenfalls dann, wenn die Seele sich auf das „Ich bin" des Geistes abstimmt. Im anderen Falle kann in dieser Hinsicht nur von einem latenten Bewusstseinsbrennpunkt gesprochen werden. In diesem Punkt ist dann nicht nur das Bewusstsein latent, sondern das ganze Universum der Monade liegt darin zusammengefaltet, wie der Gencode in Samenkorn. Der relativistischen Welt ist dieser Punkt vollkommen unzugänglich, denn er gehört ihr nicht an. Und doch bildet er sich – gleichsam als Schatten – in ihr ab. Jan van Rijckenborgh, Gründungsmitglied des Lectorium Rosicrucianum, spricht vom Geistfunkenatom[148] und macht damit deutlich, dass die im Bezugspunkt zum Ausdruck kommende Individualität des „Ich bin" gar nicht der Erscheinungswelt angehört. Als Element des Einen ist er Anknüpfungspunkt für den Geist der Einheit und dadurch die Basis für die Wiedererschaffung einer auf diesen Geist abgestimmten Seele. Die Geistwirksamkeiten des „Ich bin" suchen in der biologischen Persönlichkeit (als simonovsches Überbewusstsein) eine impulsgebende Intuition zu erwecken, um die latenten Möglichkeiten im Bezugspunkt – oder Geistfunkenatom – wieder zur Entfaltung zu bringen. Dazu werden vergessene geistige Eindrücke wiederbelebt oder Archetypen erweckt, die auf die Einheit des „Ich bin" und dessen Unterjochung durch den Trennungswillen hinweisen. Sie treffen das Herz der in der Erscheinungswelt lebenden Persönlichkeitsseele und sind darum unbedingt wirksam. Weil der Bezugspunkt aber außerhalb des Trennungsbewusstseins liegt, können die Inhalte dieses Bereichs

---

[148] Rijckenborgh, Jan van: „Der kommende neue Mensch", u. a. S. 24f, 108f, 169f.

des kollektiven Unbewussten vom Willen nicht beherrscht werden. Darum erscheinen sie dem Ich-Bewusstsein so mysteriös, ungreifbar oder bedrohlich.

Ein nach Autonomie strebendes und darum ausgrenzendes Bewusstsein bezieht einen Teil der Erscheinungen *nicht* auf den Bezugspunkt. Es stellt sie sich als äußere Objekte *vor*. Dadurch entsteht Raum, ja überhaupt die Erscheinungs-*Welt*, in die der Bezugspunkt verlegt wird, dadurch, dass nicht die Erscheinungen dem Bezugspunkt zugeordnet werden, sondern umgekehrt der Bezugspunkt einer Erscheinungsform *zugeschrieben* wird. Diese Form wird, in Abgrenzung zu den ausgelagerten Objekten, als ein autonomes Ich deklariert, wie wir es alle kennen. Das Bewusstsein verbindet sich mit dieser Form und schreibt ihr zu, das „Ich bin" zu sein: Ich(!) bin das „Ich bin". Die Folgen dieses Beginnens sind ausgesprochen bedauerlich:

Erstens wird der Bezug zum wahren „Ich bin" verloren. Denn weil dem behaupteten Ich ein „Ich bin" zugeschrieben wird, das es in dieser Weise, nämlich als eine von anderen getrennte Existenz, gar nicht gibt, entsteht eine verworrene Vorstellung.

Zweitens werden durch die Behauptung äußerer getrennter Objekte Bewusstseinsinhalte abgespalten. Die damit verbundenen Energien sind dann nicht mehr durch das (Ich-)Bewusstsein zu steuern. Das ist der Preis für die Illusion des Ich: Verdunkelung des Bewusstseins.

Drittens wird, indem das Bewusstsein sich mit der Erscheinungsform verbindet, ein diese umschließendes und bestimmendes Objekt gebildet, die Ich-Seele. Gedanken, Gefühle, Intuitionen, Erwägungen und Willenswirksamkeiten, denen die Dinge der Erscheinungswelt zugrunde liegen, sind Aspekte dieser Seele. Alle Ängste, Sorgen und Hoffnungen, die mit der Ich-Vorstellung verknüpft sind, gehören dazu, egal ob es sich um Börsenkurse, die Konjunktur- und Gesellschaftsentwicklung, Gesundheit, Anerkennung, Hoffnungen auf einen Platz im Himmel, Angst vorm Jüngsten Gericht o. ä. handelt. Dies ist doch, was wir gewöhnlich als unsere Seele oder Psyche bezeichnen? *Diese Seele nun ist ein Objekt der Erscheinungswelt* und unterliegt folglich deren Gesetz. Wie jedes Objekt ist sie eine zeiträumlich begrenzte Existenz, tritt in Erscheinung und verschwindet wieder, um niemals wiederzukehren.

Am Lebensende verbleiben einzig das „Ich bin" und die Trennungsidee mit den von ihr verursachten trennenden Wirksamkeiten. Die Hoffnungen und Nöte der Ich-Erscheinung sind als elektromagnetische Wirksamkeiten in die Steinschichten des Brunnenschachtes eingraviert, also mit der Zeit in den universellen Raum enteilt. Verglichen mit der Situation am Lebensbeginn hat sich der Brunnenschacht weiter vertieft und ist das Energieniveau gesunken. Kurz, die Problematik ist die gleiche wie zuvor, nur dass sich die Verhältnisse nun eingeengt haben und Zwangslagen entstanden sind, welche die Möglichkeiten einschränken: Die Lebensäußerungen der Seele haben gestaltend in die Erscheinungswelt hineingewirkt. Die geschaffenen Resultate bilden nun die zwangsläufige Basis jeder weiteren Existenz. In der östlichen Philosophie wird diese Wirkursache Karma genannt, das, gegenüber dem westlichen Schicksalsbegriff, die Ursache der gegenwärtigen Verhältnisse mit umschließt. Auch Nemesis, die griechische Göttin der ausgleichenden und strafenden Gerechtigkeit, versinnbildlicht dieses naturgesetzliche Ordnungsprinzip.

So stoßen wir abermals auf das Spannungsfeld von Freiheit und Determination, wobei die Freiheit hier primär darin besteht, Bewusstseinsinhalte abspalten oder integrieren zu können. Diese Freiheit bleibt stets völlig unangetastet und wird durch nichts beeinträchtigt. Sie hat ihre Wurzel im Geistfunkenatom und ist daher, ihrem Wesen nach, ein Element der Welt der Einheit.

Eingrenzung und Unfreiheit ergeben sich aus der Notwendigkeit, das Eine und die Einheit des „Ich bin" zu erhalten. Die Erscheinungswelt entsteht als Folge der Bewusstseinsausgrenzung. Diese Bewusstseinsverdunkelung erweckt dann den Eindruck, Begrenzungen und Zwangslagen ausgeliefert zu sein. Die mit den ausgegrenzten Bewusstseinselementen verbundenen Energien sind ja nicht frei – im Gegenteil: Sie sind in doppelter Hinsicht gebunden. Einerseits sollen sie die ausgegrenzten Bewusstseinsinhalte im vollen Wortsinn ver-körpern, um so als Grundlage für die Vorstellung eines von ihnen getrennten Ich zu dienen, andererseits müssen sie der Einheit des „Ich bin" genügen. Die Unfreiheiten, Behinderungen und Zwangslagen, die das Ich-Be wusstsein beklagt, sind darum im Wesentlichen selbsterzeugte Notwendigkeiten. Die Problematik liegt darum ausschließlich darin, dass das Ich die Projektion nicht aufgeben will. Erstens sieht es sich so aller Verantwortung ledig, denn die Schuld liegt ja bei den äußeren Umständen, und Zweitens hieße, die Projektion bewusst zu machen, seine Existenz anzugreifen.

Die Nöte, Bürden und Bedrängnisse, denen sich die Ich-Seele gegenüber sieht, sind Realitätsverzerrungen, die in der Erscheinungswelt durch das Absenken des Energieniveaus hervorgerufen werden. Diese Objekt-, Zeit- und Raumerscheinungen werden als so beunruhigend erfahren, weil sie nicht auf den zentralen Bezugspunkt des „Ich bin", das Geistfunkenatom, bezogen werden, sondern auf einen außerhalb des Ruhezentrums liegenden Punkt innerhalb der Erscheinungswelt. Wählen wir nämlich ein Lichtteilchen, ein sogenanntes Photon, als Bezugspunkt, dann stellt sich uns die Erscheinungswelt völlig anders dar.

Ein Lichtteilchen bewegt sich – definitionsgemäß – mit Lichtgeschwindigkeit. Dies ist die Grenzgeschwindigkeit, die in unserem Universum nicht überschritten werden kann, denn eine Masse, die mit Lichtgeschwindigkeit bewegt würde, wüchse ins Unendliche. Ein Lichtteilchen hat darum eine Ruhemasse von Null, mit anderen Worten: Im Ruhezustand ist gar keine Masse vorhanden. Es besteht also aus reiner Bewegungsenergie.

Mit Annäherung an die Lichtgeschwindigkeit nimmt, nach der Relativitätstheorie, nicht nur die Masse zu, auch die Zeit verstreicht langsamer, wodurch sich der Raum in Bewegungsrichtung verkürzt. Bei Lichtgeschwindigkeit hört der Zeitfluss völlig auf; die Zeit bleibt stehen und die Tiefe des Raumes in Bewegungsrichtung wird gleich Null. Vom Photon aus betrachtet gibt es also gar keine Zeit und in Bewegungsrichtung kein Maß. Das Photon ist in zeitloser Existenz da – von der Sonne ausgestrahlt im gleichen Augenblick auf der Erde angekommen oder, wenn nicht dort, dann im Andromedanebel oder sonstwo; es macht keinen Unterschied. Das Universum ist für das Photon damit praktisch auf einen Punkt reduziert, den Punkt der Anfangssingularität. Ebensogut können wir sagen: Das Photon erfüllt den ganzen Weltraum – so sagt es ja auch die Quantentheorie. Das Licht ist damit wahrlich all-gegenwärtig, auch wenn es nur an zwei Punkten wirksam ist, am Ort seiner Emission und seiner Absorption. In seiner Raum- und Zeitlosigkeit bedeutet es nur eine Energieverlagerung. Es ist eine Selbstveränderung der umschließenden Einheit, des „Ich bin". Mithin unterscheidet sich der Bezugspunkt des Photons nicht von dem des „Ich bin". In der alles miteinander verknüpfenden Wirksamkeit des Lichts kommt somit die alle Bezugspunkte umfassende Einheit des „Ich bin" zum Ausdruck.

Da das „Ich bin" kein Element der Erscheinungswelt ist, können wir das Licht als Manifestation der 4. Raumdimension verstehen. Dies ist auch das Ergebnis der von Theodor Kaluza und Oskar Klein entwickelten und nach ihnen benannten Kaluza-Klein-Theorie, wonach der uns vertraute dreidimensionale Raum, wie mit einem sehr feinen Gewebe, von der vierten Raumdimension durchwoben ist. Die Einsteinsche Theorie der Gravitation wird dabei mit der Maxwell'schen Theorie des Elektromagnetismus verbunden, wonach die elektromagnetische Strahlung über eine Krümmung der Raum-Zeit geometrisch erklärbar wird.[149] Im Bemühen um eine Vereinheitlichung aller Wechselwirkungen haben die Physiker, wie in der Theorie der Supergravitation, weitere Raumdimensionen eingeführt. Es handelt sich dabei „um eine ‚Geometrisierung innerer Räume' die mit den Quantenzahlen der Elementarteilchen verknüpft sind".[150]

Die Räume der höheren Dimensionen, in denen sich die Realität der Einheit erweist, sind folglich nicht im Außen, sondern im Inneren zu suchen. In den östlichen Weisheitslehren war dies stets bekannt, und auch das Evangelium zeugt davon (Luk. 17,20–21):

> „Das Reich Gottes kommt nicht mit äußerlichen Gebärden;
> man wird auch nicht sagen: Siehe, hier! oder: da ist es! Denn sehet, das Reich Gottes ist inwendig in euch."

Wenn wir die besprochenen Bewusstseinselemente einander als Innen- und Außenwelt gegenüberstellen, dann zeigen sich

---

[149] Von Bryce S. De Witt: „Quantentheorie der Gravitation", Spektrum der Wissenschaft Febr. 1984, S. 45.
[150] Geyer, Bodo, Dr. sc. nat. in :"Kleine Enzyklopädie Natur", S. 467.

erstaunliche Parallelen: In der Innenwelt bildet das Geistfunken-atom, als individuelle Seelenachse, das Zentrum, ist aber durch das Trennungsbewusstsein vom „Ich bin" getrennt. Das Trennungsbewusstsein selbst teilt sich in den bewussten Ich-Komplex und die abgespaltenen Bewusstseinselemente, und alles zusammen wird von der Welt der Einheit umschlossen (s. Abb. 7). Da das Geistfunkenatom ein Element des „Ich bin" ist, sind beide nicht voneinander getrennt. In der gleichen Weise sind Ich-Komplex und Trennungsbewusstsein miteinander verbunden. Das Trennungsbewusstsein ist das Schattenbild des „Ich bin", die Ich-Erscheinung das Bild des individuellen Bezugspunktes und damit des Geistfunkens.

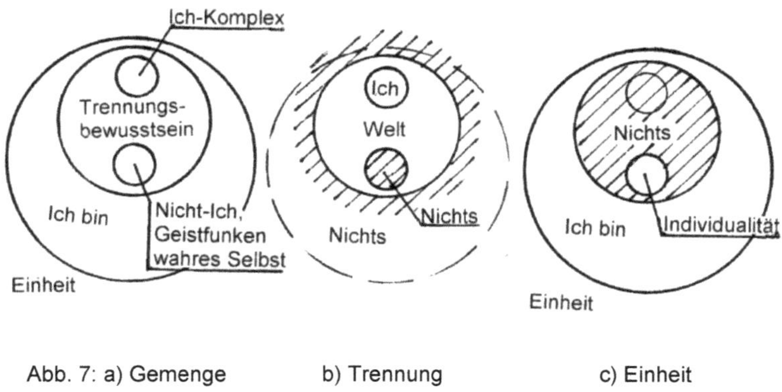

Abb. 7: a) Gemenge   b) Trennung   c) Einheit

Weil die Ich-Seele davon ausgeht, selbst das „Ich bin" zu sein, existieren für sie weder das „Ich bin" noch der Geistfunken. Dementsprechend gibt es für sie nur sie selbst, als Ich, und die Welt der Erscheinungen (Abb. 7b).

Erhöhten wir das Energieniveau auf das Anfangsniveau, so dass die Raumerschließung beendet würde und der Zeitfluss zum Stillstand käme, wir uns also wirklich in der Gegenwart befänden, entspräche unser Bezugssystem dem des Lichts. Alle Masse der Erscheinungswelt wäre vergangen zu reinem Nichts; Individuum, „Ich bin" und das Eine lägen konzentrisch ineinander (Abb. 7c).

Zwischen beiden Welten, beiden Seelenzuständen gibt es keine Brücke, da eins das andere ausschließt. Und doch ist da eine

Abb. 8: Kippbild. Licht von links oder rechts?

Verknüpfung, das mysteriöse Etwas: In der Gegenwart berührt es uns im Inneren; im Licht zeigt sich uns das *Bild* der Gegenwart, offenbart sich das, was ist, auf einer unserem Daseinsniveau angepassten Weise im Außen. Kurz: Es ist in uns und um uns. Einzig das Ich vermag es nicht zu erfassen. Es erfährt wohl aktivierende Impulse aus diesen Regionen und interpretiert sie auf der Basis des eigenen Bezugssystems sowie der darin wirksamen Kräfte, aber bei dem Versuch, darauf zu reagieren, zeigt sich früher oder später ein Scheitern. Es ist dabei völlig gleichgültig, ob es sich bei den anregenden Impulsen um Glück, Schönheit, Gerechtigkeit, Freiheit, Macht, Weisheit oder Liebe handelt; immer zeigt sich die Unmöglichkeit, Werte, die in der Einheit gründen, auf Dauer in einer Trennungswelt zu realisieren (Freiheit scheint auf dem ersten Blick kein Wert der Einheit, sondern vielmehr der Trennung zu sein. Weil die Existenz des Ich aber davon abhängt, dass die abgetrennten Bewusstseinsinhalte unbewusst bleiben und es entsprechenden Zwängen unterworfen ist, gilt aber: Wo Ich ist, kann Freiheit nicht sein).

Das verbindende Band zwischen beiden Seelenzuständen ist offenbar im Bewusstsein zu suchen. Seinem Wesen nach gehört es dem Einen an. Um sich aber in der Erscheinungswelt als autonomes Ich erfahren zu können, ist das wahre Wesen weitgehend verdunkelt. Solange neben der Ich-Bezogenheit noch Impulse des Geistfunkens, gleichsam als Präerinnerung, zum Bewusstsein durchzudringen vermögen, können wir, wie Goethe, von zwei Seelen in unserer Brust sprechen. Neben den ausgrenzenden Ich-Zuständen nehmen die schöpferischen Impulse im Sinne des Simonov'schen Überbewusstseins oder das Wiedererinnern des dem Wahren zugewandten Seelenteils nach platonischer Lesart in der Regel einen nur sehr bescheidenen Raum ein.

Bildlich wird der Sachverhalt durch das Doppelgesicht des Januskopfes dargestellt. Das eine Gesicht ist der Er-

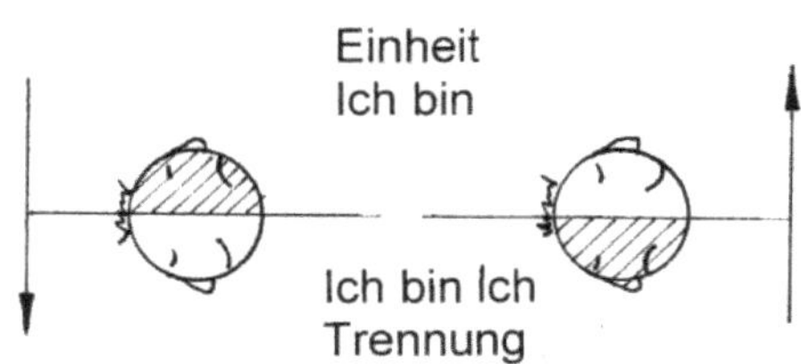

Abb. 9: Januskopf, eine Frage der Ausrichtung

scheinungswelt, das andere dem Einen zugewandt. Je nach Bewusstseinszustand wird diese oder jene Welt als seiend erkannt. Ganz so wie bei einem Vexierbild (Abb. 8: Das Licht kommt von links oder rechts) sind aber niemals beide gleichzeitig erkennbar.

Als „Hüter der Schwelle" des Hauses schützt der römische Gott Janus bezeichnenderweise das Innere gegen äußere Bedrohungen.[151] Es ist allerdings eine Frage, wo wir unsere Heimat ansiedeln, ob er die abgetrennten Bewusstseinsinhalte von unserem Ich fernhält, oder uns vor den Phantomen einer Trennungswelt bewahrt. Als Gott der „Schwelle" wurde Janus auch zum Gott des zeitlichen Anfangs, ja des Neubeginns schlechthin. Der Monat Januar (ianuarius mensis), in dem die Sonne wieder zu steigen beginnt, ist seit 154 v. Chr. nach ihm benannt und der ihm gewidmete Festtag, der Neujahrstag,[152] wird noch heute weltweit mit einem Feuerwerk begrüßt.[153] Typischerweise gehört dazu auch die kritische Auseinandersetzung mit der Vergangenheit, verbunden mit Handlungsmaximen für ein neues Leben, die aus den gewonnenen Einsichten erwachsen.

Mit seinen beiden Gesichtern, dem freundlich behütenden und dem Bedrohungen abweisenden, offenbart er aber auch das Debakel, in dem wir uns in der Erscheinungswelt befinden, denn selbstverständlich wendet er uns sein freundliches Gesicht zu. Auf diese Weise ist er der Behüter der Ich-Struktur, hält er doch alle Nicht-Ich-Elemente mit seiner abweisenden Seite fern. Für

---

[151] Engelhardt: „Die geistige Kultur der Antike", S. 340/341.
[152] Ebd., S. 341.
[153] Ebd., S. 340/341.

die Ich-Seele ist er der persönliche „liebe" Gott, hingegen für den von der Trennungswelt umschlossenen Geistfunken der Kerkermeister mit dem freundlichen Gesicht. In dieser Funktion beeinflusst er die Deutungsmaschine in unserem Kopf und gewinnt dadurch zunehmend Einfluss auf unser Verhalten, wodurch wir unmerklich zu programmierten Marionetten-Existenzen mutieren.

Die biologische Erscheinung mit all ihren Vermögen geht, wie am Ende des 2. Kapitels festgestellt, über den Ich-Komplex hinaus. Sofern die Persönlichkeit positiv auf die schöpferischen Impulse aus dem „Geistfunken" zu reagieren beginnt und ein Wiedererinnern einsetzt, können wir von einer *beginnenden* Bewusstseinsausrichtung auf die Welt der Einheit sprechen. Der Januskopf dreht sich gleichsam – mit der Folge, dass der Ich-Seele die abweisende Seite zugewandt wird. Er wird damit zum mythischen „Hüter der Schwelle", der Niemandem den Durchgang zur Welt der Einheit gestattet, der sich getrennt von anderen und autonom wähnt. Die Ich-Seele kann die Schwelle darum unmöglich passieren. Das wird von vielen – meist intuitiv – eingesehen. Oftmals wird dann geglaubt, mit dem Tod der Persönlichkeit sei dann das Hindernis beseitigt, und bedauerlicherweise werfen einige ihr Leben aus diesen Erwägungen heraus weg. Aber was ist damit gewonnen? Kein einziges ausgegrenztes Bewusstseinselement wird auf diese Weise wieder integriert; auch entsteht dadurch nicht automatisch eine neue Seele, die auf die Geistwirksamkeit des Einen abgestimmt ist, und das ist doch das Kriterium.

In der ägyptischen Mythologie wird das Totengericht als ein Wägen des Herzens dargestellt, das der schakalköpfige Totengott Anubis durchführt. Dabei prüft er, ob das Herz der Seele mit der Feder der Wahrheit im Gleichgewicht ist; die Feder als Symbol für Maat, der Göttin der Wahrheit und Gerechtigkeit, die die Gegensätze der Welt im Gleichgewicht(!) hält.[154] Das weitere Schicksal der Seele hing nun vom Ergebnis der Prüfung ab. Blieb die Waage im Gleichgewicht(!), durfte die Seele die Unterwelt verlassen, denn sie hatte ja bewiesen, harmonisch auf die wahre

---

[154] Ions, Veronica: „Ägyptische Mythologie", S. 112/113.

178

Realität abgestimmt zu sein. Wo nicht, wurde das Herz von Ammut verschlungen, einem Ungeheuer, dessen Gestalt aus Nilpferd, Löwe und Krokodil zusammengesetzt war,[155] ein Symbol der fragmentalen Erscheinungswelt.

Abb. 10: Ägyptisches Totengericht

Fassen wir zusammen:

1. Die Ich-Seele ist ein Objekt der Erscheinungswelt und als solche vergänglich. Ihr Selbstverständnis als von anderen getrennte, autonome Existenz schließt eine angemessene Reaktion auf die Geistwirksamkeiten des Einen aus.

2. Die Persönlichkeit, das biologische Wesen, ist ein Objekt der Erscheinungswelt, und schon Paulus sagte hierüber (1. Kor. 15,50): „Das sage ich aber, liebe Brüder, das Fleisch und Blut nicht können das Reich Gottes erwerben; auch wird das Verwesliche nicht erben das Unverwesliche.“

3. Der eigentliche Bezugspunkt der Wesenheit ist kein Element der Erscheinungswelt. Er ist als Bewusstseinsbrennpunkt jedoch latent, weil keine auf die Geistwirksamkeit des Einen abgestimmte Seele existiert. Als Geistfunkenatom vermag er nur über Impulse auf die Persönlichkeit einzuwirken, die, als reines Wesen der Erscheinungswelt, damit zunächst nicht recht etwas anzufangen weiß und darum zumeist entsprechend den Wirksamkei-

---

[155] Ebd., S. 136.

ten der Ich-Seele, aus dem Ich-Komplex heraus, darauf reagiert.

Da die Persönlichkeit von den Impulsen des Geistfunkenatoms getroffen wird, liegt offenbar hier die Lösung der Problematik verborgen. Zunächst geht es, nach Platon bzw. dem Evangelium der Wahrheit, um ein Wiedererinnern; wir können sagen, um rechtes Verständnis und Abstimmung der Persönlichkeit auf diese Impulse.

Im Grunde wirken alle Probleme, Unvollkommenheiten und Einengungen der Erscheinungswelt ja in diese Richtung, und zwar in stets zunehmender Intensität, denn jeder weitere Augenblick in der Trennungswelt fordert seinen Tribut: Verlust des Energieniveaus – in physikalischer wie psychischer Hinsicht. In diesem Umfeld sollte die Persönlichkeit sich einmal müde gekämpft haben. In solchen Momenten ist die Wirksamkeit des Ich-Komplexes vermindert, und es besteht eine erhöhte Aufnahmebereitschaft für Impulse des Geistfunkens. Im Bewusstsein der Persönlichkeit kann sich dann unter Umständen eine kritische Hinterfragung der Ich-Vorstellung einstellen. Fragen wie: „Wer oder was bin ich eigentlich wirklich?" tauchen auf und treiben zu einer mehr oder weniger langen Suche. Natürlich wird die Persönlichkeit hierbei oftmals wieder von den Strukturen der Ich-Seele absorbiert, aber die Erfahrungen der Abgeschnittenheit prägen sich dadurch nur umso tiefer ins Bewusstsein ein und lassen letztlich die anfangs nur vage Vermutung zur Gewissheit reifen, der wahre Bestehenskern liege außerhalb des Ich-Komplexes. In dem Maße, wie es der Persönlichkeit gelingt, sich von den Ich-Suggestionen zu distanzieren, entwickelt sich ein neues Bewusstsein, das die Impulse des Geistfunkens von den Interpretationen des Ichs zu unterscheiden vermag.

Wenn sich das Persönlichkeitsbewusstsein bei der weiteren Entwicklung auf diese Impulse abstimmt, dann können wir von einer Annäherung des Bewusstseins an den Bezugspunkt sprechen. Die Verzerrungen, die aus dem Abstand des (Ich-)Bewusstseins zum Bezugspunkt resultieren, verschwinden und das Bezugssystem wird als das erkannt, was es ist: Die Offenbarung der Monade. Damit ist eine wesentliche Voraussetzung für den Regenerationsprozess geschaffen, denn der Bezugspunkt kann jetzt wieder als Bewusstseinsbrennpunkt gebraucht werden.

Im nun folgenden Prozess muss eine auf die Geistwirksamkeit des Einen abgestimmte Seele erschaffen werden. Im 1. Johannesbrief ist hier von der Wiedergeburt aus Wasser und Geist die Rede (1.Joh. 3,3-8), der Ursubstanz und dem Einen Geist. Dazu übernimmt der Geist selbst die Führung. Über die Monade reichen seine Wirkungen bis in die Erscheinungswelt hinein, um den nötigen Bewusstwerdungs- und Entwicklungsprozess leiten zu können. Das ist möglich, weil der Geist, wie Licht, augenblicklich an Ort und Stelle ist. Während aber Licht, als *Bild* des Geistes, in der Erscheinungswelt auf seinem Energieniveau verbleibt, da strahlt der Geist sozusagen senkrecht in den Brunnenschacht hinein, denn im Einen ist dessen Tiefe nicht real. Der Geist wird jedoch erst wirksam, wenn Veranlassung dazu besteht, also wirklich mit der Wiedererschaffung der wahren Seele begonnen werden kann. Dazu muss die Persönlichkeit diesem Prozess in *Wahrheit* ihr Herz geweiht haben. Das kann sie nur, wenn sie das Wesen der Erscheinungswelt vollkommen erkannt und den Schmerz des Abgetrenntseins der Ich-Seele erlitten hat und darum mit jeder Faser ihres Wesens nach Aufhebung dieses Zustandes verlangt, koste es was es wolle.

Wenn die Persönlichkeit auch die Ursachen ihrer Lebensprobleme zu überblicken beginnt, so verschafft sich die Ich-Seele zeitweise dennoch ganz entschieden Geltung, denn so wie die Materie sich durch das beständige Erschließen neuer Raum-Zeit-Elemente in der Erscheinungswelt instand hält, so muss die Ich-Seele fortwährend ausgrenzen, um ihre Autonomie-Illusion zu bewahren. Dieser Zustand verträgt sich aber in gar keiner Weise mit der alles umschließenden Wirksamkeit des Geistes, denn neu entwickelte, auf diesen abgestimmte Seelenelemente würden durch selbstbezogene Reaktionen sofort wieder zerstört.

Und doch muss der Wiedererschaffungsprozess mitten in der Erscheinungswelt stattfinden, denn dort sind die Energien in den Trennungsvorstellungen gebunden. Es liegt auf der Hand, dass die ausgrenzenden Wirksamkeiten der Ich-Seele oder der leibgebundenen Seele, im Sinne Platons definitiv, wenn auch prozessmäßig beendet werden müssen. Darum treten die Geistwirksamkeiten auch erst auf, wenn die Persönlichkeit sich dem neuen Werdeprozess geweiht hat, denn diese muss einerseits die Existenz in der Erscheinungswelt sicherstellen und darf andererseits der Auflösung des Ich-Komplexes bis zum biologisch notwendigen Minimum nicht widerstreben. In der Praxis bedeutet das ein möglichst illusionsfreies Leben nahe am Bezugspunkt. Solch eine Persönlichkeit weiß sich als Wesen der Erscheinungswelt vom Einen getrennt und strebt danach, weder sich selbst noch die Erscheinungswelt in die Einheit zu erheben. Sie dient ausschließlich den Notwendigkeiten des Werdeprozesses der neuen Seele. Wo diese Persönlichkeit sich nun, *geleitet durch den Geist* und *aus Einsicht in die Notwendigkeit*, den alten Mustern verweigert, da wird der Ich-Komplex aufgrund der veränderten Lebensbasis geschwächt. Die Ich-Vorstellung wird von den mit ihr verknüpften Assoziationen gelöst, die daran gebundene Energie freigesetzt. In der Folge glätten sich dadurch schlussendlich auch wieder die Ungleichheiten der Erscheinungswelt.

Natürlich geht diese Entwicklung mit einer dynamisch sich veränderten Offenbarung der Monade einher, wodurch sich eine neue, auf die Einheit abgestimmte Seele herausbilden kann. Ist diese genügend entwickelt, vermag sie die Persönlichkeit zu beseelen. Als reine Form ist und bleibt die Persönlichkeit ein Objekt der Erscheinungswelt. Sie kann der neuen Seele jetzt aber als Ausdrucksmittel dienen. Aufgrund der Geist-Seelen-Bindung kann der Geist über die Seele so bis in der Erscheinungswelt hinein wirksam werden. Dieser erhabene Seinszustand wird im Johannesevangelium (Joh. 17,16-18) als „in der Welt, aber nicht von der Welt" bezeichnet. Wenn das Bewusstsein entdeckt, dass es seine Individualität der Erscheinungsform nur zuschreibt und es selbst kein Element der Erscheinungswelt ist, findet es sich im „Ich bin" wieder, dem Christus des Evangeliums. Dieses Bewusstsein kann sich natürlich auch in der Erscheinungswelt ausdrücken; der Januskopf hat ja zwei Seiten, und anders als ein ausgrenzendes Ich-Bewusstsein erfordert ein bewusstes Sein im „Ich bin" keine Bewusstseinsverdunkelung. Auch verlieren die der Höhle Entstiegenen in Platons Höhlengleichnis ja nicht das Bewusstsein, wenn sie wieder in die Tiefe hinabsteigen, um den

Zurückgebliebenen bei der Befreiung behilflich zu sein. So bezeugt auch Paulus (Gal. 2,19-20):

> „Ich bin aber durchs Gesetz dem Gesetz gestorben, auf daß ich Gott lebe; ich bin mit Christo gekreuzigt. Ich lebe aber; doch nun nicht ich, sondern Christus lebt in mir."

Die Bewusstwerdung im „Ich bin" ist nur ein erster Anfang für die Entwicklung einer neuen Seele, denn selbstverständlich ist auch das Zusammenwirken mit den Geistwirksamkeiten des Einen zu lernen. Wie? Nun, in der beschriebenen Wechselwirkung zwischen Monade und Seele, indem letztere ihre Einsicht in der von ihr umschlossenen inneren Struktur offenbart. So schreibt auch Goethe seinem Wilhelm Meister in den Lehrbrief:

> „Das Beste wird nicht deutlich durch Worte. Der Geist, aus dem wir handeln, ist das Höchste. Die Handlung wird nur vom Geiste begriffen und wieder dargestellt. [...] Der echte Schüler lernt aus dem Bekannten das Unbekannte entwickeln und nähert sich dem Meister." [156]

Die Einheit ist zwar da, aber die Seele erhält nur soweit bewussten Anteil daran, wie sie sich auf diese abstimmt und auf deren Wirksamkeiten angemessen zu reagieren vermag. Entsprechend beginnt der Entwicklungsprozess an der Basis des „Ich bin". Diese umschließt, wie gesagt, die Bezugspunkte oder Geistfunken aller (Einzel-)Elemente. Indem das Bewusstsein zum „Ich bin" durchdringt, erhält es erstmals die Möglichkeit, den Mitgeschöpfen in der Erscheinungswelt ihrem wahren Wesen nach, also ohne Trennung zu begegnen. Dann ist es eine *Lebens-Notwendigkeit* und das Gebot der Einheit, der gewohnten Lebenshaltung, die sich ausschließlich an der Formoffenbarung der Erscheinungswelt orientiert, durch eine solche zu ersetzen, die der Einheit des Geistes Rechnung trägt. Jesus nennt dies das „vornehmste Gebot" (Matth. 22,37-40):

---

[156] Goethe: „Wilhelm Meisters Lehrjahre", 7. Buch, 9. Kapitel.

„‚Du sollst lieben Gott, deinen Herrn, von ganzem Herzen, von ganzer Seele und von ganzem Gemüte‘. Dies ist das vornehmste und größte Gebot. Das andere aber ist ihm gleich: ‚Du sollst deinen Nächsten lieben wie dich selbst‘. In diesen zwei Geboten hanget das ganze Gesetz und die Propheten.“

Im gleichen Geiste fordert Platon in seinem Höhlengleichnis von den aus der Höhle Befreiten, nachdem sie sich genügend mit „der Betrachtung des höchsten Gutes“ bekannt gemacht haben, dass sie wieder zurückkehren zu den Gefesselten, um an deren Leben in der Schattenwelt teilzunehmen. Die Einwände Glaukons, der diese Forderung als Zumutung empfindet, weist Sokrates zurück:

„Es ist dir wohl wieder entfallen, mein Lieber, daß unser Staatsgesetz nicht darauf abzielt, daß es *einer* Klasse im Staate besonders wohl ergehe, sondern dieses Wohlergehen soll dem Staat als Ganzem zukommen; darauf wirkt das Gesetz hin, [...] Es muß also abwechselnd ein jeder von euch herabsteigen in die Wohnstätten der anderen und sich daran gewöhnen die Finsternis zu schauen; denn einmal daran gewöhnt, werdet ihr tausendmal besser als jene da drunten alle jene Bilder erkennen und beurteilen, was sie sind und welchen Ursprungs, denn ihr habt ja, was das Schöne, Gerechte und Gute anlangt, die Wahrheit geschaut. Und so werden wir und werdet ihr eine wirkliche Staatsverfassung haben, keine bloß traumhafte [...].“[157]

In der Mahāvagga wird die Erleuchtung Buddhas am Fuße des Mucalinda(-Baumes) des Schlangenkönigs geschildert. Er spricht:

„‚Glück ist die Einsamkeit des Zufriedenen,
der die Lehre gehört (und) erschaut hat.
Nichtschädigen ist Glück in der Welt;

---

[157] Platon: „Politeia“ 519/520.

> gegenüber den Lebewesen (Selbst-)Zügelung.
> Glück ist Leidenschaftslosigkeit in der Welt,
> der Begierden Überwindung.
> Des Ichbewußtseins Beseitigung
> ist fürwahr das höchste Glück!'" [158]

Als in ihm dann die Überlegung aufsteigt, die gefundene Lehre zu verkünden, da glaubt er, den Ärger und die Mühen, die damit verbundenen sind, völlig nutzlos ertragen zu müssen, da man ihn ohnehin nicht verstehen werde. Indem er so der Gleichgültigkeit seinen Mitmenschen gegenüber anheimzufallen droht, offenbart ihm Brahmā Sahampati – als der Geist des Einen – die Verantwortung, die ihm aufgrund seiner Erfahrungen und Möglichkeiten erwachsen.[159]

Was den christlichen Auferstehungs-Mythos betrifft, erkennen J. van Rijckenborgh und C. de Petri in den drei Kreuzen auf dem Hügel Golgatha ein innerliches Geschehen.[160] In der Mitte steht das Kreuz des Überwinders, des wahren Wesens, das sich, als Geistfunken in der Erscheinungswelt, im Einen nicht auszudrücken vermag und also als „gestorben" bezeichnet werden kann. Rechts und links die Kreuze der beiden „Mörder". „Mörder", weil die Bewusstseinselemente der Erscheinungswelt nur durch die Zerstörung des Bewusstseins der Einheit zu existieren vermögen, also durch dessen Tod.

> „Und von seiner Fülle haben wir alle genommen Gnade um Gnade." (Joh. 1,16)

Entsprechend der Polarität der Erscheinungswelt ist da zum einen das auf sich selbst bezogene Ich-Bewusstsein als Ausdruck der Trennungsidee, welches aufgrund seiner prinzipiellen Nichtexistenz die Einheit nicht zu erkennen vermag und darum letztlich völlig ausgelöscht wird. Zum anderen ist da das vom Ich-Komplex befreite Bewusstsein der Persönlichkeit, das den wah-

---

[158] Buddha: „Mahāvagga", I,3.
[159] Buddha: „Mahāvagga", I,5.
[160] J. van Rijckenborgh und C. de Petri: „Die chinesische Gnosis", S. 317.

ren Bestehenskern erkennt, sich selbst aber als Verkörperung der zersetzenden Wirkung der Trennungsidee weiß und sich darum dem Transformationsprozess fügt (Luk. 23,41):

> „Und wir zwar sind billig darin, denn wir empfangen, was unsere Taten wert sind; dieser aber hat nichts Ungeschicktes getan."

Nachdem die Ich-Komplexe, soweit sie über die biologische Notwendigkeit hinausgehen, unwirksam geworden sind, tritt am zweiten Tag des Auferstehungsgeschehens die Stille des Sabbats ein. Durch das „Nicht-Tun" – dem Ich nach verstanden – öffnet sich das Wesen für die Wirksamkeit des Geistes der Einheit und stimmt es sich auf diesen ab.[161] . Dadurch wird es prinzipiell frei von der Erscheinungswelt. Deren Entwicklungen stehen dem weiteren Werden nicht länger im Wege. Die Materie trennt den Geistfunken nicht mehr von der Einheit – der Stein vor der Grabkammer ist beiseite gerollt (Joh. 20,1). Schon der Umstand, dass die Auferstehung am *ersten* Tag der neuen (Schöpfungs-)Woche erfolgt, weist darauf hin, dass dieses nur ein erster Beginn ist.[162] Das neue Wirken, die Befreiung von der Formgebundenheit, muss sich noch innerhalb der Erscheinungswelt vollziehen. Der Auferstandene hat sich, was seine Beweggründe angeht, von der Polarität der relativistischen Natur gelöst. Sein Lebenswandel ist nun primär auf den Geist der Einheit abgestimmt. Weil er sich aber notwendigerweise des gewöhnlichen biologischen Gewandes bedienen muss, vermögen ihn seine Mitmenschen nicht mehr in der gewohnten Weise einzuschätzen. Alle, die ihn nur der äußeren Erscheinungsform nach wahrzunehmen vermögen und an der polaren Wertestruktur der Subjektivität Maß nehmen, sind befremdet. Wo sie sich aber „umwenden", der Einheit zuwenden, da „erkennen" sie ihn (Joh. 20,14-16; 21,4-7; Luk. 24,15-31) als Vorbild, als ihren Lehrer. 40 Tage lehrt der Auferstandene (Apg. 1,3). In der Kabbala wird 40 durch den Buchstaben

---

[161] Dietzfelbinger, Konrad: „Der spirituelle Weg des Christentums – Das Markusevangelium als Modell", S. 620ff.
[162] Ebd., S. 622.

186

„Mem" (מ) symbolisiert, der für „Wasser" oder „Weib" steht. „Wasser" als die Urmaterie (1. Mose 1,2), die den weiblichen, empfangenden Pol des Einen bildet. Sie bringt die Form hervor, in der die Kraft des Geistes wirkt. Dementsprechend ist das Zeichen „Mem" aus den Buchstaben „Waw" und „Kaf" zusammengesetzt. „Waw" (ו), mit dem Sinnbild eines oben aufgehängten Hakens, symbolisiert die Verbindung zwischen der Offenbarungsform und dem Einen selbst. „Kaf" (כ), als greifende Hand, steht für be-greifen und zu-greifen, für handeln.[163] So bringt der Auferstandene in der Erscheinungswelt den Geist des Einen zur Offenbarung: Indem er, entsprechend seinem Begreifen, mit der Materie der Einheit umzugehen lernt, wird die trennende Wirkung der Materie in eine solche umtransformiert, die den Anforderungen des Geistes des Einen genügt. Der Auferstandene wird dadurch selbst zum Verbindungsglied, zum Mittler zwischen der Welt des Einen und der Erscheinungswelt und öffnet dadurch die Tür (das Sinnbild für den Buchstaben Daleth mit dem Zahlenwert 4 = Quersumme aus 40) für diejenigen, die „Ohren haben, um zu hören, und Augen, um zu sehen".

> „Es ist noch um ein kleines, so wird mich die Welt nicht mehr sehen; ihr aber sollt mich sehen; denn ich lebe, und ihr sollt auch leben." (Joh. 14,19)

Der Auferstandene fährt fort, sich auf den Geist des Einen abzustimmen. Indem er sich mit der – geistigen – Not seiner Mitmenschen verbindet, bahnt er ihnen den Weg und hebt sie, – soviel an ihm ist – aus dem Brunnenschacht zum Einen empor. Während er dabei bewusst im „Ich bin" aufgeht, verlieren seine Mitmenschen ihn bei dieser „Himmelfahrt" schließlich aus den Augen. Er wird zur Weltseele, und für die von ihm umschlossenen Menschen – als Geist – zu einem atmosphärisch wirkenden Faktor, um *alle* zum Einen emporzuheben.

---

[163] Weinreb, Friedrich: „Buchstaben des Lebens", S. 105 – 108.

> „Wie es geschrieben steht: Der erste Mensch, Adam, ‚ward zu einer lebendigen Seele', und der letzte Adam zum Geist, der da lebendig macht." (1. Kor. 15,45)
>
> „Denn gleichwie sie in Adam alle sterben, also werden sie in Christo alle lebendig gemacht werden." (1. Kor. 15,22)

Nicht als autonome Einzelexistenzen werden sie lebendig – denn so etwas gibt es im Einen nicht – sondern als Glieder eines Leibes, der durch *einen* Geist strukturiert und organisiert ist, so wie es Paulus in 1. Kor. 12 ausführlich darstellt. Der Fuß hört nicht auf, Fuß zu sein dadurch, dass er Teil des Leibes ist. Im Gegenteil: nur als Teil des Leibes kann er seiner Bestimmung entsprechen.

In diesem kindlich einfachen Bild wird es deutlich: Die Relativitätstheorie, die vom Bezugspunkt des Einzelobjekts die Welt beschreibt, und die Quantentheorie – mit der Einheit als Basis – widersprechen sich nicht. Wo aber das Einzelobjekt als getrennt vom Einen aufgefasst wird, da bilden sie unvereinbare Gegensätze, die beide keine hinreichende Beschreibung dessen zu geben vermögen, was ist.

So haben wir den Entwicklungsprozess der Erscheinungswelt verfolgt, die Möglichkeit, sich als ein autonomes, abgetrenntes Wesen zu erfahren, welches sich von allem und allen selbst isoliert hat und schließlich nicht mehr fähig ist, zurückzukehren. Es hat sich gezeigt, dass es hierbei nicht um die Erscheinung selbst, sondern um die (Wieder-)Bewusstwerdung der wirklichen Existenz geht, die – durch die Selbstbezogenheit latent geworden – wieder zum Leben erweckt werden muss. Indem – unspektakulär – alles auf seinen Platz gestellt wird, werden die vom Trennungsbewusstsein gezogenen Grenzzäune beiseitegeräumt, und folgerichtig entwickelt sich ein auf den Geist des Einen abgestimmtes Bewusstsein.

Ein regelrechtes Chaos

Die Ergebnisse der Neurologen führten uns zu zwei grundsätzlichen Blickwinkeln auf das Weltgeschehen: Die Außenperspektive, in der wir uns als autonome Existenz erfahren, den Einflüssen unserer Umwelt ausgesetzt, und die Innenperspektive, in der wir alle Dinge nach unseren Vorstellungen definieren und ordnen. Beide Sichtweisen stehen unvereinbar nebeneinander. Was die eine klar ins Licht stellt, das klammert die andere aus, und umgekehrt.

Die Untersuchung auf Grundlage allgemeiner physikalischer Gesetze führte zu vergleichbaren Ergebnissen. Hier stehen sich die interne Wirkungen beschreibende Quantentheorie und die objektbezogene Relativitätsphysik gegenüber. Mit seiner Unbestimmtheitsrelation legte Werner Heisenberg die *grundsätzliche* Unbestimmtheit der Natur offen, wie sie etwa im Körper-Welle-Dualismus zutage tritt. Die sich scheinbar widersprechenden Aussagen erkannte Niels Bohr als komplementär, als einander ergänzend, wenn sie nur an der richtigen Stelle verwendet werden.

Als Ursache dieser seltsamen Gespaltenheit erkannten wir das Bestreben, eine abgeschlossene, autonome Existenz verwirklichen zu wollen, die im Widerspruch zur organischen Einheit allen Seins steht. In der Einheit der Quantentheorie zeigt sich dadurch eine Art Kreisbewegung, eine Verkümmerung des Bewusstseins bis zur völligen Latenz und die daraus erwachsende Notwendigkeit der Wiederbelebung. In der Relativitätstheorie durchkreuzen sich Einheit und Trennungswelt, wodurch subjektive Wirklichkeitsverzerrungen in Erscheinung treten, die die Illusion einer abgetrennten Existenz erlauben.

Da die physikalischen Untersuchungen eine spekulationsfreie Definition der Begriffe „Seele" und „Geist" gestatten, finden wir in der Quantentheorie die Antwort auf die Menschheitsfrage

„Wer bin ich?" Wir erkennen aber auch, wie unermesslich weit wir uns durch unsere Selbstbezogenheit vom Ausgangspunkt entfernt haben. Für den an die biologische Erscheinungsform gebundenen Mikrokosmos mit seinem Geistfunken beantwortet die Relativitätstheorie die brennenden Fragen „Woher komme ich?" und „Wohin gehe ich?"

Trotz ihres revolutionären Charakters haben die Ergebnisse der modernen Physik die breite Gesellschaft bislang kaum erreichen können. So hat sie den Nimbus einer „Geheimwissenschaft", ohne jegliche Praxisrelevanz für das alltägliche Leben. Und in der Tat bereitet die komplementäre Art der Aussagen, selbst in unserer seelenbezogenen Sichtweise, nicht geringe Schwierigkeiten. Wenn wir danach streben, Innen- und Außenwelt in Einklang zu bringen, erfahren wir früher oder später: Es ist unmöglich, als Weltverbesserer das Außen an das Innen anzupassen. Ja, die Welt ist Erscheinung; alles ist relativ – Täuschung.

Wenden wir uns also den Innenräumen zu; befreien wir uns selbst von den Zwängen der Moral und des Anstandes und pfeifen auf alle Normen. Sind wir nur mit uns selbst im Einklang, was stört uns das Außen? – Nein, so sind Innen- und Außenwelt nicht ins rechte Verhältnis zu bringen; was hier verwirklicht wird, ist die Vervollkommnung der Selbstbezogenheit, die Einswerdung mit dem Ego und die Abtrennung von der Außenwelt.

Suchen wir also, uns meditativ zur Einheit zu erheben. Aber, was für eine Einheit ist das? Ist es die Einheit allen Seins? Oder ist es nicht doch nur unsere *Vorstellung* von Einheit, möglicherweise das verkappte Wunschbild eines paradiesischen Zustandes, der unsere selbstbezogenen Begehrlichkeiten stillen soll? Ist es die Einheit des kollektiven Unbewussten, die machtsuggerierende Vereinigung mit dem Trennungsgeist? Und, gesetzt den Fall, wir erreichen tatsächlich die Gralsburg der Einheit, werden wir dort dem Fischerkönig die Fragen stellen, die Parcival zu stellen versäumte? Wo nicht, wie wollen wir da im Außen leben? Nicht umsonst lehrt Buddha die „rechte Versenkung" erst als achten(!) Schritt auf dem achtfachen Pfad zur Aufhebung des Leidens, nach „rechter Einsicht", „rechtem Entschluss", „rechter Rede", „rechter Tat", „rechtem Wandel", „rechtem Streben" und „rechter Wachsamkeit". Und ehe dieser Pfad überhaupt beschritten werden kann, sind die „edlen Wahrheiten" vom Leiden, von der Leidensentstehung und der Aufhebung des Leidens zu lernen.[164]

Manch einer, der zur Einsicht gelangt ist, dass in der Egozentrik das Grundübel liegt, sucht im Altruismus die Spannung zwischen Innen- und Außenwelt aufzulösen. In Selbstverlorenheit dient er im höheren Organismus, sei es Familie, Firma, Staat oder Gesellschaft. Dagegen ist im Grunde natürlich nichts einzuwenden. Aber nur allzu leicht schieben sich dabei die äußeren Aspekte in den Vordergrund und drängen die inneren Impulse beiseite. Dann droht die Gefahr, die eigene Seelenachse zu verlieren und vom Kollektiv aufgesogen und ausgenutzt zu werden. Dann ist wahrlich das Selbst verloren, wo doch das Ich verloren werden sollte. Angesichts dieser Gefahr ist es ratsam, unsere Handlungsantriebe immer wieder ehrlich zu überprüfen, ob sie nicht eventuell doch einer *verfeinerten* Ichbezogenheit entspringen: Dienen wir im Kollektiv, weil dieses *unsere* Interessen besser vertritt, als wir es selbst könnten? Solch ein Verhältnis wäre nicht mehr als eine Symbiose innerhalb der Trennungswelt, und ein Ich, das sich dem Kollektiv-Ego unterordnet, bleibt ein Ich. In diesem Sinne spricht auch Paulus (Gal. 1,10):

> „Wenn ich den Menschen noch gefällig wäre, so wäre ich Christi Knecht nicht."

Er weist damit auf die Sinnlosigkeit hin, der Schattenwelt zu dienen. Bezüglich der Güte-Illusionen bezeugt auch Jesus, sich selbst einschließend (Matth. 19,17):

> „Was heißest du mich gut? Niemand ist gut denn der einige Gott."

Wegen seiner ausgrenzenden Struktur interpretiert das Ich alle Impulse aus dem Geistfunken völlig selbstbezogen. Ein Versuch des Ich, seine Egozentrik zu überwinden, ist darum von vornherein zum Scheitern verurteilt. Das Ich kann das Ich nicht

---

[164] Buddha: „Mahāsatipatthāna-Suttanta". Das große Lehrgespräch über die Grundzüge des Bewusstseins.

auflösen. Indem es sich stets berechnend in der Erscheinungswelt positioniert, schüttet es den Quell der inneren Impulse mit seinen Vorstellungen zu.

An diesen Beispielen zeigt sich, wie leicht wir uns in den Denkstrukturen der Selbstbezogenheit verfangen. Das Bewusstsein kann sich nicht zum Geistfunken und durch diesen über die Trennungswelt hinaus erheben, wenn weiterhin den Methoden der Schattenwelt gefolgt wird. Daher sagt Jesus (Matth. 7,14):

„Und die Pforte ist eng, und der Weg ist schmal, der zum Leben führet."

Wenn wir uns bisher mit dem „Wer oder was" und dem „Woher und wohin" beschäftigt haben, wollen wir hier darum das „Wie" in den Mittelpunkt der Untersuchung stellen. Wir setzen dazu unseren Abstieg in die Höhle (Platon) weiter fort: Nachdem wir die quantentheoretische Einheit verlassen und die Erscheinungswelt der Relativitätsphysik durchwandert haben, wollen wir nun völlig in die Bilderwelt unserer Naturordnung eintauchen, denn wenn unsere Welt der Trennung von der Einheit gleichsam durchdrungen ist, dann müssen auch deren *Wirksamkeiten* bemerkbar sein. Diese „ganz normalen" Erscheinungen sollten geeignet sein, uns diese Verknüpfung in ihrer Tragweite und Unmittelbarkeit greifbar zu machen. Nur wo wir die Realität erleben, die hinter der Erscheinung wirkt, da vermögen wir ein Unterscheidungsbewusstsein auszubilden, welches uns befähigt, die Trennung in Innen- und Außenwelt in harmonischer Weise aufzulösen.

Eine geregelte Welt

Wonach wollen wir Ausschau halten, um den Wirksamkeiten der Einheit auf die Spur zu kommen? In der Nachzeichnung eines Gesprächs mit seinem Physikerkollegen Wolfgang Pauli hebt Werner Heisenberg hervor[165], dass sich die Wirksamkeit des Einen schon darin zeige, dass wir das Geordnete als das Gute, das Verwirrte und Chaotische als schlecht empfinden und sich die zentrale Ordnung des Einen immer wieder durchsetze, als nach jedem Winter doch wieder Blumen auf den Wiesen blühten und nach jedem Krieg die Städte wiederaufgebaut würden. Auch verweigere sie uns das Recht, die Wesensart unseres Bewusstseinszustandes als Spiel des Zufalls oder der Willkür zu betrachten.

Hier offenbart sich die Schwierigkeit unseres Vorhabens: Wo wir die Formoffenbarung als gut oder schlecht werten, da erheben wir diese in einen Rang, der ihr, als Erscheinung der Trennungswelt, nicht zukommt. Wir selber erschaffen ja erst durch unsere Wertung die Trennung, sind dadurch sogar Schöpfer des „guten Gottes", den wir anbeten, der wir aber – bei genauerer Betrachtung – als wertende Instanz selbst sind. Die entstandene Form ist neutral; hierin ein Bild der Trennung oder des Einen zu sehen, ist eine Frage des *Bewusstseinszustandes* des Betrachters. Als Geschöpf der Erscheinungswelt ist uns das Bild der Trennung gleichsam in die Wiege gelegt. Ein Bild der Einheit zu erkennen, zeugt dagegen von einer gewissen Empfänglichkeit für die Impulse des Geistfunkens, schließlich vergehen die Blumen ebenso wie der Winter.

Allein, die Wechselwirkung zwischen den Formoffenbarungen unserer Welt und dem beobachtenden Individuum deuten auf einen bewusstseinsbildenden Prozess: Das Individuum legt das sinnesorganisch Wahrgenommene nach eigenem Verständnis aus und, indem es handelnd reagiert, wirkt es auf sein Umfeld ein, das seinerseits mit Formänderung reagiert. Wenn wir nicht

---

[165] Heisenberg, Werner: „Positivismus, Metaphysik und Religion". In: Werner Heisenberg: „Der Teil und das Ganze", S. 192.

alles Sein der Sinnlosigkeit anheimgeben wollen, können wir hier unmöglich Zufall oder Willkür am Werke sehen. Eine andere Frage ist es natürlich, inwiefern wir schon, oder noch, *bewusst* an diesem Prozess teilnehmen (können). Eng damit verbunden ist die Frage nach dem Ziel, sowie dem Verhältnis von Freiheit und Determination. Eine genauere Untersuchung dieses Rückkopplungsprozesses scheint also vielversprechend.

Zeitsymmetrie und Polarität

Bei unserem Studium der Relativitätsphysik sind wir einem Weg aus der Einheit in die Welt der Trennungserscheinungen und wieder zurück zur Einheit gefolgt, von einem extrem homogenen Zustand durch die Vielheit hin zum Anfangspunkt. In diesem Kreislauf durch die Trennungswüste kommt die Zeitlosigkeit der „Quantenwelt" zum Ausdruck, die ewige Gegenwart. Das heißt: Quantenobjekte altern nicht. Es gibt für sie keine Zeitrichtung. Was vorwärts geschieht, kann ebenso rückwärts ablaufen.[166] Dieses physikalische Gesetz der „Invarianz bei Zeitumkehr" hat den Stoff für zahllose Science-Fiction–Spekulationen über Zeitreisen und Ähnliches geliefert. Derartige Vorstellungen können getrost ins Reich der gegenstandslosen Fabeln verwiesen werden, denn sobald irreversible Prozesse wie zum Beispiel Reibungseffekte mitspielen, ist die Zeitumkehr-Invarianz gestört.[167] Es ist jener Effekt, den wir bei der Senkung des Energieniveaus mit dem Abbremsen eines Wagenrades verglichen haben. Die Zeit „friert" in eine Richtung fest, ähnlich Wassermolekülen, die im erkaltenden Gewässer ihre Bewegungsfreiheit verlieren und sich in die geordnete Struktur der Eiskristalle fügen müssen. *Innerhalb* der Erscheinungswelt ist darum eine Zeitrichtung vorgegeben. Anders sieht es in der Welt der Einheit aus: Das Objekt, das sich durch Verfolgung der Trennungsidee selbst eliminiert, kann – rückwärts – wieder erschaffen werden. Die Trennungswelt mit der in ihr wirkenden Zeit- und Entwicklungsrichtung ist

---

[166] Tschernogorowa, Wera Alexandrowna: „Geheimnisse der Mikrowelt", S. 112.

[167] Schmutzer, E.: „Symmetrien in den physikalischen Naturgesetzen II", Physikalische Blätter 1973, S. 264.

darum nicht „zufällig" vorhanden, sondern „Natur"-„Not"-wendig.

Die „eingefrorene" Zeitrichtung bedeutet Freiheitsverlust, denn der fortwährende Energieverbrauch führt unweigerlich in die Bewegungslosigkeit, die Erstarrung, den Tod. Was eingefroren ist, kann aber wieder aufgetaut, ein Zustand, der bestanden hat, wiederhergestellt werden. Das meint das Gesetz der „Invarianz bei Zeitumkehr" und bezieht sich dabei auf Zustände der Einheit. In unserem Fall hat sich das Bewusstsein der Einheit in ein Trennungsbewusstsein verwandelt. Ihm ist dabei Information verlorengegangen, wie dem gefrierenden Wasser die Wärmeenergie. Im Wasser hat sich die Bewegungsenergie in Wärmeenergie umgesetzt, ist also nicht verschwunden. Ebenso verhält es sich mit der verlorenen Information im Bewusstsein: Sie hat sich verwandelt. Die Einheit ist in der Erscheinungswelt in Polaritäten zerfallen, in Ich und du, Plus und Minus, heiß und kalt usw. Die ursprüngliche Harmonie kommt nach wie vor im Wesenskern der Objekte und in dem sie vereinigenden Naturgesetz zum Ausdruck. Das Trennungsbewusstsein aber, das den eigenen Wesenskern vom Gesetz des Geistes löst, verliert eben dadurch die Harmonie der Einheit. Seine Information über die Beziehung der Dinge wandelt sich von Ausgeglichenheit und Ebenmaß zur stets beunruhigenden, aufschreckenden und vorwärtspeitschenden Disharmonie.

Damit haben wir drei Grundelemente zur Wiederherstellung des Anfangszustandes: Den Wesenskern, das Gesetz und den treibenden Faktor. Mechanisch ausgedrückt: Das wiederherzustellende Objekt (Input, Output), das dazu nötige Gerät (Hardware) und das Vermögen (Software). Oder sozialer: Den Kranken, das Krankenhaus mit seinen Ärzten, Schwestern und Geräten, sowie die geeignete Therapie zur Genesung.

Der Wesenskern, der latente Geistfunken, ist nur noch Möglichkeit, Same, aus dem der wahre Mensch wieder erwachsen kann. Damit die Möglichkeit zur Entfaltung des wahren Menschen stets gewährleistet bleibt, sind die Polaritäten unserer Formenwelt nach dem Geist der Einheit geordnet. Schon Heraklit sah eine verborgene, ordnende Kraft am Werke, welche die anziehenden und abstoßenden Pole, Liebe und Hass, im Gleichgewicht hielt. Die Gegensätze erkannte er als regulierende Funktionen, die ein Entgegenlaufen bewirken, d. h. eine stete Änderung aller Dinge in ihr Gegenteil. Wollen wir einen vollständigen Begriff von der Prinz-Heinrich-Gedenkmünze erhalten, muss sie vor unseren Augen gedreht werden, müssen Vorder- und Rückseite sich vertauschen. Nur so können wir die verschiedenen Bilder als zusammengehörig erkennen und zu einer Einheit verbinden. Als ich unlängst einen Apfel schälte und dabei versuchte, den abgeschälten Schalenstreifen nicht abreißen zu lassen, mich so von der Blüte zum Stielansatz vorarbeitete, verwunderte es mich nicht wenig, als ich bemerkte, dass das Messer, welches die Blüte noch im Uhrzeigersinn umkreiste, sich dem Stiel in entgegengesetzter Drehrichtung näherte. Dieses Phänomen der unmerklichen Umpolung entsteht bei Betrachtung der zweidimensionalen Oberfläche, während das Überkopfdrehen des dreidimensionalen Apfels außer Acht gelassen wird. In ähnlicher Weise können wir die Umpolung der Gegensätze als Drehung eines höherdimensionalen Objekts begreifen. Auch der Wechsel zwischen Tag und Nacht entsteht ja durch eine, für unsere Sinne nicht wahrnehmbare Drehung. Dieses Wechselspiel der Gegensätze erkennt Hegel als „allgemeine Dialektik des Lebens" in welcher die sinnlich wahrnehmbaren Formen als Symbole auf die ihnen innewohnende Einheit hinweisen, zu welcher das Bewusstsein sich aus freiem Entschluss erheben soll.[168] Dem folgend charakterisiert J. v. Rijckenborgh unser gesamtes Lebensfeld als „Dialektik", als innere Gegensätzlichkeit:

> „[...] in dem sich alles nur in Verbindung mit dem Gegensatz offenbart. [...] Durch dieses fundamentale Gesetz ist in unserem Daseinsfeld alles einer fortwährenden Veränderung und Zermahlung, dem Entstehen, Blühen und Vergehen unterworfen. Durch dieses Gesetz ist unser Daseinsfeld ein Gebiet der Endlichkeit, der Pein, des Schmerzes, des Abbruchs, der Krankheit und des Todes. Andererseits ist vom höheren Standpunkt aus gesehen das Gesetz der Dialektik gleichzeitig das Gesetz der göttlichen

---

[168] Hegel: „Aesthetik" 2. Teil, 1. Kap. C – Die eigentliche Symbolik.

Gnade. Durch ihre fortwährende Zerbrechung und Erneuerung verhindert sie die endgültige Kristallisation des Menschen, also seinen endgültigen Untergang. Sie schenkt ihm immer wieder eine neue Offenbarungsmöglichkeit und damit die Chance, das Ziel seines Daseins zu erkennen [...]." [169]

Das Trennungsbewusstsein, das sich in einer ihm entsprechenden Nische einzurichten trachtet, wird durch die Umkehrung der Pole immer wieder mit seinen abgelehnten und ausgrenzenden Aspekten konfrontiert, was es als Disharmonie erfährt. Seine anfängliche Liebe wandelt sich dadurch in Hass. Sucht es anderenorts seinen Seelenfrieden zu finden, wird es vom gleichen Schicksal ereilt. Wie der stolze, von sich selbst eingenommene Hase beim Wettlauf zwischen Hase und Igel[170] von einem Pol zum anderen jagt, hetzt das polarisierende Bewusstsein durch die Erscheinungswelt, angetrieben von der Harmonie der Einheit. Die inneren Impulse aus dem Geistfunken treiben, nach Harmonie zu suchen, während im Außen der ergänzende Gegenpol den Suchenden empfängt. Unfähig zur Einsicht oder die Konsequenzen scheuend, jagt das Trennungsbewusstsein fort, von links nach rechts und von rechts nach links. Immer auf Flucht und Suche, verstrickt es sich stets mehr in seinen Vorstellungen, wodurch sein Bewegungsfreiraum immer mehr einengt und die Spannung zum Gegenpol ins Unermessliche steigt. So wird schließlich ein Krisispunkt erreicht, der drei Auswege gestattet.

Erstens besteht die Möglichkeit, dass durch die Fülle der Erfahrung im Bewusstsein die Einsicht des eigenen Unverständnisses gereift ist, es still wird und Raum lässt für Impulse des Geistfunkens, die einen Regenerationsprozess einleiten können.

Zweitens kann eine Explosion alle Erfahrung auslöschen und das Bewusstsein auf einen früheren Stand zurückwerfen.

Drittens besteht die Möglichkeit, in einem Kollektiv ein Objekt „höherer" Ordnung zu bilden. Dies ist eine Art Kompromiss, bei

---

[169] Rijckenborgh, Jan van: „Die Ägyptische Urgnosis und ihr Ruf im ewigen Jetzt", Teil 1, Worterklärungen S. 259f.
[170] Märchen der Gebr. Grimm.

dem die Existenz des Trennungsbewusstseins gesichert wird und die Erfahrung des eigenen Scheiterns sich in – notgedrungene – Zusammenarbeit umsetzt. Dieses Zusammenwirken erfolgt natürlich mit Partnern, die „auf der gleichen Wellenlänge" liegen, also resonanzgesteuert. Das zeigt sich bereits auf atomarer Ebene, wie der Physiker B. Philberth erläutert:

„Überhaupt der ganze Atombau in Kern und Hülle gründet sich in Materiewellenresonanzen. Die Kräfte, welche die Atomkerne oder Moleküle zusammenhalten, sind resonanzbedingte Wechselwirkungskräfte. Der ‚Einklang', d. h. eben die Abstimmung, Resonanz, ist ein tragendes Prinzip allen Geschehens."[171]

Mit Abstimmung und Effizienz des Zusammenwirkens ist ein weiterer Erfahrungsprozess verknüpft, der nun eine innere und eine äußere, das Gesamtobjekt betreffende Perspektive umfasst.

Die Gegenwart der Zukunft

Die fortwährende Gegenwart, in der sich der Gang durch die Welt der Relativitäten vollzieht, hat noch einen bemerkenswerten Aspekt: Während der gesamten Entwicklung ist das *Ziel* des Prozesses wirksam. Das Produkt, der wahre Mensch, der war und wieder werden soll, existiert in der Gegenwart. Der Geistfunken oder der Same dessen, was werden soll, ist daher nicht nur Möglichkeit; das Werdende ist bereits vollkommen in ihm gegenwärtig; einzig, es ist noch nicht entfaltet. Innerhalb unserer zeiträumlichen Naturordnung erscheint es darum so, als wirke das Zukünftige (das, was werden soll) auf das gegenwärtig Seiende (den Samen und sein Umfeld) ein, als werde die Gegenwart von der Zukunft bestimmt.

Bei biologischen Systemen ist uns diese zielorientierte Denkweise durchaus geläufig: Der Buchfink baut ein Nest, um seine Eier hineinzulegen. Um wieder ins Gleichgewicht zu kommen, erzeugt der von Bakterien und Viren befallene Körper Fieber. Das Eichhörnchen legt sich ein Vorratsnest für den Winter an. Männ-

---

[171] Philberth, Bernhard: „Der Dreieine", S. 499.

chen und Weibchen paaren sich, um Nachkommen zu zeugen, und Albert legt einen Kavalierstart hin, um Josephine zu beeindrucken.

Die Zielorientierung ist uns hier so selbstverständlich, dass wir sogar von Geschöpfen sprechen, also von Wesen, die gewollt von einem Schöpfer erschaffen wurden. Selbst den Begriff des „freien Willens" wenden wir in dieser Weise an, da wir unsere Handlungen nach einem frei gewählten Ziel hin auszurichten trachten.

Von diesem Blickwinkel aus erscheint die Abstammungslehre des Darwinismus als Sabotage, denn hier wird das Gegenwärtige aus der Vergangenheit abgeleitet. Mutation und Selektion bestimmen die Entwicklung der Arten, oder „Zufall und Notwendigkeit", wie der französische Molekularbiologe Jaques Monod formuliert.[172] Die Denkweise der klassischen Physik mit ihrem Ursache-Wirkungs-Prinzip bricht in die Biologie ein und reduziert alle Lebendigkeit auf einen toten Mechanismus. Gentechnik und Neurobiologie erwecken den Anschein, alle seelischen Aspekte auf chemische und physikalische Vorgänge reduzieren zu wollen. Entsprechend groß ist der Widerstand und die Empörung jener, die hier eine Entseelung der Körper, eine Missachtung der Schöpfung, eine Gottesleugnung oder einfach eine ethische Entgleisung befürchten.

M. V. Wolkenstein, Leiter des Instituts für Molekularbiologie der sowjetischen Akademie der Wissenschaften, führt den Widerspruch zwischen Biologie und Physik auf die *Art der Beschreibung* der natürlichen Phänomene zurück:

> „Die physikalischen Gesetze werden als kausale Aussagen formuliert, während biologische Gesetze in finaler Form ausgesprochen werden. [...] Da aber jedes physikalische Gesetz – als Variationsprinzip formuliert – finale Natur erhält, so liegt nur scheinbar ein Gegensatz vor." [173]

---

[172] Monod, Jaques: „Le Hasard et la Nécessité", Éditions du Seuil, Paris 1970.

[173] „Physik und Biologie", Referat über die Arbeit von M. V. Wolkenstein in: Physikalische Blätter 1975, S. 125f.

Der Portalkran wird zum Heben schwerer Lasten konstruiert und erbaut. Er entsteht nicht zufällig, sondern zielbewusst. Aber er entsteht folgerichtig, weil große Bleche transportiert werden sollen, weil Schlosser da sind, die Geld verdienen wollen, weil Schiffe der Reedereien in die Jahre gekommen sind und durch neue ersetzt werden sollen, weil augenblicklich die Kreditzinsen günstig sind usw. Niemand würde fragen: Ist der Kran geschaffen worden oder aus Notwendigkeit entstanden?

Ob der Prozess zum gewünschten Erfolg führt, und wie der ursächliche, physikalisch-chemische Ablauf sich vollzieht, diese Frage sieht Niels Bohr im typisch komplementären Verhältnis: Sie schließen einander aus, stehen aber nicht notwendig im Widerspruch.[174] Das ist im Falle des Kranbaues kein Problem für uns; ja, wir müssen uns fast mühen, hier überhaupt einen Konflikt zu erkennen. Warum mündet die gleiche Fragestellung beim Lebendigen in einen Glaubenskrieg?

Der Portalkran ist weder selbst noch in irgendeiner Phase seiner Planung und Ausführung mit elementaren Werten des All-Einen verbunden. Er ist eine vergängliche Erscheinungsform der Natur, und mehr erwarten wir nicht von ihm.

Anders wird es, wenn wir die Erscheinungsform mit der lebendigen Einheit selbst in Verbindung bringen, also die Natur der Einheit mit der Erscheinungswelt vermischen. Hier laufen wir Gefahr, Bild und Wirklichkeit zu verwechseln. Einheit, Leben und unsterbliche Seele, sie sind da, aber als das, was werden soll, als Idee im Sinne Platons, zu der es, aus der Höhle heraus, aufzusteigen gilt. Die sezierende Wissenschaft wird daher niemals zu Leben und Seele durchzudringen vermögen, wie ihre Kritiker treffend bemängeln. Andererseits verfestigen auch jene die Trennungsvorstellungen, welche die *Erscheinungsform* als werdend oder gar vollendet ansehen. Sie verwechseln den Acker mit dem in ihm aufgehenden Weizenkorn, denn die Erscheinungsform ist nur Bild und Träger des Samens dessen, was werden soll.

In diesem Zwist tritt auch der Prozess zu Tage: Das komplementär Eine treibt das Trennungsbewusstsein in die Auseinan-

---

[174] Heisenberg, Werner: „Erste Gespräche über das Verhältnis von Naturwissenschaft und Religion" in Heisenberg, Werner: „Der Teil und das Ganze", S. 129.

dersetzung, indem es diesem seinen ergänzenden Gegenpol gegenüberstellt. Die analysierende Wissenschaft muss sich nach Ziel und Zweck fragen lassen, während sie umgekehrt den Idealisten mahnt, sich nicht seinerseits in der Form zu verfangen und diese für das Wesentliche zu halten. Sich so organisch verbindend, vermögen sie einander von der ausgrenzenden Denkweise zu heilen und das einwirkende Ziel zweckmäßig zu unterstützen.

Selbstbestimmung: Ursache und Wirkung in Auflösung

Der primäre Prozess sucht, wie gesagt, die zersetzenden Wirksamkeiten der Trennungsvorstellung in solche umzuwandeln, die wieder auf den Geist des Einen abgestimmt sind. Die „verlorene" Information wird dabei so verwandelt, dass sie als das fehlende Element zur Vervollkommnung verstanden und angewendet werden kann.

Wir sind geneigt, uns diesen Prozess als eine Art computergesteuerter Informationsverarbeitung oder, mechanischer, als maschinelle Umformung vorzustellen, die, im strengen Regelmaß von Ursache und Wirkung voranschreitend, auf ihren Gegenstand einwirkt. Wir sehen hier den Laplace'schen Dämon am Werk, der uns aller Freiheit beraubt. Diese Sichtweise beleuchtet jedoch nur eine Seite der Medaille, sozusagen den inneren Aspekt, während Anfangs- und Endpunkt durch die Einheit bestimmt werden, die Einheit des elementaren Einzelobjektes hier und die des ganzen Universums dort, so wie wir es zu Beginn unserer Betrachtungen zur Quantenphysik schon festgestellt haben.

Was wir dort als alles durchdringenden Geist erkannten, erfahren wir hier als Regulativ – als Regulativ, nicht als entmündigenden Zwang, denn das schlechthin Eine kann das elementar Eine nicht entmündigen, ohne sich selbst inneren Zwang anzutun.

Diese Mischung aus Determination und Freiheit kommt wohl nirgends so klar zum Ausdruck wie in den Zerfallsgesetzen radioaktiver Stoffe. Für jede radioaktive Substanz lässt sich eine sogenannte Halbwertszeit angeben, nach der die Hälfte aller radioaktiven Atome zerfallen ist. Vom verbleibenden Rest zerfällt nach gleicher Zeitspanne wieder die Hälfte usw. Wir haben es hier also mit einem physikalischen Naturgesetz zu tun, das strengen mathematischen Regeln gehorcht. Es ist jedoch statistischer Natur, wie alle Quantengesetze. Es beschreibt die Einzelelemente in ihrem *Zusammenwirken*. Für ein *bestimmtes* Atom macht es keine Aussage, wann es zerfallen wird, ob in der nächsten Sekunde oder erst nach tausenden von Jahren. Der Zerfall lässt sich auch nicht künstlich beeinflussen, etwa durch Temperatur- oder Druckveränderung, elektrische oder magnetische Felder, und nach fünftausend Jahren ist die Zerfallswahrscheinlichkeit nicht größer oder kleiner als gerade jetzt. Alles was wir sagen können, ist: Das betreffende Atom wird zerfallen und es wird gesetzmäßig zerfallen. Aussagen darüber hinaus sind *physikalisch* ausgeschlossen. Das folgt aus der Heisenberg'schen Unbestimmtheitsrelation. Ohne über eine Einführung des Zufalls in die Physik, individuelle oder schöpferische Freiheit zu spekulieren, können wir jedenfalls feststellen: Das Atom zerfällt ohne äußere Ursache. Damit ist das Kausalitätsprinzip, das Prinzip, wonach jeder Wirkung eine Ursache zugrunde liegt, auf *Einzelobjekte* nicht anwendbar.

Dieses Ergebnis ist nun nicht etwa auf radioaktive Substanzen begrenzt, sondern allgemeiner Natur, weil die Quantentheorie generell mit solchen statistischen Wahrscheinlichkeitsgesetzen arbeitet.

> „Die Überzeugung, daß hier wirklich eine Lücke der Determinierung besteht, ist von *Heisenberg* einmal in dem Satz ausgesprochen worden: *Die Quantenphysik hat die definitive Widerlegung des Kausalitätsprinzips erbracht.*"[175]

Biologische Systeme unterliegen empfindlichen Gleichgewichtsbedingungen, die komplizierte Regelmechanismen erforderlich machen. Durch solche Systemsteuerungen können kleinste Ursachen große Nachfolgewirkungen auslösen. Im Extremfall genügt ein Lichtquant, das vom menschlichen Auge wahrgenommen wird, um die 10^{28} Atome des menschlichen Kör-

---

[175] Jordan, Pascual: „Die Weltanschauliche Bedeutung der modernen Physik". In: Dürr: „Physik und Transzendenz", S. 221.

pers in Bewegung zu setzen.[176] Der Physiker Pascual Jordan weist darauf hin, dass, aufgrund solch enormer Verstärkungen in biologischen Systemen, die Aussage Heisenbergs zusätzliche Bedeutung und Tragweite erfährt:

> „Angesichts der von der Mikrophysik gelieferten Gewißheit, daß in der tiefsten Schicht materiellen Seins, in der *mikrophysikalischen* Schicht, Spontaneität als Naturtatsache vorliegt, kann (und muß) man sagen: In den lebenden Organismen kommt diese Spontaneität zu einer gesteigerten Entfaltung.
>
> Das ist es, was uns nun auch eine naturwissenschaftliche Stellungnahme ermöglicht zu der alten Behauptung *Lamettries*, der Mensch sei ein Mechanismus, eine Maschine, oder der Mensch sei in allen seinen Reaktionen lückenlos determiniert. Dazu wissen wir heute: *Das ist naturwissenschaftlich gesehen falsch.*" [177]

Hermann Haken, Direktor des Instituts für Theoretische Physik und Synergetik der Universität Stuttgart, gibt hierzu zu bedenken, dass eine Fortpflanzung zufälliger Quantenschwankungen über Neurochemie und –elektrik den Menschen zum Spielball solcher Zufälle machen würde.[178] Auch der Bremer Kognitionsforscher und Neurobiologe Gerhard Roth erkennt für eine größere Bedeutung quantenphysikalischer Mikroereignisse in Bezug auf kognitive, emotionale und verhaltenssteuernde Prozesse wenig Hinweise. Die Quanteneffekte würden sich durch die Kombination sehr vieler ähnlicher Vorgänge ausmitteln.[179] Quantenzustände makroskopischer *Einheiten* und verschränkter Objekte sind von diesen Einwänden jedoch nicht berührt. Wer zehn Jahre in Grindelwald sein Urlaubsdomizil gefunden hat und nun, auf neues Erleben aus, nach Capri reist, der benimmt sich doch nicht anders als ein radioaktiv zerfallendes Cäsiumatom? Wir

---

[176] Sachsse, H.: „Die Erkenntnis des Lebendigen", S. 262.

[177] Jordan, Pascual: „Die Weltanschauliche Bedeutung der modernen Physik". In: Dürr: „Physik und Transzendenz", S. 225.

[178] Haken, Hermann / Günter Schiepek: „Synergetik in der Psychologie", S. 290.

[179] Roth, Gerhard: „Fühlen, Denken Handeln. Wie das Gehirn unser Verhalten steuert", S. 431.

konnten voraussehen, dass es einmal zu einem Wechsel kommen würde, der Zeitpunkt hat uns aber doch überrascht.

*

In biologischen Systemen, die sich ja durch eine Vielzahl von Wechselwirkungen auszeichnen, zeigt sich ein weiterer Angriff auf das Ursache-Wirkungs-Prinzip, hier aber von völlig anderer Seite. Denken wir uns eine kleine Insel mit einer Schafherde und einem Rudel Wölfen. Wenn dort nur ein paar Wölfe leben, kann sich die Schafherde vergrößern. Das Nahrungsangebot für die Wölfe wird dadurch größer, so dass auch diese sich gut vermehren können. Mehr Wölfe fressen aber mehr Schafe. Irgendwann wird ein Krisispunkt erreicht, wo sie mehr Schafe fressen als Lämmer zur Welt kommen. Der Schafbestand sinkt und reicht bald nicht mehr hin, alle Wölfe zu ernähren. So schrumpft auch die Größe des Wolfsrudels. In der Folge kann sich der Schafbestand wieder erholen usw.

Wir können nun erklären: Der Bestand an Schafen wächst, weil nur wenig Wölfe auf der Insel sind, bzw. weil die Zahl der Wölfe zu groß geworden ist, vermindert sich die Größe der Schafherde.

Wir können aber auch andersherum deuten: Das Wolfsrudel kann sich vergrößern, weil genügend Schafe vorhanden sind, bzw. weil der Schafbestand zu gering geworden ist, verhungern die Wölfe.

Die erste Auslegung sieht die Anzahl der Wölfe als Ursache für die Größe der Schafherde, während die zweite den Wolfsbestand ursächlich durch die Menge der Schafe bestimmt sieht. Ursache und Wirkung sind in beiden Deutungen vertauscht.

Die Deutungen geraten in Konflikt, weil das Ursache-Wirkungs-Denken von getrennten Objekten ausgeht, während das Wolf-Schaf-Verhältnis durch eine Wechselwirkung bestimmt ist, wie in der Quantentheorie. In Biologie und Steuerungslehre (Kybernetik) wird von Rückkopplungen gesprochen. Die Einzelobjekte werden hierbei vom übergeordneten Objekt, dem Regelkreis, umschlossen. Dieser legt die Steuerungsgesetze fest, beispielsweise den Norm- oder Sollwert, der angestrebt wird, also die „Gesundheit" des Gesamtsystems. Wir bezeichnen solche Objekte ihrem Wesen, ihrer „Seele" nach: Löwenzahn, Waschbär oder Albert, wenn sie nicht größer sind als wir selbst, sonst etwa als Lebensraum, Biotop oder Natur. Die Menschen des Altertums sahen in den Entwicklungen ihres Umfeldes das Wirken von Naturgöttern und gaben dadurch der Einheit des Lebensraumes im Grunde deutlicher Ausdruck als wir heutigen, die von Regelmechanismen des Großraumes sprechen, was ja im Grunde nur die Gesetze des betreffenden Naturgottes sind, die Regelmechanismen, die ihn im biologischen Gleichgewicht halten.

Biologische Systeme können generell als Regelkreise aufgefasst werden. So bewirkt der leere Wolfsmagen, nach Rückkopplung mit dem Gehirn, ein Hungergefühl, wodurch die Sinnesorgane sich darauf ausrichten, Beute zu erspähen und Witterung aufzunehmen; die motorische Aktivität der Muskeln wird koordiniert, um den Körper bestmöglich zum Opfer zu positionieren. Wenn wir zusätzlich noch das Schaf als solch ein kybernetisches System beschreiben, dann zeigt sich die Wolf-Schaf-Wechselwirkung als ein Regelkreis, der untergeordnete Regelkreise ordnet.

Biologische Systeme stehen immer mit ihrem Umfeld in Beziehung. Darum ist zu jedem Regelkreise ein übergeordneter Regelkreise beschreibbar, der die Beziehungen der ihm untergeordneten Systeme bestimmt. So wie Carl Friedrich von Weizsäcker es für die Quantenobjekte formuliert[180], so gilt für biologische Regelkreise: Kein Regelkreis ist vollständig beschreibbar, da er stets mit anderen Systemen in Wechselwirkung steht. Es lässt sich deshalb stets ein übergeordnetes Steuerungssystem finden, das auf ihn einwirkt. Einzig das ganze Weltall, das alles umfassende Eine, könnte als *geschlossener* Regelkreis aufgefasst werden.

Der individuellen Freiheit des *Elementar*-Einen (wie beim radioaktiven Zerfall) steht hier die Freiheit des alles umfassenden Regelkreises des *All*-Einen gegenüber. In beiden Fällen ist die Unbestimmtheit innerer Natur. Das Elementar-Eine bewirkt die innere Steuerung des All-Einen, das All-Eine die innere Steuerung des Elementar-Einen. In einem verschränkten Zustand der Einheit kann das auch nicht anders sein. Trotzdem, oder gerade

---

[180] s. S. 111: Weizsäcker, Carl Friedrich von: „Die Einheit der Natur", S. 486.

deswegen, sind auch hier Ursache und Wirkung, Täter und Opfer frei wählbar: Statt Unbestimmtheit kann Unfreiheit wahrgenommen werden; sei es, dass das umfassende Eine durch seine Steuerung alle untergeordneten Systeme unterjocht; sei es, dass jedes Elementar-Eine alle übergeordneten Systeme in seinen Dienst nimmt – schließlich treibt der leere Wolfsmagen ja den ganzen Wolf an, ihm Nahrung zu besorgen.

Es ist unser Trennungsdenken, das zwei Einheiten erblickt, die sich gegenseitig unterjochen und ausbeuten, und das beim Versuch, die beiden Einheiten als ein und dasselbe zu sehen, ver-zwei-felt. Es will Freiheit ohne Einheit, wird nicht in die völlige Freiheit entlassen und fühlt sich darum unterjocht, sucht die Welt sich untertan zu machen, sich an ihren Ressourcen nach Gutdünken zu bedienen, gerät in Konflikt und muss erfahren, dass Missachtung anderer berechtigter Interessen die eigene Lebensgrundlage vernichtet.

Die Unbestimmtheit des Einzelnen – egal welcher Größenordnung, sei es Atom, biologisches Objekt oder das All-Eine – kann als innere Steuerung verstanden werden, als Notwendigkeit, die aus dem verschränkten Zustand folgt. Die *Freiheit* des Einen im Einzelnen und die *Notwendigkeit*, den Wolfsmagen zu füllen, sind hierbei zwei sich komplementär ergänzende Blickwinkel.

Sich dieser inneren Steuerung gegenüber verschließen, heißt den inneren Quell der Einsicht verlieren und sich auf der Außenseite der Dinge wiederzufinden, in einer Welt verschlossener Objekte, die ihre inneren Beweggründe nicht preisgeben. So irrt das Bewusstsein in einer Welt der Formen und flüchtigen Schemen umher und versucht, dem geistigen Gesetz ihrer Wandlung auf die Spur zu kommen; ein Unterfangen, das, auf dieser Basis begonnen, zum Scheitern verurteilt ist. Es ist das Spekulieren der Gefesselten in Platons Höhlengleichnis, ein Suchen nach äußeren Ursachen, die es nicht gibt. So werden Götter und Teufel erfunden oder alles dem Zufall zugeschrieben, dem Gott der bodenlosen Dummheit und totalen Willkür.

Sobald wir innere Ursachen für eine Formänderung annehmen, sei es die innere Steuerung infolge verschränkter Zustände oder eine individuelle Freiheit, wird es sinnlos, von Ursache und Wirkung zu sprechen. Die Bewegung ist nicht die *Wirkung* irgendeiner undefinierten inneren Ursache, sondern *Ausdruck* des inneren Zustands. Das Cäsium-Atom zerfällt und der Wolf beginnt nach Beute zu suchen, weil sich der innere Zustand entsprechend verändert hat. – Das ist die äußere Perspektive. – Der innere Zustand wirkt sich aber auch auf die sinnesorganische Wahrnehmung aus, besser: auf deren Interpretation. Liebe, Hass, Krankheit, Trauer, Freude usw. färben die Dinge auf ihre Weise. Liebend haben wir einen gewissen inneren Zugang zum Objekt unserer Liebe. Selbstbezogene Erwartung verschließt ihn. So erscheinen Objekte verschlossen und abgetrennt, sobald die innere Steuerung preisgegeben wird, sobald wir die Seelenachse, die Geistbindung oder die Einheit verlieren. Märchen und Legenden sprechen treffend vom Verkauf der Seele oder des Herzens.

Erinnern wir uns an den Begriff des Feldes und die elektromagnetischen Wellen, die von biologischen Zellen abgestrahlt bzw. empfangen werden, dann entdecken wir auch hier die Bedeutung des inneren Zustands: Albert hört das Hafenkonzert; die Ursache dafür ist der Sender Radio Bremen, aber auch – und nicht zuletzt – die Abstimmung seines Empfängers auf die Sendefrequenz. Stellt er eine andere Frequenz ein, hört er die Verkehrsmeldungen des Deutschlandfunks. Gleiches gilt für die Sende- und Empfangsfrequenzen unseres Denkens und Fühlens. Das gesendete oder empfangene Programm entspricht unserer (Frequenz-)Einstellung, ist Ausdruck unseres Zustands. Gleichzeitig wirkt die eingegangene Verbindung formend auf uns ein. Wir beeinflussen unser Lebensfeld, indem wir elektromagnetische Schwingungen abstrahlen und werden beeinflusst, indem wir entsprechende Frequenzen empfangen; sei es, dass uns ein Gedanke „kommt", der damit verbundene Gefühle weckt, sei es eine Ahnung oder ein Gefühl, das uns „beschleicht" und mentale Assoziationen aufruft.

Sind es denn nicht die eigenen Erfahrungen, Traumata oder Prägungen, die unser Denk-, Gefühls- und Handlungsleben bestimmen? Oder andersherum: Wenn David Thomson mit der elektromagnetischen Strahlung seines Detektors das Verhalten der Menschen beeinflusst, dann sind sie dem doch schutzlos ausgeliefert? Beide Aussagen sind, für sich betrachtet, richtig, greifen aber zu kurz, als sie entweder die Außeneinflüsse oder den inneren Zustand vernachlässigen. Unser persönlicher Erfahrungsweg, sein Informationsgehalt, drückt sich im augenblicklichen Seinszustand aus, in der Lebensausrichtung mit ihren Hoffnungen, Wünschen und Ängsten. Entsprechend dieser (Frequenz-)Einstellung sind wir elektromagnetisch mit unserem Lebensfeld verbunden. Wir strahlen die entsprechenden Verlangen aus und werden von entsprechenden Denk- und Gefühlsfrequenzen getroffen oder befallen. Thomsen kann mit seinem Detektor nur erfolgreich arbeiten, wenn wir Interesse für dessen Strahlung haben und so auf Empfang gerichtet sind.

Unsere Lebenseinstellung knüpft das Band zum Umfeld, aber hierüber nimmt die Außenwelt auch Einfluss auf unsere Einstellung. Unsere Ideen werden bestärkt, Hoffnungen und Wünsche in greifbare Nähe gerückt (nicht etwa erfüllt), Ängste befeuert. In dieser Wechselwirkung verfestigt sich die Wesensart; und während sie versteinert, werden wir als Gefangene vom Kollektiv absorbiert. So stehen wir im Bann des Trennungsfeldes und sind doch dessen Schöpfer.

Wir könnten mit der Zementierung unseres Naturells zufrieden sein, sind doch Innen- und Außenwelt in einem wenn auch unausgefüllten Gleichgewicht. Allein die Polarisierung, mit der unsere Trennungsvorstellung einhergeht, lässt sich's nicht genügen und treibt zur Veränderung. Wer allerdings die Verkehrsmeldungen des Deutschlandfunks hören will, zugleich jedoch vom Hafenkonzert nicht lassen kann, der hat ein Problem. Wer nach Werten strebt, die in der universellen Einheit gründen, sein Denk-, Gefühls- und Handlungsleben aber auf Trennungsvorstellungen abstimmt, verlangt das Unmögliche, und wir dürfen dankbar sein, wenn die Mühlsteine der Polarität den Irrtum prozessmäßig zermahlen. Hierin, im Zusammenbruch unserer Hypothesen, wirkt die Einheit allen Seins. Weil wir nach ihren Werten verlangen, tritt auch sie an uns heran, doch respektiert sie unseren Wunsch nach Autonomie, drängt sich nicht auf, indem sie Einfluss auf unser Denk- und Gefühlsleben nimmt, sondern beschränkt sich auf den nüchternen Hinweis: „Schau: Hier ist es nicht."

Das Ziel des Regelkreises, mit dem wir von Anfang an verbunden sind, nach dem unser tiefstes Sehnen ausgeht, ist der steuernde Faktor. Durch die Wahl unserer Lebensausrichtung bestimmen wir die Auswahlkriterien, setzen wir die Randbedingungen, welche die naturgesetzlich möglichen Rückkopplungsprozesse auf die faktisch ablaufenden eingrenzen. Der Prozess selbst gehorcht der Notwendigkeit, wie sie aus den verschränkten Zuständen aller beteiligten Elemente und dem Ziel des Regelkreises folgt. An uns ist es wieder, daraus die richtigen Schlüsse zu ziehen, die eigene Einstellung, wo nötig, zu korrigieren.

Eine chaotische Welt

Begriffe wie Steuerung und Regelkreis verbinden wir gern mit einem mechanistischen Law-and-Order-Denken. Wir sehen Anfangs- und Endpunkt und als Entwicklung die gerade Linie zwischen ihnen, wobei der Steuerung die Aufgabe zukommt, jede Abweichung nach links oder rechts augenblicklich zu korrigieren. Mit der Industrialisierung hat die maschinelle Regelungstechnik Einzug in unser Denken gehalten und man glaubte, durch entsprechende Kontroll- und Regelungsmechanismen selbst gesellschaftliche Prozesse steuern zu können. Die Bolschewisten etwa hofften auf diese Weise eine soziale, klassenlose Gesellschaft erzeugen zu können, in der der Einzelne sein Wohlergehen dem der Gesellschaft unterordnen würde.

Diese Denkweise setzt zwei getrennte Elemente voraus: Hier den zu formenden Gegenstand, dort den einwirkenden Mechanismus. In lebendigen Systemen ist das, was werden soll, aber bereits im Keim angelegt. Die Steuerung erfolgt also von innen! Wir haben es folglich mit einem *selbststeuernden* System zu tun, das seine innere Ordnung selbst organisiert. Deshalb streben alle Wesen danach, gemäß dem ihnen innewohnenden Gesetz zu leben. Wo das Bewusstsein des Werdenden aber noch vom Ziel verschieden ist, da gewinnt es den Eindruck, äußerer Einflussnahme ausgeliefert zu sein. Dem sucht es sich, wo irgend möglich, zu entziehen. So nutzen Tiere jede Gelegenheit, ihrer Gefangenschaft zu entfliehen, und Kulturpflanzen, sich selbst überlassen, „verwildern". Dies ist weniger ein Widerstand gegen die beschneidende Einwirkung, als vielmehr ein Streben nach maximaler Entfaltungsmöglichkeit. Das Bewusstsein untersucht, ob die gegebenen Umstände dem inneren Streben förderlich sind. Das hieraus resultierende Verhalten wirkt auf das Umfeld ein und schafft dadurch veränderte Rahmenbedingungen für alle anderen, die nun, ihrerseits reagierend, auf das Bewusstsein zurückwirken. So findet ein beständiger Abgleich von innerem Antrieb, eigenem Verhalten und der Veränderung des Umfeldes statt, der das Bewusstsein anregt, mit dem ihm innewohnenden antreibenden Ziel in Übereinstimmung zu kommen.

Unser trennungsgewohntes Denken ist stets geneigt, zwischen der Einwirkung des Umfeldes und dem inneren Antrieb zu unterscheiden. Es bewegt sich dabei auf der Oberfläche der Erscheinungswelt. Diese gestattet ja tatsächlich eine solche Interpretation. Es ist aber eben eine Interpretation und damit ein Produkt der eigenen Vorstellungswelt, die sich aus innerem Antrieb und Bewusstseinszustand bildet.

Weil das Ziel – als Samen – im werdenden Objekt wirksam ist, kann sich in dem ihn, den Samen, umschließenden Regelkreis nichts zeigen, das ihm entgegenwirkte. Natürlich weicht das zielorientierte Geschehen des Umfeldes von den unreifen Vorstellungen des Werdenden ab. Dies eben ist Anker- und Ansatzpunkt für das Trennungsdenken. Die daraus resultierende Unzufriedenheit ist aber auch die vorantreibende, aufjagende, niemals Ruhe gewährende Wirksamkeit, die nach Erfüllung strebt.

Die uns so gewohnte Zweiteilung in Individuum und Umfeld, Innen- und Außenwelt begünstigt die Vorstellung einer starken, Richtung gebenden, von außen auf den Einzelnen einwirkenden Kraft. Dieser Rückkopplungseffekt des Regelkreises kann dabei, mystisch, als rächende oder helfende Gottheit aufgefasst werden. Das entbehrt nicht einer gewissen Wahrheit und kann sehr bewusstseinsbildend wirken. Wenn wir jedoch das innere Gesetz aus den Augen verlieren und uns einer einwirkenden äußeren Vielheit gegenüberstellen, die so nicht existiert, dann erschweren wir uns den Zugang zur Einheit um ein Vielfaches. Wenn das Verhältnis von Albert und Josephine vielleicht auch nicht einfach ist, so zeigt sich doch darin eine gewisse Ordnung. Wenn aber Lina als gleichberechtigter einflussnehmender Faktor hinzukommt, dann ist es ungleich schwieriger, Entwicklungen vorauszusagen. Entsprechend kompliziert wird es, wenn wir, über die

Wechselwirkung zwischen werdendem Wesen und Regelkreis hinaus, im Außen weitere *unabhängige,* einflussnehmende Komponenten annehmen. In unserem gewöhnlichen Weltverständnis gehen wir von einer Unzahl solcher unabhängiger, einflussnehmender Elemente aus, als da wären Dr. Klüger, Marga Mumpitz, das Bundesgesetzblatt, Sonnenflecken, Mond und Wetterfrösche, um nur einige zu nennen.

Das kirchlich geprägte Weltbild, das die Aufgabe des von Gott abgefallenen Menschen darin sah, durch Erfüllung kirchlicher Moralgesetze Anteil an der göttlichen Gnade zu erhalten, verlor mit der Renaissance seine Kraft. Das sich von den vorgegebenen theologischen Strukturen befreiende Denken entdeckte die Dinge der Außenwelt neu, und Naturforscher wie Kopernikus, Kepler und Galilei suchten den verlorenen Geist in einer hinter der Fülle der Erscheinungen verborgenen Ordnung zu entdecken.

Das sich entwickelnde mechanistische Denken formulierte neue Gesetze wie das gnadenlose Gesetz von Ursache und Wirkung, wonach gleiche Ursachen gleiche Wirkungen hervorrufen. Auf dieser Basis konnte der Wahrheitsgehalt einer Aussage stets durch das Experiment überprüft werden. Immer fiel die Kugel an gleicher Stelle, von gleicher Höhe in gleicher Weise zu Boden, benötigte die gleiche Zeit für den Fall und schlug mit der gleichen Geschwindigkeit auf. Durch diese Vorgehensweise wurde auch jedesmal das zugrunde liegende Kausalitätsgesetz bestätigt. Stimmte ein Versuchsergebnis mit dem vormaligen nicht überein, so musste eben genauer gemessen werden. Die Geräte wurden verfeinert und lieferten Ergebnisse mit entsprechend geringerer Abweichung.

Wenn wir unsere Stahlkugel von der Balkonbrüstung plumpsen lassen und die Fallzeit messen, dann kümmern wir uns nicht um Sonnenstand, Bello und die vorüberfliegende Boeing. Wir *behaupten*, all diese Dinge hätten keinen nennenswerten Einfluss. In gleicher Weise verfährt auch die klassische Physik, wenn sie Planetenbahnen, Automotoren oder Tragflügel berechnet. Der englische Physiker James Clerk Maxwell wies in einem Essay 1873 auf diese vereinfachende Annahme hin und stellte damit die Gültigkeit des strengen Kausalitätsprinzips in Frage:

„Es ist eine metaphysische Doktrin, daß gleiche Ursachen gleiche Wirkungen nach sich zögen. Niemand kann sie bestreiten. Ihr Nutzen aber ist gering in einer Welt wie dieser, in der gleiche Ursachen niemals wieder eintreten und nichts zum zweiten Mal geschieht.

Das daran anlehnende physikalische Axiom lautet: Ähnliche Ursachen haben ähnliche Wirkungen. Dabei sind wir aber von Gleichheit übergegangen zu Ähnlichkeit, von absoluter Genauigkeit zu mehr oder weniger grober Annäherung." [181]

Der französische Mathematiker Henri Poincaré bemerkte 1908, dass in Systemen mit mindestens drei beweglich aufeinander einwirkenden Elementen kleinste Unterschiede in den Anfangsbedingungen zu völlig unvorhersehbaren Entwicklungen führen konnten.[182] Die Elemente solcher Systeme sind rückkoppelnd, d. h., sie beeinflussen Umweltfaktoren, die auf sie selbst zurückwirken. Die Randbedingungen verändern sich dadurch ständig, weshalb eine lineare Entwicklung nicht mehr ohne weiteres gegeben ist. Poincaré war auf dieses Phänomen gestoßen, als er die Stabilität der Planetenbahnen untersuchte und dabei die winzigen gegenseitigen Störungen der Himmelskörper mit berücksichtigte. Solche Störungen könnten sich – so seine Vermutung – von Zeit zu Zeit resonanzartig aufschaukeln und die Ellipsenbahnen der Planeten drastisch verändern, was heutige Computermodelle bestätigen.[183]

Auch der Einfluss externer Gravitationsfelder auf die Bahnen der Billardkugeln und Sauerstoffmoleküle ist, wie oben gezeigt, stärker als vermutet und führt rasch zu Unberechenbarkeiten. Modern – aber leider missverständlich – wird hier von „Chaos" gesprochen. Ein System wird als „chaotisch" bezeichnet, wenn es nach einer gewissen Zeit keine sinnvollen Aussagen mehr zulässt. Das bedeutet aber nicht Unordnung und Regellosigkeit.

---

[181] Maxwell, James Clerk: Essay von 11.02.1873, zitiert nach: Deker, Uli und Harry Thomas: a.a.O., S. 65.

[182] Brügge, Peter: „Mythos aus dem Computer", Der Spiegel Nr. 39/1993, S. 162/163.

[183] Breuer, Reinhard und Günter Haaf: „Ein ordentliches Chaos", Geo Wissen Nov. 1993, S. 54ff.

Abb. 11: Eine Frage der Weichenstellung

Die Systeme gehorchen mathematischen Gesetzen, weshalb paradox von einem „deterministischen Chaos" gesprochen wird. Wir
könnten es mit einem großen Bahnhof vergleichen, dessen
Weichenstellung uns unbekannt ist. Der abgefahrene Schnellzug
wird in zwei Minuten 1.300 Meter vom Ausgangspunkt entfernt
sein und sich mit einer Geschwindigkeit von 80 km/h bewegen.
Das können wir berechnen, aber auf welchem Gleis er sich dann
befinden wird, das vermögen wir mit zunehmender Entfernung
immer weniger zu sagen.

Chaotische Systeme zeichnen sich durch eine starke Abhängigkeit von Anfangsbedingungen aus (der Weichenstellung), wodurch die Unvorhersagbarkeit sich im Laufe der Zeit einstellt. Die
Lottokugeln gehorchen anfangs noch dem maxwellschen Kausalitätsprinzip, ähnliche Ursachen haben ähnliche Wirkungen, folgen
bald darauf aber völlig unvorhersehbaren Bahnen. Das Prinzip
von Ursache und Wirkung gleitet dabei über zum sogenannten
schwachen Kausalitätsprinzip, welches nur besagt, dass jeder
Wirkung eine bestimmte Ursache zugrunde liegt.

Vereinfachungen, vernachlässigte Einflüsse, auch quantenphysikalische Unschärfen führen in Berechnungen unvermeidlich

zu Abweichungen von der Realität, die sich durch Rückkopplung verstärken und zu noch größeren Abweichungen führen. Je länger die Entwicklung verfolgt wird, umso gravierender macht sich der mitlaufende Fehler geltend. Der Meteorologe Edward Lorenz am Massachusetts Institute of Technology stieß 1963 auf dieses Phänomen, als er versuchte, meteorologische Messwerte, wie Luftdruck, Windgeschwindigkeit und Temperatur, mit Hilfe eines computergestützten Klimamodells zu einer aussagekräftigen Wetterprognose zu verarbeiten. Dabei zeigte sich, dass bereits kleinste, unumgängliche Rundungsfehler in den Zwischenschritten zu völlig anderen Ergebnissen führten. Scheinbar unbedeutendste Ereignisse, wie die vom Flügelschlag eines Schmetterlings in Brasilien erzeugten Luftwirbel, nähmen dann Einfluss auf die weitere Entwicklung und könnten zu einem Wirbelsturm in Texas führen, so resümierte er.

Die Problematik für eine langfristige Vorhersage über das Verhalten sogenannter nichtlinearer Systeme ist zweifach: Erstens sind wir zu Vereinfachungen gezwungen, weil wir unmöglich alle wirkenden Einflüsse zu berücksichtigen vermögen. Zweitens beinhaltet die computergesteuerte Berechnung systeminterne Ungenauigkeiten: Kontinuierlich ablaufende Ereignisse müssen in sogenannte Zeitschritte digitalisiert werden. Dabei werden die zu verarbeitenden Zahlen, Eingangswerte und Zwischenergebnisse notwendigerweise gerundet. Außerdem ist es eine Frage, wie genau das mathematische Modell die Wirklichkeit überhaupt erfasst. In späteren Jahren warnte Edward Lorenz darum vor computererzeugten Geisterbildern, die infolge der Eigenheiten der Numerik eine nicht existierende Wirklichkeit vorgaukeln.[184]

Was wir „Chaos" nennen, spiegelt im Grunde unsere eigene Unwissenheit wider. Chaos ist von uns nicht wahrgenommene Ordnung. Auch noch so leistungsfähige Rechenmaschinen können uns da nicht heraushelfen. Die Zeitschritte lassen sich zwar immer weiter verfeinern und es können immer mehr Nachkommastellen berücksichtigt werden, aber die in unserem Unwissen und falschen Annahmen wurzelnden Fehler lassen sich nicht

---

[184] Brügge, Peter: „Mythos aus dem Computer", Der Spiegel Nr. 39/1993, S. 164.

wegrechnen. Die Ergebnisse können niemals genauer werden als die Eingangswerte.

Wir stehen hier also vor einer Grenze des Wissens. Mit verbesserten Methoden und Maschinen lässt sie sich vielleicht noch ein wenig verschieben; überschreiten lässt sie sich damit nicht. Wie bei der Unbestimmtheit der Quantenobjekte finden wir hier, im Gewirr des Chaos, makroskopisch die gleichen Phänomene. Das konkrete Objekt und seine Veränderung in der Zeit lassen sich, hier wie dort, nicht gleichzeitig beliebig genau erfassen. Entweder erkennen wir die zutage tretenden *aktuellen* Zustände des Objekts oder das wirkende Gesetz, wie das Zerfallsgesetz radioaktiver Stoffe, Vererbungsgesetze, Stoffwechselgesetze oder ökologische Wechselbeziehungen. Wo aber jede aus den Kohlehydraten des Weizenkorns abgespaltene Glukoseeinheit im Körper ihre Verwendung finden wird, werden wir niemals genau zu sagen vermögen, auch nicht, was aus Fritzchen einmal werden wird.

Die Steuerungsgesetze sind statistischer Natur, wie die Wahrscheinlichkeitsaussagen der Quantenphysik. Sie sind Ausdruck der Ordnung des Gesamtsystems bzw., auf das Teilobjekt bezogen, Ausdruck seiner „Wellennatur".

Denken wir uns den Raum, in dem ein Schmetterling gefunden werden kann, als ein vom Wind aufgeblähtes Netz. Dieses beschreibt dann die Bewegung des Schmetterlings im Raum, wie die Planetenbahnen die der Himmelskörper. Es gibt ihm keinen konkreten Ort vor, aber, indem es sich aufbläht oder zusammenfällt, wirkt es lenkend auf ihn ein, denn er wird sich bevorzugt dort aufhalten wollen, wo er den größten Bewegungsfreiraum hat. Wo er sich aber tatsächlich zu einem bestimmten Zeitpunkt befindet, das können wir erst sagen, wenn wir ihn im Netz gefunden haben.

Mit diesem Beispiel beschreibt Danil Danin[185] die Beziehung zwischen Körper- und Wellennatur der Materie; und wir sehen, dass es ebenso auf Steuerungsprozesse anwendbar ist, wenn das wirkende Gesetz nicht vom Gegenstand getrennt wird. Das Objekt *ist* dann nicht der beobachtete körperliche Zustand; es *ist*

---

[185] Danin, Danil: „Blick ins Unsichtbare – Atomphysik – Relativitätstheorie – Quantenmechanik", S. 361 – 364.

auch nicht das steuernde Gesetz. Einzig die *Beobachtung* lässt sich als Körper oder Gesetz *beschreiben. Der Beobachter ist das mit dem Objekt verbundene Bewusstsein des selbststeuernden Systems.*

Die Qualität der Beobachtung hängt vom Bewusstseinszustand ab. Insofern bestimmt dieser, wie die Welt für uns aussieht. Wo wir vom Ziel des Regelkreises abweichen, da tasten wir im Dunkeln in einer unerkannten Ordnung, was sich mathematisch in einem „deterministischen Chaos" äußert, gefühlt – je nach Weltanschauung – als „Zufall" oder „Schicksal".

Wenn chaotische Zustände in unserem Leben auftreten, nehmen die Ereignisse einen anderen Verlauf als gedacht. Die gewohnten Handlungsmuster lassen sich nicht mehr anwenden. Die alte Ordnungsstruktur bricht zusammen. Vormals unterdrückte Ideen schieben die bis dato dominierenden beiseite, um ihrerseits durch Neukonstruktionen und archaische Urtriebe verdrängt zu werden. Alles ist gleichwertig. Jedes will die Macht über das Gesamtsystem. Blitzschnell kann sich alles wandeln.

Das ist die Situation, in der die kleinste Randbedingung entscheidenden Einfluss auf das weitere Geschehen nehmen kann und jede Prognose hinfällig macht. Und doch wirkt der Regelkreis; ja, gerade hier wirkt er. Das Bewusstsein wird durch die veränderten äußeren Umstände von einem Teil seiner Begrenzungen befreit und erhält die Möglichkeit zur Neuorientierung. Es wird dazu gezwungen! Der Bewusstseinszustand bestimmt die Reaktionsweise und stellt damit die Weichen für die weitere Entwicklung der Lebensumstände. Je nachdem, wie weit dem Ziel des Regelkreises dabei bereits entsprochen wird, kann auf der gelegten Basis in Freiheit weitergebaut werden. Differenzen zum Ziel des Regelkreises weisen auf ein noch ungenügendes Verantwortungsbewusstsein hin und machen deshalb eine Freiheitsbeschneidung notwendig, sei es in Form erzwungener Zusammenarbeit oder einer Isolation, welche die „Freuden" des Abgetrenntseins zu schmecken gibt.

Die neue Ordnung *wird* durchgesetzt. Das selbststeuernde System des Regelkreises trägt damit der Einheit und dem Entwicklungsziel beständig Rechnung. Wer nicht mitwirken kann oder will, nun, der wird *durch seine Vorstellungen,* die sich mit der veränderten Ordnung nicht vertragen, dadurch der Freiheit beraubt, dass Ängste und Komplexe Teilbereiche der Handlungssteuerung übernehmen. Nicht göttliche Strafen, selbsterzeugte, bewusstseinsfördernde Konsequenzen treffen ihn. Als innerlicher Impuls erläutert das innewohnende Ziel des Regelkreises dem dafür empfänglichen Bewusstsein:

> „Und wer mich sieht, der sieht den, der mich gesandt hat. Ich bin gekommen in die Welt ein Licht, auf daß, wer an mich glaubt, nicht in der Finsternis bleibe. Und wer meine Worte hört, und glaubt nicht, den werde ich nicht richten; denn ich bin nicht gekommen, daß ich die Welt richte, sondern daß ich die Welt selig mache. Wer mich verachtet und nimmt meine Worte nicht auf, der hat schon seinen Richter; das Wort, welches ich geredet habe, das wird ihn richten am Jüngsten Tage." (Joh. 12,45–48):

Lösen wir uns vor den Ängsten, die durch Mystifikationen mit dem letzten Satz verschiedentlich geschürt wurden, dann lesen wir: Wer den Christusimpuls nicht in der rechten Weise verarbeiten kann oder will, der handle nach seinem Verständnis. Der Rückkopplungsprozess wird ihm beweisen, fehlgegangen zu sein, um den Irrenden so, wo es möglich ist, erneut auf das Ziel zu *richten*.

Jede neu entstandene Ordnung muss darum nach geraumer Zeit einer höheren Ordnungsstruktur weichen. „Höher" meint hier die Entwicklung des Gesamtobjekts. Das bezugspunktgebundene Individualbewusstsein bleibt in seinen Entscheidungen natürlich frei. In immer wieder veränderter Form und stets drängender wird es aber vor die Konsequenzen seines Handelns gestellt. Die stabilen Ruhephasen ermöglichen ihm, die Ordnungsprinzipien zu entdecken, die seine Lebensumstände bestimmen und wie es selbst Einfluss darauf nimmt. In der chaotischen Phase der Neuordnung nimmt die gewonnene Einsicht Einfluss auf seine Reaktionsweise und bestimmt dadurch seinen Platz im neu strukturierten Gesamtsystem.

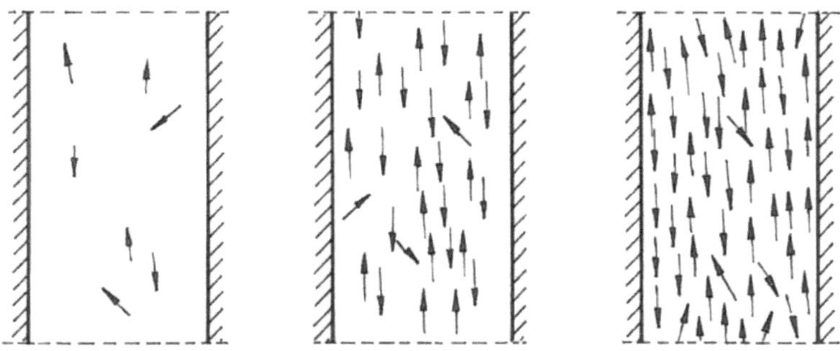

Abb. 12: Anschwellender Fußgängerstrom in der Ladenpassage

1969 stellte Hermann Haken die Synergetik (von griech. synergetikos = mitarbeitend) als „Lehre vom Zusammenwirken" der Öffentlichkeit vor. Mit ihr beschreibt er allgemeine Gesetzmäßigkeiten, nach denen selbststeuernde Systeme sich organisieren. Es ist ja nicht notwendig, alles bis in Zellstruktur und Atombau hinein zu erfassen, um etwa die Bewegung einer Spitzmaus zu beschreiben. Es genügt, die Gesetzmäßigkeiten zu kennen, durch welche die untergeordneten Systeme gesteuert werden. Diese Ordnungsstrukturen sind nicht ein für allemal gegeben, sondern von inneren und äußeren Rahmenbedingungen abhängig.

Samstagmorgen um zehn bewegen sich die Schnäppchenjäger in der Fußgängerzone noch nahezu unbehindert. Langsam schwillt der Fußgängerstrom an und bald entsteht ein Drängen und Schieben. Während die Personen sich anfangs völlig ungeordnet ihren eigenen Zielen gemäß bewegen, wird es, wollen sie rasch vorankommen, mit zunehmendem Gedränge notwendig, die Bewegungsrichtung ihrer Nachbarn zu berücksichtigen. So folgen einige spontan der Spur ihres Vordermannes. Andere schließen sich an, und bald entstehen mehr oder weniger lange Prozessionen, die sich aneinander vorbeischieben (s. Abb. 12).

Die von einigen herausgebildeten Ordnungsstrukturen zwingen auch die restlichen Individuen, sich unterzuordnen. Es entsteht ein Anpassungsdruck, so wie der brausende Applaus des Theaterpublikums in ein geordnetes, rhythmisches Klatschen mündet, dem nur schwer zu entkommen ist.[186] Die Ordnungsstrukturen existieren nicht von vornherein; sie bilden sich aus dem Verhalten der Individuen. Einmal entstanden, wirken sie aber auf diese zurück und zwingen sie, sich zu fügen. Die Untersysteme werden durch die selbstorganisierte Ordnung „versklavt", wie es in der Fachsprache der Synergetik heißt.

Um das Verhalten eines komplexen Systems zu beschreiben, genügt es, die Ordnungsstrukturen zu kennen. Damit ist dann die Bewegung der Organismen oder das kollektive Massenverhalten berechenbar. Ändern sich aber die Rahmenbedingungen, verknappen sich beispielsweise die verfügbaren Ressourcen, wird die bestehende Ordnung instabil. Es treten chaotische Phasenübergänge des Nichtgleichgewichts auf, in denen mehrere gleichberechtigte Ordnungsstrukturen nebeneinander existieren, bis sich eine von ihnen durchsetzt. Am Siedepunkt des Wassers beispielsweise sind uns die nebeneinander existieren flüssigen und gasförmigen Aggregatzustände gut bekannt. Sehr kleine Veränderungen in den Rahmenbedingungen können dabei zu schlagartig anderem Systemverhalten führen. Überschreitet etwa die Gewässerverschmutzung einen kritischen Wert, „kippt" das System und die gesamte Fischpopulation stirbt.[187]

Wenn Josephine Albert sieht, dann bilden die über die Sinnesorgane eingehenden Informationen Aktivitätsmuster in ihrem Gehirn. Die im Gedächtnis abgelegten Erkennungsmuster suchen daraufhin nach Übereinstimmungen. Sowie die Ordnungsstruktur „Albert" sich durchsetzt, prägt sie dem System das vollständige Wahrnehmungsmuster auf. Albert wird „erkannt" und das Gehirn wendet sich neuen Aufgaben zu.[188] Als ich mich nach meinen Studienjahren entschlossen hatte, meinen Vollbart abzurasieren, war ich überrascht, wie vielen meiner Mitmenschen, selbst engen Verwandten, ich dies erst erzählen musste, ehe sie es bemerkten. Sie hatten es nicht „gesehen", weil das alte Erkennungsmuster sich durchgesetzt hatte.

---

[186] Vgl. Haken, Hermann: „Synergetik". In: „Lexikon der Biologie", S. 322.
[187] Haken, Hermann: in: GEO-Wissen, Nov. 1993, S. 175.
[188] Haken, Hermann: „Synergetik". In: „Lexikon der Biologie", S. 322.

Wer der Veränderung seiner Denk- und Gefühlsstrukturen Aufmerksamkeit schenkt, wird analoge Mechanismen finden. Welche Mühe bereitet es, hier elementare Änderungen vorzunehmen, sei es bei Verlust des Partners, Geburt des ersten Kindes oder eingreifender ärztlicher Diagnose. Wenn aber die ersten Schritte getan sind, wird es langsam einfacher. Bekannte Situationen aktivieren dann die abgelegten neuen Erkennungsmuster, die umso prägender wirken, je intensiver sie mit korrespondierenden Assoziationen verknüpft sind.

Muster, die nicht absichtlich hinterfragt werden, denen keine Aufmerksamkeit mehr geschenkt wird, verhärten sich im Laufe der Zeit. So können beispielsweise unbemerkt Voreingenommenheiten und Vorurteile entstehen, die sich durch Unterdrückung aller entgegenwirkenden Verknüpfungen immer weiter in das Denk- und Gefühlsleben hineinfressen und schließlich das gesamte Individuum zu versklaven vermögen. Für die betreffende Person wird es dann zunehmend schwieriger, sich ohne äußeren Anstoß aus der selbstgeschaffenen seelischen Zwangslage zu befreien.

Nun beschränkt sich die Bildung von Denkstrukturen keineswegs auf die persönliche Ebene. Jedes Volk hat seine Eigenarten. Denken wir hier nur an die uns so ungewohnte Mentalität der Ostasiaten. Denken wir auch an Modewellen, die Wirkung gebetsmühlenartig wiederholter Glaubenssätze in Reklame, Hass- und Propagandakampagnen. Wie bei der Ordnungsbildung in der Fußgängerzone, bilden sich zunächst kleinere Gruppen, deren Mitglieder sich ihre gewählte Richtung gegenseitig bestätigen, wodurch ein Sog entstehen kann, der immer mehr Menschen in die entstehende Ordnungsstruktur zwingt. Mit zunehmender Größe genügt ein immer geringerer Grad an Übereinstimmung, um die Ordnung zu unterstützen und von ihr aufgesogen zu werden.

Wie die Gefangenen in Platons Höhle von ihren Vorstellungen über die Schattenbilder gefesselt sind, so ist unsere Mentalität von der Trennungsidee versklavt. Vom Herzen her vermag uns die Einheit wohl noch gelegentlich zu berühren, was eine ahnungsvolle Sehnsucht oder ein archetypisches Bild zum Leben erweckt und auf Aspekte der Einheit hinweist. Dem selbstbezogenen Verstandesdenken sind diese Quellen jedoch verschlossen, denn das Autonomiestreben verbarrikadiert den Zugang und will das kollektive Unbewusste nicht wahrhaben. Jede aufsteigende Ahnung bedeutet einen Angriff auf die Ordnungsstruktur der Trennungsidee, weshalb die mit ihr verbundene, selbstbezogene Denkweise sich stets um systemverträgliche Deutungen bemüht.

Wegen der fortwährenden Änderung der äußeren Umstände und des Aufsteigens immer wieder neuer Aspekte der Einheit geraten die Ordnungen der Trennungsidee, im Großen wie im Kleinen, immer wieder an ihre Grenzen. Es entstehen chaotische Phasenübergänge, in denen sich neue Ordnungen ausbilden.

Als die Weltwirtschaftskrise 1929 die noch junge Ordnungsstruktur der Weimarer Republik erschütterte und in Frage stellte, suchte die Einheit im Inneren der Menschen bewusst zu werden. Der Archetyp des Messias bzw. des Erlösers wurde im Bewusstsein lebendig und wollte die Menschen aus ihrer kleinmenschlichen Existenzform herauszuführen zum wahren Sein des Geistmenschen. Das noch recht vitale wilhelminische Obrigkeitsdenken fing die Impulse auf und hielt Ausschau nach einem geeigneten Führer. Bezeichnenderweise war es Reichspräsident von Hindenburg, Symbolträger des Kaiserreichs, der Hitler zum Reichskanzler ernannte. Letzterer war angetreten, das „Tausendjährige Reich" zu begründen und durch Rassenzüchtung einen neuen Menschentyp zu schaffen, der als Herrenmensch Macht über die Welt erlangen sollte, basierend auf dem „Recht des Stärkeren", wie er – unrichtig – aus Charles Darwins Theorie „Über die Entstehung der Arten durch natürliche Zuchtwahl" ableitete.[189]

In existentieller Not kann sich das gefährdete Ordnungssystem mit anderen zu einer komplexeren Ordnung zusammenschließen. Es wird dann von dieser „versklavt", und ist gezwungen, Kompetenzen an diese abzutreten. Es ist nicht mehr völlig Herr im eigenen Haus und muss sich zugunsten anderer beschränken. Wir kennen diese Ordnungsstruktur in der biologi-

---

[189] Bundeszentrale für politische Bildung (Hrsg.): „Der Nationalsozialismus", Informationen zur politischen Bildung 123 / 126 / 127, Neudruck 1977, S. 7 + 33.

schen Rangordnung (Zelle, Organ, Waschbär) und erleben sie in der gesellschaftlichen Hierarchie: Familie, Gemeinde, Staat und internationale Zusammenschlüsse. Unvermeidlich geht jede weitere Verflechtung mit einer Verringerung der Freiheit aller Einzelteile einher. Wir erleben es gerade im Ringen um die Einigung Europas und im globalen Krisenmanagement.

So zeigt sich Heraklits gegenstrebige Vereinigung auch hier. Die Trennungsidee, als oberste Ordnung der Erscheinungswelt eingesetzt, um eine autonome Existenz zu erschaffen, versklavt ihren Schöpfer, den Menschen, durch immer komplexere Ordnungsstrukturen. Sie bemächtigt sich seiner, um selbst zu überleben. Dies nun ist die entwickelte autonome Existenz: die Trennungsidee; und der Mensch, der wähnte, selbst autonom zu werden, wird lebendigen Leibes prozessmäßig absorbiert, bis er, bar aller Freiheit, zum willenlosen Objekt des Trennungsgeistes entworden ist. Es ist dann nicht mehr sinnvoll, von einzelnen Menschen zu sprechen. Alle sind zu „Eins" verschmolzen, zur Einheit gesichtsloser Nobodys. Das Gravitationszentrum der Trennungswelt ist erreicht und alle Trennungserscheinung im Herdentrieb untergegangen.

Wenn sich komplexere Ordnungsstrukturen herausbilden, erfahren wir als Individuen eine zunehmende Ohnmacht. Aufgrund dieser Erfahrung verbinden wir Einheit mit Unfreiheit. Wir übersehen dabei, dass diese „Einheit" des Trennungsgeistes gerade die Verwirklichung der Spaltung und Zersetzung ist. Die Vorstellung, Einheit bedeute Unfreiheit, stellt sicher, dass der betreffende Mensch die Einheit nicht freiwillig suchen, vielmehr an der Selbstbezogenheit festhalten wird. Offenbar handelt es sich bei diesem Denkmuster um ein Strukturelement und ist Programm. Widerstand gegen die Einheit und Durchsetzung der „Einheit der Trennung" bilden daher ein Ganzes.

Die Ordnungsstruktur der Trennungswelt gerät immer wieder in eine Krise, weil die Verbindung zum Geist der Einheit unterbrochen ist. Die Formoffenbarung erfordert Energie, die der eigenen Substanz entnommen werden muss, wie wir oben bereits feststellten. So zwingen die begrenzten Ressourcen dazu, immer effizientere Formen und höhere Ordnungsstrukturen auszubilden. Was wir als Gesamtregelkreis bezeichnet haben, ist daher –

in der Innenansicht – ein permanenter chaotischer Nichtgleichgewichtszustand des Systems, in dem zwei primäre Ordnungsprinzipien konkurrieren, die Einheit und die Trennungsidee. Die Trennungsidee tritt dabei als Antithese zur Einheit auf, während diese den Abspaltungsversuch allein dadurch stört, dass sie ihn nicht unterstützt. In der Außenansicht ist die Einheit das oberste Ordnungsprinzip. Sie duldet die Idee der Trennung, grenzt jedoch ihren Wirkungsbereich ein und ordnet die elementaren Grundstrukturen, also die physikalischen Grundlagen so, dass über einen Erkenntnisprozess eine Reintegration in die Ordnung der Einheit jederzeit möglich ist. Beide Ordnungen sind – als Kraftlinienstrukturen – im universellen Regelkreis unserer Formenwelt von uns feststellbar:

Nicht von ungefähr wird die Wirkung der Trennungsordnung auf ihre Teilelemente in der Synergetik als „Versklavungsprinzip" bezeichnet. Es ist ein repressives System, das durch Polarisierung die Entstehung anderer möglicher Ordnungen unterdrückt und das unmittelbar alles erstarren ließe, wenn nicht Energieverlust und immer wieder auflebende, ausgegrenzte Aspekte zu ständiger Veränderung zwängen.

Abgesehen von der Formenbildung kennt die Ordnung der Erscheinungswelt keine Entwicklung, denn der Trennungsidee selbst wohnt kein Leben inne; sie ist reine Fiktion und muss darum, will sie ihre Existenz sichern, auf Befestigung des Erreichten hinwirken. Es ist für sie ein Kampf ums Überleben, der sich notwendig auch in all ihren Unterstrukturen offenbart. Ordnung heißt hier: Machterhalt durch Sicherstellung des Gehorsams. Bewusstsein, das über Funktionalität hinausgeht, wird als Bedrohung empfunden, könnte es doch die vorhandene Machtstruktur angreifen und das System ins Chaos stürzen.

Die Einheit dagegen ist unangreifbar. Ihr Ordnungsprinzip ist: Werden durch Bewusstseinsbildung. Bewusstseinsbildung durch Selbsterkenntnis, die sich als Teil eines Ganzen erfährt, das durch den Geist geeint ist. Selbst-Bewusstsein und Verantwortungsbewusstsein ist hier Eins, ist All-Liebe, und ermöglicht eine Entwicklung in Freiheit. Nicht Unterjochung, sondern Erhebung zu höherer Ordnung, zu bewusster Mitwirkung ist hier Gesetz.

Auch hier ist die regelnde Ordnung auf ihre Teile abgestimmt, doch dient sie deren Entwicklung. Indem diese ihr Bewusstsein zur steuernden Ordnung erheben und daran mitwirken, vermögen sie in diese einzugehen. Der lenkende Geist wirkt somit auf eine „Vergeistigung" hin, auf ein Aufgehen in dem Geist, auf Erhebung des „niederen" Bewusstseins in ein stets „höheres" (vgl. Joh. 14,2-6; 12,26). Dieser Transformationsprozess ist Teil der Ordnungsstruktur, in dem wohl chaotische Phasenübergänge auftreten können, nicht aber systembedrohendes Chaos.

Es zeigen sich so als zwei gegenläufige Prozesse: Das Auskristallisieren der Trennungsidee in der Formenwelt und die Bewusstseinsbildung. Wo der eine in die Form hineintreibt, will der andere die verlorene geistige Essenz aus eben dieser erheben. Und wir, die Beobachter, sind nicht unbeteiligt, nicht Opfer, sind umworbenes Objekt beider Ordnungen, und halten – kraft unseres Bewusstseinszustandes – das Schicksal der Welt in unseren Händen.

Evolution – wohin?

Mit den form- und bewusstseinsbildenden Prozessen sind die primären Ordnungsstrukturen des Regelkreises bestimmt, und es drängt sich förmlich auf, daraus einen Entwicklungsprozess abzuleiten. Wollen wir dabei nicht in Spekulationen abgleiten, wird es gut sein, wieder von gesicherten physikalischen Tatsachen auszugehen.

Entropie

Was nennen wir Form? Einen Klumpen Lehm, den wir in Händen halten, bezeichnen wir noch nicht als Form; es ist eine Masse, eine recht beliebige Anordnung der Materie. Anders die vom Töpfer geformte Blumenvase; hier hat der Ton eine Gestalt, wie er sie von sich aus niemals annehmen würde – oder zumindest mit nur sehr geringer Wahrscheinlichkeit. Es muss Energie aufgewendet werden, damit die Masse sich zur Blumenvase formt. Dass die Materie eigentlich gar nicht gewillt ist, sich in die Form einer Blumenvase zwängen zu lassen, zeigt sich, wenn diese in Scherben geht. Und sie geht in Scherben. Verwitterung, chemische Angriffe, spätestens die tektonische Umformung der Erdkruste bewirken eine völlige Auflösung der Form.

Statt von Form und Formlosigkeit kann allgemeiner auch von Ordnung und Unordnung gesprochen werden. Dann ist auch die Wirkungsweise eines Kühlschranks mit erfasst, in dem die kältere Luft von der wärmeren Raumluft abgeschieden ist. Öffnen wir die Tür, schon beginnen die beiden Luftmassen sich zu vermischen. Selbst bei geschlossener Tür erwärmte sich die Luft im Kühlschrank, wenn wir nicht ständig Energie aufwendeten, die eingedrungene Wärme wieder hinauszutransportieren.

Unsere Ordnungsvorstellung verträgt sich offensichtlich nicht mit der der Natur. Wir müssen sie ihr mit Energie abtrotzen, und ist uns dies gelungen, benötigen wir weiterhin Energie, um sie aufrechtzuerhalten, denn die „Unordnung" würde sich unmittelbar wieder einstellten, sobald wir mit unseren Anstrengungen nachließen. Jeder noch so gepflegte Garten, sich selbst überlassen, verwildert in kürzester Zeit.

Eben dies nun besagt der 2. Hauptsatz der Wärmelehre:

> „Der unwahrscheinliche Zustand der Ordnung geht von selbst in den wahrscheinlicheren Zustand der Unordnung über. Jeder in der Natur von selbst ablaufende Vorgang führt von Zuständen geringerer Wahrscheinlichkeit zu Zuständen größerer Wahrscheinlichkeit."[190]

Sind denn die Spiralarme der Galaxien und die Kugelformen der Sterne und Planeten keine Ordnungen, und haben sie sich nicht von selbst gebildet?

Ja, es sind Ordnungen, Formenbildungen, die mit Energieverlust bezahlt und erhalten werden müssen, wie wir oben gesehen haben. Die Materie versinkt dadurch im Gravitationspotenzial (bildlich: dem Brunnenschacht der Raum-Zeit) bis zu ihrer Totalverstrahlung. Am Anfang war die Einheit. Mit dem Einsetzen der Trennungsordnung zerbrach diese in Myriaden Scherben. Raum und Zeit legten sich zwischen die Teile und gaben so der Trennungsidee Form.

Anhand des Wassers lässt sich die Formenbildung durch Energieverlust gut nachvollziehen: Kühlt Luft ab, lösen sich feinste Tröpfchen heraus und formen erste Nebel- und Wolkengebilde, die noch sehr flüchtig und beweglich sind. Bei weiterer Abkühlung verliert das Wasser seine noch fast gasartige Gestalt und wird wirklich zur Flüssigkeit. Wird der Wärmeentzug weiter fortgesetzt, dann bilden sich erste Eiskristalle, bis schließlich die ganze Masse erstarrt und ihr keine Bewegung mehr möglich ist. Die im Raum entschwundene Energie ist *für den Eisblock* verloren. Von selbst, ohne äußeren Einfluss, würde er sich nie mehr erwärmen. Die Formenbildung ist mit dem Verlust der inneren Energie erkauft. Weil die abgestrahlte (Trennungs-)Energie aber im Einen keine Resonanz findet, verbleibt sie innerhalb der Tren-

---

[190] Dorn: „Physik", S. 147.

nungswelt und wirkt dort auf die Wiederherstellung des thermodynamischen Gleichgewichtes des Anfangs hin. In einem solchen hermetisch abgeschlossenen System wird darum letzten Endes der Eisblock auch wieder schmelzen und die Flüssigkeit verdampfen.

Diese form-, ordnungs- und trennungsauflösende Wirksamkeit, die Ungleichgewichte aufhebt und alles zur „Unordnung" des Anfangs zurückführt, ist die physikalische Manifestation der Regelkreissteuerung, Entropie genannt. In einem *abgeschlossenen* System, dem also von außen keine Energie zugeführt wird (wie unserer Formenwelt), bewirkt jedes Geschehen eine Zunahme der Entropie. Jede Bewegung kostet Energie, und von dieser ist stets ein Teil – sozusagen als Steuer – an das Universum abzuführen (z. B. als Reibungswärme). Mit diesem „Steueraufkommen" wird der Betrieb der Formenwelt „finanziert". Wir leben dabei „auf Pump" in einem verlangsamten Selbstverbrennungsprozess. Daraus entsteht die vorgegebene Zeitrichtung. Was in Rauch aufgegangen ist, kann zur Umformung nicht mehr genutzt werden.

Wie die Spiralarme der Galaxie es schon andeuten, finden wir uns in einem bodenlosen Strudel wieder: Um Ordnung oder Form zu erhalten, müssen wir Energie aufwenden. Auf kurz oder lang droht dieser Energieverlust unsere Strukturen aber aus dem Gleichgewicht zu bringen und ins Chaos zu stürzen. Eine effizientere Nutzung der Energie wird notwendig und damit Um- und Neuorganisation, wozu dann abermals Energie aufzuwenden ist usw. Es ist ein Todeskampf. Wie ein Ertrinkender greifen wir nach jeder Form, die ein wenig Halt verspricht.

Vor diesem Hintergrund, dass die einzige Wachstumsgarantie in unserem Universum Unordnung und Formlosigkeit ist, erscheint Monods[191] Folgerung begründet, die Lebensformen seien extrem unwahrscheinlich, im Universum eigentlich nicht vorgesehen und daher offensichtlich durch Zufall entstanden. Angesichts der Unmöglichkeit, im Einen eine *autonome* Existenz zu verwirklichen, muss tatsächlich von einer nicht vorgesehenen Lebensoffenbarung, einem Unfall, gesprochen werden.

---

[191] Monod, Jaques: „Le Hasard et la Nécessité", Éditions du Seuil, Paris 1970.

Betrachten wir unser Lebensfeld darum als eine „Notordnung", in der ein Regelmechanismus, die Entropie, zur ursprünglichen Ordnung zurückführt. Zu Beginn entwickelt sich also eine Form des Irrtums. Durch den Rückkopplungsprozess werden die von der Trennungsvorstellung ausgegrenzten Elemente so als äußere Formen wieder dargestellt, dass sie die Information über die Realität in sich bergen. Die Trennung besteht mithin nur dem Anschein nach. Aus Sicht des Individualbewusstseins „verselbständigen" sich die ausgelagerten Bewusstseinsinhalte. Sie unterliegen ja nicht mehr der bewussten Steuerung. Vielmehr sind sie nun dem Ziel des Regelkreises unterstellt und wirken der autonomen Ordnung entgegen, die sich dadurch bedroht sieht, in Existenznot gerät und in der Folge zu weiterer Ausgrenzung und damit zunehmender Machtlosigkeit getrieben wird. Die autonome Existenz *wird* aufgelöst, sei es durch stetig einengendes Entwerden, sei es über Erkenntnis, Auflösung des Irrtums und Reintegration der ausgegrenzten Bewusstseinsinhalte.

Durch die stete Bedrohung wird die egozentrische Ordnung gezwungen, sich den stets verändernden Umweltbedingungen anzupassen. Dies fördert die Bildung informationsverarbeitender Strukturen. So entsteht schließlich ein Bewusstsein, dass den einengenden Formbildungsprozess zugunsten formauflösender Bewusstwerdung aufzugeben vermag.

Evolution

Die physikalischen Gesetze der Thermodynamik beschreiben ein Naturgeschehen, das sich in der Richtung größtmöglicher Unordnung entwickelt. Unterdessen zeigt sich in der biologischen Evolution die Ausbildung immer höher strukturierter Organismen. Der Widerspruch ist offensichtlich. Auf lebendige Systeme scheinen physikalische Gesetze nicht anwendbar. Entweder ist die organische Formenbildung das Ergebnis eines irgendwie gearteten Schöpfungsvorgangs, wie die Theologen glauben, oder, wie Monod annahm, das Endprodukt einer Reihe extrem unwahrscheinlicher Zufallsereignisse.

Der unbefriedigende Widerspruch löste sich auf, nachdem die Physiker ihre Forderung nach Zunahme der „Unordnung" einer genaueren Untersuchung unterzogen: Die „Unordnung" musste nur im *abgeschlossenen* System zunehmen, also zum Beispiel in unserem Universum. Für die Einzelteile des Systems, die ja miteinander in Wechselwirkung stehen, gilt diese Forderung nicht. Es sind sogenannte „offene Systeme", die im Energieaustausch mit ihrer Umwelt stehen. Sie existieren in einem Fließgleichgewicht, so wie eine Kerzenflamme, die sich so lange erhält, wie Energie und Materie durch sie hindurchfließen. Aus sich selbst kann sie nicht existieren. Sie erlischt, sobald sie von der Energiezufuhr (Wachs bzw. Sauerstoff) abgeschnitten wird. Außerdem ist ihre Existenz nur möglich, weil die Umformung von Sauerstoff und Wachs in Licht und Wärme die Unordnung der universellen Gesamtbilanz vermehrt.

Grob gesprochen hat das Eichhörnchen seine thermodynamische Existenzberechtigung solange, wie es die chemische Struktur der Haselnüsse zerstört und die gewonnene Energie in Wärme abstrahlt. Nun bietet Haselnüssefressen nur so lange einen Vorteil, wie genügend Haselnüsse da sind. Wird der Bestand knapp, wird sich die Art durchsetzen, die möglichst wenig Energiezufuhr benötigt und/oder den Energieverlust weitestgehend zu reduzieren vermag. Das Nahrungsangebot fördert den Fresssack, der Regelkreis den schlichten Pfiffikus. Der österreichische Physiker Ludwig Boltzmann stellte daher in seinem Vortrag 1905 vor der Philosophischen Gesellschaft in Wien heraus:

> „Der allgemeine Lebenskampf der Lebewesen ist daher nicht ein Kampf um die Grundstoffe – auch nicht um Energie, welche in Form von Wärme, leider unverwandelbar, in jedem Körper reichlich vorhanden ist – sondern ein Kampf um Entropie (exakter: negativer Entropie), welche durch den Übergang der Energie von der heißen Sonne zur kalten Erde disponibel wird." [192]

Und Konrad Lorenz, damals Direktor des Max-Planck-Instituts für Verhaltensphysiologie, erklärt:

---

[192] Boltzmann, Ludwig: „Erklärung des Entropiesatzes und der Liebe aus den Prinzipien der Wahrscheinlichkeitsrechnung", Physikalische Blätter 08/1976, S. 338, in Klammern: abgek. Zusatz des Hrsg.

„Wir wissen heute schon erheblich viel darüber, wie das Leben es anstellt, in scheinbarem Verstoß gegen den zweiten Hauptsatz der Wärmelehre und gegen alle Gesetze der Wahrscheinlichkeit aus Einfachem Komplexes, aus Niedrigem Höheres zu erzeugen. Das Leben vollbringt diese Leistung, indem es eine Art Staudamm in den Strom der dissipierenden Weltenergie einschaltet und Energie an sich reißt. ‚Das Leben frißt negative Energie', hat einmal ein Freund zu mir gesagt, womit er den Nagel auf den Kopf getroffen hat." [193]

Nachdem die Molekularbiologie die fadenförmigen Makromoleküle der Nukleinsäuren als genetische Informationsträger erkannt hatte, welche den Bauplan des betreffenden Lebewesens bis ins Detail enthalten, stellte sich die Frage, ob diese allein auf Grund von Naturgesetzen entstehen konnten. Manfred Eigen, Direktor am Max-Planck-Institut für biophysikalische Chemie in Göttingen, ist dieser Frage nachgegangen.[194] [195]

Die Bauanleitung für ein Kolibakterium besteht beispielsweise aus einem „Schriftsatz" von rund vier Millionen genetischen Buchstaben, was dem Umfang eines über tausend Seiten starken Buches entspricht und in einem einzigen Molekülstrang niedergelegt ist. Diese Struktur ist natürlich viel zu kompliziert, als dass sie spontan entstehen könnte. Vor der ersten Zellbildung müsste also eine Selbstorganisation auf nuklearer Ebene begonnen haben. Nach jahrelanger Forschungsarbeit konnte Eigen wesentliche Entwicklungsschritte hierzu aufzeigen: Die Bausteine der Nukleinsäure ergänzen einander wie Schlüssel und Schloss. Daraus entsteht das Vermögen der Molekülketten, sich zu reproduzieren. Ein „Positiv" (+ - + - +) erzeugt ein „Negativ" (- + - + -) und dieses wieder ein „Positiv". Weil sie ständig chemisch abgebaut werden, ist ihre Lebenszeit jedoch begrenzt. So beginnt der Kampf um's Überleben. Die Molekülketten konkurrieren dabei um die Auf-

---

[193]   Lorenz, Konrad: „Die Naturwissenschaft vom menschlichen Geiste", Physikalische Blätter 06/1973, S. 243.

[194]   Eigen, Manfred: „Leben". In: „Meyers Enzyklopädisches Lexikon in 25 Bänden", S. 713 – 718.

[195]   Mechsner, Franz: „Im Anfang war der Hyperzyklus", Geo Wissen Nov. 1993, S. 72 – 86.

230

baustoffe, wobei sich die mit größerer Effizienz wachsenden Moleküle durchsetzen. Innerhalb einer entstandenen Population treten indessen immer wieder fehlerhafte Reproduktionen (Mutationen) auf, die in Konkurrenz zur entstandenen Ordnung stehen und deren Zusammenbruch bewirken können, etwa wenn sie besser an die herrschenden Umweltbedingungen angepasst sind.

„Auf diese Weise kann eine *zielstrebige Evolution* zu optimaler Effizienz erfolgen, ohne daß alle möglichen Varianten erst durchgespielt werden müssen. Das inhärente Bewertungsprinzip der Selektion schließt die weitaus überwiegende Mehrzahl aller Alternativen von vornherein aus und führt zu einer irreversiblen Einengung der Möglichkeiten. Dieses Prinzip ist somit die treibende Kraft einer zielstrebigen Selbstorganisation, die gleichbedeutend ist mit der ‚Erzeugung‘ genetischer Information.

Die *Entstehung des Lebens* ist bei Erfüllung der materiellen Voraussetzungen ein physikalisch determiniertes, unabwendbares Ereignis. [...]

Unbestimmt bleiben in diesem gesetzmäßigen Ablauf die Einzelereignisse bzw. deren zeitliche Abfolge. Die große Zahl möglicher Alternativen läßt eine Voraussage der individuellen Route im Prinzip nicht zu. Wahrscheinlich ist allein die Tatsache, daß vorteilhafte Mutanten innerhalb einer Population auftreten. Welche der möglichen Varianten zuerst auftritt, ist dagegen völlig ungewiß. Da ihr Erscheinen ein makroskopisches Ereignis auslöst, bestimmt diese Variante entscheidend den weiteren historischen Ablauf. [...] Der Unabwendbarkeit der Selbstorganisation steht daher die Unbestimmtheit der Auswahl einer individuellen Route wie auch der historischen Abfolge aller Evolutionsereignisse gegenüber."[196]

Wegen der häufigen Kopierfehler blieben die Molekülketten der Nukleinsäure relativ kurz. Der nächste Entwicklungsschritt vollzog sich als Lösung einer Existenzkrise, denn die Selbsterhal-

---

[196] Eigen, Manfred: „Leben". In: „Meyers Enzyklopädisches Lexikon in 25 Bänden", S. 715/716.

tung durch Reproduktion drohte mit zunehmender Konzentration entropieärmerer Reaktionsprodukte zum Erliegen zu kommen. Um die gemeinsame Existenz zu erhalten, musste der Wettbewerb der Zusammenarbeit weichen.[197] Die bisher für den Konkurrenzkampf benötigte Energie stand damit für die Ordnung eines übergeordneten Systems, als dessen innere Energie, zur Verfügung.

„Das Übersetzungsprodukt der Nukleinsäure A begünstigt die Reproduktion der Nukleinsäure B. Deren Übersetzungsprodukt wirkt wieder auf C ein, und diese Art der Wechselbeziehung setzt sich fort, bis schließlich das Translationsprodukt der Nukleinsäure X wieder auf A zurückkoppelt und damit den Zyklus schließt. In diesem Reaktionsnetzwerk stellt jedes der Nukleinsäuremoleküle A, B, C ... X für sich allein schon einen Reproduktionszyklus dar, der vermittels der Positiv-Negativ-Komplementarität in sich geschlossen ist. Aber erst die übergeordnete ‚hyperzyklische‘ Verknüpfung sorgt für den gemeinsamen selektiven Vorteil. Gleichzeitig bewirkt sie eine einzigartige Stabilisierung des gesamten kooperativen Netzwerks, das eine Koexistenz von Konkurrenten nicht duldet.“[198]

Solch ein katalytischer Kreis ist, mathematisch gesehen, ein „nichtlineares System“. H. Haken weist denn auch darauf hin, dass die für das Überleben entscheidende Eigen'sche „Bewertungsfunktion“ als Kontrollparameter eines synergetischen Systems angesehen werden kann, mithin also offenbar eine Selbstorganisation vorliegt. Das vom englischen Philosophen Herbert Spencer formulierte biologische Prinzip des „survival of the fittest“, der Selektion durch Anpassung, fände dadurch mathematischen Ausdruck.[199]

---

[197] Stierstadt, Klaus: „Phasenübergänge in Physik und Biologie“, Physikalische Blätter 1978, S. 366.

[198] Eigen, Manfred: „Leben“. In: „Meyers Enzyklopädisches Lexikon in 25 Bänden“, S. 716/717.

[199] Haken, Hermann: „Synergetik“. In: „Lexikon der Biologie“, S. 322.

Der von Eigen formulierte Hyperzyklus entspricht bereits weitgehend einem biologischen System. Es musste sich nur noch eine schützende Membran bilden, um die inneren Stoffwechselprozesse vor äußeren Einflüssen zu schützen, auf dass eine interne Optimierung beginnen konnte. Aufgrund von Instabilitäten, zu komplexen Systemen oder Ausscheidung von Nukleinsäuren, die bei der Optimierung nicht mehr benötigt wurden, aber die notwendige genetische Information mit sich trugen, wird es zu Teilungen gekommen sein. Ein Wettbewerb konkurrierender Hyperzyklen entstand. Gleichzeitig wurde es notwendig, die genetische Information zu schützen. Die einfachere RNA (Ribonukleinsäure) wird daher irgendwann durch die wesentlich stabilere doppelsträngige DNA (Desoxyribonukleinsäure) verdrängt worden sein, die zudem auch eine nachträgliche Verbesserung von Kopierfehlern erlaubte.

Perfekte Kopien schützen zwar die Information, bewirken aber auch eine selbstbezogene Abkopplung von der Außenwelt. Solch fehlende Anpassung an sich verändernde Umweltbedingungen führten unweigerlich zu einem neuen Krisispunkt. Der Ausweg wurde wieder in Zusammenarbeit gefunden. Durch Bildung von Geschlechtern konnten sich männliche und weibliche Erbinformationen vermischen und Neukombinationen bilden. Prinzipiell stand jetzt der gesamte Genpool der Art für die Bildung erfolgreicher Mutanten zur Verfügung. Außerdem wurde das Evolutionsniveau gesichert, denn leichter als das Individuum ist die Art zu erhalten. Der Preis der hierfür gezahlt werden musste, war jedoch sehr hoch:

> „Der ungeheure Fortschritt in der Evolution der Arten mußte allerdings – und muß weiterhin – erkauft werden. Der Preis ist kein geringerer als der Tod des Individuums [...]. Der Tod war zur Notwendigkeit geworden; denn rückläufige Entwicklungen, die aus einer Durchmischung des Genpools resultieren könnten, mußten auf alle Fälle ausgeschlossen werden. Während bei einfacher Zellvermehrung nachteilige Mutanten herausverdünnt werden, müssen sie bei rekombinativer Zellvermehrung planmäßig entfernt werden. Sobald das Individuum seinen Beitrag zur Fort-

entwicklung geleistet hat, ist sein weiteres Verbleiben im Genpool nicht mehr von Vorteil. Somit gibt es auch keinen Selektionsdruck, der auf eine Verlängerung der Fruchtbarkeitsperiode oder eine Erhöhung des Lebensalters über eine für die Aufzucht der Nachkommen notwendige Zeitspanne hinaus abzielen würde." [200]

Selbsterhaltung sowie das Sammeln und Speichern von Informationen kostet Energie, die der Umwelt entzogen werden muss. Das geschah zunächst durch Molekülspaltung. Hefepilze, einige Bakterien und Eingeweidewürmer wenden diese Methode der Spaltatmung oder Gärung auch heute noch an und vermögen darum ohne Sauerstoff zu leben. Im wahrscheinlich nächsten Schritt ermöglichte die Fotosynthese, unter Nutzung der Lichtenergie, spaltbare Moleküle selbst herzustellen und dadurch den Energiegewinn, im Vergleich zur Gärung, zu erhöhen. Cyanobakterien oder Blaualgen bedienen sich dieser Methode. Einen fundamental neuen Entwicklungsschritt bedeutete eine *artübergreifende* Wechselwirkung, bei der Lebensgemeinschaften zu beiderseitigem Nutzen gebildet wurden (Symbiose). Die Symbionten leben dabei im Wirtsorganismus, wie die Bakterien der „Darmflora" in unserem Körper, nur dass hier auch die Wirte noch Einzeller waren. Die Zellstruktur wurde dadurch komplexer. Durch Verschmelzung der genetischen Information zweier Symbionten (Symbiogenese) bildeten sich neue Arten, die den Genpool beider ehemals selbständiger Mikroorganismen nutzten. Auf diese Weise entstanden Zellstrukturen, die Eukaryoten, aus denen sämtliche höheren Pflanzen, Pilze und Tiere aufgebaut sind.[201]

Eine anpassungsfähige Organisationsstruktur war damit erschaffen. Sollte dieser Organismus nun Bewusstsein erhalten, war es folgerichtig, Sinnesorgane zur Aufnahme von Informationen über die Umwelt auszubilden sowie informationsverarbeitende Strukturen. Lust- und Schmerzerfahrungen wurden möglich, und über einen Bewegungsapparat konnte das Ergebnis des Erkenntnisvermögens ausgedrückt werden. Ein enormes Wachstumspo-

---

[200] Eigen, Manfred: „Leben". In: Meyers Enzyklopädisches Lexikon in 25 Bänden, S. 718.

[201] Evolutionsschritte nach: Wolf, Gerald in :"Kleine Enzyklopädie Natur", S. 258.

tenzial war damit erschlossen, eine Verfeinerung der Fühl- und Denkstrukturen programmiert.

An der Spitze der Bewusstseinspyramide sieht sich der Mensch mit seinem Selbstbewusstsein. In den letzten Jahren hat sich jedoch herausgestellt, dass er dort nicht allein steht. Wohl erkennen die meisten Tiere sich selbst im Spiegel nicht und halten das Bild für einen Artgenossen, nicht so aber Schimpansen, Wale, Delfine, Elefanten, Raben und Papageien. Bemerkenswert ist insbesondere die Herausbildung eines Selbstbewusstseins bei Vögeln, die evolutionsgeschichtlich einem anderen Weg gefolgt sind als die Säugetiere, denn dies beweist die mehrfache Entstehung des Selbstbewusstseins.[202] Wir haben daher allen Grund, das Herausbilden von Selbstbewusstsein als determiniert anzunehmen.

Soziale Systemeigenschaften

Die Evolution war stets ein Thema, an dem die Gemüter sich entzündeten. – Verständlicherweise, stellt sie doch das Selbstverständnis des Menschen in Frage. Wer wollte schon Affen in seiner Verwandtschaft haben? Den kirchlichen Theologen war die evolutionäre Entwicklung nicht wunderbar genug und außerdem viel zu langstielig. So sahen sich die Biologen lange heftigen Angriffen ausgesetzt. Als aber die Physiker damit begannen, die Mechanismen der Evolution auf Atom- und Molekülverbindungen anzuwenden, fürchteten die Biologen um „ihr Leben"; die Jäger wurden zu Gejagten.

Nach Gerhard Vollmer ist die Evolution universeller Natur. Er unterscheidet aber verschiedene Ebenen:

> „So sind für die Entwicklungen eines Sterns ausschließlich physikalische Gesetze maßgebend; bei biologischen Systemen kommen jedoch weitere Prinzipien hinzu (ohne dass auch nur ein physikalisches Gesetz außer Kraft gesetzt würde [...]). [...]
>
> Man unterscheidet deshalb auch mit Recht zwischen biologischer, sozialer und kultureller Evolution des Menschen und ent-

---

[202] Egelen, Henning: „Die Erfindung des Ich", Geo Kompak, Nr. 15, S. 83.

sprechend zwischen biologischer, Sozial- und Kulturanthropologie. Dabei werden jedoch die biologischen Gesetze nie ungültig, sondern nur *ergänzt* durch weitere Faktoren." [203]

Diese Ergänzungen sind Systemeigenschaften zusammengesetzter Objekte und aus deren Einzelkomponenten allein nicht zu erklären. Die Eigenschaften des Wasserstoffatoms lassen sich aus seinen Elementen Proton und Elektron nicht ableiten. Ebensowenig ist das Wesen des Wassers durch Kenntnis seiner Bestandteile Sauerstoff und Wasserstoff zu erfassen.[204] Diesen Überlegungen folgend können die so schwer fassbaren Phänomene Leben, Bewusstsein und Erkenntnisfähigkeit nach G. Vollmer als Systemeigenschaften auffasst und verstanden werden.[205]

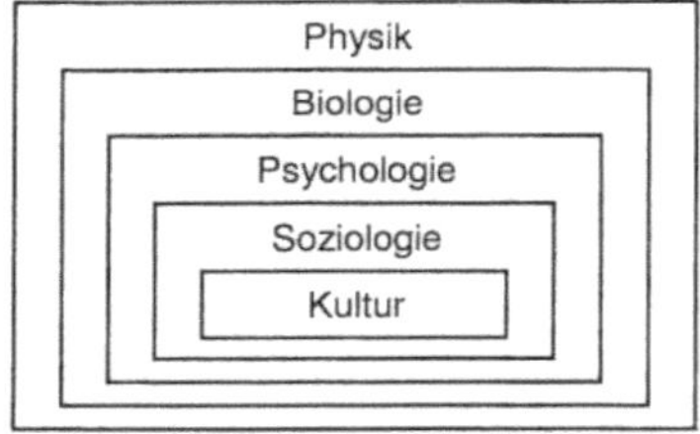

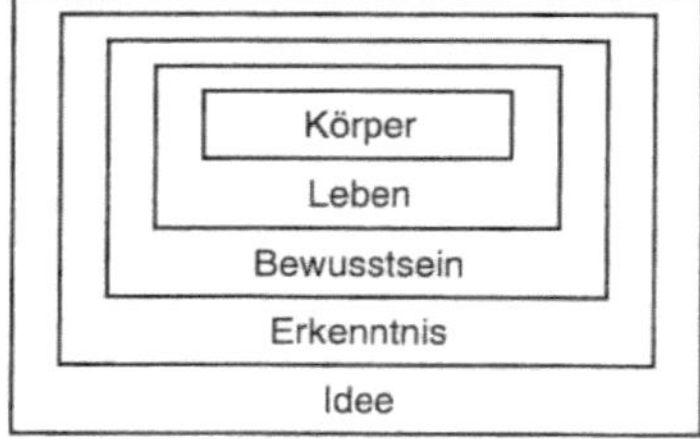

Abb. 13: Systemeigenschaften materieller und seelischer Hierarchie

Wenn wir im Rahmen unserer Betrachtungen zur Quantenphysik konstatierten: es gibt keine „tote" Materie – alles ist lebendig, dann mag es als Widerspruch erscheinen, wenn das Leben hier als Systemeigenschaft verstanden wird. Aber dieser Widerspruch ist nur scheinbar, denn während wir dort dem *Wesen* der Materie nachspürten und Leben entdeckten, wird hier einer Erscheinungsform Leben *zugeschrieben*. Da zudem die Systemeigenschaft, als Ordnungsprinzip, das Verhältnis seiner Unterstrukturen bestimmt, können wir der „materiellen Hierarchie" Physik – Biologie – Psychologie – Soziologie – Kultur eine adäquate „seelische Hierarchie" Idee – Erkenntnis – Bewusstsein –

---

[203] Vollmer, Gerhard: „Evolutionäre Erkenntnistheorie", S. 84.
[204] nach B. Russell in: Vollmer, Gerhard: „Evolutionäre Erkenntnistheorie", S. 82.
[205] Vollmer, Gerhard: „Evolutionäre Erkenntnistheorie", S. 82.

Leben – Körper als komplementäre Ergänzung gegenüberstellen. Es ist dann eine Frage des Standpunktes, den man einnehmen *will*, ob sich Leben und Bewusstsein aus der Materie heraus bilden oder ob diese Eigenschaften prozessmäßig in der Form *zum Ausdruck kommen*. Bildet sich das Leben aus der Form, dann sind wir Naturgeschöpfe, die als unschuldige Opfer die oft schmerzlichen Einwirkungen des Umfeldes erleiden. Kommt aber das Leben in der Form zum Ausdruck, so sind wir Täter und wirken als ordnende Kraft auf die Materie ein, nicht auf unseren Körper allein, sondern ebenfalls auf unser Umfeld – – – und arbeiten uns ggf. daran ab. Wie auch immer; da ein Selbstbewusstsein herausgebildet wird, muss(!) es ohnehin zur Synthese kommen: Das Naturgeschöpf erkennt, Täter zu sein und erfährt seine Verantwortung, während das Ausdruck suchende Leben sich an flüchtige Form *gebunden* erfährt.

Neben den beiden genannten lässt sich auch noch ein dritter Standpunkt finden, der auf die Selbstähnlichkeit aller Erscheinung Bezug nimmt, entsprechend dem hermetischen „wie oben so unten":

> „Physik und Chemie sind weitgehend durch statistische Gesetze zu beschreiben, die das Verhalten großer Kollektive adäquat wiedergeben. Durch die Mittelwertbildung kann die Zufälligkeit der Elementarereignisse eliminiert werden. Aber Statistik ist nur möglich bei Kollektiven, bei denen man die Wechselwirkungen der Individuen des Kollektivs untereinander vernachlässigen kann. Je größer die Individuen sind und je stärker sie miteinander verflochten sind, desto schwieriger wird es, mit Hilfe der Statistik vom rational nicht fassbaren Schicksal des einzelnen abzusehen. Auch die Atome sind ganzheitliche Individuen, aber sie sind so klein, daß ihre Einzelschicksale selten eine Rolle spielen. [...] Das Einzelne, das rational niemals faßbar ist, tritt uns in der Biologie augenfällig entgegen, da unser Körper selbst eine einzelne, derartige Einheit ist."[206]

---

[206] Sachsse, H.: „Die Erkenntnis des Lebendigen", S. 262.

So blickt das Individuum wie durch eine biologische Lupe auf die Welt des Seins. Groß ist vor ihm hingestellt, was die Welt im Großen wie im Kleinen zusammenhält. Und das Bewusstsein müht sich, zu begreifen. Wie Herrmann Weyl es für das Raum-Zeit-Kontinuum der Relativitätstheorie beschreibt (s. S. 160), kriecht das formgebundene Bewusstsein im höherdimensionalen Raum seines wahren Seins aus atomarem Beginn an seiner Weltenlinie empor. Entsprechend seinem Interesse, seiner Fragestellung, „lebt" ein Ausschnitt dieser Welt „auf" und zieht an ihm als räumliches, in zeitlicher Wandlung begriffenes Bild vorüber. So erlebt das Individuum seine Geschichte und Entwicklung, ist nichts ohne das Außen und findet sich stets im Gegenüber wieder. Insbesondere im Hinblick auf die immer wieder unausweichliche Notwendigkeit, im Entwicklungsprozess zusammenzuarbeiten, ist es Ausdruck immenser Selbstüberschätzung, wenn Sozialverhalten und Moralvorstellungen als menschliche Errungenschaften ausgegeben werden.

Der in Atlanta lehrende niederländische Verhaltensforscher Frans de Waal kommt nach langjähriger Beobachtung des Soziallebens von Primaten denn auch zu dem Schluss, „dass wir bis ins Mark sozial sind" und unsere Fähigkeit zu sozialem und moralischem Verhalten Teil unseres evolutionären Erbes ist. Gestützt wird diese These auch von Neurowissenschaftlern, die diese Anlagen in entwicklungsgeschichtlich sehr alten Gehirnarealen nachgewiesen haben.[207]

Wir sollten uns jedoch hüten, hier schwärmerischen Träumereien zu verfallen, denn soziale Fähigkeiten besitzen, ist eine Sache, die Art ihrer Anwendung eine andere. Der Oxforder Sozialbiologe Richard Dawkins sieht das Sozialverhalten denn auch an das Maß der genetischen Übereinstimmung gebunden bzw. an dem Grundsatz orientiert, gut ist, was der Ausbreitung meiner Gene förderlich ist.[208] Aus dieser Sozialevolution heraus erklären sich die Verhaltensunterschiede gegenüber Blutsverwandten, Familienmitgliedern, der Sippe, dem eigenen Volk sowie fremden Völkern und Rassen. Außerdem verbrauchen Sozialkontakte

---

[207] Traub, Rainer: „Rätselhafte Herdentiere", Der Spiegel Wissen Nr. 1, 2009, S. 42f.
[208] Wickler, Wolfgang: „100 Jahre Charles Darwin", Bild der Wissenschaft 5/1982, S. 76.

Energie. Die Energieströme in sozialen Gemeinschaften sind zwar keine Einbahnstraßen und das energetische Gleichgewicht wird nach dem Prinzip „gibst du mir, so geb' ich dir" ausbalanciert, aber die Energie, die als „Universalsteuer" zur Erhöhung der Entropie dabei aufgebracht werden muss, geht für Individuum und Gemeinschaft gleichwohl verloren. Bei begrenzten Ressourcen ist intelligenter Energieeinsatz darum überlebensnotwendig.

Die Objekte unserer gegenpolig strukturierten Welt gehorchen in ihrer Entwicklung ja nicht innewohnender Liebe, sondern allein dem Selbsterhalt. Mit Bezug auf die kollektive Intelligenz sozialer Insekten und ihrer Selbstorganisation stellt Rüdiger Wehner, Leiter des Zoologischen Instituts der Universität Zürich, denn auch heraus:

> „Das neue Denken in der Wissenschaft begann zunächst bei den Superorganismen, weil man die einzelnen Teile als Individuen genau verfolgen kann. Man kann das Prinzip jetzt aber tatsächlich zurückverfolgen bis zur Entstehung des Lebens generell. Es bleiben allerdings die in dem Prinzip ursprünglich angelegten Konflikte. Die Einzelteile versuchen ständig wieder, wenn es für sie von Vorteil sein kann, ein eigenes Leben zu führen. [...] Das zeigt, dass zwischen Harmonie und Konflikt in den übergeordneten Einheiten eine ständige Balance hergestellt werden muss. [...] Man muss immer bedenken, dass die niederen Einheiten sich deshalb zu höheren zusammengeschlossen, weil sie in der höheren Einheit selbst erfolgreicher sind. Sie haben sich nicht zum Wohle der höheren Einheit, sondern zum eigenen Wohl zusammengeschlossen." [209]

---

[209] Wehner, Rüdiger im Gespräch mit Arnulf Marzluf über Selbstorganisation und kollektive Intelligenz: „Die Effizienz der Egoismen." WESER KURIER 9.2.2000.

Krisispunkt

Es ist noch keine fünfzig Jahre her, dass die Vorstellung vom nahenden Jahr 2000 die Phantasien der Menschen beflügelte. In Erwartung einer phantastischen Weiterentwicklung des technischen Fortschritts wurden die utopischsten Visionen entwickelt. Alles schien realisierbar, die Frage war nur das Wann – – – und das Ob, denn der Ost-West-Konflikt drohte jederzeit in eine atomare Selbstvernichtung zu münden.

1972 erschien der erste Bericht des Club of Rome und wies auf drohende planetare Probleme hin. Die Ölkrise 1973 schreckte die Industrienationen aus ihren Wachstumsträumen auf und stellte die Begrenztheit der Ressourcen vor ihr Bewusstsein. Wem die ungelösten Fragen der Endlagerung radioaktiven Mülls nicht genügten, dem bewiesen Harrisburg, Tschernobyl und Fukushima das Gefahrenpotenzial der Kernenergie, die von manchen als Ausweg gesehen wurde.

Unterdessen explodiert die Weltbevölkerung, dank medizinischer und hygienischer Fortschritte. Und alle wollen leben! Raubbau an der Natur, Überweidung, Versteppung, Hungersnöte, Armut, Kriminalität, Verstädterung und der Zerfall sozialer Strukturen sind die Folgen, die immer weitere Landstriche erfassen. Produktion und Energiebedarf steigen – die Umweltbelastungen steigen mit. Ozeane versauern, Bäume sterben. Die Tier- und Pflanzenwelt hat ein Artensterben erfasst, wie seit dem Aussterben der Saurier nicht mehr. Abgase verändern die Atmosphäre. Die kosmische Strahlung abhaltende Ozonschicht beginnt sich aufzulösen. Gleichzeitig sorgt der steigende CO_2-Gehalt der Luft für Klimaerwärmung. Der Meereswasserspiegel steigt, hat die ersten Atolle schon verschluckt. Die Gletscher schmelzen und mit ihnen entweicht das Sommerreservoir der Flüsse: Das Wasser wird knapp.

Es ist offenkundig: wir stehen unmittelbar vor einem Krisispunkt, oder sind gar schon in ihn eingetreten. Gründlich hat sich die Menschheit festgelaufen, und zwar global, für jeden wahrnehmbar. Alle sind betroffen. Gesellschaftliche, wirtschaftliche und politische Systeme entgleiten zusehends der Lenkung, drohen gar zu kollabieren. Hier suchen unterdrückte Strömungen Einfluss zu gewinnen und torpedieren die alte Ordnung – oder das, was sie dafür ansehen. Dort versuchen sich die alten Strukturen mit Gewalt zu erhalten, andere in die Abhängigkeit zu treiben oder, wo auch dies fehlschlägt, die Flucht in immer größere Zusammenschlüsse zu ergreifen. Allgemein anerkannte Diagnose: Egoismus – – – der anderen.

Die Suche nach Lösungen offenbart die Schwierigkeit. *Der* Schuldige, *die* Ursache, *der* Fehler ist nicht zu finden. Alle agieren im Wesentlichen im Rahmen der anerkannten gesellschaftlichen Regeln. Nicht der Einzelne, die Gesamtstruktur liegt im Argen und versklavt ihre Elemente. Die untergeordneten Systeme beugen sich dem Sachzwang, da sie sonst mit ihresgleichen in Konflikt geraten, jenen Konflikt, den die übergeordnete Einheit ja gerade auflösen sollte. Die Teile wollten in Frieden leben und setzten die Ordnung ein. So verbleibt die Verantwortung also *doch* beim Einzelnen. In der Demokratie des Universums geht alle Macht vom Volke aus, doch sie wirkt auf das Volk zurück. In seiner Synergetik spricht H. Haken hier von „zirkulärer Kausalität", um die rückkoppelnde Ursache deutlich zu machen.

Die Globalisierung – die Ausbildung eines weltumspannenden Superorganismus – ist die folgerichtige Weiterentwicklung zur Arterhaltung. Sie folgt der Automatik der Selbsterhaltung, die bereits die Staatsgebilde hervorgebracht hat und – *organisiert sich selbst.* Der Einzelne auf seinem Platz wird als Unterstruktur – als Systemsklave – mitgeschleift. Wenn Bello trinkt, haben die Nierenzellen zu arbeiten – basta! Die Funktionen der Einzelteile machen keinen Unterschied. Ob Arbeiter, Wirtschaftslenker oder Staatsmann: Sie haben zu gehorchen – oder werden ausgetauscht. Hier ist die „verborgene" Organisation, die Verschwörungstheoretiker immer vermuteten, doch sie werden niemanden fassen können, denn es sind atmosphärische Kräfte, elektromagnetische Kraftlinien, die wir selbst durch unsere Denk- und Gefühlsgewohnheiten permanent erzeugen und die auf unser Umfeld einwirken. Wenn der Wolfsmagen knurrt, geht der Wolf auf Beute aus und schlägt das Lamm. Der Magen wird das Maul nicht für den Tod des Schafes zur Rechenschaft ziehen können.

Welcher Art ist der uns steuernde, übergeordnete Organismus? Ich meine hier nicht den zur Einheit zurückführenden Regelkreis, sondern das biologische Produkt der Evolution, die Ordnungsstruktur, die uns, als ihren Zellen, den Platz anweist. Folgen wir dazu den Ausführungen von Konrad Lorenz:

> „Das Lebendige braucht also Energie, um seine Wunder zu vollbringen, und das Gewinnen von Energie ist eine Funktion seiner *Struktur*. Die Strukturen sind besonders für diese Leistung eingerichtet, [...] und wir wissen auch, wie diese Information in den Doppelschräubchen der Kettenmoleküle der Zellkerne kodiert und aufbewahrt wird.
>
> In letzter Hinsicht ist es also *Information*, um nicht zu sagen, *Wissen*, was dem Lebendigen die Fähigkeit verleiht, mehr und mehr *Energie* an sich zu reißen. Energiegewinn und Wissensgewinn sind miteinander in einem Kreis doppelter Rückkopplung verbunden."[210]

K. Lorenz folgt kurz der Verstandesentwicklung: Aus dem Neugierverhalten des Tieres entwickelt sich Begreifen und daraus ein einfaches Abstraktionsvermögen. Die Fähigkeit zur Tradition, d. h. zur Informationsweitergabe, begünstigt daraufhin die Entwicklung begrifflichen Denkens, das in der Bildung freier Symbole und der Wortsprache Ausdruck findet. Hierdurch entsteht eine neue biologische Systemeigenschaft, eine neue Art der Vererbung.

> „Wenn der Mensch Pfeil und Bogen erfindet, so hat fortan nicht nur seine Nachkommenschaft, sondern seine ganze Sozietät, ja vielleicht die ganze Menschheit diese Werkzeuge in festem Besitz, und die Wahrscheinlichkeit, daß sie in Vergessenheit geraten, ist nicht viel größer als die, daß ein körperliches Organ von vergleichbarer Wichtigkeit in Vergessenheit gerät. Ein großer Mann kann Erkenntnisse auf die ganze Menschheit vererben. [...] Es

---

[210] Lorenz, Konrad: „Die Naturwissenschaft vom menschlichen Geiste", Physikalische Blätter 6/1973, S. 244.

kommt zu einer nie dagewesenen Form der *Unsterblichkeit* des Geistes. [...]

Allein, man darf über die Großartigkeit und Einzigartigkeit des menschlichen Geistes nicht vergessen, daß seine Leistungen an *Materielles* gebunden sind, wie dies ja auch bei jeglicher Information der Fall ist, auch da, wo man sie im Sinne der fürwahr nicht zur Mystik neigenden Informationstheoretiker definiert. *Alles*, was lebende Organismen wissen, ist in materiellen Strukturen niedergelegt. Der größte Teil ist in den Kettenmolekülen des Genoms, einiges auch in den Synapsen menschlicher Gehirne bewahrt, oder auf Erz, Marmor, Pergament oder Papier niedergeschrieben. Die materielle Grundlage, auf der das kognitive System aufruht, das wir als den menschlichen Geist bezeichnen, ist also durchaus solider Natur und von festem Aggregatzustand [...]."[211]

Der von K. Lorenz definierte „menschliche Geist" ist Geist, insofern er als innere Wirksamkeit des menschheitsumfassenden Gesamtobjektes auf seine Teile, die Menschen und ihre Organisationen, einwirkt. Er ist aber, wie Lorenz deutlich hervorhebt, *an die Form gebunden*. Da die Form nur flüchtige Erscheinung in der Trennungswelt ist, Schatten der Realität, kann von Geist im Sinne des Einen bzw. des zum Einen zurückführenden Regelkreises, nicht gesprochen werden. Bestenfalls ist er ein Schattenbild des Geistes, ein „Herr der Schatten". Auch Unsterblichkeit können wir ihm aus selbigem Grunde nicht zugestehen, wohl aber eine, im Vergleich zur Lebensspanne des Einzelmenschen, äonenlange Dauer. Schließlich erkennen wir in ihm, als Systemeigenschaft, die Offenbarung der Trennungsidee, den autonomen Geist ohne Bindung zum Einen. In seiner Transzendenz ist er der Herrscher der Unterwelt, von dem die Mythen berichten.

„Das Leben frisst negative Entropie" sagt K. Lorenz (s. S. 230). Die Pflanze bricht mit Hilfe der Lichtenergie Moleküle auf und

---

[211] Lorenz, Konrad: „Die Naturwissenschaft vom menschlichen Geiste", Physikalische Blätter 6/1973, S. 248.

verleibt sie sich ein. Die nächsthöhere Lebensform, das Tier, ernährt sich aus den Energiereserven der Pflanze. Raubtiere und Parasiten bemächtigen sich der Lebenspotenz ihrer Opfer. Das Menschentier des Homo sapiens schließlich speist mit seiner Energie den „menschlichen Geist". In einer ständig vom Untergang bedrohten Ordnung geht es ums Überleben, um intelligente Energienutzung, nicht um Wellness und Erbauung. Ein möglichst unbewusstes, automatisches Gewohnheitsleben ist daher ökonomisch effizient. Im Geiste der formbildenden Evolution ist Bewusstsein ausschließlich zur Bewältigung unvorhergesehener Gefahren ausgebildet, zur Problembewältigung.

> „Das kostet Kraft. Das Bewusstsein verschlingt 80 Prozent der Energie im Gehirn. Nur 20 Prozent stehen dem Unbewussten zur Verfügung. Denn für alles, was die Routine übersteigt, muss der Organismus neue Netze anlegen, Botenstoffe, Rezeptoren, Signalkaskaden in Sekunden hochfahren, andere Körperfunktionen drosseln. In einer Prüfung mit komplexen geistigen Anforderungen versinkt alles um einen herum, die Füße werden kalt, die Hände klamm. Der Teil der Großhirnrinde, in dem das bewusste Denken stattfindet, saugt die Energie ab."[212]

Erwin Schrödinger sieht im Bewusstsein eine Eigenschaft organischen *Geschehens,* sofern es neu ist. Ein beliebiger biologischer Ablauf, an dessen Ausbildung wir mit unserem Bewusstsein, auch handelnd, beteiligt sind, versinkt, wenn er sich in genau gleicher Weise stets wiederholt, im Unbewussten. Nur bei veränderten Randbedingungen wird der Ablauf wieder vorgestellt und überwacht. Je zuverlässiger der Verlauf, desto uninteressanter wird er dem Bewusstsein und gleitet schließlich ins Unbewusste ab. Bei sich häufig wiederholenden Situationen hat solch ein zweckmäßiges Funktionieren biologischen Wert. Schrödinger verdichtet:

---

[212] Luczak, Hania: „Die Macht die uns lenkt", GEO Kompakt, Nr. 15, S. 108.

> „Bewußtheit ist mit dem *Lernen* der organischen Substanz verbunden; das organische *Können* ist unbewußt.
>
> Noch kürzer, freilich etwas dunkel und Missverständnissen ausgesetzt: *Bewußt wird das Werdende; das Seiende ist unbewußt.*" [213]

Damit ist Bewusstheit aber auch vom Lernen abhängig. Entwicklung fordert Aufmerksamkeit. Wer sich selbst genug ist, verliert sein Bewusstsein. Es verkümmert, so wie alle nicht genutzten biologischen Vermögen und Anlagen sich zurückbilden. Es ist vielleicht eine Frage wert, inwiefern die mit zunehmendem Alter scheinbar schneller verstreichende Zeit hiermit in Zusammenhang steht.

Kollektiv ist es in energetischer Hinsicht unzweifelhaft von Vorteil, Erfahrung und Erkenntnis weiterzugeben: Es muss nicht mehrfach Energie für die gleiche Sache aufgewendet werden. Externe Informationsspeicherung schafft zusätzliche Kapazitäten und entlastet das Gehirn. In Jahrhunderten gesammelte Erkenntnisse der gesamten Menschheit stehen heute in Bibliotheken jedermann zur Verfügung. Rechenautomaten besorgen Routinearbeiten, und im Internet haben sich globale Informationsvernetzung und blitzschneller Datentransfer ausgebildet. Selbstverständlich wird an einer ständigen Optimierung gearbeitet; die Entropie erfordert dies. Zur Systematisierung der Gesellschaft und um ihre Abläufe zu rationalisieren werden Datensätze erhoben, ergänzt, verwaltet und verarbeitet. Es gilt, die Ordnungsstruktur der Menschenmasse statistisch genau zu erfassen. Die optimale Steuerung des Kollektivs ist dann gewährleistet, die Selbstorganisation perfekt, die Einheit erreicht.

Die Leiter komplexer Organisationen werden hierbei zu Repräsentanten, zu austauschbaren Funktionären, die weisungsgebende Autorität wird zur abstrakten Größe und der Einzelne zum anonymen Werkzeug, das jederzeit zu ersetzen ist. Als Arbeitskraft und Konsument wird die Person zur Nummer, zum namenlosen Mitglied einer gesichtslosen Menge. Funktionalität, nicht Individualität ist gefordert. Information wird entsprechend der

---

[213] Schrödinger, Erwin: „Meine Weltsicht", S. 90.

Funktion zugeteilt, was darüber hinaus geht als Verschwendung und Zeitvergeudung betrachtet. Wir sind zu einer Informationsgesellschaft geworden. Einerseits zwingt der enorme Zuwachs an Kenntnis, die entscheidenden Stellen schnellstmöglich zu informieren, andererseits ist es dem Einzelnen schon lange nicht mehr möglich, den Kenntnisstand der Menschheit zu umfassen. Wo der Fachmann zum Experten für fast Nichts wird, da fühlt der Laie sich durch die Fülle der Informationen überfordert oder verwirrt, und er ist infolgedessen geneigt, seinen gesunden Menschenverstand auf dem Altar anerkannter Meinung zu opfern. Seiner Verantwortung so enthoben, hat er damit aber auch sein höchstes Gut preisgegeben, seine Seele. Um mit Schrödinger zu sprechen: Um sich dem unbewusst Seienden hinzugeben, hat er das bewusst Werdende verlassen. An diesem Punkt ist seine Entwicklung beendet. Er lebt im Grunde nicht mehr; er existiert. Im lebendigen Tod ist die Evolution, was ihn betrifft, zum Abschluss gekommen.

Schon Albert Schweitzer hat auf die fatale Rückwirkung aufmerksam gemacht, mit welcher perfektionierte, unlebendig gewordene Organisationen auf die Menschen einwirken:

> „Alle Ideen mussten sich [im 18. Jahrhundert] vor der individuellen Vernunft rechtfertigen. Heute ist die stetige Rücksichtnahme auf die in den organisierten Gemeinschaften geltenden Anschauungen selbstverständliche Regel geworden. [...]
>
> In ganz einzigartiger Weise geht der moderne Mensch in der Gesamtheit auf. Dies ist vielleicht der charakteristischste Zug an seinem Wesen. Die herabgesetzte Beschäftigung mit sich selbst macht ihn ohnehin schon in einer geradezu krankhaften Weise für die Ansichten empfänglich, die durch die Gesellschaft und ihre Organe fertig in Umlauf gesetzt werden. Da nun noch hinzukommt, daß die Gesellschaft durch ihre ausgebildete Organisation eine bislang unbekannte Macht im geistigen Leben geworden ist, ist seine Unselbständigkeit ihr gegenüber derart, daß er schon fast aufhört, ein geistiges Eigendasein zu führen. [...]
>
> Weil wir so auf die Urrechte der Individualität verzichten, kann unser Geschlecht keine neuen Gedanken hervorbringen

oder vorhandene in zweckmäßiger Weise erneuern, sondern es erlebt nur, wie die bereits geltenden immer größere Autorität erlangen, sich immer einseitiger ausgestalten und sich bis in die letzten und gefährlichsten Konsequenzen ausleben. [...]

Mit der preisgegebenen Unabhängigkeit des Denkens haben wir, wie es nicht anders sein konnte, den Glauben an die Wahrheit verloren. [...]

Mit der eigenen Meinung gibt der moderne Mensch auch das eigene sittliche Urteil auf. Um gut zu finden, was die Kollektivität in Wort und Tat dafür ausgibt, und zu verurteilen, was sie für schlecht erklärt, unterdrückt er die Bedenken, die in ihm aufsteigen. Nicht nur vor anderen, sondern auch vor sich selbst läßt er sie nicht zu Wort kommen. Es gibt keine Anstöße, über die sein Zugehörigkeitsgefühl zuletzt nicht triumphiert. So verliert er sein Urteil an die Masse und seine Sittlichkeit an die ihre." [214]

Für den Psychoanalytiker und Sozialpsychologen Erich Fromm besitzt der an die Erfordernisse des Kollektivs angepasste Menschentyp einen „Marketing-Charakter":

„Menschen mit einer Marketing-Charakterstruktur haben kein Ziel, außer ständig in Bewegung zu sein und alles mit größtmöglicher Effizienz zu tun. [...] Sie haben ihr großes, sich ständig wandelndes Ich, aber keiner von ihnen hat ein Selbst, einen Kern, ein Identitätserleben. Die ‚Identitätskrise' der modernen Gesellschaft ist darauf zurückzuführen, daß ihre Mitglieder zu selbstlosen Werkzeugen geworden sind [...]." [215]

Das Ziel des Marketing-Charakters, *optimales Funktionieren unter den jeweiligen Umständen*, bewirkt, daß er auf die Welt vorwiegend verstandesmäßig (*cerebral*) reagiert. Vernunft im Sinne von *Verstehen* ist eine Gabe, die dem *Homo sapiens* vorbehalten ist;

---

[214] Schweitzer, Albert: „Verfall und Wiederaufbau der Kultur", Gesammelte Werke S. 41 – 43.

[215] Fromm, Erich: „Haben oder Sein. Die seelischen Grundlagen einer neuen Gesellschaft", S.142/143.

über *manipulative Intelligenz* als Instrument zur Erreichung konkreter Ziele verfügen sowohl Tiere als auch Menschen. Manipulative Intelligenz ohne Kontrolle durch die Vernunft ist gefährlich, da die Menschen dadurch auf Bahnen geraten können, die vom Standpunkt der Vernunft selbstzerstörerisch sind. Je scharfsinniger die von der Vernunft nicht kontrollierte Intelligenz ist, desto gefährlicher ist sie."[216]

Insbesondere die zunehmende Technisierung ist für E. Fromm Ausdruck einer solchen Entwicklung, die den Menschen zum getriebenen und funktionierenden Sklaven macht. Erschreckend dabei ist vor allem,

> „daß sich der Mensch im Augenblick seiner größten *Ohnmacht* einbildet, dank seiner wissenschaftlichen und technischen Fortschritte *allmächtig* zu sein."[217]

Die Frage ist darum begründet: Wo eigentlich steht der heutige Mensch? Was macht ihn aus? Was ist die Systemeigenschaft, die uns berechtigt, in Unterscheidung zum Tier, von „Mensch" zu sprechen? Sind die mit dem „menschlichen Geist" zur Offenbarung kommenden Wirksamkeiten wirklich die zutiefst menschlichen? Größe und Macht des „menschlichen Geistes" beeindrucken. In seiner Transzendenz ist er der Systemeigenschaft Tier unverkennbar übergeordnet, in seiner Macht – als Geist – ein „Bild Gottes" (1. Mose 1,27).

Wie vertragen sich die weltzerstörenden Lebensäußerungen der Menschheit mit ihren hohen Idealen? Oder ist es bereits so, dass das wahre Glück nur noch in den Konsumtempeln erfahren wird, in der Befriedigung der Gier, die den Leoparden erfüllt, wenn seine Zähne sich in die Kehle seiner Beute bohren? Ist Schönheit nicht mehr Ausdruck integeren Seins, sondern Schein, vorgegeben von führenden Modeateliers? Geht Freiheit in der Wahl des Fernsehprogramms auf, in der Wahl der Droge, des Amüsements, das uns die Mühen des Tages vergessen macht, das

---

[216] Ebd., S. 144.
[217] Ebd., S. 147.

Bewusstsein im ökonomischen Standby-Modus hält und uns im Zustand eines „träumerischen Kängurus"? Sind unsere Ansprüche zum Maß der Gerechtigkeit geworden? Heißt Macht, andere zittern lassen? Bedeutet uns Kenntnis schon Weisheit? Ist Liebe Fleischeslust und kumuliert die Einheitssehnsucht im grölenden Wir-Gefühl des Hordenbewusstseins, verbunden mit der Angst, als Außenseiter zu gelten? Ist dies das Glaubensbekenntnis des Homo oeconomicus, des versklavten, seelenlosen Automaten, der sich als Fragment dem „menschlichen Geist" verschrieben hat?

Weit entfernt hat unsere „Zivilisation" sich von der Natur. Nicht mehr Mutter, Beute ist sie. Natürliche Begrenzung – Herausforderung ist sie dem „menschlichen Geist". Offenbaren nicht die Früchte die Art des Baumes (Matth. 7,18-20)?

Aber, so könnten wir argumentieren, wenn das Bewusstsein sich im Organisieren immer komplexerer Strukturen ausbildet, bedeutet es nicht gerade die Bewusstwerdung des „menschlichen Geistes", wenn der Einzelne sich in die Ordnung fügt, seinen Eigenwillen dem Wohl des Kollektivs unterordnet? Ist nicht die Überwindung des Egoismus das Gebot der Stunde? Wenn die im Egoismus gebundene Energie frei wird, sich nicht länger in Reibungsverlusten verbraucht, sondern sich auf funktionale Anpassung an die Forderungen des Kollektivs beschränkt, dann steht doch die verbleibende Energie für die Ausbildung des „menschlichen Geistes" zur Verfügung. Erst dann, wenn das Bewusstsein die Form vollständig unterworfen und strukturiert hat, vermag es doch weiterzuschreiten, vom biologischen zum geistigen Sein.

Diese Argumentationskette übersieht die Gebundenheit des „menschlichen Geistes" an die Form, worauf Konrad Lorenz so ausdrücklich hinweist. Ist alles organisiert, optimiert und an seinen Platz gestellt, ist eine weitere Entwicklung nicht mehr möglich. Die systeminternen Energiereserven sind ausgeschöpft. Dessen ungeachtet fordert die Entropie ihren Anteil. Der Ausweg einer Zusammenarbeit in einem komplexeren System ist einer globalen Organisation versperrt, auch eine Zusammenarbeit mit der „Natur", denn als „offenes System" ist der Organismus auf Energiezufuhr von außen angewiesen. Er benötigt Nahrung, und diese kann nur aus der „Natur" kommen, aus ihrer fortwährenden und, infolge der Entropie, stets zunehmenden Ausbeutung.

Das „offene System", das als biologisches Bewusstsein nichts als sich selbst kennt, sich als abgeschlossenes Ganzes versteht, erweist sich als Krebszelle im All, die den Wirt aussaugt, bis dieser zugrunde geht.

Mit der Leichtigkeit des Homo oeconomicus ließe sich die ganze Problematik mit einer lässigen Handbewegung beiseiteschieben: „Nun ja, ´s kommt, ´s geht; was regen S' sich auf?"

Recht hätt' er, stände er in der Realität des wahren Seins. Uns aber, die wir hier von Illusion zu Täuschung taumeln, uns muss er doch das Recht zugestehen, uns gleichfalls zu jener Höhe emporzuarbeiten, von welcher aus es uns gestattet ist, aller Erscheinung Lebewohl zu sagen.

Wendepunkt

Immerhin ist uns das Ende der Evolution, was ihren naturgesetzlichen, *automatischen* Ablauf betrifft, nun bekannt. Es gibt keine ewig fortschreitende Evolution, die uns wie in einem Reisebus „von Herrlichkeit zu Herrlichkeit" mitnimmt. Der zweite Hauptsatz der Wärmelehre verfolgt nur ein Ziel: Die homogene Einheit des Anfangs wiederherzustellen. Daher muss alle Form früher oder später zerbrechen.

Eine Evolutionstheorie, die Form für das Wesentliche hält, weder nach Inhalt noch Sinn fragt, ist scheint's zu kurz gefasst. Sie bleibt reine Phänomenologie. Zudem wird mit dem formgebundenen „menschlichen Geist" die offensichtlich planmäßige Ausbildung eines Selbstbewusstseins ad absurdum geführt.

Bemerkenswert sind in diesem Zusammenhang unsere Idealvorstellungen von den typisch menschlichen Werten, die wir vom Homo oeconomicus so völlig missverstanden sehen, außerdem unser Perfektionsverlangen, Erwartung paradiesischer Zustände, Unsterblichkeit u. ä. Es sind Ideale, denen der Mensch seit Jahrtausenden nachjagt, Ideale, die die Kultur vorantreiben, bis diese, Heraklits Gesetz folgend, in ihr Gegenteil hineinläuft und vom nächsten Kultivierungsversuch abgelöst wird. Es sind ewige Ideale – mit sehr begrenzter Haltbarkeit in der Trennungswelt. Ließen sie sich realisieren, dann würde ihnen schließlich doch der

2. Hauptsatz der Wärmelehre den Garaus machen – was ja eigentlich auch schade wäre.

So stellt sich die Frage, wie wir unsere Ideale einordnen wollen. Dazu lassen sich zwei Standpunkte einnehmen:

Erstens ist sowohl aus jahrtausendelanger Erfahrung als auch aus physikalischer Erkenntnis mit Sicherheit festzustellen, dass unsere Idealvorstellungen hier nicht realisiert werden können. Im Geiste der formalen Evolution müssen wir folglich auf krankhafte Mutationen schließen, denn die damit verbundenen Energieverschwendungen sind ohne jeglichen biologischen Nutzen. Im Homo oeconomicus finden die Ideale ihre einzige, dem gesellschaftlichen Gesamtorganismus gemäße Ausbildung.

Zweitens ist sowohl aus jahrtausendelanger Erfahrung als auch aus physikalischer Erkenntnis mit Sicherheit festzustellen, dass unsere Idealvorstellungen hier nicht realisiert werden können. Ideale nehmen Bezug auf die innewohnende Einheit, die hinter der dialektisch geprägten Natur wirkt (Hegel). Sie sind uns folglich innewohnend und können darum in der Außenwelt nicht gefunden werden.

Der erste Standpunkt darf wohl als genügend erörtert betrachtet werden. Wenden wir uns darum dem zweiten zu. Mit den ihm innewohnenden Idealen unterscheidet sich der Mensch tatsächlich von allen anderen Lebenserscheinungen. Das Tier ist vollkommen zweckmäßig, vermag zu denken und kennt Sozialverhalten. Es hat darum auch ein gewisses Gerechtigkeitsempfinden, ebenso Liebes- und Freiheitsbedürfnisse. Alles ist jedoch genetisch bestimmt. Es verfolgt keine Ideale; es ist biologisch an seine Umwelt angepasst und gehorcht der Notwendigkeit. Der Mensch dagegen hat biologisch unnütze Ideale und beweist das zur Genüge. Diese Ideale sind keine Systemeigenschaft der Evolutionskette; auch nicht so etwas wie das Freud'sche Über-Ich. Letzteres bildet sich erst aus den Versuchen, den Idealen zu entsprechen. Im „Pymander" definiert Hermes:

„38. Daher ist von allen Geschöpfen in der Natur allein der Mensch zweifach, nämlich sterblich dem Körper nach und unsterblich dem wirklichen Menschen nach."[218]

Wir haben hier also einerseits den Naturmenschen der Evolution und andererseits den Geistfunken des ursprünglichen Menschen.[219] Der Naturmensch unterscheidet sich von seinen tierischen Mitgeschöpfen nur durch seine Verbindung mit dem Geistfunken. Der Geistfunke ist zwar unsterblich, aber nur in rudimentärer Weise Mensch, da er infolge seiner Trennung vom Einen seine Ausdrucksmöglichkeit verloren hat. Der Naturmensch hingegen vermag sich sehr wohl auszudrücken; ihm ist im Allgemeinen aber völlig unklar, wozu er auf diesem Planeten hin und her läuft. Es ist offensichtlich: Die Lösung besteht in Zusammenarbeit.

Erst wenn wir uns von der Trennungsvorstellung lösen und eine universelle Einheit allen Seins zulassen, die nicht wird, sondern ist, erst dann leuchtet die Sinnhaftigkeit eines Selbstbewusstseins auf. Statt der sich in ihrer Formgebundenheit totlaufenden Evolution zeigt sich der wesentlich erhabenere Entwicklungsbogen des universellen Regelkreises, in dem mit der Entwicklung eines Selbstbewusstseins nur erst die Basis gelegt ist, um, durch Preisgabe der Form, zur Einheit des Seins zurückzukehren. Hier ist Form Mittel, Werkzeug, nicht Zweck. Wir sehen uns damit vor eine „allgemeine Reformation sowohl des Göttlichen als auch des Menschlichen im vollen Umfang" gestellt, wie die „Fama Fraternitatis R.C." es bereits zu Beginn des 17. Jahrhunderts erwartete.[220]

Es geht nicht länger darum, Kenntnis und Information zu sammeln. Nun geht es, so E. Fromm, um ein streng hiervon zu unterscheidendes „Wissen", von dem alle großen Denker zeugen:

---

[218] Hermes Trismegistos: „Corpus Hermeticum", 1. Buch: „Pymander".

[219] Rijckenborgh, Jan van: „Die Ägyptische Urgnosis und ihr Ruf im ewigen Jetzt", Teil 1, S. 74.

[220] Anonym: „Fama Fraternitatis R.C.: Bericht der Bruderschaft des hochlöblichen Ordens R.C." in Jan van Rijckenborgh: „Der Ruf der Bruderschaft des Rosenkreuzes", S. XXXVII.

„Wissen beginnt in ihren Augen mit der Erkenntnis der Täuschungen durch die Wahrnehmungen unseres sogenannten gesunden Menschenverstandes; nicht nur in dem Sinn, daß unser Bild der physischen Realität nicht der ‚tatsächlichen Wirklichkeit' entspricht, sondern insbesondere in dem Sinn, daß die meisten Menschen halb wachen und halb träumen und nicht gewahr sind, daß das meiste dessen, was sie für wahr und selbstverständlich halten, Illusionen sind, die durch den suggestiven Einfluß des gesellschaftlichen Umfeldes hervorgerufen werden, in dem sie leben. Wissen beginnt demnach mit der Zerstörung von Täuschungen, mit der ‚Ent-täuschung'. Wissen bedeutet, durch die Oberfläche zu den Wurzeln und damit zu den Ursachen vorzudringen, die Realität in ihrer Nacktheit zu ‚sehen'. Wissen bedeutet nicht, im Besitz von Wahrheit zu sein, sondern durch die Oberfläche zu dringen und kritisch und tätig nach immer größerer Annäherung an die Wahrheit zu streben." [221]

Wissen ist hier Qualität, nicht Quantität, ist nicht breit, sondern tief, nicht vielfältig – einfach. Der Verstand sucht Einheit und kann sie nicht finden; das Herz erfasst sie. Wie leicht verwirft der stolze Verstand die Erwägung des Herzens, doch „das Herz hat seine Gründe, die der Verstand nicht kennt", wusste der französische Philosoph Blaise Pascal. Warum? Weil das Herz entwicklungsgeschichtlich älter ist. Erst nachdem dieses in genügender Weise auf die Impulse des Geistfunkens zu reagieren vermochte, konnte die Entwicklung des Verstandesdenkens darauf aufbauen. Das Herz besitzt also – hinsichtlich der geistigen Empfänglichkeit – mehr Reife. [222]

Wo wir die menschliche Problematik als innewohnend erkannt haben, da dürfen wir von gesellschaftlichen Organisationen keine Lösungen hierfür erwarten. Als Objekt der Trennungswelt ist jede Organisation dem Einen gegenüber völlig abgeschottet, also blind. Es gibt natürlich Organisationen, deren Mitglieder hohe Ideale verfolgen. Solche Gemeinschaften können

---

[221] Fromm, Erich: „Haben oder Sein", S. 48.

[222] Vgl. Vortrag von Rudolf Steiner am 25./30.3.1910 in Wien. In: Steiner, Rudolf: „Makrokosmos und Mikrokosmos", S. 218f, 251f.

natürlich einen besonders hilfreichen Nährboden bieten, und ihre Mitglieder vermögen einander sehr wirksam zu unterstützen; nur, die Auflösung der inneren menschlichen Gespaltenheit muss jeder selbst vollbringen. Mehr als Hilfe zur Selbsthilfe kann keine Organisation, kein Lebenspartner, Meister oder was auch immer leisten. Wer mehr verspricht, ist ein Beutelschneider, wer mehr erwartet, ein Trittbrettfahrer und sollte sich über die falsche Richtung nicht mokieren. Was die selbstverständlich notwendige gesellschaftliche Organisation betrifft, gilt das Bibelwort (Luk. 20,25): „So gebt dem Kaiser, was des Kaisers ist, und Gott, was Gottes ist!" Mitglied der menschlichen Gesellschaft sein ist eine Sache, sich von ihr der Selbstautorität berauben zu lassen eine andere. So ist auch von einem über Menschenrecht und -würde hinausgehenden ethischen Verhaltenskanon wenig zu erhoffen. Wiewohl wir einander auch in zivilisierter Weise begegnen sollten, müssen wir dem Werdenden doch Raum und Freiheit gewähren, soll es doch dem wahren Geist und nicht allein der Form genügen.

So sehen wir den Einzelnen in der Verantwortung stehen. Darauf weist auch die globale Krise hin. Rüttelt sie nicht wach und weckt uns aus den Träumen? Die Natur zählt keine Erbsen, die Mitschuld jedem offenbarend, fordert sie nicht Sühne, doch Einsicht und bewusstes Leben. Es muss nicht jeder alles erwirken, doch was er einsieht, ist zu tun ihm aufgetragen. Dies ist auch Goethes Konklusion im „Faust":

> „Das ist der Weisheit letzter Schluß:
> Nur der verdient sich Freiheit wie das Leben,
> Der täglich sie erobern muß." [223]

Das uns von der Evolution geschenkte Selbstbewusstsein fordert beständige Selbstwirksamkeit, soll es nicht im teilnahmslosen Dahinvegetieren untergehen (Schrödinger). Die Aufmerksamkeit muss sich dazu von außen nach innen verlagern. Die Form braucht nicht weiter kultiviert zu werden. Formänderung steht fortan im Dienst des werdenden Bewusstseins. Nun ist die

---

[223] Goethe: „Faust II", 5. Akt, Großer Vorhof des Palastes, Zeile 11574 – 11576.

Bewusstseinsstruktur natürlich primär auf die biologische Natur abgestimmt. Unglücklicherweise befeuert der natürliche Überlebenstrieb dadurch auch den selbstbezogenen Egoismus und wirkt damit auf den Erhalt der Trennungsidee hin. Einzig die Impulse, die uns vom Geistfunken her erreichen und uns eine vage Vorstellung wahrhaft geistiger Werte vermitteln, vermögen uns, als Leitstern, eine andere Richtung zu weisen. Aufgrund der nun einmal gegebenen Bewusstseinsstruktur ist eine Richtungsänderung kein einfaches Unterfangen und erfordert tiefe Einsicht. Aber wir wollten ja eine autonome, selbstbestimmte Existenz. Nun, hier, inmitten der Trennungswelt, wird eben dies von uns verlangt. Wer nun nicht selbst das Steuer in die Hand nimmt, der wird gesteuert. Es gibt keine automatische Befreiung von der Trennungsidee. Nichts und niemand nimmt diese Erfindung von uns. Wir müssen schon selbst bestimmen, wofür wir unsere verfügbare Energie verwenden wollen.

Wird nicht dem Egoismus Tür und Tor geöffnet, wenn jeder nun nach billigem Ermessen die Normen seiner Handlungsweise selbst bestimmt und haben sich nicht auch unsere Ideale stets als unbrauchbar erwiesen? Wie soll daraus etwas Vernünftiges entstehen?

Auch die Sorge des so Fragenden zeugt von hohem Ideal. Oder ist es nicht Liebe zum Leben, nicht Opferbereitschaft, wenn der Willkür Grenzen gesetzt werden, selbst um den Preis der Selbstbescheidung? Entspringt das Verlangen, etwas Vernünftiges möge doch entstehen, nicht einem Ideal? Nein, so billig kommen wir nicht davon! Liebe will nicht um den Preis der Freiheit, Macht nicht ohne Weisheit sein. Nur gemeinsam werden sie zur Einheit, *alle* wollen verwirklicht sein.

Aber das geht doch nicht in einer Welt der Trennung! Irgendetwas ist doch nicht richtig! Kommt es darauf an, die Ideale im Gleichgewicht zu halten, damit Freiheit nicht Liebe, Macht nicht Gerechtigkeit verschlinge? Nun, dies zu erreichen mühen sich unsere Gesellschaftsordnungen redlich, allein es besteht keine Einigkeit, wem wieviel wovon zusteht, und auch was Gerechtigkeit denn überhaupt sei, oder Glück. So beschneiden wir einander die Ideale und bauen damit an einem Gesellschaftsorganismus, in dem schließlich alles optimiert ist – und alles Leben ausgetrieben.

Nein, unsere Ideale wollen nicht nur *allesamt,* sie wollen auch *vollkommen* verwirklicht sein.

Wieviel Schmerz, wieviel Leid und welche Qual bereiten wir einander in unserem Bestreben. Mit Verzweiflung, Weh und Kummer ist diese Welt getränkt. Und dieses Stechen, Brennen, Beißen soll höchsten Namens Ausdruck sein? Was haben wir verbrochen, dass Höllenqual und –pein das täglich' Brot uns ist und trotz allen guten Wollens der Pfeil das Ziel nicht trifft?

In seinem Roman, „Das grüne Gesicht", erzählt Gustav Meyrink, wie ein Reiter versucht, sein Pferd mit Peitschenhieben zum Überspringen einer Hürde zu bewegen:

> „[...] da blitzte in mir die Erkenntnis auf, daß ich selber es auch nicht anders machte als das Pferd: das Schicksal hieb auf mich ein, und ich wußte nur, daß ich litt – ich haßte die unsichtbare Macht, die mich folterte, aber daß alles nur geschah, damit ich irgend etwas vollbringen sollte – vielleicht eine geistige Hürde überspringen, die vor mir lag –, das hatte ich bis dahin nicht begriffen. [...]
>
> Ich erlebte damals in einer Sekunde an mir den Satz der Bibel von der Vergebung der Sünden in der seltsamen verborgenen Bedeutung, die ihm zugrunde liegt: – mit dem Begriff der Strafe fiel auch von selbst die Schuld weg und aus dem Zerrbild eines rächenden Gottes wurde im veredelten, von Form losgelösten Sinn eine wohltätige Kraft, die mich nur belehren wollte [...]."[224]

Der Geistfunke konnte nicht wirksam werden, ehe das Werkstück der Trennungsidee, das abgetrennte Geschöpf, mit Selbstbewusstsein bekrönt war. Der Wille zur Trennung verband sich stets inniger mit der Formenwelt, während der Geistfunke – das „Ich bin" – als erstes versklavtes Element mit jeder darübergelagerten Ordnungsstruktur stets mehr von der Form umhüllt wurde. Nun aber, nun gab es ein autonomes (genauer: ein *potentiell* von der Trennungsidee freies) Bewusstsein, welches,

---

[224] Meyrink, Gustav: „Das grüne Gesicht", S. 144/145.

auf der anderen Seite der Trennungsmauer Impulse aufzufangen und zu verarbeiten vermochte.

Im Prinzip war damit die Ent-wicklung des geistigen Urkerns möglich geworden. Allein, für den aus der Evolutionskette hervorgegangenen Naturmenschen sind die Impulse des Geistfunkens objektiv Signale aus einer anderen Welt, auf die er zunächst einmal nicht sinnvoll zu reagieren vermag. Natürlich fängt er sie auf, entwickelt Vorstellungen – später Ideologien – und versucht, sein Leben darauf abzustimmen. Indessen bewirkt die Trennungswirksamkeit der dialektischen Naturordnung eine Polarisierung aller echten Werte. Zur Vorstellung von Liebe gesellt sich der Hass, zur Freiheit Unfreiheit, zur Schönheit Hässlichkeit usw. Dem Naturmenschen *kann* nichts Bleibendes gelingen. Die Ideale in seinem Inneren und die immer wieder alles zerbrechenden Wirksamkeiten des Regelkreises im Außen peitschen ihn vorwärts. Weiter! Weiter! Immer weiter! Er entwickelt einen immer schärferen Verstand. – Weiter! Er entwickelt Kultur. – Weiter! Die Vorstellungen treten miteinander in Wettbewerb. Der Mensch individualisiert. – Weiter! Streit. Vereinsamung. – Weiter! Zusammenschluss mit Gleichgesinnten. Ideologien. Krieg. – Weiter! Internationale Bündnisse. Ausgefeilte Theorien und bestialische Weltkriege. – Weiter! Verzweiflung.

Indem der Naturmensch, seinem Bewusstsein entsprechend, auf die Ideale der „anderen Welt" zu reagieren versucht und durch die Reaktion seiner Umwelt korrigiert wird, kommt seine Intelligenz zur Reife. Er entwickelt *Vorstellungen* von Gut und Böse, und es zeigt sich ein Kulturgang bis dieser, wie alles in der Natur, in sein Gegenteil hineinläuft.

Mit dem Bild der in sich geteilten Seele können wir sagen: Im Naturmenschen wird die leibgebundene Seele sich ihrer Situation bewusst. Das ist zunächst nur ein dunkles Wiedererinnern der verlorenen Einheit – mit ihren Idealen grob umrissen. Im beständigen Scheitern aller Bemühungen, diese zu verwirklichen, wird sie langsam der ganzen Tragik ihres Seinszustandes gewahr. Sie *erfährt* ihre völlige Ohnmacht im Getriebe der Trennungswelt. Wie Prometheus an den Felsen des Kaukasus, findet sie sich an die Form, die Materie gekettet. Und wie jenem der Adler die stets nachwachsende Leber aus dem Leibe pickt, wird ihre Lebenskraft zum Gaukelspiel entwendet, wird ihr Streben lächerlich gemacht.

Doch es genügt nicht, dass sie ihr Scheitern erkennt, ihre Ohnmacht erfährt, sich nach Einheit sehnt; noch hat sie die Ursache ihres Unglücks nicht ergründet. Gleich Dante in der „Göttlichen Komödie" (Hölle,1. Gesang) wird ihr daher durch tierische Begierden (des Naturmenschen) der Zugang zum Tugendberg versperrt, und es bleibt ihr kein anderer Weg, als bis zum tiefsten Grund der Trennungswelt hinabzusteigen, des Urtriebs der Erscheinung sich bewusst zu werden. Allein hierdurch vermag sie sich zu wappnen, nicht abermals dem Irrtum zu erliegen. Es ist ein Gang ins Innere der Erscheinungswelt.

„Eintretende, laßt alle Hoffnung fahren!" (Hölle, 3.Gesang, 9)

sieht Dante über dem Höllentor geschrieben. Der Zitternde wird von seinem Führer ins Bild gesetzt (Hölle, 3.Gesang, 14 – 18):

„Hier ist es ungehörig noch zu zweifeln,
Beschlossen ist's, daß alles Niedre sterbe.
Wir sind am Ort, von dem ich dir gesprochen,
Wo du die Menschen siehst in ihren Leiden,
Wenn ihres Geistes Gut verloren ist."

Auch wir sind, in unseren Betrachtungen der evolutionären Entwicklung, der äußeren Erscheinung gefolgt. Wenn wir auch ein planmäßiges Werden feststellten, Organisation und Gesetzmäßigkeit, so sind wir doch *äußerer*, unbeteiligter Beobachter geblieben, haben noch nicht gewagt das evolutionäre Wirken im eigenen Inneren zu schauen. Die Ideale, wohl, die haben wir dem Innenraum zuordnen müssen, doch als Elemente einer uns fremden Welt. Uns, dem Naturwesen, sind sie nicht mehr als Beatrices Wunsch und Wirken, Dante, den Bewusstseinskern von Anbeginn, zu sich emporzuführen (Hölle 2,70; Paradies 31, 79-87).

Was zwingt uns, beständig nach außen uns zu orientieren, nach „oben" Ausschau zu halten und das Innen zu vergessen?

Es besteht biologisch keine Notwendigkeit, einmal aufeinander abgestimmte und an die Außenwelt angepasste Systemstrukturen zu verändern. Sie haben sich bewährt. Jeder Versuch, hier Idealvorstellungen verwirklichen zu wollen, birgt Gefahr. Einzig ein effizientes Organisieren der internen Systemprozesse ist von Interesse, weil die freigesetzte Energie dadurch verfügbar wird und zum Reagieren auf mögliche Umweltänderungen genutzt werden kann. Nach diesem Prinzip arbeitet das Gehirn. Wird ein einmal abgelegtes Erkennungsmuster als genügend passend für die aktuelle Situation gefunden, wendet die Aufmerksamkeit sich neuen Aufgaben zu. Das abgelegte Muster wird als Wirklichkeit genommen, auf weitere, ermüdende und energieraubende Übereinstimmungsprüfung verzichtet.

Die Ideale haben sich sicher in gleicher Weise in das Weltbild des Naturmenschen integriert. So genügen einige Schlagwörter, um assoziierte Vorstellungen, Theorien und Ideologien aufzurufen. Wer Marx zitiert, wird als Kommunist abgestempelt. Christus wird gesagt, Kirche verstanden. Wer von Evolution spricht, ist ein Gottesleugner, der Gläubige ein Hinterwäldler. So treten wir einander gegenüber: Nicht auf Menschen, auf die eigenen Muster reagieren wir, und zwar sowohl individuell als auch kollektiv. Wir haben uns Vorstellungen gemacht, und nun machen diese uns zu ihrem Ausführungsorgan. Ideen und Ideologien bekämpfen einander *unter Gebrauch der Menschen.*

„Aber wir müssen doch nicht blind irgendwelchen Ideen gehorchen!“ mag der freie, aufgeklärte Mensch vielleicht einwenden. Aber es geht nicht um „irgendwelche Ideen“, es geht um selbstgemachte Vorstellungen, von denen wir *annehmen*, dass sie die Wirklichkeit in rechter Weise *abbilden*. Der biologische Evolutionsprozess hat eine *brauchbare* Vorstellung von der Außenwelt entwickelt. Nun entwerfen wir *Hypothesen* darüber, wie die von uns wahrgenommenen Ideale mit dieser verknüpft sein mögen. Auf diese Weise nehmen wir nun bewusst am Evolutionsprozess teil und erleben seinen Mechanismus, wie von G. Vollmer beschrieben:

> „Jede Mutation ist sozusagen eine Hypothese über die Struktur der Außenwelt. Die meisten dieser Hypothesen sind freilich

falsch (d. h. die meisten Mutationen bringen Nachteile); aber es gibt offenbar auch richtige oder zumindest brauchbare Hypothesen, wie die Entwicklung der Arten zeigt."[225]

Jede Ideologie können wir als eine solche Mutation ansehen, auch jede persönliche Wertung. Die abgeschlossenen *biologischen* Evolutionsprozesse bereiten uns in der Regel keine Probleme. Das Blatt ist grün, die Zitrone sauer und der Winter viel zu lang; darüber sind wir im Wesentlichen einig. Ob aber die alte Trauerweide abgeholzt werden darf, darüber lässt sich prächtig streiten: Das vermeintlich eigene Recht, Ökonomie, Ökologie, „Du sollst nicht töten!", der gesellschaftliche Nutzen ... Jeder denkt sich etwas anderes aus. Im Grunde ist es ein blindes Herumexperimentieren nach dem „Try-and-Error-Prinzip", wobei wir für die weitere Ausformung unserer idealen Ordnung natürlich die Reaktion der Umwelt mit berücksichtigen – gemäß unseren Vorstellungen, versteht sich. Wir sind Egozentriker im vollen Wortsinn. Nein, wir sind nicht notwendig böse, rücksichtslos oder unsozial, wir können sogar ausgesprochen kultiviert und humanistisch sein. Allein, wir sind es nach *unseren* Ideal-*Vorstellungen. Das* ist es, was uns zum steinharten Egoisten macht. Es ist bezeichnend für unsere völlige Selbstbezogenheit, wenn wir die Außeneinflüsse, wo sie von unseren Vorstellungen abweichen, als „blindes Schicksal" beschimpfen. Wer ist denn hier blind?

Sollen wir denn unsere Ideale verneinen, um vom Egoismus frei zu werden? In der evolutionären Entwicklung unserer Ideal-Vorstellungen sind wir inzwischen auf der Stufe kollektiver Zusammenarbeit angekommen. Wir tauschen Begründungen aus, warum die Trauerweide gefällt werden sollte oder nicht, und ein jeder überprüft seine Beurteilung. Dieser Gedankenaustausch wirkt sehr bewusstseinsfördernd und ist darum absolut positiv zu bewerten. Dessen ungeachtet ist es eine Mystifikation, daraus wahre Erkenntnis zu erhoffen. Wenn zwei Blinde um den Unterschied zwischen Grün und Rot ringen und die Vorstellung eines dritten und vierten noch hinzuziehen, ist das sehr lobenswert, denn es wird ihre eigene Vorstellung relativieren. Zu wahrer

---

[225] Vollmer, Gerhard: „Evolutionäre Erkenntnistheorie", S. 153.

Erkenntnis werden sie auf diese Weise aber nicht gelangen, denn in einer Welt der Dunkelheit bieten Rot und Grün keine Orientierung.

Die Ideal-Vorstellungen, die unsere Gesellschaft bestimmen, sind das Ergebnis der diversen Kommunikationsprozesse. Dennoch bleiben es Hypothesen. Nach Einschätzung des Bielefelder Soziologie-Professors Niklas Luhmann vermögen alle Systeme, gesellschaftliche wie persönliche, ihre Umwelt *gar nicht* zu erkennen. Um ein Bild ihrer Situation zu erhalten, beschreiben sie nicht die wirkliche Umwelt, sondern tatsächlich sich selbst, das, was sie als ihre Umwelt *annehmen*.[226] Sie sind deswegen auch blind für Ziele anderer Systeme und natürlich ebenso für übergeordnete.[227] Aus der Umwelt werden nur Informationen *abgefragt*, denen, nach interner Vorstellung, Bedeutung zukommt. Darauf richtet sich die Aufmerksamkeit. Und je intensiver wir uns auf den Erhalt spezieller Informationen konzentrieren, umso leichter kommen uns andere Aspekte der Wirklichkeit abhanden.[228]

Wir sammeln Informationen, um unsere Hypothesen zu vervollkommnen, um endlich gesichert und angstfrei in unserem abgeschlossenen Kokon leben zu können. Aber wer sammelt da die Informationen, und wer bastelt an der Welthypothese? Ich? Wo ist das Ich, wo das Nicht-Ich, wenn nur Hypothesen über eine angenommene äußere Welt existieren? Was bleibt vom Ich, wenn alle Hypothesen davon abgezogen werden? Ist nicht das Ich, als abgeschlossene Existenz, die erste Hypothese und als solche Grundlage aller weiteren? Als solche ist es auch die verleiblichte Seele, die sich einen Ehrentempel errichtet hat, dessen fensterlose Wände ihre Vorstellungen einer fragmentalen Welt widerspiegeln und die sie für Wirklichkeit nimmt.

„Wir sind aufgeklärte Menschen und brauchen nicht blind irgendwelchen Ideen zu gehorchen!" Wer so spricht, verkennt, dass er aus diesen Ideen besteht. Wir *haben* keine Ideologien; wir verkörpern sie. Sicher können wir unsere Ideologien „über Bord

---

[226] Wehowsky, Stefan: „Die unvernünftige Gesellschaft", GEO Wissen, Nov. 1993, S. 158.

[227] Ebd., S. 161.

[228] Kreiter, Andreas zu Versuchsergebnissen des amerikanischen Psychologen Daniel Simons, in: Henning Egelen, „Die Erfindung des Ich", GEO Kompakt Nr. 15, S. 86.

werfen", können all unsere Hypothesen über unsere Ideale bleiben lassen. Aber wer wagt es, so nackt dazustehen, als reines Naturwesen, ohne das Feigenblatt einer Theorie, welche die Trennung vom Urgrund kaschieren könnte? Dieser könnte in vollkommener Demut Antwort geben auf die Frage: „Adam, wo bist du?" (1. Mose 3,9).

Alle anderen müssen es sich gefallen lassen, von den einmal entwickelten Ideologien *gebraucht* zu werden. Die Gesellschaft und ihre Organe sind *äußerer Ausdruck* dieser übergeordneten, menschenbenutzenden Ordnungsstruktur. Von ihr ist sicher keine Lösung der elementaren Problematik zu erwarten; sie ist selbst das Produkt kollektiver blinder Hypothesen. Von einer Horde autistischer Egoisten wird doch niemand ernsthaft eine Ethik erwarten, die als Basis einer uneigennützigen Gesellschaft dienen könnte? Selbst wenn sie sich in einer Symbiose zusammenfänden, so hätten sie sich doch im formauflösenden Feuer der Entropie zu bewähren. Und dort scheitert jedes Ego naturnotwendig!

Nachdem wir die äußere Evolution ihrem Erstarrungstod im Superorganismus zustrebend vorgefunden, haben wir nun, bei Untersuchung der inneren Entwicklung, die Ursache in der ersten Hypothese entdeckt, der Annahme einer abgeschlossenen Existenz. Wir können daher resümieren: *Das Ich-Bewusstsein kann die primäre Lebensproblematik nicht auflösen, da es selbst die Ursache ist. Folglich wird sich innerhalb des Systems kein Kunstgriff finden lassen, die Fehlentwicklung zu beheben.*

Damit ist nicht gesagt, wir könnten nichts tun oder wären gar aller Verantwortung ledig. Unser Ausgangspunkt ist falsch. Die Einsicht, unser fragmentales Weltverständnis sei Täuschung, ist wohl wahr, taugt aber nicht als Handlungsbasis, da kein Subjekt, kein Objekt, kurz, überhaupt keine Realität aus ihr abgeleitet werden kann. Sie führt in letzter Konsequenz nur zu Fatalismus.

Wenn die Lösung nicht *im* System gefunden werden kann, dann muss sie doch im Außen liegen? „Was habe ich dann damit zu tun?" sucht unser Ego gleich den Ausweg. Nun, unsere Ich-Vorstellung ist eine Täuschung. Vom universellen Regelkreis können wir das nicht behaupten. Da dieser offensichtlich die Entwicklung eines Selbstbewusstseins bewirkt, stellt er uns doch definitiv in die Verantwortung! Wir müssen daher lernen, Phantasie und Wirklichkeit auseinanderzuhalten. Sich seiner selbst bewusst zu sein, ist eine Sache, sich als in sich geschlossene Existenz zu betrachten, nur erst einmal eine Behauptung.

Was wollen wir von jemandem halten, der verkündet, autonom zu sein, im nächsten Augenblick aber Sachzwänge geltend macht? Wenn wir uns selbst als verantwortliche Einheit begreifen und unsere Ideal-Vorstellungen uns zu bestimmten Verhaltensweisen nötigen, dann ist es nicht nur ungerecht, anderen die Schuld an unserem Verhalten anzulasten, es ist vor allem auch dumm, denn wir berauben uns damit der Erkenntnismöglichkeit. Durch Schuldzuweisung oder Verstecken hinter Sachzwängen bewahren, ja, festigen wir unsere einmal ersonnenen Gedankenbilder, wo wir sie – sinnvollerweise – einer kritischen Prüfung unterwerfen sollten.

Die eingangs aufgeworfene Befürchtung, dem Egoismus würde Tür und Tor geöffnet, wenn jeder nach billigem Ermessen die Normen seiner Handlungsweise selbst bestimme, ist darum unbegründet. Erstens ist ohnehin jeder bereits in seine eigenen Wertemuster verstrickt – ob er es sich zugesteht oder nicht. Zweitens geht es bei der geforderten Selbstwirksamkeit ja gerade um eine Verantwortung übernehmende Bewusstwerdung. Allein dazu ist der Naturmensch mit den Wirksamkeiten der Ideale verbunden.

Die Ideale müssen nicht verwirklicht werden; sie sind. Indem wir sie aber einem Ich zuschreiben, es damit zu schmücken trachten, wird alles falsch. Weil das Ich sich durch Behauptung eines ausgegrenzten Nicht-Ich definiert, kann jedes dem Ich zugeschriebene Ideal im Außen natürlich nicht gefunden werden – zumindest nicht in der geforderten Reinheit. Damit ist klar: Ich bin gut; die Welt ist böse, mein Unglück und Erlösungsanspruch damit unverkennbar. In dieser Überzeugung treten wir einander – mehr oder weniger kultiviert – gegenüber, suchen, wo nicht Einsicht, so doch Verständigung zu erreichen, schaffen Organisationen und Gesellschaften im gleichen Geist und verwundern uns des letztendlichen Scheiterns: War unser Streben denn nicht gut genug?

Das Leben wird zum zermürbenden Kreislauf, und es bedarf sicher einiger Erfahrungen des Scheiterns, ehe wir es wagen, unser Selbstverständnis in Frage zu stellen und die Erfahrung zuzulassen, dass wir völlig spekulativ leben. Nur dieser Zusammenbruch der Selbstgefälligkeit gebiert den Mut, alle Handlungen, Taten und Reaktionen nicht länger aus äußeren Umständen heraus zu erklären. Das Schicksal kann dann als Korrektiv begriffen werden, welches die Missdeutung bezüglich des Wesens der Ideale ausgleicht und zu tieferem Verständnis anspornen will.

Das menschliche Lebenssystem, ein Mikrokosmos

Wenn wir es unterlassen, äußere Komponenten für unsere Lebensumstände verantwortlich zu machen, dann müssen wir diesen Teil unserer „Außenwelt" unserem Lebenssystem zuschreiben. Neben dem Naturmenschen der Evolutionskette und dem Geistfunken müssen wir folglich – als Bindeglied – eine dritte, überpersönliche Komponente berücksichtigen.

Der Naturmensch ist die handelnde und informationsverarbeitende Persönlichkeit. Der Geistfunke spornt, durch Anregung der mit ihm verbundenen Ideale, die Persönlichkeit zur Handlung an. In der Projektionsfläche des Mikrokosmos zeigt sich das Resultat, und zwar in zweifacher Weise: Erstens objektiv, praktisch von außen. Bildlich gesprochen zeigt sich auf der Oberfläche der Kugel im Netz der Indra das dem Seinszustand der Persönlichkeit adäquate Bild des Umfeldes, so, wie es aus der Notwendigkeit des Regelkreises folgt. Zweitens subjektiv, sozusagen von innen (bildlich: gegen die Innenseite dieser Kugel geguckt) zeigt sich dieses Bild der Persönlichkeit gefärbt, entsprechend ihrem Bewusstseinszustand.

Albert und Josephine kommen miteinander in Kontakt, weil dies ihrer Entwicklung im Sinne des Regelkreises förderlich ist. Wir können dies als eine Art magnetischer Wirksamkeit sehen, bei der das systeminterne Defizit bzw. Übermaß des Einzelnen zum Ausgleich strebt. Albert nimmt Josephine jedoch nicht objektiv wahr, sondern entsprechend seinem Bewusstseinszustand. Sie sehen einander „gefärbt" und messen dieses Bild an dem Schema ihrer eigenen Idealvorstellungen. Objektiv haben sie Kontakt, aber durch (unwahre) Vorstellungen, durch Bild und Wertung, lebt jeder in einer anderen Wirklichkeit, begegnen sie einander tatsächlich nicht. Allein, durch den Konflikt, der hieraus zwangsläufig entsteht, werden beide getrieben, ihre Vorstellungen zu korrigieren.

Ehe wir weiterschreiten, wird es sinnvoll sein, uns zunächst mit dem Wesen des hier hervortretenden mikrokosmischen Aspektes des menschlichen Lebenssystems vertraut zu machen. In der Welt der Einheit sind wir ihm bereits begegnet: Dort ist es der Anteil am Geist des Einen, der der Seele entsprechend ihrem Bewusstseinszustand zukommt, die Monade. Es geht also um die objektive Information über das Umfeld, in welches das menschliche Lebenssystem als Mikrokosmos eingebettet ist. Innerhalb des Mikrokosmos ist, durch die Trennung vom Geist, nun jene Informationsverwirrung eingetreten, welche die subjektive Erscheinungswelt mit ihren relativistischen Wirklichkeitsverzerrungen hervorbringt. Subjektive und objektive Information sind verbunden durch die Rückkopplungsprozesse des Regelkreises, welche auf die Wiederherstellung der Einheit hinzielen. Die betreffenden Informationskomplexe reichen natürlich weit über das biologische Wesen hinaus. Es handelt sich bei diesem mikrokosmischen Aspekt folglich um einen *überpersönlichen Informationsträger* des gesamtmenschlichen Systems.

In der natürlichen Evolution wird die Information im Genpool gespeichert. Das Individuum hat als zeitweilige sterbliche Erscheinung nur mehr funktionalen Charakter. Die nun sich Geltung verschaffende Bewusstwerdung des geistigen Urkerns ist aber ein *individueller* Prozess. Die Ideale bewirken ja – als Signale einer anderen Welt – einen sehr persönlichen Bewusstwerdungsprozess. Mit dem Tod der Persönlichkeit würden daher alle Erfahrungen zunichte.

Stirbt der natürliche Mensch, dann verliert das gesamtmenschliche System nicht nur seine Ausdrucksmöglichkeit, sondern auch die in den Synapsenverbindungen gespeicherte Information. Der Geistfunke existiert natürlich weiter und wird sich mit einer anderen Form verbinden müssen, um im Sinne des regenerierenden Regelkreises eine Entwicklung zustande zu bringen. In den Religionen wird hier von Reinkarnation, Wiedergeburt oder gar von Seelenwanderung gesprochen, Begriffe, an die sich möglicherweise mehr Hoffnungen knüpfen, als gerechtfertigt ist.

Die Seele des Menschen ist die oberste Ordnungsstruktur des Körpers. Zerfällt der Organismus, verflüchtigt sich auch die Ordnung. Für eine weitere Existenz der Seele fehlt die Grundlage, die Bindung mit dem Geist. Wäre über den Geistfunken eine Verbindung mit dem Geist des Einen entstanden, so dass die Seele der Idee des Geistes Ausdruck zu geben vermöchte, wäre ihre Existenz auf die Einheit gegründet und damit prinzipiell ewig. So aber wurzelt ihre Existenz in der Trennungsvorstellung und ist damit, wie alles in der Erscheinungswelt, vergänglich.

Es ist im Grunde auch nicht richtig, die Neuverbindung des geistigen Urkerns mit einem neuen naturmenschlichen Wesen als Wiedergeburt zu bezeichnen. Das Neugeborene hat niemals vorher existiert und ist vollkommen aus den biologischen Prozessen zu erklären. Der Geistfunke will sich zwar in dem neuen Geschöpf ausdrücken; dazu muss dieses aber wieder zum rechten Verständnis durchdringen. Die Situation ist also wie gehabt, und darum stellt sich hier die Frage, wie hierzu nützliche Informationen aus Lebenserfahrungen von Existenzen aus der Zeit davor überhaupt übertragen werden können.

Wenn der biologische Mensch auch stirbt, so bleibt die uns bekannte Welt und also seine Außenwelt doch bestehen. Das Ich-Bewusstsein nutzt das Umfeld als Projektionsfläche: Außen ist, was nicht Ich ist. Die seelische Beschaffenheit eines Menschen spiegelt sich also in einer gewissen Weise in seinem Umfeld wider, nicht als Kopie, sondern als komplementäre Ergänzung. Die Information über die Seele des Menschen ist folglich wie in den Doppelsträngen der Chromosomen gesichert. So wie sich die DNA-Doppelstränge bei der Zellteilung der Länge nach auftrennen, um sich zu reproduzieren, tritt auch durch den Tod des Naturmenschen eine Spaltung ein, denn durch dessen Tod wird das ursprüngliche menschliche System mit seinem Geistfunken von der Erscheinungswelt getrennt.

Wir dürfen die Außenwelt hier nicht nur als das persönliche Umfeld sehen, welches der Verstorbene hinterlässt. Das wäre viel zu eng gefasst, denn natürlich wird dieses im Weltgetriebe mitgeschleift und verändert. Auch geht es nicht um Erhalt der Form, sondern um Information, und zwar ausschließlich um solche, die das Verständnis bzw. Unverständnis der Regelkreisidee oder die

Wirksamkeit des geistigen Urkerns betreffen. Information kann mittels einer Form *übertragen* werden. Die Form ist dabei neutral, nur Behälter. Das Meer zum Beispiel kann Sehnsüchte wecken, kann als unabweisbare Begrenzung empfunden werden, als Bedrohung auch und Gefahr. Seine Weite kann locken, doch vermag es den Menschen auch auf sich selbst zurückzuwerfen, kann Trost spenden und uns unsere Kleinheit innewerden lassen.

Wir müssen den Erhalt der Information im Sinne von Konrad Lorenz' „menschlichem Geist" sehen, hier jedoch an den Mikrokosmos gebunden. Unser Trennungsdenken tut sich da naturgemäß wieder etwas schwer. Der Naturmensch hat im Laufe seines Lebens sowohl durch Handlungen als auch durch elektromagnetische Gedanken- und Gefühlswirksamkeiten auf die Außenwelt eingewirkt und sie mitgestaltet. Sofern es *seine* Handlungen, Gedanken und Gefühle sind, müssen wir diese seinem gesamtmenschlichen System zurechnen. Diese Information ist in der Außenwelt als Form gespeichert, in seinem Mikrokosmos als relativistische „Perspektive". Die Außenwelt stellt, wie ein Baukasten, ein Arsenal von Formen zur Verfügung. Der Mikrokosmos wichtet sie, indem er einige in den Mittelpunkt stellt und groß heraushebt und anderen einen Platz am äußersten Rand zuweist. Jede Abweichung dieser „Geometrie" vom Ziel des Regelkreises erfordert eine weitere Informationsverarbeitung. Gelingt es dem Naturmenschen, sich auf das Ziel des Regelkreises abzustimmen und die verworrene Information durch rechte Ordnung und Tätigkeit mit der Realität in Übereinstimmung zu bringen, dann hat er die Information der Vergangenheit in einen *lebendigen Seinszustand* überführt. Dies ist es, was in den westlichen Religionen Sündenvergebung, in den östlichen die Aufhebung des Karmas oder der Gebundenheit genannt wird.

Es gibt also einen zweifachen Informationsabgleich, einen mikrokosmischen und einen makrokosmischen. Im Kleinen nimmt die Lebenshaltung des Naturmenschen Einfluss auf die Kraftlinienstruktur seines Mikrokosmos. Sie bestimmt, ob ein psychischer Komplex verstärkt oder aufgelöst wird. Die regulierende Funktion haben wir dem universellen Regelkreis zugewiesen. Und dort, in der makrokosmischen Struktur, wird der Ist-Zustand der mikrokosmischen Information dem Ziel des Regelkreises gegenübergestellt und das Umfeld entsprechend angepasst. Es hängt also vom Grad der Übereinstimmung ab, ob noch elementare Einsicht erworben werden muss oder bereits mit der regenerativen Abstimmung auf die Realität der Einheit begonnen werden kann.

So nimmt die biologische Persönlichkeit durch ihre Lebenshaltung also nicht nur Einfluss auf ihr Schicksal, sondern bestimmt auch den Charakter des sie beherrschenden geistigen Gesetzes, also ob die polarisierte Natur des Trennungsgeistes sie vorwärts peitscht oder bereits der Geist der Einheit in ihr zu wirken vermag. Obwohl sie also der biologischen Form nach sterblich ist, kann ihr Bewusstsein Anteil an der Welt der Einheit erhalten und in diese eintreten. Einzige Voraussetzung ist, dass sie sich von der Trennungsidee befreit. Die mythische Darstellung des ägyptischen Totengerichts können wir nun als Bild eines fortwährenden Informationsabgleichs lesen (Abb. 10): Im schakalköpfigen Totengott Anubis, der die Seele der Persönlichkeit zur Waage geleitet, um dort, mit der Feder der Wahrheit und Gerechtigkeit, die Reinheit ihres Herzens zu bestimmen, erkennen wir die Wirksamkeit des Regelkreises. Thot, der ibisköpfige Gott der Weisheit und Vernunft[229], der das Ergebnis der Wägung aufschreibt, symbolisiert die informationsspeichernde Eigenschaft des Mikrokosmos. Das Herz gehört dann entweder der Formenwelt an und wird vom fragmental zusammengesetzten Ungeheuer Ammut verschlungen, oder es gehört dem wahren Menschen der Einheit, dargestellt durch Horus (mit dem Falkenkopf), Sohn von Isis und Osiris, dem weiblichen und männlichen Aspekt des Offenbarungsfeldes der Einheit.

Das so gefürchtete Totengericht vollzieht sich also jederzeit im Hier und Jetzt. Der Name nimmt Bezug auf die Wiedererweckung des *ursprünglichen Menschen der Einheit*, der in seinem eigentlichen Lebensfeld unwirksam geworden, also gestorben ist und nun in der Schattenwelt einem Läuterungsprozess unterliegt.

Gewöhnlich wird das Totengericht irgendwann nach dem Ableben erwartet. Wollen wir die Mythen und Legenden, die sich hiermit befassen, und auch die Berichte jener ernst nehmen, die

---

[229] Ions, Veronica: „Ägyptische Mythologie“, S. 135.

aus dem Zustand des „klinischen Todes" noch einmal ins Leben zurückgeholt werden konnten[230], dann können wir daraus schließen, dass bei der Trennung von der Erscheinungswelt bewusst erfahren wird, wie der erreichte mikrokosmische Informationsgehalt am Ziel des Regelkreises gemessen wird. Die bewusstseinsbildende Funktion des Regelkreises würde dadurch jedenfalls unterstrichen. Den Prozess einer solchen Informationsverarbeitung hat Rudolf Steiner einmal bei einem öffentlichen Vortrag in Wien erläutert .[231] Wie dem aber auch sei, es ist nicht nötig, diese Frage hier weiter zu verfolgen. Letztlich haben wir mit unserem Körper die Ausdrucksmöglichkeit in der Erscheinungswelt verloren, und was davon noch übrig sein mag, erfüllt, nach Auswertung der Information, keinen Zweck mehr und kann aufgelöst werden, wie die nächtlichen Traumgebilde beim morgendlichen Erwachen. Im Idealfall ist das ursprüngliche menschliche System mit seinem Mikrokosmos und einem wieder auf den Einen Geist abgestimmten Bewusstsein im ursprünglichen Lebensfeld der Realität wieder lebensfähig und kann aus der Schattenwelt des regenerierenden Regelkreises entlassen werden.

Wo das Ziel des Regelkreises aber noch verfehlt wird, da wiederholt sich – aus dem Blickwinkel des ursprünglichen menschlichen Systems heraus betrachtet – die Katastrophe von Anbeginn: Nach dem Verlust der Ausdrucksmöglichkeit im Makrokosmos der Einheit verliert der Geistfunke mit dem Tod des Naturmenschen auch noch die Ausdrucksmöglichkeit in seinem Mikrokosmos. Ganz im Sinne des Regelkreises sind die Verhältnisse nun aber umgekehrt: Gegenüber dem Einen ist der ursprüngliche Mensch unverständig und schließt sich in seinem Autonomiestreben von ihm ab. In der Erscheinungswelt erleidet nun das menschliche System selbst die Folgen unverständiger Selbstbezogenheit durch den Naturmenschen. Dieses ist der primäre, der

---

[230] Die Medizinerin, Sterbeforscherin und Professorin an der Universität von Virginia, Elisabeth Kübler-Ross, veröffentlichte 1969 erstmals Berichte über Nahtod-Erlebnisse in ihrem Buch „Interviews mit Sterbenden". Ihr fiel auf, dass viele Sterbende Ähnliches erfahren hatten: die Trennung vom Körper, die Rückschau auf ihr Leben, eine Reise durch einen Tunnel und die beglückende Wahrnehmung eines Lichts. Kübler-Ross, Elisabeth: „Über den Tod und das Leben danach".

[231] Steiner, Rudolf: „Der Kreislauf des Menschen durch die Sinnen-, Seelen- und Geisteswelt". Öffentlicher Vortrag, Wien 19.3.1910.

mikrokosmische Erfahrungsprozess. Der sekundäre besteht darin, unter Mithilfe des biologischen Menschen ein Bewusstsein auszubilden, welches wieder in angemessener Weise auf die Wirksamkeiten des Einen Geistes zu reagieren vermag.

Nun ist aber vom biologischen Menschen nichts übrig als die Essenz seiner Erfahrung. Um seine Entwicklung fortsetzen zu können, muss sich das rudimentäre System des ursprünglichen Menschen wieder mit einer geeigneten beseelten Körperlichkeit der Evolutionskette verbinden. J. v. Rijkenborgh vergleicht dies mit einer Transplantation, bei der ein neugeborener Körper in einen entleerten Mikrokosmos eingeführt wird:

> „Nun werden sowohl der Seelenkern als auch der neugeborene Körper in einen entleerten Mikrokosmos eingeführt. Das ist gleichsam eine Operation, eine Transplantation. Ein Organ aus einer Notordnung wird in eine aus einer anderen Ordnung stammende Wesenheit eingepflanzt. Nun muß sich zeigen, ob das transplantierte Organ sich fügen kann und fügen will; ob der Plan zur Rückkehr, das Ziel der Operation, ausgeführt werden kann." [232]

Eine solche Verbindung kommt natürlich auch nicht von ungefähr zustande, sondern gehorcht – im Rahmen der Gegebenheiten – den Erfordernissen des Regelkreises. Außenwelt und Informationsgehalt im Mikrokosmos haben eine Entsprechung zueinander. Die Verbindung kommt dort zustande, wo
1. die genetische Grundlage geeignet ist,
2. das Umfeld eine geeignete Projektionsfläche für die im Mikrokosmos gespeicherte Information bietet und
3. die notwendigen Regelkreisprozesse am besten zur Wirkung kommen können.

Der Informationsgehalt des Mikrokosmos und das Maß seiner Übereinstimmung mit dem Ziel des Regelkreises bestimmen daher Anfangs- und Randbedingungen der neuen Existenz.

---

[232] Rijckenborgh, Jan van: „Das Mysterium Leben und Tod", S. 20.

„Kein Genom – und auch kein Organismus – kann autonom, ohne Rücksicht auf seine Umwelt definiert werden. Stets müssen die Bedingungen mit berücksichtigt werden, die zu seiner Entstehung beigetragen haben und während seiner Existenz einwirken. Die von Chaos-Forschern ‚Anfangs- und Randbedingungen‘ genannten Voraussetzungen sind nicht in den Genen gespeichert: Die Welt [...] enthält sie *per se*. Diese ‚scheinbar überschüssige Information‘ ist, schreibt Bernd-Olaf Küppers [Physiker am Max-Planck-Institut für Biophysikalische Chemie in Göttingen], ‚in den physikalischen Milieubedingungen enthalten, die zusammen mit der genetischen Information die Struktur und Funktion eines lebenden Systems erst bestimmen!‘

Mehr noch: Milieu und Gene wirken beim Werden eines Organismus durchaus nicht beliebig zusammen, sondern in einer ganz bestimmten, nicht umkehrbaren zeitlichen Folge – sie ‚kanalisieren‘ dessen Lebenslauf."[233]

Durch familiäre Umstände und das weitere soziale und kulturelle Umfeld werden wir, gerade in den ersten Lebensjahren, entsprechend geprägt. Subjektiv mögen uns diese Vorgänge ungerecht erscheinen. Für das gesamtmenschliche System sind es jedoch Rückkopplungen der Einwirkungen, mit denen die Vorinkarnation (das ist der zuvor mit dem Mikrokosmos verbundene Mensch) Einfluss auf die Außenwelt genommen hat.

Dieser Informationstransfer in das naturmenschliche System ist Segen und Fluch zugleich. Segen, als alle im Mikrokosmos gespeicherte wahre Information der Persönlichkeit zur Verfügung steht, ohne dass diese erst einen Erfahrungsprozess durchlaufen muss. Sie weiß dann intuitiv, was sie von bestimmten Situationen oder Dingen zu halten hat. So hat sie vielleicht Bedenken, wo andere keine Skrupel kennen, oder bleibt völlig leidenschaftslos, wo diese in helle Begeisterung geraten.

Fluch ist die Informationsübertragung, wenn die verworrenen Informationen von der Persönlichkeit Besitz ergreifen. Da diese sich als abgespaltene Bewusstseinsinhalte oder Komplexe mani-

---

festieren, wirken sie aus dem Unbewussten heraus und haben daher einen zwingenden Charakter. Der Mensch wird möglicherweise zu befremdlichen Handlungen getrieben, die zielsicher in eine aufbrechende Katastrophe münden. In dieser Hinsicht ist die naturmenschliche Persönlichkeit geradezu eine Marionette ihres mikrokosmischen Erbes.

Aufgrund ihrer *existenziellen Teilhabe* am „menschlichen Geist" der Trennungswelt nimmt auch die gesellschaftliche Entwicklung von der Persönlichkeit Besitz. Gemäß dem Resonanzprinzip wird sie vom gesellschaftlichen Ordnungskollektiv versklavt. Die unbewusste Wirkungsweise dieser „Marionettenfäden" und deren Macht gründen in der Verantwortung, die einst der übergeordneten Ordnungsstruktur übertragen wurde.

Wir können den Mikrokosmos als verbindendes Glied zwischen der biologischen Persönlichkeit und ihrer objektiven Umwelt sehen. Person und Umwelt sind wechselweise Emissions- und Absorptionsort der Information, also Ereignis, während der subjekt- und objektumfassende Mikrokosmos das *eigentliche* quantenphysikalische Objekt Mensch ist. Wenn wir von „Mensch" sprechen, müssen wir genau genommen den *Mikrokosmos* darunter verstehen. Die Persönlichkeit, also das derzeitige naturmenschliche Wesen, ist im Idealfall sein Ausdrucksmittel. Mit dem Geistfunken ist die innere Verbindung mit dem Geist des Einen angedeutet, mit der Monade dessen Offenbarung im Umfeld der Persönlichkeit. So sehen wir den Menschen buchstäblich als „Bild Gottes" (1. Mose 1,26). Konsequenterweise ist unter der menschlichen Seele dann ebenfalls der Mikrokosmos zu verstehen. Er ist der Mittler zwischen dem Geist und seiner Offenbarungsform, dem Körper. Diese im ursprünglichen Zustand auf den Geist der Einheit bezogene Seele ist selbstverständlich streng von der trennungsideebestimmten Naturseele der augenblicklichen Persönlichkeit zu unterscheiden.

Das wir hier überhaupt mit zwei Seelen umgehen müssen, ist eine Folge der Trennungsidee. Im Mikrokosmos, dem menschlichen System der Einheit, ist durch das Autonomiestreben eine Informationsverwirrung entstanden, wodurch er den Geist der Einheit gleichsam aus den Augen verloren und auch seine Offenbarungsmöglichkeit eingebüßt hat. Der biologische Mensch ist ein

Wesen der Erscheinungswelt und vollkommen daraus zu erklären. Seine Lebenssituation ist so kompliziert, weil der von Informationsverwirrung geprägte Mikrokosmos sich mit ihm, dem die Welt der Einheit von Natur aus fremd ist, verbindet. Darum haben wir mit zwei Seelen zu rechnen, nicht mit einer guten und einer bösen, sondern mit einer desorganisierten Seele der Einheit und einer biologischen Seele der Trennungsnatur, die – unter der Leitung des Geistfunkens – zur Einheit zusammenwachsen sollen (vgl. J. v. Rijckenborgh). In einigen esoterischen Kreisen wird versucht, das Bewusstsein der Persönlichkeit zum sogenannten „höheren Selbst" (der Information im Mikrokosmos) zu erheben, um so zum „kosmischen Bewusstsein" durchzudringen. Es sollte dann aber auch die Frage nach der Informationsverarbeitung gestellt werden. Wenn die im Mikrokosmos vorhandene verworrene Information über das Umfeld in die Persönlichkeit übertragen wurde und diese sich nun mit irgendwelchen Methoden mit dem Mikrokosmos vereinigt, was ist damit gewonnen? Das Persönlichkeitsbewusstsein verbindet sich mit dem Unterbewusstsein. Die Information wird nicht entwirrt, sondern, im Gegenteil, vor der aufbrechenden Wirksamkeit des Regelkreises geschützt, die normalerweise einen persönlichen Erfahrungsprozess bewirken würde. Diese Art der Verbindung liefe somit darauf hinaus, das eigene Lebenssystem vor korrigierenden Einflüssen abzuschotten. Statt Entwicklung würde völliger Stillstand des Informationsflusses erreicht. Das menschliche System wäre damit dem Erstarrungstod im Trennungsgeist anheimgegeben.

Machen wir uns wegen dieser Gefahr noch einmal klar, wie wir die nach Autonomie strebende mikrokosmische Seele einzuordnen haben. Ihrem Wesen nach ist sie die Antithese zum Einen. Nachdem sie ihre Verbindung mit dem Einen Geist aufgekündigt hatte, war sie selbst das höchste Wesen in ihrem System und umschloss alles. Insofern hatte die Paradiesschlange Recht, wenn sie versprach: „Ihr werdet sein wie Gott" (1. Mose 3,5). Die mikrokosmische Seele hatte sich also – in ihrem System – selbst zum alleinigen Gott gekrönt. Da die Information im Mikrokosmos auf die mit ihm verbundene Persönlichkeit einwirkt, liegt die Situation nun klar vor uns: Die mikrokosmische Seele ist aufgrund des Informationstransfers in gewisser Weise der Schöpfer der Persönlichkeitsseele. Die Persönlichkeit ist auf die Kraftwirksamkeiten im Mikrokosmos abgestimmt. Insofern ist er ihr persönlicher Gott. Durch den überpersönlichen Charakter des Mikrokosmos können dessen Kraftwirksamkeiten der Persönlichkeit durchaus als „göttliches" Wirken erscheinen.

Die Persönlichkeit wächst in einem Umfeld auf, das ihren Charakter prägt, übereinstimmend mit der Information im Mikrokosmos. Damit ist die Wertestruktur gelegt, die als „Über-Ich", wie Freud diese nannte, Einfluss auf die Lebenshaltung der Persönlichkeit nimmt. Wo wir der geerbten Verhaltensnorm zuwider handeln, da plagen uns Gewissensnöte. In der Angst, die elterliche/göttliche Liebe verloren zu haben, fürchten wir Strafe und Rache. Umgekehrt: Widerstehen wir der Versuchung, unseren Grundsätzen untreu zu werden, dann steigt unser Selbstwertgefühl. Durch diese fatale Wechselwirkung zwischen Persönlichkeit und Mikrokosmos wird die Information der Selbstbezogenheit gefestigt.

Diese Entwicklung wird dadurch gefördert, dass die Information in der Trennungswelt polarisiert ist. Ja, Nein, Plus, Minus, Null und Eins sind für uns eindeutige Aussagen. Mit „sowohl als auch" wissen wir nichts anzufangen. Die im Herzen über den Geistfunken empfangenen Inspirationen der Einheit können vom trennenden Verstandesdenken daher nicht verarbeitet werden. Der Verstand kann sich hier nur in den Dienst des Herzens stellen. Wo er aber versucht, sich das wirkende Ideal zu eigen zu machen, es ganz zu erfassen, da muss er es in Information *zerlegen*, die er zu verarbeiten imstande ist. Als Ergebnis entsteht die bekannte Polarisierung einer Ideal-*Vorstellung*, der die Trennungshypothese der mikrokosmischen Seele zugrunde liegt. Aufgrund dieser polarisierten Information sieht sich die Persönlichkeit subjektiv immer in Polarität zum Umfeld.

Die verworrene Information, die durch die Polarisierung erzeugt wird, stärkt das Schicksalsband zwischen Mikrokosmos und Persönlichkeit. Aber gerade wegen der Polarisierung erfährt die Persönlichkeit auch das Scheitern ihrer Ideal-Vorstellungen. Die Information wird dadurch zwar noch nicht zur Klarheit geführt, es entsteht aber ein objektiver Erfahrungsschatz: „So ist das Ideal nicht realisierbar".

Mit jedem gescheiterten Versuch drängt sich dem Bewusstsein darum immer zwingender die Einsicht auf, dass trotz aller Bemühungen nichts Bleibendes entsteht. Wenn die Persönlichkeit dann in vollem Umfang wirklich die Trostlosigkeit der Trennung einzusehen vermag, dann hat sie die Basisinformation für ein neues Werden gefunden. Wenn sie es subjektiv auch als Tiefpunkt, als Scheitern ihres Ringens erleben mag, objektiv ist es ein erster Erfolg des Geistfunkens, wenn die prinzipielle Ausweglosigkeit der Trennungswelt eingesehen wird. Diese Erfahrung kann nicht mehr allein aus der Trennungsidee abgeleitet werden. Sie ist kein Ergebnis der Erscheinungswelt, sondern setzt ein, wenn auch noch weitgehend unbewusstes Erfahren der hinter ihr wirkenden Einheit voraus.

Wir erfahren diese Wirksamkeit – gleichsam in ihrem Vorstadium – wenn irgendein unvorhergesehenes Ereignis plötzlich all unsere Pläne völlig zunichtemacht. Dann stehen wir ratlos und wissen nicht weiter. Alle trennenden Denkstrukturen sind dann für einen gewissen Zeitraum zusammengebrochen oder doch zumindest erheblich geschwächt. Die damit einhergehende Enttäuschung lässt das Dasein schal und reizlos erscheinen. Das Bewusstsein der Persönlichkeit erfährt, wie die Ordnungsstruktur ihrer Ichbezogenheit zeitweilig an Kraft verliert. Wir werden still, und alle Verkrampfung und Verbissenheit fällt von uns ab. Wie eine Lücke in den Fußgängerströmen der Ladenpassage unvermittelt einen Blick auf die Schaufensterauslagen der anderen Seite freigibt, so kann uns in dieser erzwungenen Unterbrechung unseres Gedankenflusses ein Lichtblitz aus dem Nicht-Ich erreichen. Wir gewinnen eine neue Perspektive. Leider ist es in den meisten Fällen so, dass die trennende Selbstbezogenheit alsbald über die neugeborene Einsicht herfällt und damit die alte Ordnung auffrischt, um sie, so gestärkt, womöglich weiter auszubauen. Die Fußgänger-/Gedankenströme sind dann dichter als je zuvor, und von der anderen Seite ist nichts mehr zu sehen.

Schicksalhaft werden wir, bis der Boden bereitet ist, stets weiter eingeengt, um, wie Dante im tiefsten Höllenkreis, das ganze Ausmaß unserer Verlorenheit zu erfahren und, gleich ihm, gerade hier den ersehnten Zugang zum Läuterungsberg zu finden (Hölle 34.). Die Frucht jahrelanger bitterer Erfahrung erlaubt dem

Bewusstsein nun, die Wirksamkeit des Nicht-Ich-Zentrums wahrzunehmen und zuzulassen, ohne erneut der Versuchung nach Zerteilung und Ausgrenzung zu erliegen. Damit ist nicht eine neue, höhere Stufe der biologischen Evolution erreicht, vielmehr wahrlich ein Quantensprung, hin zum Ausgangspunkt wahrhaften Werdens getan. Erst jetzt wird eine *bewusste* Zusammenarbeit der Persönlichkeit mit dem regenerierenden Regelkreis möglich.

Bisher erfolgt die Auflösung der verworrenen Informationen weitgehend von außen: Die starren Denkmuster, welche die Persönlichkeit im Laufe ihres Lebens ausbildet, führen zu einer stets zunehmenden Gesichtsfeldverengung, die schließlich durch den Tod aufgelöst wird. Entsprechend der Heisenberg'schen Unbestimmtheitsrelation ist die Information dann nicht mehr partiell und konkret in der Persönlichkeit aufbewahrt, sondern allgemein und unscharf in der Außenwelt. Bei erneuter Verbindung der mikrokosmischen Information mit einer biologischen Persönlichkeit ist diese gezwungen, alle Erkennnungsmuster neu zu bilden. Es entsteht keine Kopie der vorherigen Persönlichkeit; vielmehr bewirken die Einwirkungen des Regelkreises und mögliche Rekombinationen des Überbewusstseins (Simonov) eine, wenn man so will, erneuerte Ausgangshypothese. Wie der Tod rückläufige Entwicklungen in der biologisch rekombinativen Mutationsbildung verhindert (Eigen), so sichert er auch den objektiven Erfahrungsschatz, indem er die daneben entstandenen subjektiven, verhärteten Denk- und Gefühlsmuster aufbricht, ehe diese alle Entwicklungsmöglichkeiten ersticken.

Wenn Lilly Laue nicht zum Kern ihres Daseins vordringt, dann wird es auf der Basis ihrer Lebensessenz mit Sibylle Kämpfer versucht. Wo auch diese scheitert, sucht Claudia Kluge einen Weg. Und wenn auch sie die rechte Basis verfehlt, dann wird vielleicht Maria Magdalena sich so weit von ihrer Selbstbezogenheit reinigen können, dass sie bereit ist, den Einen Geist in sich wirken zu lassen, auf dass dadurch ein Seinszustand geboren werde, der dem Willen dieses Geistes im Körper Ausdruck zu geben vermag.

Die bisherige Informationsverarbeitung, die Wechselwirkung zwischen Mikrokosmos und Persönlichkeit, Geburt und Tod, ist ein weitgehend automatischer Prozess. Mit der evolutionären

Formenbildung bewirkt der Regelkreis gleichzeitig eine Bewusstseinsentwicklung. Aus dem Geistfunken empfangene Impressionen der Einheit werden in dialektische Idealvorstellungen umgesetzt, die letztlich an ihrer Polarität scheitern. In diesem zermürbenden Kreislauf entwickelt sich, wo die Aufmerksamkeit nicht abstumpft, Intelligenz und eine Sensibilität für die Problematik, so dass das Bewusstsein schließlich *erfährt*, von der Einheit getrennt zu sein. Dies ist der Beginn eines Unterscheidungsbewusstseins, einer bewussten Wechselwirkung zwischen Geistfunken und Persönlichkeit. Nun erst kommt die Aufgabe der Persönlichkeit im angestrebten Werdeprozess im vollen Umfang zum Tragen. Wo sie zwischen der subtilen Einflussnahme der mikrokosmischen Seele und den Suggestionen des Geistfunkens zu unterscheiden vermag, da wird die verworrene Information im Mikrokosmos zur Klarheit des Geistes geführt, und indem sie ihre Einsicht durch entsprechende Handlung zum Ausdruck bringt, werden Geist(-funken), Mikrokosmos und körperlicher Ausdruck zur Einheit verschmolzen.

Persönlichkeit und Individualität

Nachdem wir die Ideale im geistigen Urkern wurzelnd und den Mikrokosmos als Informationsträger gefunden haben, da können wir uns nun wieder der Entwicklung des naturmenschlichen Wesens zuwenden. Üblicherweise verbinden wir mit ihm unsere Ich-Vorstellung und suchen, es unseren Idealvorstellungen entsprechen zu lassen. Wo jetzt feststeht, dass wir den Mikrokosmos als das eigentliche menschliche System anzusehen haben, da wird es notwendig, nun auch das Wesen des biologischen Menschen auf seine wahre Art hin zu untersuchen.

Abgrenzung nach außen

Als aus Zellen und Organen aufgebautem Organismus müssen wir der Persönlichkeit eine natürliche Seele zuerkennen, die als Ordnungsstruktur ihr biologisches Funktionieren gewährleistet. Diese Seele müssen wir streng vom Geistfunken, aber auch von der Seele des Mikrokosmos unterscheiden. Beide sind um sie bemüht. Der geistige Urkern sucht, als wahrhaftes „Ich bin", in der Persönlichkeit offenbar zu werden, während die mikrokosmische Seele ihr Autonomiestreben in ihr zu verwirklichen trachtet, ja, sie „nach ihrem Bilde formt" und ganz auf sich abzustimmen strebt. Bei der Vorstellung eines „Ich bin ich" in Unterscheidung zu anderem handelt es sich folglich um eine *Zuschreibung* von Eigenschaften, die durch das Lebensumfeld auf die Person übertragen und erhalten werden.

C. G. Jung definiert die Persönlichkeit wie folgt:

> „Die bewußte Persönlichkeit ist ein mehr oder weniger willkürlicher Ausschnitt aus der Kollektivpsyche.
>
> Sie besteht aus einer Summe von psychischen Tatsachen, die als *persönlich* empfunden werden. Das Attribut ‚persönlich' drückt die ausschließliche Zugehörigkeit zu *dieser* bestimmten Person aus. [...]
>
> Diesen oft mit viel Mühe zustande gebrachten Ausschnitt aus der Kollektivpsyche habe ich als *Persona* bezeichnet. Das Wort *Persona* ist dafür wirklich ein passender Ausdruck, denn persona ist ursprünglich die *Maske*, die der Schauspieler trug und welche die Rolle bezeichnete, in der der Spieler auftrat. Wenn wir nämlich an das Wagnis herantreten, eine genaue Unterscheidung dessen vorzunehmen, was als persönliches und was als unpersönliches psychisches Material zu gelten hat, so geraten wir bald in größte Verlegenheit, denn wir müssen auch von den Inhalten der Persona im Grunde genommen dasselbe aussagen, was wir vom kollektiven Unbewußten sagten, nämlich, daß es allgemein sei. Nur vermöge des Umstandes, daß die Persona ein mehr oder weniger zufälliger oder willkürlicher Ausschnitt aus der Kollektivpsyche ist, können wir dem Irrtum verfallen, sie auch in toto für etwas ‚Individuelles' zu halten; sie ist aber, wie ihr Name sagt, nur eine Maske der Kollektivpsyche, *eine Maske, die Individualität vortäuscht*, die andere und einen selber glauben macht, man sei individuell, während es doch nur eine gespielte Rolle ist, in der die Kollektivpsyche spricht.
>
> [...] Im Grunde genommen ist die Persona nichts ‚Wirkliches'. Sie ist ein Kompromiß zwischen Individuum und Sozietät über

das, ‚als was Einer erscheint'. Er nimmt einen Namen an, erwirbt einen Titel, stellt ein Amt dar, und ist dieses oder jenes. Dies ist natürlich in einem gewissen Sinne wirklich, jedoch im Verhältnis zur Individualität des Betreffenden wie eine sekundäre Wirklichkeit, eine bloße Kompromißbildung, an der manchmal andere noch vielmehr beteiligt sind als er. Die Persona ist ein Schein, eine zweidimensionale Wirklichkeit, wie man sie scherzweise bezeichnen könnte."[234]

Aufgrund der biologischen Entwicklung erlebt sich die Persönlichkeit in einem Überlebenskampf. Bis ins Blut, bis in die Gene ist der Kampf ums Überleben im biologischen Organismus verankert. Das Leben muss der Umwelt abgetrotzt werden. Es geht um Fressen oder Gefressenwerden. Selbst Mitglieder der eigenen Gattung sind Konkurrenten um die spärliche Nahrung. Wo die Not zur Zusammenarbeit zwingt, da entbrennt ein Wettbewerb um die besten Plätze in der Herde. Und auch die Erfahrung des vollständigen Untergangs im Kollektiv, wie bei der Symbiogenese, ist in den Genen verankert.

Ganz aus diesen Elementen aufgebaut, führt die Persönlichkeit diesen Daseinskampf auch auf seelischem Gebiet. Genau genommen nicht sie, sondern das ausgrenzende „Ich bin ich" sucht sich mit ihrer Hilfe zu verwirklichen. Die Persönlichkeit selbst treibt auf der Oberfläche des unbewussten kollektiven Seins dahin, als Offenbarung *einer* Facette des Menschen neben zahllosen anderen. In Milliarden Bildern kommt der Eine Mensch zum Ausdruck, und in jedem sucht das „Ich bin" bewusst zu werden, indem es urtümliche, archetypische Bilder vor das Bewusstsein der Persönlichkeit stellt, die auf die (platonische) „Idee" des Einen Menschen hinzielen. Vor diesem Hintergrund tut das nach Autonomie strebende, ausgrenzende Ich-Bewusstsein der Persönlichkeit Gewalt an, denn sie soll nicht ein Teil, sondern selbst ein ganzer Menschen sein. Durch die damit verbundene Ausgrenzung anderer wird die Persönlichkeit wirklich zur Maske. Ja, nicht die Persönlichkeit, die Maske wird zum Be-

---

[234] Jung, Carl Gustav: „Die Beziehung zwischen dem Ich und dem Unbewussten", Abs. 243 – 246.

zugspunkt des Bewusstseins. Jede Abweichung vom angestrebten Ideal wird als Bedrohung des Ich empfunden, weshalb auf alle Ereignisse, die den Bestand der Maske gefährden könnten, sehr empfindlich reagiert wird.

Nach außen setzt sich die Persönlichkeit von anderen ab, indem sie den von ihr angestrebten Idealen durch ihre äußere Erscheinung, ihr Auftreten oder ihre Leistung Ausdruck verleiht. Wegen der dialektischen Art der Natur ist sie gezwungen, dabei einen Teil ihrer persönlichen Beseelung zu verleugnen. Wo ein Persönlichkeitsanteil positiv bewertet mit der Ich-Vorstellung verknüpft wird, da muss der ihm entsprechende, als minderwertig empfundene Teil im Tiefkeller des Unbewussten verschwinden. Dort erzeugt er, zusammen mit anderen dort lagernden Halbwesen, eine innere Spannung. Sie sind ja lebendig, und weil sie zum Licht des Bewusstseins emporstreben, kostet es die Seele beständig Energie, die Kellerluke geschlossen zu halten. Wenn äußere Umstände die Persönlichkeit an ihre Grenzen führen, kann es infolgedessen geschehen, dass die innere Energie nicht mehr hinreicht und die verdrängten Persönlichkeitsaspekte hervorbrechen, in die Situation eingreifen, die Maske der Scheinkultur herunterreißen und das Antlitz des gereizten Raubtiers enthüllen.

Abgrenzung nach innen

Nicht nur von außen, sondern auch von innen wird die Existenz des selbstbezogenen Bewusstseins bedroht. Aus dem kollektiven Unbewussten steigen von Zeit zu Zeit archetypische Urbilder auf, die bewusst werden wollen. Der Archetypus ist das nötige ergänzende Element zum wahren, vollständigen Sein. Er ist somit geistigen Ursprungs und will das diesbezüglich unvollständige Persönlichkeitsbewusstsein auf die Einheit des Menschseins abstimmen.[235] Die Inhalte der archetypischen Bilder weisen darum stets über den persönlichen Bereich hinaus und haben oft mythischen Charakter, der, je nach Polarisation, positiv oder negativ erfahren wird. Sie können den Erlöserkomplex oder ein

---

[235] Jung, Carl Gustav: „Über die Archetypen des kollektiven Unbewussten", Abs. 44 und 64.

archaisches Gottesbild ebenso zum Leben erwecken wie das Bild des Zauberers, des Teufels oder eines Dämons.[236] Erscheinungen der Außenwelt dienen dabei als *Symbol* einer geistigen Realität. Die Archetypen sind jedoch nicht nur Bilder, sondern seelische *Realitäten* des kollektiven Unbewussten, die als Kräfte ins Bewusstsein drängen und zur Überschreitung des normalmenschlichen Bereichs nötigen. Ihr dynamischer Charakter droht darum stets das Bewusstsein der Persönlichkeit zu überschwemmen und in urtümlicher Gewalt mit sich fortzureißen.[237] Nun erhebt die mikrokosmische Seele und infolgedessen auch die Persönlichkeitsseele Anspruch auf eine autonome Existenz. Sie trennen sich darum von dem einbrechenden Archetypus, indem sie ihn in das Seelenbild einer „archetypischen Vorstellung" umformen.[238] Mit anderen Worten: Um sich ihrer selbst bewusst zu bleiben, schreibt die Persönlichkeit die archetypischen Inhalte sich selbst oder anderen Objekten zu, was dramatische Überschätzung oder Verachtung heraufbeschwört.

Wie wir die Ideale von den Ideal-Vorstellungen unterscheiden, so haben wir auch die geistige Realität des Archetypus und die archetypische Vorstellung auseinanderzuhalten. Anderenfalls drohen wir in die oben beschriebene Falle zu tappen, den Mikrokosmos, genauer, die mikrokosmische Seele, für das leitende geistige Prinzip zu halten. Die aus der Trennung entstandenen archetypischen Vorstellungen sind Elemente des mikrokosmischen Informationsträgers. Darum ist ihnen ein überpersönlicher Charakter eigen und verleiten sie, die mikrokosmische Seele für ein göttliches Wesen zu halten. Unnötig zu sagen, dass die archetypischen Vorstellungen dabei eine ausgesprochen verhängnisvolle Wirkung entfalten. Das archaische Gottesbild verbindet die Persönlichkeitsseele dann direkt mit dem Trennungsprinzip im Mikrokosmos. Zahllose historische Konflikte haben hier ihre Wurzel; denken wir nur an all die religiösen Auseinandersetzungen.

---

[236] Jung, Carl Gustav: „Über Grundlagen der analytischen Psychologie – Die Tavistock Lectures 1935", Abs. 359/360.

[237] Jung, Carl Gustav: „Über die Psychologie des Unbewussten", Abs. 110.

[238] Jung, Carl Gustav: „Über die Archetypen des kollektiven Unbewussten", Abs. 6, Fußnote 8.

Wenn der Archetypus als Impuls des Geistfunkens auch sucht, in der Persönlichkeitsseele bewusst zu werden, so dürfen wir dadurch aktivierte archetypische Vorstellungen, welche sich gegebenenfalls als Bild im Außen manifestieren, bestenfalls als seelische Reaktionen betrachten. Darum die Warnung in den evangelischen Schriften:

> „So alsdann jemand zu euch wird sagen: Siehe, hier ist Christus! oder: da! so sollt ihr's nicht glauben. Denn es werden falsche Christi und falsche Propheten aufstehen und große Zeichen und Wunder tun, daß verführt werden in den Irrtum (wo es möglich wäre) auch die Auserwählten." (Matth. 24, 23 – 24)

> „Die Rede kommt notwendigerweise auf Christus, denn er ist der noch lebendige Mythus unserer Kultur. Er ist unser Kulturheros, der, unbeschadet seiner historischen Existenz, den Mythus des göttlichen Urmenschen, des mystischen Adam, verkörpert. [...] Sein Reich ist die kostbare Perle, der im Acker verborgene Schatz, das kleine Senfkorn, das zum großen Baume wird, und die himmlische Stadt. Wie Christus in uns ist, so auch sein himmlisches Reich.
>
> Diese wenigen, allgemein bekannten Andeutungen dürften genügen, um die psychologische Stellung des Christussymboles zu charakterisieren. *Christus veranschaulicht den Archetypus des Selbst.* Er stellt eine Ganzheit göttlicher oder himmlischer Art dar, einen verklärten Menschen, einen Gottessohn ‚sine macula peccati', der von der Sünde nicht befleckt ist. Als Adam secundus bildet er eine Entsprechung zu dem ersten Adam vor dem Sündenfall, das heißt als dieser noch die reine Gottesbildlichkeit besaß [...]."[239]

Indem, beginnend mit Thales, die Erscheinungsform vom göttlichen Wesen geschieden und erklärbar wurde, mussten alle Projektionen mit göttlichem oder dämonischem Charakter zu-

---

[239] Jung, Carl Gustav: „Aion", Abs. 69 – 70.

rückgenommen werden.[240] Aus der Vielzahl waltender Naturgötter wurde *ein* Gott, der hinter den Formen herrschte. Mit der Formulierung mathematischer Naturgesetze zu Beginn der Neuzeit wurde dieser willkürlich waltende Gott ebenfalls vertrieben. So konnte Nietzsche Ende des 19. Jahrhunderts verkündigen: Gott ist tot.[241] Dem Archetypus eines übermächtigen Wesens ist so natürlich nicht beizukommen, ebensowenig wie die Realität der alles umfassenden Einheit vom zerteilenden Verstand zu erschüttern ist. Wo die Eigenschaften dieses Archetypus sich nicht mehr nach außen projizieren, da werden sie leicht dem eigenen Wesen zugerechnet und wirken auf eine Selbstvergötterung oder moralische Selbstzerfleischung hin.[242] Nietzsche stellt den toten Gottesvorstellungen daher seinen „Übermenschen" gegenüber. Schon in den Mythen der Antike wurde ja mittels der Heldenfigur ein Sterblicher vorgestellt, Herakles zum Beispiel, der, auf die Götter abgestimmt, mit scheinbar übermenschlicher Kraft zu wirken vermochte.

Nehmen wir Paulus beim Wort, dass Christus der Erstling sei (1. Kor. 15,20–23), und erinnern uns der primären evangelischen Forderung der Nachfolge, so ist es offenbar zu Beginn unserer Zeitrechnung erstmals gelungen, die Grenze zu überschreiten, also die Projektion eines göttlichen Wesens zurückzunehmen, ohne dessen Eigenschaften der naturmenschlichen Erscheinungsform zuzuschreiben. Das setzt voraus, die verworrenen Informationen aufgelöst zu haben und vor allem das „Ich bin", als Archetypus des Selbst, nicht länger mit der Persönlichkeit zu identifizieren. Die aus der Trennungsidee lebende Seele ist dann zugunsten einer auf den Geist der Einheit abgestimmten Seele aufgelöst. Dieser Mensch *ist* gleichsam die *Synthese* der die dialektische Natur beherrschenden Gegensätze: Der Erscheinung nach zeigt sich an ihm notwendig die Polarität der Dialektik, während in ihm und durch ihn die Einheit wirkt. So ist er Mensch wie unsereiner, jedoch ohne Sünde, d. h. ohne Selbstbezogenheit bzw. ohne vom Einen Geist getrennt zu sein. Auf diese Weise steht er im

---

[240] Vgl. C. G. Jung: „Westliche Religionen, Psychologie und Religion", Abs. 141.
[241] Nietzsche, Friedrich: „Also sprach Zarathustra", Teil 1, Kap. 2.
[242] Jung, Carl Gustav: „Über die Psychologie des Unbewussten", Abs. 110.

Schnittpunkt *beider* Welten. Das Kreuz ist hierfür ein treffliches Symbol. Bemerkenswert, dass damit innerhalb der polaren Erscheinungswelt eine Ordnungsstruktur entstanden ist, die, „in der Nachfolge", zur Ordnung der Einheit zurückführt. Als lebendige Ordnungsstruktur der Einheit, die sie damit ja praktisch ist, steht sie nicht im Wettbewerb und ringt auch nicht um Macht. Vielmehr ist sie bestrebt, das „niedere" Bewusstsein auf ein „höheres" Niveau zu heben, denn Einsicht und Liebe sind der Mörtel der Einheit. Diese *lebendige* Ordnungs- und Kraftlinienstruktur ist darum streng von allen archetypischen *Vorstellungen* zu unterscheiden, die wohl auf die Einheit *hinweisen*, das Bewusstsein aber übermannen, ihm Erhabenheit oder Verworfenheit einblasen, statt mit dem unbestechlichen Licht innerer Wahrheitserkenntnis die Realität offenzulegen, damit das Bewusstsein in Freiheit seine Entscheidung treffe. Paulus fordert daher auf, alles zu prüfen und das Gute zu behalten (1. Thess. 5,21).

Wenn wir vor diesem Hintergrund den Blick auf die geistige Orientierungslosigkeit und den damit einhergehenden Zerfall traditioneller Wertestrukturen unserer Tage werfen, dann scheint, zumindest im westlichen Kulturkreis, sich nun ein beträchtlicher Teil der Bevölkerung dem Krisispunkt zu nähern oder hat ihn bereits erreicht; jenen Punkt, an dem die archetypischen Gottesvorstellungen, aus dem Außen vertrieben, sich nun von innen Geltung verschaffen. Wiederholt warnt C. G. Jung, die mit dieser Grenzüberschreitung verbundenen Gefahren zu unterschätzen:

> „Aber in unserer Zeit scheint sogar der Gottmensch von seinem Throne herabzusteigen und sich im alltäglichen Menschen aufzulösen. Darum wohl ist sein Sitz leer. Dafür aber leidet der moderne Mensch an einer Hybris des Bewußtseins, die sich der Krankhaftigkeit nähert. [...] so bildet sich auch der Einzelne ein, er hätte seine Seele ‚erfaßt'; ja er macht sogar eine Wissenschaft aus ihr in der absurden Annahme, daß der Intellekt, der ja nur Teil und Funktion der Psyche ist, genüge, das viel größere Ganze der Seele zu erfassen. In Wirklichkeit ist die Psyche die Mutter, das Subjekt und sogar die Möglichkeit des Bewußtseins selbst. Sie

reicht so weit über die Grenzen des Bewußtseins hinaus, daß dieses leicht mit einer Insel im Ozean verglichen werden kann."[243]

„Ob primitiv oder nicht, die Menschheit steht immer an der Grenze jener Dinge, die sie selber tut und doch nicht beherrscht. Alle Welt will den Frieden, und alle Welt rüstet zum Kriege [...], um nur *ein* Beispiel zu nennen. Die Menschheit vermag nichts gegen die Menschheit, und Götter, wie nur je, weisen ihr die Schicksalswege. Wir nennen die Götter heute ‚Faktoren', was von facere, machen, kommt. Die Macher stehen hinter den Kulissen des Welttheaters. Es ist im Großen wie im Kleinen. Im Bewußtsein sind wir unsere eigenen Herren; wir sind scheinbar die ‚Faktoren' selber. Schreiten wir aber durch das Tor des Schattens, so werden wir mit Schrecken inne, daß wir Objekte von Faktoren sind. Solches zu wissen, ist entschieden unangenehm; denn nichts enttäuscht mehr als die Entdeckung unserer eigenen Unzulänglichkeit. Es gibt sogar Anlaß zu primitiver Panik, denn die ängstlich geglaubte und gehütete Suprematie des Bewußtseins, die in der Tat ein Geheimnis menschlichen Erfolges ist, wird gefährlich in Frage gestellt. [...] Einsichtige haben deshalb schon seit geraumer Zeit verstanden, daß äußere historische Bedingungen irgendwelcher Art nur die Anlässe zu den wirklichen daseinsbedrohenden Gefahren bilden, nämlich zu politisch-sozialen Wahnbildungen, die nicht kausal als notwendige Folgen äußerer Bedingungen, sondern als Entscheidungen des Unbewußten aufzufassen sind."[244]

Es gibt kein Zurück in der Zeit, kein Zurück der Evolution; Regelkreis, Entropie und das Gefälle der psychischen Energie verhindern das. Mit dem Erreichen des Krisispunktes steht die Menschheit nun am Scheideweg. Die automatische Evolution, die Formbildung und Bewusstsein aus Spaltenergie hervorbrachte, hat ihr Werk vollbracht. Nun wird der Mensch zur bewussten Selbstverwirklichung in die Pflicht genommen. Was ist ihm das

[243] Jung, Carl Gustav: „Westliche Religionen, Psychologie und Religion", Abs. 141.
[244] Jung, Carl Gustav: „Über die Archetypen des kollektiven Unbewussten", Abs. 49.

wahre Selbst? Wie wird er reagieren? Wird er falschen, verworrenen Vorstellungen zum Opfer fallen, sich zum seelenlosen Gebrauchsgegenstand des formgebundenen „menschlichen Geistes" entwürdigen, um als ohnmächtige Marionettenfigur in der Schattenwelt des Trennungsgeistes dessen Werke zu vollbringen? Oder wird er sein wahres Selbst, das in der Einheit wurzelt, erfassen können, sich ihm zuwenden und sich von der Form lösen, auf dass diese ihm Mittel werde statt Zweck, Bild statt Existenz, Brücke zum Leben? Der Mensch, jeder Mensch, wird Antwort geben müssen, denn ein jeder steht, Kraft seines Anteils am Feld des kollektiven Unbewussten, in der Verantwortung und bestimmt durch seine Reaktion, ob ein Wahnbild der Phantasie belebt, oder die zur Einheit zurückführende Ordnungsstruktur für die ganze Menschheit sichtbar wird.

Zwischen Innen und Außen

Als Naturwesen sind wir den Auswirkungen der Trennung preisgegeben, einer Welt des Fressens und Gefressenwerdens, die uns zwingt, allein schon um unser Leben zu erhalten, aktiv zu werden. Überdies drängt die Trennungsidee im Mikrokosmos zu einer ausgrenzenden Individualisierung, während andererseits der Geistfunken auf eine Rückkehr zur Einheit hinwirkt. Solcher Art innerlich zerrissen, stehen wir als Einzelne in einer zerborstenen Außenwelt, deren Fragmente ihr Innerstes vor unserem Auge verborgen halten.

Als hypothetische Mutationen sind die Sinnesorgane gegenüber Reizen entwickelt worden, die biologisch von Bedeutung waren. Die verschiedenen Empfindungsqualitäten und -modalitäten scheinen sich mit diesen zusammen ausgebildet zu haben. Jedenfalls deuten verschiedene Befunde darauf hin. [245] So gesehen sind Gefühle Meinungen[246], die sich in den Sinnesorganen ausgeformt haben. Wie ein Eisberg taucht das Bewusstsein aus dem

---

[245] Rensch, B.: „Biophilosophie auf erkenntnistheoretischer Grundlage", S. 154 In: Vollmer, Gerhard: „Evolutionäre Erkenntnistheorie", S. 72.

[246] Zimmer, Dieter E.: „Im Dickicht der Gefühle – Wissenschaftsreport" Teil 3: „Die Angst im Nacken", ZEITmagazin, Nr.14, 27.März 1981, S. 34-36, 38, 40, 42.

Dunkel des Ungeborenen auf, und langsam schälen sich auch die Denkstrukturen ans Licht, die im Gefühl noch verborgen lagen.

Eine andere Daseinsebene leuchtet mit den Idealen und Archetypen im Bewusstsein auf. Die auf eine – hypothetische – Vielheit abgestimmten Sinnesorgane, Gefühls- und Denkstrukturen formen daraus, was wir das „Weltbild eines Primitiven" nennen können: Die Welt wird von Göttern und Dämonen beherrscht, die durch Windhauch, Feuer und Gewitterdonner ebenso zum Menschen sprechen wie durch Naturwesen. Hier werden die archaischen archetypischen Vorstellungen geprägt, die auf dem Grunde unseres Unterbewussten schlummern und die uns, einmal geweckt, mit Urgewalt zu packen vermögen.

Aus Angst vor der Rache der Götter wird versucht, deren Willen zu erkennen und entsprechend zu leben. Der biologisch bewährte Überlebenstrieb drängt auf eine verbesserte, interne Informationsverarbeitung und bewirkt eine Verfeinerung der Gefühls- und Denkstrukturen. Schließlich wird die Grenze der persönlichen Existenz erreicht; das Bewusstsein erhebt sich ins Abstrakte; Einheit, Archetypus und Ideal gehen über den Einzelnen hinaus und finden in der von der Ich-Vorstellung gelösten Vernunft ihren Ausdruck.

Natürlich können wir hierin eine kulturelle Entwicklung sehen, aber die Frage ist erlaubt: Sind wir nicht innerhalb der dialektischen Natur nur von einem Pol zum anderen gewandert? Hat sich die Information der Einheit für den Primitiven im Außen offenbart und primär das Herz angesprochen, so haben wir Heutigen uns die Welt zu einem gottverlorenen Ort gemacht und greifen, als biologische Wesen der Schattenwelt, mit Hilfe des findigen Verstandes nach dem Schatz des Lichts, uns seiner zu bemächtigen. Gemenge ist dieser Zustand wie jener, nicht Einheit. Dort scheint das Licht in der Finsternis; hier greift der Schatten selbst nach dem Licht. Was das angeht, hat der zivilisierte Mensch dem „Primitiven" nichts voraus. Wenn sich auch das Verstandesbewusstsein ausgebildet hat, so bleibt doch abzuwarten, was der Mensch nun damit anfangen wird.

Der grandiosen Entwicklungen wegen, die der aufgeklärte Verstand erst ermöglichte, neigt der moderne, westliche Mensch dazu, *alles* von ihm zu erwarten. Schiller hat bereits darauf aufmerksam gemacht, dass dies ein Trugschluss ist:

> „Die Vernunft hat geleistet, was sie leisten kann, wenn sie das Gesetz findet und aufstellt; vollstrecken muß es der muthige Wille, und das lebendige Gefühl. Wenn die Wahrheit im Streit mit Kräften den Sieg erhalten soll, so muß sie selbst erst zur *Kraft* werden, und zu ihrem Sachführer im Reich der Erscheinungen einen *Trieb* aufstellen; denn Triebe sind die einzigen bewegenden Kräfte in der empfindenden Welt. Hat sie bis jetzt ihre siegende Kraft noch so wenig bewiesen, so liegt dieß nicht an dem Verstande, der sie nicht zu entschleyern wußte, sondern an dem Herzen, das sich ihr verschloß, und an dem Triebe, der nicht für sie handelte."[247]

Die Fülle der Informationen wächst in immer schnellerem Tempo. Niemand vermag diese noch zu überblicken, geschweige denn zu verarbeiten oder auf ihren Gehalt hin zu überprüfen. So zweckmäßig freier Informationsaustausch ist, zu erwarten, Informationsfülle führe automatisch zur Wahrheit, ist Täuschung. Wo das Herz die Spreu nicht vom Weizen zu trennen weiß, da ist alle Kenntnis vergebens. Eher wird ein einfältig' Herz im Regentropfen die Wahrheit entdecken.

Ist nicht die Angst des Überlebenstriebes Motor der Hast? Informationsgewinn über die im Dunkeln liegende Außenwelt verheißt dem blinden biologischen System eine günstige, angepasste Mutationsbildung im Wettbewerb. Dem Ich-Bewusstsein ist aber auch das Nicht-Ich des Innenraumes bedrohliche Außenwelt. Wo es nun wähnt, unter Anwendung der gleichen Methode seinen Wirkungskreis in die Sphäre des Unbewussten, vielleicht gar des kollektiven Unbewussten hinein erweitern zu können, da läuft es Gefahr, sich völlig zu verirren. Weil es von der falschen Hypothese ausgeht, es umfasse – zumindest potenziell – den ganzen Innenraum, verkennt es die Realität. Zwangsläufig erzeugt es eine Informationsverwirrung, die umso größer ist, je weiter es sich

---

[247] Schiller, Friedrich: „Über die ästhetische Erziehung des Menschen in einer Reihe von Briefen", 8. Brief, 3. Abs.

vorwagt. So greift es nach Dingen, die es nicht beherrschen *kann*, maßt es sich an, Herr zu sein über Dinge, deren *Teil* es bestenfalls ist. Es läuft darum ernsthaft Gefahr, von den aufgerufenen Kräften des Unbewussten fortgerissen zu werden. Unterschwellig sind wir uns dieser Gefahr bewusst. Ihr durch Sammeln von immer mehr Information begegnen zu wollen, heißt aber, die Hast befeuern, heißt, den Teufel mit den Beelzebub austreiben, statt in Stille Ordnung ins Chaos zu bringen.

Der Regelkreis wirkt auf Bewusstwerdung hin, aber er zielt auf den *ganzen* Menschen. Wer nach Bewusstseinserweiterung sucht, ist darum gut beraten, auf die erste, so unscheinbare Stufe acht zu haben: Wer oder was will bewusst werden? Darüber muss doch zu allererst Klarheit gewonnen werden. Zweifellos gibt es einen Drang nach tieferem Bewusstsein. Aber ist das, was in der Persönlichkeit darauf hinwirkt, nicht Impuls, Appell von außerhalb des Ich-Bewusstseins? Und ganz sicher hat dieser nicht die Absicht, mit dem Trennungsbewusstsein des Ichs zu kooperieren. So steht das Bewusstsein der Persönlichkeit zwischen dem Geistfunken hier und dem Ich-Komplex dort, wobei letzterer natürlich einen vehementen Besitzanspruch auf das biologische System erhebt und, da er nichts neben sich gelten lassen kann, die Sachlage zerwühlt. Gerhard Wehr fordert daher eine strenge Prüfung:

„Wie die Vielfalt der seit Jahrzehnten erfolgten Meditationsangebote zeigt, ist die ‚Unterscheidung der Geister‘ hier wie in jeder spirituellen Disziplin unerläßlich. [...] Meditation lebt von der *inneren* Erfahrung, die von außen nicht beizubringen ist. – Hier drohen aber auch gefährliche Abwege, dann nämlich, wenn die Erfahrung als solche zum Selbstzweck verkommt; wenn man lediglich um irgendwelcher ‚Spitzenerlebnisse‘ (peak experiences) oder um der ‚Lebensmeisterung‘ willen meint, meditieren zu sollen. In solchen Fällen ist aus dem Innenweg eine an das Ego appellierende Psychotechnik geworden. Ein kaum kaschierter spiritueller Materialismus macht sich breit. [...]

Sie [die esoterischen Wege] müssen sich darüber hinaus prüfen lassen, ob sie der heutigen Bewusstseinsverfassung des westlichen Menschen entsprechen, ob sie etwa eine bloße Nachahmung älterer Schulungswege darstellen und ob sie nicht zur Flucht aus der Wirklichkeit einladen, sondern zur geistesgegenwärtigen Weltverantwortung des mündigen Menschen. Dies ist ein Minimum an Kriterien, der Geistesbewegungen und deren Disziplinen allemal standhalten müssen." [248]

„Unterscheidung der Geister" oder die Entscheidung, mit welchem geistigen Prinzip sich die Persönlichkeit identifiziert, mit dem Trennungswillen oder dem Willen zur Einheit, ist keine Aufgabe, die der Verstand zu vollbringen vermöchte. Er kann Zusammenhänge erhellen und beratend zur Seite stehen; entscheiden muss das fühlende Herz. „Denn wo euer Schatz ist, da wird auch euer Herz sein." (Luk. 12,34).

Es ist daher die größte Weisheit ohne Wert, wenn das Herz, hart geworden und verbittert, der Liebe sich verschließt, wenn es einzig Selbstgefälligkeit und Sinnenreizen sich ergibt. Wurde es im Mittelalter durch Drohungen geknechtet, verleiteten die Errungenschaften der Aufklärung und Wissenschaft, Herzensbildung als entbehrlich anzusehen. So klagt schon Schiller, dass die großen Möglichkeiten seiner Zeit, wahre Freiheit zu erlangen, ein unempfängliches Geschlecht träfen, welches sich hier der „Verwilderung", dort der „Erschlaffung" anheimgebe:

> „Stolze Selbstgenügsamkeit zieht das Herz des Weltmanns zusammen, das in dem rohen Naturmenschen noch oft sympathetisch schlägt [...]. Nur in einer völligen Abschwörung der Empfindsamkeit glaubt man gegen ihre Verirrungen Schutz zu finden, und der Spott, der den Schwärmer oft heilsam züchtigt, lästert mit gleich wenig Schonung das edelste Gefühl. Die Kultur, weit entfernt, uns in Freyheit zu setzen, entwickelt mit jeder Kraft, die sie in uns ausbildet, nur ein neues Bedürfniß, die Bande des physischen schnüren sich immer beängstigender zu, so daß die Furcht, zu verlieren, selbst den feurigen Trieb nach Verbesserung

---

[248] Wehr, Gehrhard: „Gnosis, Gral und Rosenkreuz", S. 386.

erstickt, und die Maxime des leidenden Gehorsams für die höchste Weisheit des Lebens gilt." [249]

„Nicht genug also, daß alle Aufklärung des Verstandes nur
insoferne Achtung verdient, als sie auf den Charakter zurück-
fließt; sie geht auch gewissermaßen von dem Charakter aus, weil
der Weg zu dem Kopf durch das Herz muß geöffnet werden.
Ausbildung des Empfindungsvermögens ist also das dringendere
Bedürfniß der Zeit, nicht bloß weil sie ein Mittel wird, die verbesserte Einsicht für das Leben wirksam zu machen, sondern selbst
darum, weil sie zu Verbesserung der Einsicht erweckt." [250]

Wenn überhaupt eine Entwicklung im Sinne einer Regeneration zustande kommen soll, dann muss die Persönlichkeit sich vom
aggressiven Besitzanspruch des Ich-Komplexes befreien; andernfalls wird sie immer dessen Sklave bleiben. Wir dürfen wohl annehmen, dass das beständige Scheitern an den Versuchen, Ideal-
vorstellungen zu verwirklichen, letztlich das Erwachen eines
Persönlichkeitsbewusstseins förderte. Indem sich nämlich die
Frage einstellt, „Wer bin ich?", offenbart das Ich-Bewusstsein, am
Ende seiner Möglichkeiten angelangt zu sein, denn zur Klärung
dieser Frage ist es allein nicht mehr imstande. Der Ich-Komplex
will praktisch „von außen" untersucht werden. Damit wird ein
neuer Bewusstseinszustand geboren, der als neutraler Beobachter
in der Lage ist, die Kraftwirksamkeiten im menschlichen System
objektiv zu untersuchen. Dieses *Persönlichkeitsbewusstsein* ist im
Grunde das Bewusstsein des Naturmenschen. Es steht zwischen
dem Ich-Komplex, der aus dem Autonomiestreben der mikrokosmischen Seele entstanden ist, und dem Geistfunken, der die
Wiedererschaffung einer auf den Einen Geist abgestimmten Seele
beabsichtigt. Sofern es dem Persönlichkeitsbewusstsein gelingt,
neben dem Ich-Komplex zu bestehen, ohne sich von ihm, wie ein
Satellit, wieder aufsaugen zu lassen, besteht erstmals die Möglichkeit, Impulsen des Geistfunkens und Reaktionen der Außen-

---

[249] Schiller, Friedrich: „Über die ästhetische Erziehung des Menschen in einer Reihe von
Briefen", 5. Brief, 5. Abs.
[250] Ebd., 8. Brief, letzter Abs.

welt vergleichsweise unvoreingenommen zu begegnen. Eine Informationsverarbeitung im Sinne des regenerativen Regelkreises ist dadurch enorm begünstigt. Zwar ist die Persönlichkeit als Geschöpf der dialektischen Naturordnung zunächst noch weit davon entfernt, zu begreifen, was von ihr verlangt wird, aber der wesentliche Störfaktor in der Entwicklung, die Antithese, die Trennungsidee im Ich-Bewusstsein, ist – zumindest prinzipiell – ignorierbar geworden.

Auf dieser Basis können erste Einsichten gewonnen und geprüft werden, die dem selbstbezogenen Ich-Bewusstsein verschlossen waren. Beispielsweise kann die Blindheit des eigenen Systems erkannt werden, die an interne Muster und Vorurteile gebundene Wirkung der Sinnesorgane, die, das wird gerne übersehen, dadurch auch einen Schutzwall gegen unliebsame Informationen bilden. Es kommt somit nichts herein, zu dem das Herz keine Entsprechung hat. Wer sich solcherart verstockt entdeckt, wie kann dieser hoffen, humanistischem Ideal noch zu genügen, einem jeden zu geben, was ihm nötig und förderlich?

An den ganzen biologischen Organismus werden in einer solchen Phase der Umorientierung große Anforderungen gestellt; schließlich sind Enttäuschungen von Idealvorstellungen erst einmal zu verarbeiten, ebenso Selbstzweifel und erschütternde neue Einsichten. Der Körper ist gefordert, auf die neuen Informationen abgestimmte Reaktionsweisen zu ermöglichen. Eine elementare Bedrohung, ein Feuer etwa, setzt den ganzen Organismus in Alarmzustand und Handlungsbereitschaft. Ähnliches kann passieren, wenn das Ich sich bedroht fühlt, vielleicht in einem ideologischen Disput. Soll dieser nicht in einer Prügelei enden, muss für veränderte Randbedingungen ein neuer Gleichgewichtszustand definiert, m. a. W. eine neue Gesundheitsnorm gefunden werden. Im Prozess evolutionärer Selbstorganisation kann Gesundheit nicht als eine feste Ordnungsstruktur betrachtet werden, innerhalb der der Organismus verbleiben sollte. Der Freiburger Professor für innere Medizin, Wolfgang Gerok, definiert Gesundheit daher als heikle „Balance zwischen Chaos und Ordnung"[251],

---

[251] Gerok, Wolfgang: „Die gefährdete Balance zwischen Chaos und Ordnung im menschlichen Körper", Mannheimer Forum 89/90

„Krankheit" als Verlust dieser Balance. Während im Chaos die Systemkontrolle entgleitet, verhindert eine erstarrte Ordnung notwendige Anpassungsprozesse an veränderte Rahmenbedingungen. Allein der Balanceakt bietet die Chance, Veränderungen einer dynamischen Außenwelt kreativ nutzen zu können.

Wie der noch junge Wissenschaftszweig der Epigenetik zeigt, nehmen die Lebenswirksamkeiten, Umwelt und Erfahrung, Einfluss auf die Gene. Sie vermögen sogar Spuren im Erbgut zu hinterlassen. Die Gene selbst sind bei weitem nicht so zwingend, wie lange geglaubt wurde. Sie liefern gleichsam nur das Orchester, während die Spielart vom Dirigenten bestimmt wird, den epigenetischen Faktoren.[252] Das Bewusstsein vermag hier also durchaus Einfluss auf den Lebenslauf zu nehmen.

Wenn die Hirnforscher heute auch oftmals das Bild vermitteln, unser Bewusstsein liefe den vom Gehirn getroffenen Entscheidungen weitgehend hinterher, so betrifft dies im Wesentlichen *aktuelle* Reaktionen auf vorgegebene Reize. Die Gehirnstruktur ist aber nicht einmal gegeben und unveränderbar. Vielmehr steht sie in einem Rückkopplungsprozess mit dem Bewusstsein. Das Bewusstsein wirkt also strukturierend auf das Gehirn ein. Gerald Hüther, Neurobiologe an der Universität Göttingen, versteht das Gehirn daher als eine Baustelle.[253] Aufgrund subjektiver Wahrnehmung und Bewertung der Umwelt strukturiert es sich erfahrungsabhängig immer wieder neu; jedenfalls ist es dazu in der Lage. Die Summe der Erfahrung formt schließlich eine „Haltung" aus, die das Verhalten bestimmt. Gelingt es uns, die „Haltung" zu ändern, verändert sich das Verhalten automatisch. Hüther fordert darum, doch vor allem darauf achtzugeben, wie wir unser Gehirn benutzen, was uns wichtig ist, worum wir uns kümmern oder nicht, denn „das Gehirn wird so, wie man es benutzt".

Gerade heute, wo es für uns darum geht, *bewusst* in die Werdeprozesse eines neuen Evolutionsbogens einzutreten und Verantwortung hierbei zu übernehmen, ist dies das Gebot der Stunde. Wer sich in Bequemlichkeit und Unachtsamkeit gehen

---

[252] McVittie, Brona: „Wie gestaltet die Epigenetik das Leben?"
[253] Hüther, Gerald in: „Das Gehirn ist eine Baustelle", Der Spiegel Wissen Nr.1, 2009.

lässt, der wird sich als unterworfene Kreatur wiederfinden, über die anderenorts entschieden und bestimmt wird. In einer Welt, in der alles dem Wechsel unterworfen ist, kann Freiheit nur in ihrer Ausübung existieren und ist in der Praxis der Lebensführung immer wieder neu zu erarbeiten.[254]

---

[254] Schmid, Wilhelm.: „Auf der Suche nach einer neuen Lebenskunst. Die Frage nach dem Grund und die Neubegründung der Ethik bei Foucault", S. 260ff.

Vom Schein zum Sein

Distanzierung

Der biologische Entwicklungsgang war durch eine *Formbildung* sogenannter offener Systeme gekennzeichnet. Diese sind nur lebensfähig, wenn ihnen fortwährend neue Energie zugeführt wird. Weil der 2. Hauptsatz der Wärmelehre quasi eine „Betriebssteuer" für den Unterhalt des Universums erhebt, der sich als Energieverlust geltend macht, sind Energie- und Systemkrisen und letztlich die völlige Aufhebung aller Erscheinung unausweichlich. Alle Entwicklung muss in dieser Hinsicht also als zeitweiliges Hilfsmittel angesehen werden.

Die mit Nahrungsbeschaffung und Energieverknappung einhergehende Bewusstseinsbildung führte schließlich zur Herausbildung eines Ich-Bewusstseins. Das Ziel des Trennungswillens, sich als autonome Existenz zu erleben, ist damit im Grunde erreicht. Doch die beständigen Bedrohungen und Existenzkrisen erlauben keinen sorglosen Frieden. Alle möglichen und unmöglichen Hypothesen werden verfolgt, um die Lebensumstände zu verbessern. Schließlich, wenn nichts anderes helfen will, wird mit der Fragestellung „Wer bin ich?" erstmals die Ausgangshypothese in Frage gestellt.

Wir können darum feststellen: Der Evolutionsprozess, so wie wir ihn kennen, ist für die Menschheit nun so gut wie beendet. Es geht nicht weiter. Was heißt das? Das offene System findet nicht mehr genügend Nahrung, sich zu erhalten. Es *muss* sich auflösen. Für die äußere Entwicklung haben wir oben den Endpunkt in der globalen Organisation gefunden. Für die innere Entwicklung ist er mit der Infragestellung der Ich-Vorstellung bzw. mit der Vertreibung der archetypischen Gottesvorstellung aus der Außenwelt erreicht.

Wenn die Strukturen nun gezwungen werden, sich aufzulösen, bedeutet dies nicht notwendigerweise Zusammenbruch, Chaos und Zerstörung. Wie die Auflösung sich vollzieht, hängt davon ab, wo wir unseren Lebensschwerpunkt setzen.

Sicher, wenn alles weiterläuft wie bisher, dann lassen bereits die heutigen Klimamodelle die verschiedenen Untergangsszenarien erahnen. In selbstherrlicher Anmaßung, tun zu dürfen, wozu wir fähig sind und wonach uns der Sinn steht, heizen wir die Entwicklung zusätzlich an, gleich einem Betrunkenen am Steuer, der glaubt, durch höhere Geschwindigkeit sich Vorfahrt zu verschaffen. Die Tragik liegt vor allem darin, dass die beiden sich hierbei „bekämpfenden" Pole, der individuelle und der kollektive, also das anarchistische Verhalten des Einzelnen und der Machtanspruch globaler Organisation, vom gleichen Prinzip, dem biologischen Selbsterhaltungstrieb beseelt werden. In diesem Streben, blind für die wahre Ursache, schlagen sie einander tot.

Anders, wenn es gelingt, die verworrenen Informationen im System durch den Einen Geist zur Klarheit zu führen, Realität von Vorstellung zu unterscheiden. Auch hierbei werden die vorhandenen Strukturen aufgelöst – nicht zerschlagen. Wenn das Bewusstsein sich von der Trennungsvorstellung löst und auf den Einen Geist abstimmt, verändert sich die Wahrnehmung. Mit abgeklärter Beurteilung lösen sich Denkmuster und wird Handlungsfreiheit wiedergewonnen. Dadurch wird sich auch der formale Aspekt verändern. Er wird sich verändern, wird nicht „besser" oder „schlechter", denn die Form bleibt Element der dialektisch polarisierten Naturordnung. Statt der Trennungsidee kann sich aber nun der Geist des Einen als (Schatten-)Bild in ihr offenbaren und dadurch leitunggebend Einfluss nehmen. So formuliert Paulus (1. Kor. 15,49):

> „Und wie wir getragen haben das Bild des irdischen, also werden wir auch tragen das Bild des himmlischen."

Selbst in der geistleeren Trennungswelt wird dadurch eine *Verbindungsmöglichkeit* zum Einen Geist geschaffen. Allen, die es wünschen und genügend Offenheit besitzen, wird so nicht nur Information als Orientierungshilfe, sondern vor allem eine Ordnungsstruktur als Lebensmöglichkeit gereicht. Diese steht – als Kraftlinienstruktur des Menschen, der werden soll – vollkommen außerhalb der Trennungswelt. Gleichwohl kommt sie, dialektisch polarisiert, in ihr zum Ausdruck, denn sobald ein Mensch sich ihr verbindet und die Verwirrung auflöst, findet sie buchstäblich in Fleisch und Blut ihren Ausdruck.

Nun ist es hierbei mit einem einfachen oder mystischen Für-Wahr-Halten nicht getan. Es geht vielmehr um einen realen Lebensprozess. Wenn uns Heutigen die Sprache der heiligen Schriften der Menschheit oder die Aussagen der Mystiker so dunkel erscheinen, dann deshalb, weil in dem neuen Werdeprozess die Strukturen der Trennungswelt verblassen, während andererseits doch auf deren Formen zurückgegriffen werden muss, wenn überhaupt etwas ausgesagt werden soll. Nicht absichtliche Verschleierung, sondern quantenphysikalische Unschärfe, das Paradox der Komplementarität oder besser, die Einseitigkeit unseres trennungsgewohnten Denkens lassen uns nur den Anfang des Weges zur Einheit erkennen. Der Rest liegt im Nebel, der mit keiner einzigen Methode der Trennungswelt aufzulösen ist. Dem sicherheitsorientierten Ich-Komplex ist dies kein Nährboden, und er erkennt in ihm nur einen Weg ins Nichts. Das ist auch richtig, denn die Ordnungsstruktur der Einheit wirkt auf eine Auflösung aller Selbstbezogenheit hin. Ein „Heiliger Gral", der die selbstsüchtige Gier nach Macht, Besitz oder ewiges Leben bedient, ist ein Trugbild. Mit der Realität konfrontiert, scheiterte das Trennungsbewusstsein unweigerlich am Paradoxon. Dies ist der Grund, warum in den Mythen stets von Wachsamkeit, Reinheit des Begehrens und von Prüfungen die Rede ist.

Der neue Evolutionsbogen beginnt in der biologischen Persönlichkeit und bedarf ihrer bewussten Mitarbeit. Weil aber ein Seinszustand der Einheit entwickelt werden soll, kann er nicht allein mit Kraftwirksamkeiten der Trennungswelt verwirklicht werden. Wer es dennoch versucht, wird zwangsläufig scheitern. Soll das Lebenssystem nicht aus der Balance geraten, ist den Wirksamkeiten der Lebensprozesse Rechnung zu tragen. Der Regelkreis ist im Grunde nichts anderes als eine Lebensschule der Einheit. Unvernünftige Handlungen führen zum Scheitern, zuviel Information zu Verwirrung und Chaos. Wenn eine Entwicklung erfolgen soll, die ihrerseits die Basis legt für neues Erleben, vertiefte Einsicht und weitere Entwicklung, dann muss die Information in der rechten Weise verarbeitet und umgesetzt werden. Das erfordert eine wache, individuelle Selbstverantwortung, die in den dynamischen Lebensprozessen ihren Schritt sicher zu setzen vermag. Große Aufrichtigkeit sich selbst gegenüber ist dazu unabdingbar. Wem die Brust eng wird, dessen Verlangen wird von allein nach offeneren Räumen ausgehen und den nötigen Tribut gern entrichten.

Wem sich in diesem Prozess die Frage aufdrängt: „Wer bin ich?", dem ist die Aussage „Ich bin ich" zu dünn, und er ist, zumindest prinzipiell, bereit, seine bisherigen Vorstellungen umzuarbeiten. Die stets unterstellte Beständigkeit und Geschlossenheit unseres Ich wird ja bereits fragwürdig, wenn der französische Genetiker Dusko Ehrlich konstatiert:

> „Wir tragen an die zwei Kilogramm Bakterien in uns herum. Sie bilden ein Organ, das schwerer ist als unser Gehirn – aber wir wissen nicht, was sie in uns anstellen." [255]

Der Biowissenschaftler Bruce Birren vom Broad-Institut im amerikanischen Cambridge charakterisiert den Menschen wegen dieser über 100 Billionen in ihm wohnenden Bakterien und Pilze als ein „Mischwesen verschiedenster Kreaturen".[256] Und diese Bakterien können, nach seiner Aussage, Einfluss auf unsere Stimmungslage nehmen. Der Biochemiker und Nobelpreisträger Richard R. Roberts geht sogar noch einen Schritt weiter:

> „Bakterien haben uns erschaffen, um für sich selbst eine optimale Umgebung zu schaffen." [257]

---

[255] Ehrlich, Dusko: zitiert nach Blech, Jörg im SPIEGEL 21/2007: „Enttarnung der Untermieter".

[256] Birren, Bruce: zitiert nach Wolf, Tinka: „Diese Untermieter leben in unseren Körpern".

[257] Roberts, Richard R.: Vortrag, "Why I love microbes".

Der Biochemiker Gottfried Schulz schließlich spricht, aufgrund entsprechender Untersuchungen, gar von „gedankenverändernden Parasiten".[258]

Wer also sind wir? Die oberste Ordnungsstruktur eines Bazillenstaates? Oder sind die Mikroben etwas von uns Verschiedenes? Dann aber müssen wir unsere Abhängigkeit von ihnen anerkennen. So leben in den Schleimhäuten unseres Körpers eine Reihe von Mikroben, die eingedrungene Krankheitserreger bekämpfen oder solche, die Verdauungs- und Stoffwechselprozesse unterstützen. Diese symbiotische Lebensgemeinschaft nötigt uns, auf die in uns lebenden Bakterien Rücksicht zu nehmen. Sind wir folglich der Körper, der mit den Bakterien die Lebensführung am Verhandlungstisch aushandelt? Oder sind wir das Produkt der symbiotischen Beziehung?

Es läuft bei dieser Fragestellung darauf hinaus, welche Struktur wir dem „Ich bin" zuschreiben wollen. Auf die Frage „Wer bin ich?" erhalten wir nie eine positive Antwort, weil wir uns vom Erkannten stets distanzieren, wie H. Sachsse schreibt:

> „Wenn wir unsere eigene Natur erforschen, stoßen wir auf einen nicht mehr auflösbaren Tatbestand: Wir finden in dem, was wir von uns erkennen, doch immer nur das Gegenüber: die Gegebenheiten der Physiologie, die naturhaften Grundlagen des Bewußtseins und seine durch die Sinnesorgane gegebenen Voraussetzungen. Wir finden biologische und psychologische Gesetze, wir sehen unser manuelles und intellektuelles Vermögen, wir sehen die Bedingungen, in die wir gestellt sind, aber indem wir dieses alles erkennen, wird es für uns *das Äußere*, mit dem wir uns auseinandersetzen. Im Akt der Erkenntnis distanzieren wir uns von ihm, es erweist sich *gerade nicht als unser Selbst*, es sind Anlagen, Umstände, Schicksal, *aber nicht unser Ich*, nicht das, was wir wollen. [...]
>
> In der Reflexion über das Lebendige erfahren wir unmittelbar, daß das Erkannte immer nur ein Teil ist, *daß wir als Erkennende*

---

[258] Schatz, Gottfried: „Unheimliche Gäste, Können Parasiten unsere Persönlichkeit verändern".

immer der Erkentnis voraus sein müssen. Wie weit wir auch mit unserer Einsicht gelangen mögen, das *Sein* gibt seinen Vorsprung gegenüber der Erkenntnis nicht auf." [259]

Wenn wir auf die Frage „Wer bin ich?" eine Antwort erwarten, die über bloße Charaktereigenschaften und psychologische Eigentümlichkeiten, welche uns ja bloß anhaften, hinausgehen soll, so werden wir nicht umhin kommen, die Begrenztheit des zerpflückenden Verstandes einzusehen. Wollten wir ihm hier die Leitung überlassen, er würde alles, was er erkennt, als Nicht-Ich deuten oder willkürliche Hypothesen aufstellen. Im ersten Fall wären wir so schlau wie zuvor und im zweiten gingen wir zweifelsohne in die Irre.

Wie dann aber weiter? Nun, der kühl analysierende Verstand hat sicher seine Qualitäten, ist zum Glück aber nicht einziges Mittel zur Erkenntnis, denn während dieser, schöpferisch gestaltend, in seiner eigenen Sphäre kreist, erleben wir das plötzliche Erfassen eines Zusammenhangs, einen Einfall oder das „Licht", das uns „aufgeht", als Empfangende. Etwas Neues tritt in unser Bewusstsein, sei es etwas von Außen, aus dem Unbewussten – dem persönlichen oder kollektiven – oder ein Impuls aus dem Geistfunken. Wenn wir uns allem Lebendigen „nicht nur rational, sondern auch existenziell verbunden" wissen[260], dann deutet dies auf eine andere Ebene der Erkenntnis. Auch die Entdeckung von Spiegelneuronen im Gehirn durch die Forschergruppe um den italienischen Professor für Neurowissenschaften Giacomo Rizzolatti unterstreicht dies. Die Spiegelneuronen bilden „die biologische Basis des Mitgefühls"[261], das uns ermöglicht, uns in andere hineinzuversetzen. Unter Umgehung des komplexen Kognitionsapparats werden die wahrgenommenen Handlungen anderer im Hirn simuliert, ihre Gefühle nachempfunden und so die weitere Entwicklung der Situation vorweggenommen.[262] Nach den neue-

---

[259] Sachsse, H.: „Die Erkenntnis des Lebendigen", S. 262/263.

[260] Ebd., S. 263.

[261] Rizzolatti, Giacomo / C. Sinigaglia: „Empathie und Spiegelneurone: Die biologische Basis des Mitgefühls".

[262] Harf, Rainer: „Zellen die uns menschlich machen", GEO Kompak, Nr. 15 (2008), S. 100-101.

ren Forschungsergebnissen scheinen Bau- und Funktionsweise des menschlichen Gehirns auf psychosoziale Kompetenz hin optimiert zu sein, weshalb Gerald Hüther in diesem weniger ein Denk- als vielmehr ein Sozialorgan sieht.[263]

Während also auf der einen Seite der Denkaspekt um sich selbst kreist und sich eine hypothetische Außenwelt konstruiert, in der er als autonomes, abgeschlossenes System im Mittelpunkt steht, führt uns, auf der anderen Seite, der Sozialaspekt in sein Spiegelkabinett, in dem er uns unserem eigenen Seinszustand gegenüberstellt. Der Volksmund sagt: „Was man selber denkt und tut, traut man jedem andern zu."

Nun sind Fähigkeit und Bereitschaft, sich auf andere einzulassen, verschieden ausgeprägt und auch abhängig vom Gebrauch, den wir von den biologischen Möglichkeiten machen. Die Sozialevolution hat die Anlagen so weit ausgebildet, wie sie sich mit der Selbstbezogenheit des Trennungsbewusstseins vereinbaren ließen, denn selbstverständlich kann dieses nicht zulassen, im Außen nur sich selbst zu begegnen. Wenn Trennung sein soll, *muss* außen Fremdes sein, Unbekanntes. Jedenfalls ist es etwas, das die Existenz des Ich-Komplexes bedroht, nämlich dann, wenn die ins Unbewusste verdrängten Nicht-Ich-Eigenschaften der Persönlichkeit an die Oberfläche drängen. Das Ich-Bewusstsein befindet sich folglich in einer permanenten Stress-Situation. Außen sieht es dunkle unbekannte Mächte am Werk, denen gegenüber es sein Dasein behaupten muss, während es im Inneren peinliche Enthüllungen fürchtet. Solcherart durch Ängste getrieben, finden wir es schließlich in einer ausweglosen Situation, in der es aller wahrer Entwicklung im Wege steht.

> „Untersuchungen zeigen, dass Angst, Anspannung und Stress die Signalrate der Spiegelneurone massiv reduzieren. Sobald Druck und Angst erzeugt werden, klinkt sich alles, was vom System der Spiegelneurone abhängt, aus: das Vermögen, sich einzufühlen, andere zu verstehen und Feinheiten wahrzunehmen. Bereits hier sei angemerkt, dass dort, wo Angst und Druck herrschen, eine weitere Fähigkeit abnimmt, die von der Arbeit der

---

[263] Hüther, Gerald: „Bedienungsanleitung für ein menschliches Gehirn", S. 18.

Spiegelsysteme lebt: die Fähigkeit zu lernen. Stress und Angst sind daher in allen Bereichen, wo Lernvorgänge eine Rolle spielen, kontraproduktiv."[264]

Ist den elementaren Bedürfnissen des Körpers genüge getan und droht keine Gewalt, dann bestimmt die Bewusstseinsausrichtung, wie das Umfeld wahrgenommen wird. Der Mensch kann die Ursache von Angst und Stress an äußeren Umständen festmachen. Er kann aber auch der Rolle seiner selbstbezogenen Triebe, wie Eitelkeit, Habsucht oder Hochmut nachspüren, welche die psychischen Spannungen doch erst erzeugen. Streng dem biologischen Überlebenstrieb folgend, alle innere Ursache ignorierend, wird sich das Herz stets tiefer in die angstvolle Enge der Trennung hineinarbeiten. Wo es sich aber der Einheit ahnungsvoll wiederzuerinnern beginnt, da vermag es sich aber auch dem Anderen, dem Nicht-Ich wieder zu öffnen. Die Art der Entscheidung ist einerseits zweifellos eine Abhängige der Erfahrungsfülle, andererseits aber auch eine des Bewusstseins. Das Erlebnis wird uns durch das Gesetz des Regelkreises geschenkt – hinschauen müssen wir selbst.

Das Gesetz der Einheit ist sich selbst stets gleich: Die Illusion einer abgetrennten, autonomen Existenz konnte sich nur entwickeln, weil ein Wille zur Trennung vorhanden war, der sich auf dieses Ziel richtete. Wenn wir nun die beklemmende Einschnürung unserer Handlungsfreiheit erleben, die lieblose Kälte der Zweckmäßigkeit in unseren Gliedern spüren und aus dieser Seelennot die Sehnsucht nach der nur mehr dunkel geahnten Einheit keimt, so wird nichts weiter von uns verlangt, als dass wir den Willen zur Einheit des Einen in Reinheit ausbilden, ohne dabei Elemente der Trennung hineinzumengen. Wer das geistige Band wiederzufinden trachtet, das die Selbstbezogenheit zerriss, der muss seine Aufmerksamkeit dem Anderen, dem Nicht-Ich zuwenden *wollen*. Anders kann ein regenerativer Entwicklungsprozess doch nicht beginnen!

Natürlich geht es hierbei nicht um einen einfachen Willensakt, wie er etwa für einen Theaterbesuch erforderlich wäre. Es geht

---

[264] Bauer, Joachim: „Warum ich fühle, was du fühlst", S. 34.

302

darum, zu einer neuen Lebenshaltung durchzudringen. All ihre Elemente, die Erkenntnis der Situation, die Einsicht in die Notwendigkeit zur Umkehr, die Beschlussfassung und die beginnende Umsetzung müssen hierbei als *Lebensprozesse* verstanden werden. Nur so, im Zusammenwirken mit dem regenerativen Regelkreis, kann bei diesem Wendemanöver das menschliche System im Gleichgewicht gehalten werden. Es geht hier ja nicht um irgendeine kleine Korrektur; diese Umwendung bringt den kompletten Zusammenbruch des alten egozentrischen Weltbildes mit sich. Allein schon aufgrund der wissenschaftlichen Entwicklungen sieht Gerhard Vollmer die Menschheit vor die evolutionäre Notwendigkeit einer „kopernikanischen Wendung" gestellt:

> Schließlich weist die evolutionäre Erkenntnistheorie darauf hin, daß unsere Erkenntnisfähigkeit nur der ‚Welt der mittleren Dimensionen' angepaßt ist, an der sie sich in der Evolution bewähren mußte. Diese Tatsache macht Erkenntniskritik notwendig und sinnvoll und beleuchtet die erkenntniserweiternde Rolle der Wissenschaft. Die Objekte wissenschaftlicher Erkenntnis liegen zum Teil außerhalb der Makrowelt, und wir können nicht erwarten, daß die Strukturen und Begriffe unserer gewöhnlichen Erfahrung dort anwendbar sind.
>
> Die evolutionäre Erkenntnistheorie nimmt somit den Menschen in einer echten kopernikanischen Wendung aus seiner zentralen Stellung heraus und macht ihn zu einem Beobachter kosmischen Geschehens – das ihn einschließt. Als Beobachter ist er freilich keineswegs neutral, sondern voller ‚konstruktiver Vorurteile', d. h. angeborener Erkenntnisstrukturen. Indem die Wissenschaft eine Objektivierung der Erkenntnis anstrebt, leistet sie also zugleich eine Entanthropomorphisierung."[265]

Ließen wir es mit wissenschaftlichem Erkenntnisgewinn bewenden: Nichts würde sich ändern. Die Einsichten des Intellekts würden weiterhin in technische Möglichkeiten umgesetzt und für selbstbezogene Zwecke missbraucht werden. Die „kopernikani-

---

[265] Vollmer, Gerhard: „Evolutionäre Erkenntnistheorie", S. 188/189.

schen Wendung" muss sich auf der *individuellen* Bewusstseins-ebene vollziehen, denn dort sind wir noch in beachtlichem Maße sinnlich mittelalterlichem Weltbild verhaftet.

Durch sinnesorganische Wahrnehmung verleitet, neigen wir dazu, uns selbst als Herzstück der Welt zu sehen, als Zentralobjekt, um das sich alles dreht. Diese natürliche, egozentrische Weltsicht entspricht dabei in starkem Maße dem mittelalterlichen Weltbild mit der Erde als Mittelpunkt des Universums. Es sieht ja auch tatsächlich so aus, als kreisten Sonne, Mond und Sterne um die Erde. Wer wagte, den Mittelpunkt der Welt zu verlegen, war seines Lebens nicht mehr sicher. Wie viele wurden nicht ihrer Auffassung wegen der Ketzerei beschuldigt, gefoltert und getötet. Man denke nur an Giordano Bruno. Als moderne, aufgeklärte Menschen schütteln wir, ob solcher Engstirnigkeit, heute den Kopf und fragen uns, wie so etwas möglich sein konnte. Bis jemand unautorisiert daherkommt und uns sagt: „Du bist doch nicht der Nabel der Welt! Du bist doch nur eine Randfigur! Um dich dreht sich's doch gar nicht! Du überschätzt dich, mein lieber Freund! Für was hältst du dich eigentlich?" Schon sind wir beleidigt und gekränkt und alle mittelalterliche Emotion kocht in uns hoch. Das zeigt: Wir haben zwar den Mittelpunkt der Welt von der Erde weg in die Sonne oder das Zentrum unserer Galaxie verlegt, unseren eigenen, sozusagen privaten Kosmos dabei aber völlig unangetastet gelassen. Dort thront König Ich nach wie vor als Zentralgestirn seines Reichs und will von anderen, gleichberechtigten Interessen nichts wissen.

Die wissenschaftlichen Erkenntnisse allein vermögen gegen den Anspruch des Ich-Komplexes nichts auszurichten. Sie können das ahnende Herz aber in seiner Vermutung bestätigen, das eigentliche Gravitationszentrum liege außerhalb des Ichs. Wer sich für eine neutrale, objektivere Einsicht zu öffnen vermag, wird entdecken, dass der biologische Selbsterhaltungstrieb leicht überstrapaziert wird, wo er auf Idealvorstellungen und damit verbundene Selbsteinschätzungen angewandt wird. Wenn wir die generelle Problematik der Idealvorstellungen hier einmal außer Acht lassen, dann dürfen wir fragen: Hängt denn die *biologische* Existenz tatsächlich davon ab, dass das Ich schöner, größer, schneller, gebildeter, vermögender oder sonstwie „besser" ist als ein konkurrierendes Nicht-Ich? Oder *definiert* das Ich sich auf diese Weise und sucht – durch Wettstreit – seine Existenz sich selbst zu *beweisen*? Wird in der Jagd nach den ersten Plätzen das Überleben gesichert oder die Gesundheit des Körpers für die Befriedigung der Eitelkeit geopfert? Das sind Fragen, die im Einzelfall abgewogen werden wollen. Und haben nicht auch Ausgeglichenheit, Ruhe, Liebe, Verständnis und Heiterkeit ihren biologischen Wert? Aber diese Pflanzen blühen selten auf den umkämpften Gipfeln des Ansehens, der Macht und des Besitzes, denn allzu leicht werden sie von Eifersucht, Neid und Missgunst zertreten.

All diese Missverhältnisse zeugen von einer Verworrenheit, die Idealität auszubilden trachtet, wo sie offenbar nicht gefunden werden kann. Das biologische Wesen wird angespannt, zu verwirklichen und zu erhalten, was ihm auf kurz oder lang entgleiten *muss*. Wer dies entdeckt und für einen unakzeptablen Zustand hält, der wird doch jene Ordnung zu voller Klarheit zu bringen suchen, die in seinem Inneren ihren Anspruch geltend macht. Ja er wird gar nicht anders können, es sei denn, er *will* sich dieser Einsicht verschließen, weil sie Konsequenzen fordert, seine Gewohnheiten stört, zu unbequem ist oder welcher Grund sonst ins Feld geführt werden mag.

Solch ein Widerstand gegen eine befreiende Entwicklung mag absurd erscheinen; er bezieht sich aber auf eine elementare Problematik, der wir uns bewusst zu stellen haben. Bis zu diesem Zeitpunkt, bis die Existenz eines Nicht-Ich-Zentrums bewusst wird, war die gesamte Entwicklung ein automatisch ablaufender Naturprozess, der eine ihrer selbst bewusste, mit Verstand begabte biologische Persönlichkeit hervorgebracht hat.[266] Die Problemstellungen, die nun seitens des regenerativen Regelkreises vor das Bewusstsein gestellt werden, zielen darauf ab, Verantwortung für die eigene Handlungsweise zu übernehmen. Individuell werden wir mit Eintritt in das sogenannte „Erwachsenenleben" mit dieser Aufgabe konfrontiert, denn von verantwortlicher Lebensweise machen wir es abhängig, ob wir jemanden für „unreif" oder „erwachsen" erachten. Kollektiv stellt die derzeitige Weltkrise die

---

[266] Jung, Carl Gustav: „Über die Psychologie des Unbewussten", Abs. 186.

Menschheit handgreiflich vor diese Aufgabe. Natürlich spüren wir die damit verbundene Last, die auf unseren Schultern zu liegen kommt, und gleich pubertierenden Jugendlichen suchen wir den Spagat zwischen dem „Recht des Erwachsenen" und kindlicher Unschuld. Der Ernst der Zeit offenbart die Verworrenheit der Vorstellung, die kindlichem Spiel zugrunde lag. Die Angst biologischen Selbsterhaltungstriebes jagt durch das Wesen und rät zur Flucht. Aber unwiderruflich ist die Tür zur Kindheit ins Schloss gefallen. Flüchtigen Traumgebilden und irrlichtenden Hirngespinsten folgt, wer sich neuem Werden verschließt.

Wer sich zur Freiheit wahrhaft menschlichen Seins gerufen weiß und rein instinktgetriebenem Leben zu entsteigen trachtet, der wird nicht umhin kommen, sich Klarheit seines eig'nen Wesens zu verschaffen. Er wird die um ihr Dasein fürchtende biologische Kreatur vom „Ich bin" zu unterscheiden haben, das stets war, ist und immer sein wird, welches anklopft, wahrhaftem Leben Ausdruck zu verleihen. So sagt auch Carl Friedrich von Weizsäcker:

> „Und diese Struktur der angstvollen Selbstbeschützung des Ich, denn diese Angst ist nichts anderes als eine Selbstbehütung des Ich, kann überwunden werden, wenn das Ich sich erfährt als nicht die letzte und unbedingt zu behütende Wirklichkeit, sondern [...] als ein Organ. Und ich glaube deshalb, daß da, wo diese Erfahrung [dass das Ich Organ in einem größeren Zusammenhang ist] wirklich gemacht wird [...], eine Aussicht besteht, daß die Menschen sich nicht mehr so angstvoll selbstzerstörerisch verhalten, wie es heute fast überall geschieht. In dem Sinn könnte ich den Leuten mit den großen Hoffnungen zustimmen; aber es muß natürlich erst einmal soweit kommen." [267]

---

[267] Weizsäcker, Carl Friedrich von: Carl Friedrich von Weizsäcker im Gespräch mit Udo Reiter für eine Rundfunksendung: „Gespräch über Meditation." In: „Der Garten des Menschlichen", S. 544, nach Reiter, Udo (Hrsg.): „Meditation – Wege zum Selbst."

Unterscheidung

Wenn das Persönlichkeitsbewusstsein sich gegenüber den unreflektierten Widerständen eines überzogenen biologischen Überlebenstriebes behaupten kann, hat es seine „Reife-Prüfung" bestanden. Es kann dann wirklich von einem biologischen Bewusstseinszustand gesprochen werden, der außerhalb des Ich-Bewusstseins existiert. Es ist hier nicht so etwas wie eine Bewusstseins- oder Persönlichkeitsspaltung gemeint. Es geht vielmehr um eine Bewusstseinserhebung. Das ist grundsätzlich nichts Neues. Die Entwicklung vom Einzeller zum Mehrzeller oder die des Gehirns vom rein instinktiv reagierenden über das fühlende hin zum denkenden Gehirn, immer hat das Bewusstsein größere Räume erschlossen. Einzig, dass wir nun bewusst am Werden mitzuarbeiten haben, *das* ist neu.

Bisher ging es darum, überhaupt erst einmal ein Bewusstsein heranzubilden, das sich seiner selbst bewusst ist. Nun, da es entstanden, gilt es, dieses auch *anzuwenden*. Das Wort Platons dürfen wir von nun an als zu uns gesprochen verstehen:

> „Eines dieser Teilchen [des Ganzen] bist nun auch du, [...] zwar ein verschwindend kleines Teilchen, aber doch immer in entsprechendem Verhältnis mitwirkend am Ganzen. Du aber hast eben dafür kein Auge, daß alles Werden nur jenes Ganze zum Ziel hat und auf den glücklichen Bestand des Gesamtlebens der Welt, also darauf gerichtet ist, daß das Ganze nicht um deinetwillen wird und da ist, sondern du um des Ganzen willen. Denn jeder Arzt und jeder kunstverständige Werkmeister hat bei seiner Arbeit durchweg das Ganze im Auge, zu dessen möglichster Vervollkommnung er alle Kraft einsetzt; den Teil aber stellt er nur des Ganzen wegen her und nicht das Ganze des Teiles wegen." [268]

Damit ist die Zielrichtung der nun notwendigen Entwicklung angezeigt, die erst jetzt, befreit von der elementarsten Selbstbezo-

---

[268] Platon: „Gesetze", 10. Buch, 903.

genheit, hinreichend verstanden werden kann, um eine unterstützende Mitwirkung an den Lebensprozessen in Gang zu setzen. Ein abgeschlossenes System ist nicht lebensfähig, und wer leben will, der muss mit seiner Umwelt in Wechselwirkung stehen. Dem stimmt auch das trennende Ich zu. Während dieses sich aber als autonomer Teil einer fragmentalen Vielheit versteht, wird ein objektiveres Bewusstsein sich als Element einer höheren Ordnungsstruktur begreifen können. Entsprechend verschieden sind die Lebenshaltungen – nicht unbedingt die Lebensresultate.

Dem flüchtigen Beobachter kann der Egoist zunächst sogar als der Verständigere von beiden erscheinen, denn dieser wird die Notwendigkeiten der Natur studieren, um Schaden für sich abzuwenden, während er doch zugleich darauf bedacht ist, ihre Möglichkeiten für sich zu nutzen. Er wird der Erfordernis entsprechen, soweit er sie erfasst, aber nur, um daneben und vor allem ungestört *seinen* Zielen folgen zu können. Sein Wirken für das Ganze ist möglicherweise prachtvoll, jedoch Fassade, Schutzschild und unwahr. Es haftet ihm darum die unangenehme Eigenschaft an, die allgemeine Verwirrung zu vergrößern.

Das objektivierende Bewusstsein ermisst die Diskrepanz zwischen Anforderung und Vermögen und wird nicht danach trachten, diese zu kaschieren. Diese kindliche Einfachheit ist natürlich nicht glanzvoll und wird unvollkommen erscheinen. Aber sie ist wahrhaftig, und darum offenbart sich in ihrer Schwäche Mut und innere Größe, welche alle noch so achtungsgebietenden künstlichen Gebilde der Verstellung beschämen. So schreibt Schiller über die so oft verspottete Einfachheit:

> „Sobald wir aber Ursache haben zu glauben, daß die kindische Einfalt zugleich eine kindliche sey, daß folglich nicht Unverstand, nicht Unvermögen, sondern eine höhere (*praktische*) Stärke, ein Herz voll Unschuld und Wahrheit, die Quelle davon sey, welches die Hülfe der Kunst aus innerer Größe verschmähte, so ist jener Triumph des Verstandes vorbey und der Spott über die Einfältigkeit geht in Bewunderung der Einfachheit über. Wir fühlen uns genöthigt, den Gegenstand zu achten, über den wir vorher

gelächelt haben, und, indem wir zugleich einen Blick in uns selbst werfen, uns zu beklagen, daß wir demselben nicht ähnlich sind." [269]

Wie Paulus (Gal. 2,16) erkennt das objektive Bewusstsein, „dass der Mensch durch des Gesetzes Werke nicht gerecht wird." Der *Seinszustand* ist ungeeignet. Es wird daher keine Energie darauf verschwenden, den eigenen Zustand zu beschönigen. Es wird sich aber auch nicht damit zufriedengeben, denn die gestellte Anforderung wird, ungeachtet des tief empfundenen Unvermögens, als Bestimmung erfahren. Deshalb wird es nach einem geeigneteren Standpunkt Ausschau halten.

Der Egozentriker trachtet, durch *Arbeit an der Form*, den Anforderungen der Natur zu genügen. Das sich um Objektivität bemühende Bewusstsein dagegen sucht seinen *Standpunkt* zu verändern, weil es die Begrenztheit des Ich-Bewusstseins erkennt. Inspiriert von der Wirksamkeit des Geistfunkens, erhofft es jenen Punkt zu finden, der äußere Erfordernis und inneren Seinszustand in sich vereint.

Das Persönlichkeitsbewusstsein, welches sich vom Ich-Komplex zu distanzieren weiß und um Objektivität bemüht, ist seinem Wesen nach ein Überbrückungsbewusstsein. Als reines Naturgeschöpf ist die Persönlichkeit Element des regenerativen Regelkreises und steht als solches zwischen der Trennungswelt und der Welt der Einheit. Schattenbild ist sie als zeitliche Erscheinung, Keimzelle des Bewusstseins und Werkzeug im Licht der Einheit. Unter Leitung eines selbstbezogenen Bewusstseins löst sie sich in der formbildenden Nicht-Existenz des Trennungsgeistes auf. Der Geistfunken dagegen sucht im Zusammenwirken mit dem Regelkreis das Bewusstsein zur Einheit zu erheben.

Der Übergang vom Ich-Bewusstsein zur bewussten Verbindung mit dem Einen Geist ist ein Phasenübergang, bei dem die mikrokosmische Ordnungsstruktur der Trennung in der wiederhergestellten Ordnung des Geistes untergeht. Wie in der bisherigen Evolution liegt auch hier der Schlüssel zur Entwicklung in der Zusammenarbeit verschiedener Systeme.

---

[269] Schiller, Friedrich: „Über naive und sentimentalische Dichtung", S. 11.

Bis jetzt hat die Persönlichkeit über das Ich-Bewusstsein, mit dem Trennungsgeist zusammengearbeitet, wodurch immer komplexere, aber vergängliche Strukturen entstanden sind. Wenn die Persönlichkeit nun beginnt, über den Geistfunken mit dem Einen Geist zusammenzuwirken, entstehen Ordnungsstrukturen der wahren Einheit. Wir können dann von einem wirklichen „Quantensprung" sprechen: Wie Johannes (Offenb. 21,1) sehen wir „einen neuen Himmel und eine neue Erde." Bis es aber soweit ist, muss noch viel geschehen.

Der Bewusstseinswandel in der Persönlichkeit vollzieht sich nicht schlagartig, sondern wie alle Veränderungen in biologischen Vielteilchensystemen als kontinuierlicher Phasenübergang, der durch chaotische Schwankungsbereiche gekennzeichnet ist. Wird nämlich auch nur ein Element geändert, so hat dies Folgen für den gesamten Organismus, weshalb sich alle Zellen auf die neue Situation einzustellen haben. Alte Ordnungsstrukturen werden dadurch gelockert, möglicherweise aufgehoben. Das vormals verfestigte, stabile Gefüge gerät örtlich aus den Fugen.

Wenn das um Objektivität bemühte Persönlichkeitsbewusstsein durch Einsicht eine verworrene Vorstellung des Ich-Bewusstseins auflöst, kann letzteres sich in diesem Punkte nicht länger behaupten, es sei denn, tiefere Schichten des Überlebenstriebes werden aufgejagt und drängen, Sorge, Angst oder Trägheit weckend, den alten Zustand wieder herzustellen. Es kommt somit zu Fluktuationen und Bewusstseinsschwankungen. Im einen Augenblick ist das Bewusstsein offen für neue Erkenntnisse und hält Ausschau nach neuen Ufern, im nächsten wird es von der Angst des Ich-Komplexes aufgesogen. Im Banne der Selbstbezogenheit sucht das Bewusstsein, die gewonnenen Erkenntnisse mit den bestehenden Vorstellungen in Übereinstimmung zu bringen. Es entwickelt sich ein Kulturgang, in dem stets aufs Neue versucht wird, die abgetrennte Erscheinungsform verschiedenen idealen Vorstellungen entsprechen zu lassen, was an der dialektischen Polarität der Erscheinungswelt notwendig immer scheitert. Jedes Scheitern aber schwächt auf Dauer den Widerstand des Ich-Komplexes und schafft schließlich sogar eine Neigung, notwendige Änderungen – als das kleinere Übel – zuzulassen. Das objektivierende Bewusstsein der Persönlichkeit erhält so Spielraum, um nach Möglichkeiten Ausschau zu halten, dem sich nach Einheit sehnenden Herzen Erleichterung zu verschaffen.

Anfangs manifestiert sich das Bewusstsein der Persönlichkeit nur selten und kurzzeitig außerhalb des Ich-Komplexes. Im weiteren Verlauf nimmt die Dynamik der Bewusstseinsverlagerung zu und stabilisiert sich das objektivierende Bewusstsein, sofern nicht die Ängste des Überlebenstriebes die Oberhand gewinnen. Die Persönlichkeit tut darum gut daran, den berechtigten Anspruch der Kreatur auf Existenz fein zu unterscheiden von dem ebenso berechtigten Anspruch des Geistes nach Ausdruck, der sich in der Sehnsucht des Herzens nach Einheit widerspiegelt. Die Bedürfnisse des Körpers und die des Geistes sind einander also nicht entgegengesetzt; sie liegen auf verschiedenen Ebenen, wie schon Schiller feststellte:

> „Sie sind einander also von Natur nicht entgegengesetzt, und wenn sie demohngeachtet so erscheinen, so sind sie es erst geworden durch eine freye Uebertretung der Natur, indem sie sich selbst misverstehn, und ihre Sphären verwirren." [270]

Die Verwirrungen sind entstanden, weil geistige Inhalte mit Erscheinungen der Trennungswelt vermengt wurden. Aufgabe der Persönlichkeit ist es nun, an deren Auflösung mitzuwirken. Ihre Arbeit ist dabei eine zweifache. Solange das Werk des regenerativen Regelkreises noch nicht vollendet ist, obliegt es ihr, das Kreatürliche funktionstüchtig zu erhalten. Und, indem sie sich als erwachendes neues Bewusstsein dem Werden einer neuen Beseelung zuwendet, die auf den Einen Geist abgestimmt ist, bewahrt sie sich selbst davor, im Unbewussten der Selbstbezogenheit unterzugehen (vgl. Schrödinger, S. 245). Denn, was ist das formgebundene „Ich" anderes als das unbewusste organische Können instinkthaften Überlebenstriebes? Wäre es etwas anderes: Wir könnten es positiv benennen und müssten nicht auf negative Ausgrenzungen zurückgreifen, um es zu definieren (wie Gott). Das Ich-Bewusstsein droht darum stets der Dumpfheit anheimzu-

---

[270] Schiller, Friedrich: „Über die ästhetische Erziehung des Menschen in einer Reihe von Briefen", 13. Brief, 2.Abs.

fallen, wenn es nicht ständig neue Bedrohungen entdecken und bekämpfen kann. Aus Angst, im Unbewussten des organischen Könnens zu versinken, erzeugt es darum einen Widerpart, gegen den es sich stets aufs Neue durchzusetzen hat.

In dem Maße, wie die Persönlichkeit sich gegenüber der Trennungsidee mit ihren verworrenen Vorstellungen zu distanzieren vermag, gewinnt sie im Hinblick auf die Impulse und Ideale die dem Geistfunken entspringen an Objektivität und vermag sie die dahinter drängende Intention zu erfassen. Wo sie damit Erfolg hat, setzt sich der Einfluss des regenerativen Geistbemühens in der weiteren Entwicklung immer deutlicher durch. In Schillers Darstellung erhebt sich das aus Knechtschaft der Sinnesorgane befreite schöpferische Vermögen zum geistigen Sein:

> „Nur indem sie sich von der Wirklichkeit losreißt, erhebt sich die bildende Kraft zum Ideale, und ehe die Imagination in ihrer produktiven Qualität nach eigenen Gesetzen handeln kann, muß sie sich schon bey ihrem reproduktiven Verfahren von fremden Gesetzen frey gemacht haben. Freylich ist von der bloßen Gesetzlosigkeit zu einer selbständigen inneren Gesetzgebung noch ein sehr großer Schritt zu thun, und eine ganz neue Kraft, das Vermögen der Ideen, muß hier ins Spiel gemischt werden – aber diese Kraft kann sich nunmehr auch mit mehrerer Leichtigkeit entwickeln, da die Sinne ihr nicht entgegen wirken, und das Unbestimmte wenigstens negativ an das Unendliche grenzt." [271]

> „[...] Einen Sprung muß man es nennen, weil sich eine ganz neue Kraft hier in Handlung setzt; denn hier zum erstenmal mischt sich der gesetzgebende Geist in die Handlungen eines blinden Instinktes, unterwirft das willkührliche Verfahren der Einbildungskraft seiner unveränderlichen ewigen Einheit, legt seine Selbstständigkeit in das Wandelbare und seine Unendlichkeit in das Sinnliche. Aber solange die rohe Natur noch zu mächtig ist, die kein anderes Gesetz kennt, als rastlos von Veränderung zu Veränderung fortzueilen, wird sie durch ihre unstete Willkühr

---

[271] Schiller, Friedrich: „Über die ästhetische Erziehung des Menschen in einer Reihe von Briefen", 27. Brief, Fußnote.

jener Nothwendigkeit, durch ihre Unruhe jener Stätigkeit, durch ihre Bedürftigkeit jener Selbstständigkeit, durch ihre Ungenügsamkeit jener erhabenen Einfalt entgegen streben." [272]

In physikalischer Hinsicht genügt diese Entwicklung in doppelter Weise den Anforderungen des Regelkreises. Kann oder soll der Energiezufluss von außen nicht ständig erhöht werden, dann ist Evolution nur möglich, wenn die Entropieproduktion verringert oder der Informationsgehalt erhöht wird.[273] Beide Punkte sehen wir hier erfüllt:

Verworrene Informationen binden Energien, die keinen existenziellen Nutzen haben. Lösen wir diese Informationen auf und transformieren sie um in solche, die der Realität eher entsprechen, dann erhalten wir ein Lebenssystem, welches an die Anforderungen des regenerativen Regelkreises besser angepasst ist. Energien, die vordem zum Beispiel zur Pflege überspannter Eitelkeiten verbraucht wurden, stehen nun zur freien Verfügung und können für weitere Entwirrungsarbeiten genutzt werden. Praktisch läuft dies auf eine verantwortbare Auflösung verworrener, ausgrenzender Ich-Strukturen hinaus, zugunsten eines wachsenden, zunehmend objektiveren Bewusstseins. Wenn dabei überzogene Ansprüche wieder zum Normalmaß finden, dürfen wir auch für den äußeren Energiebedarf eine Reduzierung erwarten. Ressourcenfressendes, quantitatives Wachstum weicht so einem qualitativen. Dies ist auch Spinozas Quintessenz. Er sieht den Menschen durch seine Affekte versklavt (Ethik IV, Vorwort), die nichts anderes sind als verworrene Ideen (III, Definition der Affekte, 48: Allgemeine Definition der Affekte) und die darum wieder zur Klarheit geführt werden müssen (V, 3).

Biologisch bedeutet es einen inneren Evolutionsprozess, wenn störende, ineffiziente Strukturen aufgelöst und neue, geeignetere Mutationen gebildet werden. Die Evolution, die wir bislang nur als äußeres Geschehen, als „Opfer" äußerer Einwirkungen erleb-

---

[272] Schiller, Friedrich: „Über die ästhetische Erziehung des Menschen in einer Reihe von Briefen", 27. Brief.

[273] Stierstadt, Klaus: „Phasenübergänge in Physik und Biologie", Physikalische Blätter 1978, S. 366.

ten, nun wird sie zu einem selbstschöpferischen Prozess, in dem das Bewusstsein sich, Schritt für Schritt, auf die geistige Idee des Regelkreises abstimmt. Psychologischer formuliert: Solange wir äußere Umstände für unser Verhalten verantwortlich machen, trennen wir die Verantwortung von unserem Ich ab: „Ich hab' keine Schuld!" Schuld haben „die Anderen" oder – intellektueller – eine blinde Evolution. Als „armes Opfer" können wir uns dann entspannt zurücklehnen und bleiben wie wir sind. Aber die abgespaltene Verantwortung gibt keine Ruhe. Sie will angenommen werden und macht darum von der Freiheit Gebrauch, die wir ihr so freimütig gegeben: Gleich unerwartetem Besuch steht sie als Schicksal vor der Tür und verlangt, willkommen geheißen zu werden.

Die Dynamik des Regelkreises, die Forderung der Entropie, das Gefälle der disponiblen psychischen Energie, alles drängt auf Entwicklung. Raum und Zeit messen einer jeden Existenz ein Energiequantum zu, das angewandt werden *muss* – zur Regeneration oder weiteren Einkapselung. Um nicht im Dunkel verworrener Vorstellungen immer weiter zu verengen, wird der Menschheit von jeher geraten, sich wieder der Leitung des Geistes anzuvertrauen. So rät die Heilige Schrift, den „Wandel" bewusst am „Licht" des Christus, dem Einen Geist der Menschheit, zu orientieren, der durch Jesus bezeugt (Joh. 8,12):

> „Ich bin das Licht der Welt; wer mir nachfolgt, der wird nicht wandeln in der Finsternis, sondern wird das Licht des Lebens haben."

> „Zügelnd den Leibgeist, umfangend das Eine,
> Kannst ohne Fehl du sein." [274]

heißt es im Tao-Tê-King. Und in der Bahagavadgita rät Krischna dem Arjuna:

> „Nicht durch Vermeidung jeder Tat wird wahrhaft man vom Tun befreit,

---

[274] Lao-tse: „Tao-Tê-King", Kap. 10.

Noch durch Entsagung von der Welt gelanget zur Vollendung
man.
Nie kann man frei von allem Tun auch einen Augenblick nur sein,
Die in uns wohnende Natur zwingt jeden, irgend was zu tun.
Wer seine Tatorgane zwingt und dasitzt, doch betörten Sinns
Im Geist der Sinnendinge denkt, wird ein verkehrter Mensch ge-
nannt.
Doch wer die Sinne durch den Geist bezwingend sich ans Han-
deln macht
Mit seinen Tatorganen – doch nicht daran hängt –, der stehet
hoch.
Vollbringe die notwend'ge Tat, denn Tun ist besser als Nichttun;
Des Körpers Unterhaltung schon verbietet es dir, nichts zu
tun." [275]

Die Brahmabindu-Upanishad zeugt vom gleichen Geist:

„Der Geist, sagt man, ist zweifach, geläutert oder nicht. Nicht
geläutert ist er in Verbindung mit Wünschen, geläutert, wenn er
von Wünschen befreit ist. Der Geist ist für den Menschen die Ursache von Knechtschaft und Erlösung; von Knechtschaft, sobald
er an der Sinneswelt hängt, von Erlösung, wenn er frei von ihr ist.

Darum, weil man die Befreiung des von der Sinneswelt freien
Geistes wünscht, muß der Erlösungssuchende beständig seinen
Geist von der Sinneswelt frei zu machen trachten. [...]

Solange die Seele von der Mâyâ (Täuschung) der Worte umhüllt ist, weilt sie im Lotus des Herzens. Wenn aber die Dunkelheit weicht, nimmt sie die eine Einheit wahr." [276]

*

Wenn die Persönlichkeit nun soweit auf eine Zusammenarbeit
mit den geistigen Impulsen gerichtet ist, dann ist dies bei weitem

---

[275] „Bahagavadgita", 3. Gesang 4-8.
[276] „Upanishaden: Die Geheimlehre der Inder", S. 219 / 220.

noch kein stabiler Zustand. Es ist damit ja auch nur erst das Werkzeug geformt, mit dessen Hilfe nun die eigentliche Aufgabe angegangen werden kann. Nicht Vervollkommnung der Persönlichkeit als vergängliche Erscheinung ist das Ziel, sondern Regeneration des gesamtmenschlichen Systems. Die verworrenen Informationen im überpersönlichen Informationsträger des Mikrokosmos müssen aufgelöst, von unwahren Vorstellungen gereinigt und dadurch wieder zur Klarheit des Einen Geistes geführt werden. Anders gesagt: Die persönlichen, vom Trennungsgeist durchsetzten Götter müssen demaskiert und vom Sockel gestoßen werden, damit die Monade des Einen Geistes die Leitung des Systems wieder übernehmen kann.

Die aktuellen, leidenschaftlich geführten Diskussionen über die wissenschaftlichen Erkenntnisse der Hirnforschung belegen, wie unangenehm uns die offenbare systeminterne Fremdbestimmung berührt, zumal sich die Ergebnisse nicht mehr als philosophische Spekulationen einfach vom Tisch wischen lassen. Und wer oder was rebelliert hier? Sieht das Ich seinen angemaßten freien Willen in Frage gestellt? Wollen wir unsere Illusionen etwa behalten, unsere Träume weiter träumen? Wollen wir die Wahrheit denn wirklich wissen? C. G. Jung macht auf Strukturen einer methodischen Selbstbelügung aufmerksam, wenn er schreibt:

„Nicht nur ist die ‚Freiheit des Willens' philosophisch ein unabsehbares Problem, sondern sie ist es auch praktisch, insofern es selten jemanden gibt, der nicht weitgehend oder sogar überwiegend von Neigungen, Gewohnheiten, Trieben, Vorurteilen, Ressentiments und allen möglichen Komplexen beherrscht ist. Alle diese Naturtatsachen funktionieren genau wie ein ganzer Olymp voll von Göttern, die propitiiert, bedient, gefürchtet und verehrt sein wollen, nicht nur vom individuellen Inhaber dieser Götterkompagnie, sondern auch noch von seiner persönlichen Umgebung. Unfreiheit und Besessenheit sind Synonyme. [...] Um sich einerseits diesen wahren, aber sehr unangenehmen Tatbestand zu verheimlichen und sich andererseits Mut zur Freiheit zu machen, hat man sich den eigentlich apotropäischen Sprachgebrauch angewöhnt: ‚*Ich habe* die Neigung oder die Gewohnheit oder das

Ressentiment', anstatt wahrheitsgetreu festzustellen: ,Die Neigung oder die Gewohnheit oder das Ressentiment *hat mich*.' [...] In Tat und Wahrheit erfreuen wir uns keiner herrenlosen Freiheit, sondern sind beständig bedroht von gewissen seelischen Faktoren, die als ,Naturtatsachen' von uns Besitz ergreifen können. Die weitgehende Zurücknahme gewisser metaphysischer Projektionen liefert uns diesem Geschehen insofern fast hilflos aus, als wir uns sofort mit jedem Impuls identifizieren, anstatt diesen mit dem Namen eines ,Anderen' zu belegen, womit er wenigstens auf Armeslänge weggehalten wäre und sich nicht sofort der Zitadelle des Ich bemächtigen könnte. ,Herrschaften' und ,Mächte' sind immer vorhanden, wir können und brauchen sie nicht zu erzeugen. Uns liegt es bloß ob, den ,Herrn', dem wir dienen wollen, zu *wählen*, damit sein Dienst uns schütze gegen die Herrschaft der ,Andern', die wir nicht gewählt haben. ,Gott' wird nicht *erzeugt*, sondern *gewählt*." [277]

Der Widerstand gegen die Thesen der Hirnforscher weist einige Ähnlichkeit mit dieser von Jung skizzierten Selbstbelügung auf. Warum sollten wir unsere Situation beschönigen wollen? Zeigt sich in diesem Akt des Selbstbetrugs nicht der Einfluss der „olympischen Götter" auf die Persönlichkeit? Sie, die „Götter", haben die Persönlichkeit geschaffen, um in ihrer Maske *ihr eigenes Leben zu leben*, um *durch* sie die Welt *in ihrem Sinne* zu gestalten. Dies erklärt auch die immense Eigendynamik verschiedener Entwicklungen, denen die Menschen heute so hilflos gegenüberstehen. Damit die Ordnungsstrukturen der „olympischen Götter", der Vasallen des „menschlichen Geistes", erhalten bleiben, ist es nötig, die Persönlichkeit in der Illusion ihrer Freiheit zu wiegen.

Jedes Bewusstsein, das auf Autonomie gerichtet ist, steht in dieser sklavischen Abhängigkeit. Es ist auf den Geist der Trennung gerichtet – „betet" ihn an – und erhält dafür die Illusion von Freiheit und Unabhängigkeit, doch um den Preis eines Realitätsverlustes, der es zum Sklaven der Trennungsstruktur macht. Die

---

[277] Jung, Carl Gustav: „Westliche Religionen, Psychologie und Religion", Abs. 143.

Persönlichkeit kann darum nur bedingt als „Opfer" betrachtet werden.

Die Persönlichkeit, die sich in der beschriebenen Weise ein Stück weit von den bewusstseinstrübenden Suggestionen zu befreien vermochte und in den wesentlichsten Punkten auf die Wirksamkeiten des geistigen Urkerns abgestimmt hat, gerät früher oder später unweigerlich in eine Konfliktsituation, die sie mit dieser neuen elementaren Problematik konfrontiert.

Evolutionär ist die Verarbeitung sinnesorganischer Wahrnehmungen auf eine möglichst rasche Reaktion hin orientiert. Je eher die Gefahr erkannt wird, desto größer die Überlebenschance. Lässt die Wahrnehmung verschiedene, gleichwertige Deutungen zu, wie etwa bei den Kippbildern (s. Abb. 8), erfolgt zweckmäßigerweise sofort eine Entscheidung, denn 50% Erfolgsaussicht sind hier dem Zeitverlust einer genaueren Untersuchung vorzuziehen.[278] Die angeborenen Erkenntnisstrukturen sind natürlich dementsprechend angepasst.[279] Unsere Unfähigkeit, komplementäre Eigenschaften als zusammengehörig wahrzunehmen, und die damit einher gehenden Vorstellungs- und Erkenntnisschwierigkeiten sind folglich biologischer Natur.

Wenn es der Persönlichkeit gelingt, durch einen objektiveren Bewusstseinszustand zur bisherigen Ich-Vorstellung auf Distanz zu gehen, dann ist damit zunächst nur erst eine komplementär andere Sichtweise gewonnen: Statt der um eine autonome Existenz kreisenden Vorstellungswelt zeigt sich nun, im formal gleichen Gewand, das Spiegelkabinett des Sozialaspekts, welches das Bewusstsein, im Gegenüber, mit Facetten der eigenen Seele konfrontiert. Wer dies bereits für eine geistige Sphäre hält, verkennt deren persönlichen Charakter. Nichts wird reflektiert, das nicht im Beobachter selbst vorhanden wäre. Dennoch erschüttert diese *andere Perspektive* bereits die gewohnte Vorstellungswelt. Entlarvt und beschämt, fühlt das Ich sich bedroht und leicht kippt das Bewusstsein zurück auf seine egozentrische Perspektive. Donnergrollen vom Götterberg fordert Besserung und intensiveres Bemühen. Wo das Herz sich der eigenen Unfertigkeit noch nicht

---

[278] Vollmer, Gerhard: „Evolutionäre Erkenntnistheorie", S. 106.
[279] Ebd., S. 116.

zu öffnen vermag, da werden Vorstellungen überarbeitet, Hypothesen korrigiert und am Verhalten gefeilt. Statt einer Wiederbelebung des ursprünglichen menschlichen Systems (C.G.Jung spricht von einem Individuationsprozess) entwickelt sich eine Kultivierung des Ich-Bewusstseins, Schlauheit, Raffinesse und Weltgewandtheit, kurz eine Veredelung der Fassade. Im ungünstigsten Falle flieht das Ich-Bewusstsein vor der ernüchternden Selbsterkenntnis, indem es im Pantheon der „olympischen Götter" sein „höheres Selbst" erblickt, die Einswerdung mit seinem „Herrn" feiert und in maßloser Selbstüberschätzung als Unberührbarer auf dem Götterberg Wohnung nimmt. Jung beklagt darum das so häufig mangelnde Unterscheidungsbewusstsein:

> „Ich sehe aber immer wieder, daß der Individuationsprozess mit der Bewußtwerdung des Ich verwechselt und damit das Ich mit dem Selbst identifiziert wird, woraus natürlich eine heillose Begriffsverwirrung entsteht. Denn damit wird die Individuation zu bloßem Egozentrismus und Autoerotismus. Das Selbst aber begreift unendlich viel mehr in sich als bloß ein Ich: es ist ebenso der oder die anderen wie das Ich. Individuation schließt die Welt nicht aus, sondern ein." [280]

Alle Kultivierung wirkt natürlich auf den Informationsträger des Mikrokosmos zurück. Die „olympischen Götter" werden ebenfalls kultivierter – und anspruchsvoller! – und spornen dadurch zu stets weiterer Vervollkommnung an. Wie viele sind es, die sich von solch einer kulturellen Evolution die Erlösung der Menschheit erhoffen? Statt von der Menschwerdung des Pinocchio träumen sie von vergoldeten Marionettenfäden.

Machen wir es uns darum noch einmal klar: Solange an der Trennungsidee festgehalten wird, ist alle verworrene Information nicht aufzulösen, nicht in der Persönlichkeit und nicht im mikrokosmischen Informationsträger, denn jedes Element ist vom Spaltpilz durchsetzt. Die „olympischen Götter" bleiben mithin – wie kultiviert auch immer – Hörige des Trennungsgeistes. Jede

---

[280] Jung, Carl Gustav: „Theoretische Überlegungen zum Wesen des Psychischen", Abs. 432.

kulturelle Entwicklung scheitert darum zu ihrer Zeit an diesem Kriterium.

Es ist im Kleinen wie im Großen, im Mikrokosmos wie im Makrokosmos: Haben wir das Ende des biologisch-automatischen Evolutionsprozesses im formgebundenen „menschlichen Geist" gefunden, der alles nach seiner Ordnungsstruktur organisiert und sich in der Ausbeutung der „Natur" schließlich selbst vernichtet, dann zeigt sich im Lebenssystem des Einzelnen das gleiche Bild. Im „olympischen" Wettkampf wird der biologischen Existenz maximaler Einsatz, vollkommene Hingabe und Durchhaltevermögen abverlangt. Nicht etwa nur beruflich, auch im sozialen und privaten Bereich fühlen wir uns angespornt, idealen, womöglich paradiesischen Maßstäben zu genügen. Mit Burn-out-Syndrom, Erschöpfung, Nervenzusammenbruch, Depression, Krankheit oder ähnlichen Reaktionen antwortet die Natur schließlich auf die Überforderung und verweigert die Zusammenarbeit.

Wo das Maß verloren ist, sind maßlose Übersteigerungen die unausweichliche Folge. Es ist darum zweifellos eine günstige Entwicklung, wenn die Persönlichkeit beginnt, den Wirkungsbereich eines überspannten Überlebenstriebes auf sein eigentliches Aufgabenfeld zu begrenzen. Weil aber die anspornenden Wirksamkeiten der „olympischen Götter" eng mit den Ängsten des Überlebenstriebes verknüpft sind, gerät die Persönlichkeit früher oder später auch mit ihren mikrokosmischen Erzeugern in Konflikt.

So lange verlief die Bewusstwerdung der Persönlichkeit in harmonischer Wechselwirkung mit dem mikrokosmischen Informationsträger, wie die Trennungsidee sich mittels des Überlebenstriebes immer feiner auszuformen vermochte. Wo es gelang, in subtiler Weise Einfluss auf das Umfeld zu nehmen, da konnten die grobschlächtigen Muster getrost in das zweite Glied zurücktreten. Ja, es war sogar von Vorteil, das eigene Ansinnen weniger offensichtlich zu verfolgen.

Hat der Überlebenstrieb – als Element des Regelkreises – sein Werk vollbracht und die biologische Wesenheit mit Intelligenz, Verständnis und Bewusstsein ausgestattet, verändert sich die Situation. Wenn die Persönlichkeit die umklammernde Enge der

Selbstbezogenheit erfährt und von einem objektiveren Standpunkt aus sich auf die geistigen Impulse abzustimmen trachtet, kündigt sich im mikrokosmischen Himmel die Götterdämmerung an. Jede Selbsterkenntnis, die in der Spiegelwelt des Sozialaspektes gewonnen wird, löst verworrene Informationsstrukturen im menschlichen System auf. Wenn das Bewusstsein erfährt, in eine Erscheinung unbewusste Eigenschaften hineinzuprojizieren, lässt es die Projektion fallen und ist augenblicklich von den damit verbundenen Affekten befreit. Es hat einen Teil des wahren Wesens wiedergefunden und dadurch an Bewegungsfreiheit gewonnen. Diese Freiheit muss nun auch genutzt werden, oder besser: geübt, denn die alten Ordnungsstrukturen lassen sich anders nicht aufbrechen. Nur so kann auch die lebendige, positive *Erfahrung* im menschlichen System verankert werden. Wo die Einsicht nicht in Erfahrung umgesetzt wird, da droht das neu gewonnene Weltbild, einem Kippbild gleich, wieder mit der Projektion übertüncht zu werden.

Die Ängste, mit denen der Selbsterhaltungstrieb sich in der Spiegelwelt des Sozialaspektes abzugrenzen trachtet, haben natürlich eine gewisse Berechtigung. Wer nicht aus tiefstem Herzen den Trennungswillen in Frage stellt und nur aus Neugier, um Kenntnis- oder Machtgewinn hier Ausschau hält, dem drohen Identitätsverlust, Irrsinn und Größenwahn. Aus diesem Grunde versperren die Ängste des Überlebenstriebes den Zugang zu tieferer Selbsterkenntnis – für das egozentrische Bewusstsein.

Nur das nach Einheit und Wahrheit sich sehnende Herz darf ungestraft den Schleier beiseiteschieben, denn es wird nichts Fremdes dort finden. Daher ist es in der Lage, die Persönlichkeit in der Balance zwischen Ordnung und Chaos zu halten. Sie hat diese Führung auch bitter nötig, löst sie sich doch aus der alten Ordnung und ist in der neuen noch nicht angekommen. Weil nur ein Element nach dem anderen aufgelöst werden kann, bleiben all die anderen ja weiterhin wirksam und saugen das Bewusstsein stets wieder in die Zwangsjacke des Gewohnheitslebens hinein, deren Enge nun um so mehr erfahren wird. So entwickelt sich, als Phasenübergang, ein deterministisches Chaos, in dem das Bewusstsein zwischen verschiedenen Ordnungsstrukturen hin und her schwankt, wodurch das gesamtmenschliche Lebenssystem prozessmäßig aus der Verworrenheit des Irrtums in die Klarheit des Geistes geführt wird. In dem Maß, wie die Persönlichkeit durch Aufmerksamkeit und Hingabe diese Entwicklung unterstützt, erwächst ihr das Vermögen, die Geistwirksamkeiten – des Trennungsgeistes und des Geistes der Einheit – immer feiner zu unterscheiden und ihre Handlungsweise in Freiheit darauf abzustimmen.

Im Sinne des universellen Regelkreises entwickelt sich also ein Heilungs- oder Regenerationsprozess. Kann das Nicht-Ich-Zentrum, der geistige Urkern, erst einmal wieder zum Bewusstsein der Persönlichkeit hindurchdringen und vermag dieses sich gegenüber den Wirksamkeiten des Trennungsgeistes zu behaupten, so entwickeln sich neue Einsichten. Der „Blinde" wird „sehend", der „Aussätzige" geheilt, das Unkraut wird vom Weizen geschieden und, was tot schien, wieder zum Leben erweckt – – – wie es in den Evangelien steht.

„Seht, daß der Eintritt euch nicht Schaden bringe" (Fegefeuer 9, 87). Mit diesem Wort wird Dante am Eingangsportal zum Läuterungsberg vom Torhüter empfangen. Ehe dieser ihn durchlässt, ritzt er ihm mit seines Schwertes Spitze sieben P auf die Stirn. Die sieben Peccata (lateinisch: Vergehen, Versehen, auch Sünden) werden ihm bewusst gemacht, woraufhin er angewiesen wird: „Sieh, daß du drinnen dir die Wunde wäschst!" (Fegefeuer, 9. Gesang, 114). Er hat seine Denkstrukturen auf den verschiedenen Ebenen des Läuterungsberges zu reinigen.

Trieben die „Höllenfeuer" des Inferno zur Bewusstwerdung: Hier wirkt der reinigende Brand des „Fegefeuers". Peinlich ist's, den eig'nen Zustand zu entdecken. Die verwirrten selbstbezogenen Strukturen und sinnlichen Begierden werden durch die Flammen des Läuterungsbrandes bewusst gemacht und aufgelöst, doch dem Ideal, das nun heller leuchtet als je zuvor, ist damit noch nicht entsprochen. Das ist die Qual, die hier die Seele leidet, die sie aber Stuf' um Stufe hebt, der Sphäre des Geistes entgegen.

Wahl und Opfer

Komplementär ist unsere Welt. Komplementär sind auch die Bewusstseinszustände der Persönlichkeit. In ihrem Streben nach Objektivität löst sie sich aus der Enge subjektiver Perspektive, um, unter dem Blickwinkel des Sozialaspekts, doch nur wieder ihrem eigenen Spiegelbild zu begegnen. Nicht die Einheit des Einen, die Einheit der vom Einen abgetrennten Existenz tritt ihr als Spiegelbild entgegen. Die Fragestellung des Beobachters bestimmt, was in Erscheinung tritt. Der Beobachter verliert damit seine Unschuld. Er nimmt durch seine Beobachtung am Geschehen teil und bestimmt mit, was geschieht. Er stört den ursprünglichen Zustand der Einheit. So lehrt die Heisenberg'sche Unbestimmtheitsrelation.

Unglücklich darum der Mensch, der in diesem „Zauberspiegel" nur die Larven der Vergangenheit zu erblicken vermag, der sein Herz dem „Anderen" verschlossen hat, nur um sich selber kreist. Hier findet er sich in sich selbst gefangen, preisgegeben dem Gespött der Trennungsgeister.

Doch auch jene, deren Begehren im Läuterungsbrand „freigefegt" wird von den Phantomen der Trennungswelt, auch sie kommen nicht umhin, an diesem Ort sich einzufinden. Das Bewusstsein der Persönlichkeit, nun ausgesöhnt mit „Gut" und „Böse" der dialektischen Natur, befreit vom Eigendünkel und dem Einen Geist ganz zugewandt, findet sich vor einer unabweisbaren Grenze, auf die Paulus mahnend hinweist:

> „Das sage ich aber, liebe Brüder, das Fleisch und Blut nicht können das Reich Gottes ererben; auch wird das Verwesliche nicht erben das Unverwesliche." (1. Kor. 15,50)

Als flüchtige Erscheinung der Trennungswelt ist es der Persönlichkeit unmöglich, in die Einheit einzutreten. Ja, schon das Wesen einer anderen Existenz innerhalb der Trennungswelt vermag sie nicht vollständig zu umfassen. Eine Schnittfläche nur ist sie von dem Hieb des Trennungswillens, der die Einheit zerstörte,

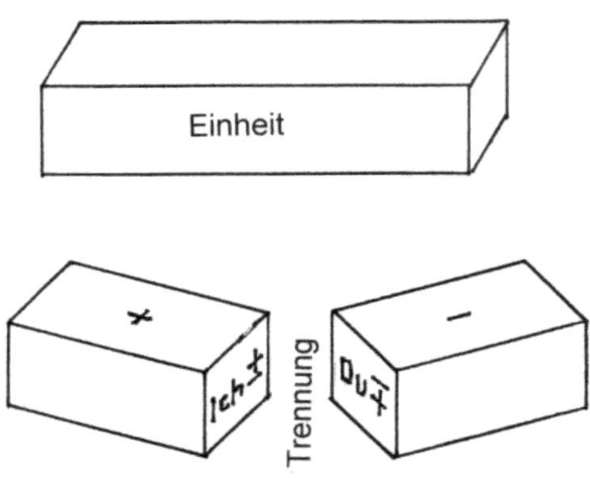

Abb. 14: In der Einheit gibt es keine Schnittfläche

und schon die Gegenseite ist ihr unerreichbar (s. Abb. 14). Es gibt keine Brücke zwischen dem biologischen Menschen der Trennungswelt und dem Menschen der Einheit, der werden soll.[281] Werden die zerschlagenen Teile zusammengefügt, fallen die Schnittflächen zu Eins zusammen. Fällt der Tropfen in den Ozean, verliert er Distanz und abgrenzende Oberfläche. Der relativistische Mensch vermag die zeiträumliche Welt nicht zu verlassen, ohne die formgebundene Energie freizusetzen. Dann aber ist es nicht mehr sinnvoll von einer formalen Existenz zu sprechen.

Die fundamentale Problematik, die hier dem Bewusstsein gegenübertritt, erfordert ein tiefes Verständnis für die Situation. *Nach Verantwortlichkeit und Reinheit gilt es nun, zum rechten Gebrauch der Persönlichkeit zu kommen.*

Soweit das Gegensätze verschmelzende Läuterungsfeuer die Trennungsgeister auszutreiben vermochte, steht die Persönlichkeit den Erscheinungen der Trennungswelt neutral gegenüber. Neutral! – Nicht herzlos! Weil sie das Kräftespiel der dialektischen Polaritäten in sich selbst erfahren und deren naturnotwendige gegenseitige Abhängigkeit erkannt hat, ergreift sie nicht mehr Partei. Sie erkennt die Not und das Elend, hat aber auch erfahren, dass die Probleme im Streit der Gegensätze nicht aufzulösen sind. Vielmehr erzeugt das trennende Bewusstsein erst die Polarität und spaltet das Eine auf in Vieles, so wie ein Schlafender im Traum sich seinen eigenen Kosmos aufspannt. Wie der Träumende, derweil er träumt, sich seines Träumens bewusst werden

---

[281] Rijckenborgh, Jan van: „Der kommende neue Mensch", S. 42 ff.

kann, so drängt sich auch hier dem Bewusstsein die Frage auf, wer denn die Trennung erzeugt und wer der Beobachter sei.

Mit Annäherung an die Einheit zeigt sich das Körper-Welle-Paradoxon der Quantenphysik: Hier erleben wir uns als abgetrennte Körperlichkeit in der Außenwelt, während sich im Spiegelsaal der Innenperspektive das Feld unserer potenziellen Eigenschaften ausbreitet, jede eingebettet in den ihr entsprechenden Umständen. Die Frage nach dem Selbstverständnis, die sich hierbei natürlich aufdrängt, können wir folglich entsprechend der Quantenphysik beantworten: Der Mensch ist kein Körper; er ist auch kein ausgebreitetes Feld seiner Seinszustände. Nur unsere *Beobachtung* lässt sich als körperliche Erscheinung oder als ausgebreitetes Feld *beschreiben*.

Aber wer sind wir dann? Als Beobachter sind wir doch ohne Zweifel existent!? Nun, es ist ein Bewusstsein da, aber aufgrund des Trennungswillens ist es in sich selbst eingekapselt. Der Beobachter bestimmt durch seine Absicht, was in Erscheinung tritt. Darum spiegelt sich sowohl in der körperlichen Erscheinung als auch im Eigenschaftsfeld der Geist der Trennung wider. Wenn das objektivierende Bewusstsein der Persönlichkeit sich auf den geistigen Urkern abzustimmen suchte und im Läuterungsbrand der Selbsterkenntnis daraufhin die Polaritäten der Trennungswelt neutralisiert wurden, dann bedeutet dieser Prozess nur erst das Lösen der Fesseln und die Umwendung zum Ausgang der platonischen Höhle. Die Trennungsgeister hinter der Maske der Persona sind beiseitegeschoben, aber der Geist der Einheit tönt noch nicht durch sie hindurch. Der Aufstieg zum Ausgang ist noch zu vollbringen, d. h. die Lösung von der Erscheinungswelt und die Abstimmung auf die Welt der Einheit.

In der Stille der Neutralität wird das Bewusstsein empfänglich für die übergeordnete Struktur. Wo die Aufmerksamkeit sich zuvor auf die Unterscheidung der Gegensätze richtete, auf gut und schlecht, ich und du, innen und außen, da offenbart sich nun ein *Bild* der Einheit. Diese archetypischen Urbilder zielen darauf ab, das Bewusstsein auf die nun notwendige weitere Entwicklung abzustimmen und zur Umsetzung anzuregen. Erst jetzt, in der Neutralität der geläuterten Selbsterkenntnis, darf das Bewusstsein hoffen, den geistigen Inhalt des Archetypus zu erfassen, ohne abermals ein Opfer eigener „archetypischer Vorstellungen" zu werden (s. o.), welche durch die dynamische Kraft dieser Bilder unweigerlich zu erneuten Verwirrungen führen würde.

Verschaffen wir uns noch einmal einen Überblick: Der sinnesorganisch orientierte Mensch nimmt die wahrgenommenen Phänomene für Wirklichkeit. Aus ihrer Veränderung schließt er auf dahinter wirkende Götter, Geister oder Gesetze wie das Mendel'sche Vererbungsgesetz oder Evolutionstheorien. Welche Welten liegen nicht zwischen der Fülle der hier möglichen Interpretationen. Da diese Auslegungen oftmals stark subjektiv gefärbt sind, geraten die Meinungen nur allzuleicht aneinander. Wer diesem Zank um wahr und falsch entkommen will, wird sich auf die Suche nach einem objektiveren Standpunkt machen müssen.

Indem sie einfach nur nüchtern beschreibt, was, frei von Interpretationen, wirklich da ist, stellt sich die Physik völlig außerhalb der streitenden Parteien. Theologen wie Biologen verfolgen deren Arbeit denn auch etwas zugeknöpft, fürchten sie doch um ihre Lebens-Interpretationen. Hier werden Lebewesen zu sogenannten offenen Systemen, die nur existieren, solange sie die Umwelt ihrer Energie berauben. Der Garten der Natur mutiert zu einem Gewimmel blutsaugender Parasiten, nimmersatter Raupen und lauernder Nattern, die einander nach dem Leben trachten. Evolution heißt hier: maximale Ausbeutung, ausgefeilte Heimtücke und Verschlagenheit. Das ist Kultur: Kunst der Verstellung und Ablenkung, die Gönnermaske vor dem Raubtiergesicht, die Velourtapete vor dem rissigen Gemäuer, der Blumenschmuck auf der Todesgrube. Unsere Sehnsucht nach dem Ideal, nach der „heilen Welt" ist es, die uns dazu treibt. Aber die Natur duldet keine Unwahrhaftigkeit. Die Maske fällt, das Tier faucht und will sein Recht; die Tapete löst sich vom Verputz und die Blumen verdorren. Zweiter Hauptsatz der Wärmelehre, nennen die Physiker das.

Angesichts dieses Höllenpfuhls kann der Zank um die rechte Deutung der Phänomene nicht mehr verwundern. Wäre da nicht das Rudiment einstigen geistigen Lebens, wir hätten wahrlich Grund zum Verzweifeln. Es stellt sich aber die Frage, ob wir noch etwas von diesem geistigen Urkern in uns wahrzunehmen vermögen, und wenn ja, ob wir dieses in der rechten Weise verstehen. Bloße Meinungen über Phänomene helfen hier nicht weiter. Es geht darum, ob das Elementar-Eine im Menschen zum All-Einen durchzudringen vermag, darum, ob die Persönlichkeit für diese Impressionen offen ist oder sich noch im Gewirr der Meinungen verliert. Nichts steht zwischen diesen Einen als unsere Vor-stellungen. Der mühsame und ernüchternde Gang durch das Läuterungsfeuer hat denn auch kein anderes Ziel, als den Menschen auf sich selbst zurückzuwerfen, auf dass er in seinem Trennungswillen die Ursache seines Leidens erkenne und aufhöre, eingebildete äußere „Faktoren" (Jung) verantwortlich zu machen.

So dringt er schließlich durch zur wahren Selbstautorität, verbunden mit der vollen Verantwortung, die daraus entspringt. Das ist ein wirklicher Gewinn; aber durch den Läuterungsbrand ist ihm auch das Ausmaß des Irrtums bewusst geworden, in den er durch seinen Trennungswillen geraten ist. In die Bruchstücke einstiger Einheit starren seine Augen und suchen nach dem Verlorenen. Doch das sich getrennt Wähnende vermag das Eine niemals zu entdecken. Im Spiegel sieht jeder nur sich selbst und nur was selbst Eins ist, vermag das Eine zu erblicken.

Wer in seiner Not aufschaut zum Sternenhimmel und Trost empfindet, wem die aufgehende Sonne Hoffnung verheißt, der Sonnenuntergang Gnade, der nimmt etwas Drittes wahr. Es ist nicht nur der sinnesorganische Eindruck; dieser liefert nur das Bild. Es ist auch nicht das Ergebnis objektiver Erkenntnis. Sicherlich gibt es ein Erfahrungswissen, dass Probleme, sind sie erst einmal überschlafen, sich leichter lösen und der Morgen darum hoffnungsvoller beginnt als der kummervolle Abend endete. Verständlich auch, wenn deshalb über lange Zeiten hinweg himmlischen Sterngöttern diese Wirksamkeit zugesprochen wurde. Zweifellos wirken diese archaischen Vorstellungen auch heute noch unbewusst auf uns ein und wecken entsprechende Empfindungen. Die genannten Erfahrungen sind aber im Grunde nur (gefühlte) Bestätigungen einer dahinter wirkenden archetypischen *Realität*.

Als biologische Wesen sind wir sogenannte „offene Systeme", eine Zusammenballung von Organen, Mikroorganismen und Zellen, die, des eigenen Überlebens wegen, zusammenwirken, um ihrer Umwelt so viel Energie wie möglich zu entziehen.

„Stirbt" das offene System, so zerfällt es in seine Atome, die dann als Baustoff für den Bau neuer Strukturen zur Verfügung stehen. So wie die inneren Stoffwechselprozesse beständig alle Baustoffe gegen neue austauschen, so bedeutet der Tod den Austausch des hypothetischen Systems; genauer: Er lässt dieses sich neu strukturieren.

Die *elementare Basis* unserer biologischen Existenz ist die *atomare* Materie. Das offene System, mit dem wir uns identifizieren, ist eine *Hypothese*, unter *Ausnutzung atomarer Energie*, welche die zeitweilige Erscheinung hervorbringt. Es ist dieses der in die Weltenergie eingeschaltete „Staudamm", mit dem Konrad Lorenz bildlich die biologische Formenbildung darstellt (S. 230). Der Baustoff, aus dem wir aufgebaut sind, ist der Erde, der Sonne und den Sternen verwandt. Er bildet mit diesen zusammen *Ein Universum*, das Universum des regenerativen Regelkreises. Der Trost des Sternenhimmels ist daher real, realer als die Hypothese der Trennungsidee, die dem offenen System zugrunde liegt. Der Archetypus, der uns im Bild der Sterne und der Sonne entgegentritt, durchdringt uns mithin vollständig und vollkommen. Der Lorenz'sche „menschliche Geist" ist formgebunden und in der Lage, die Form zu beherrschen. Aber der Geist, der hier wirkt, beherrscht die Elemente und ist auf Form nicht angewiesen. Er raubt nicht, wie das offene System. Er gibt sich hin. Mag der Trennungsgeist ihn als Toren verspotten; er verachtet den Hohn und opfert sein „Fleisch", um im irrenden Bewusstsein die Einsicht zu wecken, welche die Verwirrung auflöst und zur Klarheit zurückführt.

Betrachten wir das Bild, in dem der Archetypus uns hier entgegentritt genauer:

Das, womit der Trennungswille sich nicht identifizieren will, stellt er als ein äußeres Nicht-Ich dar. Weil jener sich Lebendigkeit zuschreibt, nennt er in dialektischer Manier tot, was nicht in der Weise eines offenen Systems existiert. Das seine Formoffenbarung dabei letztendlich vollkommen aus so definierten „toten" Baustoffen aufgebaut ist, übersieht er dabei großzügig.

Ihres niedrigen Energiepotenzials wegen, kann die ausgegrenzte Materie nicht aus dem Brunnenschacht heraus zur Einheit zurückkehren. Darum nimmt sie einen anderen Weg. Als interstellares Gas verdichtet sie sich durch Gravitation. Die Bewegungsenergie des freien Falls wandelt sich mit zunehmender Verdichtung in thermische Energie um. Temperatur und Leuchtkraft erhöhen sich, bis die Kernprozesse zünden, welche Wasserstoffatome zu Heliumatomen verschmelzen. Der so entstandene Stern „verbrennt" dabei seine eigene Materie. Er verströmt Licht, Wärme und Strahlung über alles und alle und erkauft dies mit dem sogenannten Massendefekt, der ihn selbst in ein noch tieferes Energiepotenzial stürzt. Ist der Wasserstoff verbraucht, beginnt der Salpeter- oder Drei-Alpha-Prozess, bei dem nun das Helium zu Kohlenstoff „verbrannt" wird. Sind alle Kernbrennstoffe aufgezehrt, hat er das Stadium eines „weißen Zwerges" erreicht. Mit jedem Energie- und Materieeinfang aus dem All versinkt die Sternenmasse weiter im eigenen Gravitationspotenzial. Schließlich wird die elektrische Polarität aufgehoben, indem Elektron und Proton unter Energiefreisetzung zum Neutron verschmelzen. Der Stern verdichtet sich dadurch weiter zum Neutronenstern, um endlich, beim Erreichen der Grenzballung, auch seine Form im schwarzen Loch aufzulösen.

So zeigt sich uns heute in astronomischen Dimensionen das gleiche Bild des Archetypus, welches frühere Völker in der Sonne erblickten. Im Mythos gab der Sonnengott sein Leben hin, tauchte in die Finsternis der Unterwelt ein, um den gefallenen Menschen voranzugehen und zu leuchten, damit sie den Quälgeistern, den Phantomen des Irrtums, entfliehen und zur lichten Welt zurückzufinden vermöchten. Noch im Christentum „scheint das Licht in der Finsternis" (Joh. 1,5). In Ägypten wurde auch der Phoenix mit der Sonne in Verbindung gebracht. Nach den Grabtexten musste sich der Geist des Toten in den Feuervogel des Phoenix verwandeln, um „ans Licht hinauszutreten".[282] Später entstand der klassische Mythos vom Phoenix, der sich selbst verbrennt und aus seiner Asche erneuert aufsteigt.[283]

Die Sonne ist für uns nicht sichtbar. Nur das Licht, welches uns von der Sonne erreicht, zeugt von ihr. Und wie die Sonne selbst, gibt auch das Licht sich hin. Wahrzunehmen vermögen

---

[282] Vgl. Platons Höhlengleichnis.
[283] Betrò, Maria Carmela: „Heilige Zeichen", S. 108.

wir allein die Wirkung des Lichts, aber nur um den Preis seiner vollständigen Opferung. Das Licht, welches wir „sehen", hat aufgehört, Licht zu sein. Von der Sonne „sehen" wir allein, was sie nicht mehr ist. Damit ihr Licht uns erreicht, opfert die Sonne ihre Materie. Aus dieser freigesetzten Energie formen wir, entsprechend unserer Einsicht, ein Bild des Seienden.

In seinem Sonnengleichnis[284] zeigt Platon, dass sich die Idee des Guten im Sichtbaren als Sonne zeigt, weil sie (die Idee) im Inneren als verborgene Ursache der Erkenntnis und Wahrheit wirkt.

> „So denke dir denn auch das Verhältnis der Seele folgendermaßen: wenn sie fest gerichtet ist auf das, worauf das Licht der Wahrheit und des Seienden fällt, dann erfaßt und erkennt sie es und scheint im Besitze der Vernunft zu sein; wenn aber auf das mit Finsternis Gemischte, das Entstehende und Vergehende, dann fällt sie dem bloßen Meinen anheim, wird stumpfsichtig, wirft die Meinungen herüber und hinüber und macht nunmehr den Eindruck, als sei sie aller Vernunft bar."[285]

In der äußeren Form zeigt sich das Bild des sich opfernden Gottes, und zwar umso reiner, je geringer es mit der Trennungsidee vermengt ist. Wir finden es daher eher im Tier als im biologischen Menschen, in der Pflanze eher als im Tier, erkennen es in der Materie reiner als in der Pflanze, am reinsten aber im Feuer der Elemente. Mit anderen Worten: Die Materie vermag die Wirksamkeit des Einen Geistes in dem Maße Ausdruck zu verleihen, wie sie frei ist vom Einfluss der Trennungsidee.

Was im Makrokosmos gilt, findet sich auch im gesamtmenschlichen System des Mikrokosmos: Der Eine Geist der Menschheit – der Christus – kann sich nur in dem Maß im und durch den individuellen Menschen offenbaren, wie dieser sich von den Trennungsvorstellungen gelöst hat. Nur mit der reinen, vom Trennungsgeist freien, d. h. unbenutzten bzw. entbundenen Materie kann sich der Eine Geist verbinden und dadurch das ursprüngli-

---

[284] Platon: „Politeia" 508/509.
[285] Platon: „Politeia" 508.

che Menschsein der Einheit wieder zum Leben erwecken. Im Mythos erfolgt die Geburt des Heiligen (sprachgeschichtlich von heil, gesund, ganz, vollständig) darum von einer reinen Jungfrau. Maria gebiert Jesus, Devaki Krishna und Maya den Buddha.

Das objektive Persönlichkeitsbewusstsein findet sich also in einer sehr sonderbaren Situation. Es nimmt ein Bild der Einheit wahr und erfährt eine damit übereinstimmende innere Kraftwirksamkeit, hervorgerufen durch die Resonanz der *elementaren* Baustoffe des Körpers. Die *zusammengesetzte* Form der biologischen Persönlichkeit und die Trennungswelt im Allgemeinen sind dieser Wahrnehmung jedoch völlig entgegengesetzt, denn der Körper kann doch nicht aus der Trennungswelt herausgelöst und in die Einheit erhoben werden. Was also soll die Persönlichkeit von dieser Situation halten?

Natürlich liegt die Versuchung nahe, zu glauben, an der Grenze des Möglichen angelangt zu sein, die Offenbarung (hier: das Bild der Sonne) für das Höchste und das dahinter wirkende Wesen (hier: der Sonnengott/das Gute) für unerreichbar zu halten. Von der Mystifizierung der Erscheinung wird dann innere Erhebung erhofft. Indem der geistige Inhalt des Archetypus so in die Ferne gerückt wird, hat sich die Ordnung der Trennungsidee wieder durchgesetzt, und wird die „olympische Götterfamilie" um ein Mitglied erweitert.

Ein solcherart agierendes Bewusstsein besitzt ganz offensichtlich noch nicht genügend Unterscheidungsvermögen. Der Läuterungsprozess wird darum fortwirken. Der regenerative Regelkreis liefert die Persönlichkeit den Wirkungen der von ihr hervorgebrachten Trennungsphantome aus, bis sie ihren Irrtum bemerkt und sich tieferer Einsicht öffnet.

Die Vorstellung, an der Grenze des Möglichen zu stehen, kann auch zu Selbstmordgedanken Anlass geben, sei es aus der Verzweiflung, als biologisches Wesen völlig außerhalb der Gottesordnung zu stehen, sei es in Erwartung, sich durch Entledigung der Erscheinungsform zur Einheit zu erheben. In beiden Fällen ist die Verwirrung des Bewusstseins nicht aufgelöst und setzt sich die Trennungsvorstellung auf Kosten der biologischen Erscheinung durch. Im ersten Falle ist dies offensichtlich, im zweiten maßt sich das Bewusstsein an, bereits über die Erscheinungsform erhaben zu sein und trennt sich von ihr. Ob der Mensch sich von der Einheit trennt oder von der Erscheinungswelt: Beides ist Trennung! Einheit fordert etwas anderes. Einheit muss sich vom Trennungsgeist nicht trennen, weil dieser seinem tiefsten Wesen nach nicht existiert bzw. er das Nichtsein des seienden Einen ist.[286] Einheit muss sich auch nicht von der Erscheinungsform trennen, weil sie diese umfasst. Wenn das Bewusstsein die Erscheinungsformen nicht zu umfassen vermag, so mangelt es ihm noch an Einsicht. So schreibt Angelus Silesius – sehr zugespitzt:[287]

> „Die Hölle schad't mir nichts, wär' ich stets gleich in ihr:
> Daß dich ihr Feuer brennt, das lieget nur an dir." (V/96)
> „Wer in der Hölle nicht kann ohne Hölle leben,
> Der hat sich noch nicht ganz dem Höchsten übergeben." (I/39)

Als Bild der Idee des Guten stellt Platon in seinem Sonnengleichnis[288] äußere Erscheinung (die Sonne) und innere Erkenntnis (die Wahrheit) einander gegenüber. Sowohl die Erscheinungswelt der äußeren Formen als auch der wahrnehmende Organismus werden von der Idee des Guten umfangen. Nur weil im Wahrnehmenden selbst die Idee des Guten wirksam ist, vermag dieser sie auch in der äußeren Form zu erkennen. Das Elementar-Eine bewirkt die Erkenntnis des All-Einen, der Geistfunken die des Geistes.

In dem Maße, wie dieser Erkenntnisprozess sich in der Persönlichkeit entfaltet, empfindet diese die Natur der Trennung, deren Kind sie doch ist, nicht mehr als die ihre. Nicht, dass ihr alles Irdische fremd würde – in dieser Hinsicht weiß sie sich mehr denn je allen Erscheinungen verbunden – aber ihrem Streben nach Einheit und Idealität vermag die dialektisch polarisierte Natur nun einmal nicht zu entsprechen. Ja, nicht einmal die Persönlichkeit selbst kann das, was sie anstrebt, wirklich zum Ausdruck bringen. C. G. Jung schildert die Situation wie folgt:

---

[286] Vgl. Platon: „Parmenides" 166.
[287] Silesius, Angelus: „Cherubinischer Wandersmann".
[288] Platon: "Politeia" 508/509.

„Das Streben nach einer teleiōsis (Vollendung) [...] ist nicht nur legitim, sondern überdies eine dem Menschen angeborene Eigentümlichkeit, welche eine der mächtigsten Wurzeln der Kultur bildet. [...] Man strebt natürlicherweise nach Vollkommenheit in irgendeiner Richtung. Der Archetypus dagegen vollendet sich in seiner Vollständigkeit, die eine teleiōsis ganz anderer Art darstellt. [...] Das Individuum mag sich zwar um Vollkommenheit mühen (‚Ihr sollt vollkommen <teleioi> sein, wie euer himmlischer Vater vollkommen ist.‘ Matthäus 5,48), muß aber zugunsten seiner Vollständigkeit sozusagen das Gegenteil seiner Absicht *erleiden*. (‚Ich finde also für mich, der ich das Gute tun will, das Gesetz gültig, daß das Böse bei mir vorhanden ist!‘ Römerbrief 7,21).

Dieser Sachlage entspricht das Christusbild sozusagen völlig: Christus als vollkommener Mensch und als Gekreuzigter. Ein wahreres Zielbild des ethischen Strebens läßt sich kaum erdenken [...]. Natürlich kann dies nicht anders denn als Paradoxie verstanden werden, denn eine Vereinigung der Gegensätze kann nur als eine Vernichtung derselben gedacht werden. Die Paradoxie haftet allen transzendentalen Tatbeständen an, weil sie deren Unbeschreiblichkeit adäquat wiedergibt.

Wenn nun der Archetypus des Selbst vorherrscht, so entsteht als psychologische Folge unvermeidlich jener konflikthafte Zustand, der durch das christliche Symbol der crucifixio anschaulich ausgedrückt ist, nämlich jener akute Zustand der Unerlöstheit, welcher erst mit dem ‚consummatum est‘ sein Ende findet"[289]

Wie ist dem nun zu begegnen? In der dialektischen Natur zeigt sich die Einheit ausschließlich als einander ergänzende Polaritäten (Hegel). Während wir also einerseits, als biologische Persönlichkeit, in der steinharten Wirklichkeit unserer von der Einheit abgetrennten Existenz stehen, tritt uns andererseits das Urbild des Einen entgegen, das uns machtvoll zur Überschreitung naturmenschlicher Begrenzung drängt, wozu wir als biologisches Geschöpf natürlich nicht imstande sind.

---

[289] Jung, Carl Gustav: „Aion", Abs. 123 – 125.

Der Konflikt spitzt sich also auf die Frage zu, in welchem praktischen Verhältnis Idealität und materielle Wirklichkeit zueinander stehen. Kann Idealität für uns eine reale Bedeutung haben, wenn wir sie in unserer Naturordnung doch nicht zu verwirklichen vermögen? Ist Idealität nicht vielleicht nur utopisches Wunschdenken, ein Phantasiegebilde, das wir unbewusst auf äußere Erscheinungen projizieren und dem wir, nur weil wir es zu erblicken vermeinen, eine Realität zuschreiben? Droht uns hier nicht völliger Irrsinn? Andererseits ist es höchst verwunderlich, wie materielle Substanz idealem Inhalt Form zu geben vermag. Es muss folglich eine Entsprechung zwischen beiden geben, was uns verbietet, das Ideal als Hirngespinst abzutun.

Der Physiker Wolfgang Pauli hat sich eingehend mit dieser Problematik auseinandergesetzt, mit der Naturerkenntnis und der sich daran anschließenden Formulierung von Naturgesetzen. Reine Sinneswahrnehmung muss dabei mit Begriff und Idee in Beziehung gebracht werden.

> „Alle folgerichtigen Denker kamen zu dem Resultat, daß die reine Logik grundsätzlich nicht imstande ist, eine solche Verbindung zu konstruieren. Es scheint am meisten befriedigend, an dieser Stelle das Postulat einer unserer Willkür entzogenen Ordnung des Kosmos einzuführen, die von der Welt der Erscheinung verschieden ist. Ob man vom ‚Teilhaben der Naturdinge an den Ideen' oder einem ‚Verhalten der metaphysischen, d. h. an sich realen Dinge' spricht, die Beziehung zwischen Sinneswahrnehmung und Idee bleibt eine Folge der Tatsache, daß sowohl die Seele als auch das in der Wahrnehmung Erkannte einer objektiv gedachten Ordnung unterworfen sind."[290]

> „Die neuplatonisch-christliche Tendenz, die Materie als unerwünscht abzudrängen, war von vornherein von Gegenströmungen begleitet, welche eine symmetrische Behandlungsweise des Gegensatzpaares Geist-Materie angestrebt haben. In der älteren

---

[290] Pauli, Wolfgang: „Der Einfluss archetypischer Vorstellungen auf die Bildung naturwissenschaftlicher Theorien bei Kepler". In: C. G. Jung / W. Pauli: „Naturerklärung und Psyche", S. 109.

Antike war dies Aristoteles [...] und die Peripatetiker sowie auch die Stoa. In der späteren Antike die Gnostiker und die Alchemie. Letztere setzte sich bis ins 17. Jahrhundert als materiefreundliche Unterströmung innerhalb des Christentums fort, und gegenüber Kepler begegnen wir deren späteren Nachzügler Fludd.

Durch Bohr an das antinomische Denken gewöhnt, bin ich entschieden für die symmetrische Auffassung des Gegensatzpaares Geist-Materie und war von Fludds Bildern gefesselt, die in der Mitte das ‚Sonnenkind' entstehen lassen. [...]

Die Alchemisten knüpfen einerseits an den Timaeus, andrerseits an Aristoteles an [...] Sie verwerfen aber den Neuplatonismus; die Materie ist nicht böse, sondern indifferent und in ihr ist ein Geist verborgen (Hermes Trismegistos).“[291]

Unterstützt wurde diese These von C. G. Jung, der die Symbolik der Alchemisten als archetypische Bilder entdeckte und zusammenstellte.

„Aus diesem Material geht nun auch mit aller Deutlichkeit hervor, was die Alchemie im letzten Grunde suchte: Sie wollten ein ‚corpus subtile', den verklärten Auferstehungsleib, herstellen, nämlich einen Körper, der zugleich Geist ist.“[292]

In ähnlicher Weise äußert sich auch Paracelsus:

„Also zwo Weisheit sein in dieser Welt, ein ewige und ein tötliche (sterbliche). Die ewige entspringt ohne Mittel (unmittelbar) aus dem Licht des Heiligen Geists, die ander ohne Mittel aus dem Licht der Natur. Die aus dem Licht des Heiligen Geists hat nur *ein* Speciem an ihr, das ist die gerecht, unbresthaftig (unbeschädigte, gesunde) Weisheit. Die aber aus dem Licht der Natur hat zwo Species, die gut und die bös Weisheit. – Darum ob gleich wohl mit der Natur angefangen wird, so folgt doch nicht aus dem, daß in der Natur soll aufgehört werden und in ihr bleiben.

---

[291] Pauli, Wolfgang: Brief an C. F. v. Weizsäcker vom 5.5.1953.
[292] Jung, Carl Gustav: „Psychologie und Alchemie“, Abs. 575.

Sondern weiter suchen und enden in dem Ewigen, das ist im göttlichen Wesen und Wandel!"[293]

Dazu heißt es im Kybalion des Hermes Trismegistos, des Ahnherrn der Alchemie:

> „Die echten Weisen, die die Natur des Universums kennen, verwenden Gesetz gegen Gesetz, das Höhere gegen das Niedrigere, und durch die Kunst der Alchemie verwandeln sie das, was unerwünscht ist, in das Wertvolle und gewinnen so die Herrschaft. Meisterschaft besteht nicht in anomalen Träumen, Visionen und phantastischen Einbildungen und phantastischem Leben, sondern in der Verwendung höherer Kräfte gegen die niedrigeren und darin, daß man den Qualen niedrigerer Ebenen durch Schwingungen auf der höheren entgeht. Umwandlung, nicht anmaßende Verneinung, ist die Waffe des Meisters." [294]

Das verbindende Element zwischen Sinneswahrnehmung und Ideal ist mithin die Materie selbst. Dies ist der Grund ihrer komplementären Art. So kann sie Eins sein, sich uns, die wir Trennung wünschen, aber als geteilt und unvereinbar zeigen, als Körper und Welle, Materie und Geist. W. Heisenberg erläutert Paulis Auffassung, wonach „die Wahl und das Opfer" in einem komplementären Zusammenhang stehen, dergestalt,

> „daß wir nämlich bei jedem Experiment, bei jedem Eingriff in die Natur die Wahl haben, welche Seite der Natur wir sichtbar machen wollen, daß wir aber gleichzeitig ein Opfer bringen, nämlich auf andere Seiten der Natur verzichten müssen [...]."[295]

Pauli sieht daher in der alchemischen Symbolik den Versuch einer psycho-physischen Einheitssprache:

---

[293] Paracelsus: Sämtliche Werke, Abt. 1: Medizinische, naturwissenschaftliche und philosophische Schriften., XII,8. —XII,273, Anmerkungen des Hrsg. in ( ).
[294] Hermes Trismegistos: „Das Kybalion".
[295] Heisenberg, Werner: „Wolfgang Paulis philosophische Auffassungen".

„Ich vermute nämlich, daß der alchimistische Versuch einer psychophysischen Einheitssprache nur deshalb gescheitert ist, weil diese auf eine *sichtbare, konkrete Realität* bezogen wurde. Heute haben wir aber in der Physik eine *unsichtbare Realität* (der atomaren Objekte), in die der ‚Beobachter' mit einer gewissen Freiheit eingreift (wobei er vor die Alternative ‚die Wahl und das Opfer' gestellt ist); wir haben in der Psychologie des Unbewußten Vorgänge, die nicht immer eindeutig einem bestimmten Subjekt zugeschrieben werden können. [...]

Der Versuch eines psychophysischen Monismus erscheint mir nun wesentlich aussichtsreicher, wenn die zugehörige [...] Einheitssprache auf eine tiefere *unsichtbare* Realität bezogen würde. Es würde dann eine die Kausalität der klassischen Physik im Sinne der ‚Korrespondenz' (Bohr) transzendierende Ausdrucksweise für die Einheit allen Seins gefunden, von der die psychophysischen Zusammenhänge und die Übereinstimmung der ‚a priori-schen' (= vorbewussten) instinktiven Formen des Vorstellens mit den äußeren Wahrnehmungen besondere Fälle sind. [...] Bei dieser Auffassung wird die traditionelle Ontologie und Metaphysik das Opfer, aber auf die Einheit des Seins fällt die Wahl." [296]

Es geht hier nicht um eine Sprachregelung, vielmehr darum, ob wir das Seiende zum Schattenbild verflachen oder dem Leben die verlorene Dimension wieder zugestehen wollen. Wahl und Opfer: Die Erscheinungswelt ist damit treffend charakterisiert, ihr Bestehensgrund, das trennende innere Gesetz und die Qual ihrer Bewohner. Im Willen, ein autonomes Sein zu verwirklichen, wurde die Einheit geopfert. Die innere Zerrissenheit, welche sich daraufhin manifestierte, erzwang, durch die Notwendigkeit fortwährender Entscheidung zwischen den Polaritäten, einen Bewusstwerdungsprozess. Am Ende einer unabsehbaren Reihe von Ent-Täuschungen steht die Erkenntnis, durch selbstbezogene Wahl die Einheit geopfert zu haben.

Die Krise treibt damit ihrem Höhepunkt entgegen. Durch schmerzliche Erfahrung gereift, kann das Bewusstsein nicht mehr

---

[296] Pauli, Wolfgang: Brief an C. F. v. Weizsäcker vom 5.5.1953.

zurück; es gibt dorthin kein psychisches Gefälle mehr. Aber das sich offenbarende Urbild des Einen, das zur Überschreitung naturmenschlicher Begrenzung drängt, lässt sich ebensowenig abweisen wie die biologische Existenz, die als offenes System eine Verkörperung des Nehmens ist, für die Geben Tod bedeutet. Überdies fordert die Entropie ihren Tribut und zwingt zur Wahl.

Die Situation ähnelt der des Ich-Bewusstseins, als es sich, am Ende seiner Möglichkeiten angekommen, der Frage nach der eigenen Existenz stellte und dem objektivierenden Persönlichkeitsbewusstsein dazu Raum zugestehen musste. Der Konflikt ist tatsächlich derselbe, nun aber elementarer.

Anfangs ging es darum, die Begrenztheit des Ich-Komplexes zu erkennen, das kreatürliche Bedürfnis vom egozentrischen Anspruch zu scheiden und, unter Ausbildung eines Verantwortungsbewusstseins, den instinktiven Naturtrieb auf seinen Zuständigkeitsbereich zu begrenzen. In dem Maße, wie es dem so sich entwickelnden Bewusstsein gelang, sich vom Ich-Komplex zu befreien, vermochte es die rudimentären Wirksamkeiten des geistigen Urkerns besser zu verstehen. Ein erstes, elementares Zusammenwirken zwischen Geistfunken und Persönlichkeit entwickelte sich und erlaubte dadurch, auch den überpersönlichen Informationsträger des gesamtmenschlichen Systems von verworrenen Informationen und morschen Ordnungsstrukturen zu reinigen, soweit die Persönlichkeit dazu in der Lage war. Als Wesen der Erscheinungswelt sind ihr hier jedoch Grenzen gesetzt, die sie nicht zu durchbrechen vermag. Wenn sie, mit Blick auf den geistigen Urkern, die unteren „olympischen Götter" auch noch vom Sockel zu stoßen vermochte, den Willen zur Trennung vermag sie nicht zu bezwingen.

Die Persönlichkeit, selbst ein Element der Trennungswelt, vermag deren Ordnungsstruktur nicht aufzulösen. Aber das wird auch nicht von ihr verlangt – ebensowenig wie vom Ich-Komplex dessen Selbstauflösung gefordert werden konnte.

Als übergeordnete Ordnungsstruktur umfasst und durchdringt der regenerative Regelkreis die Ordnung der Erscheinungswelt. Jedes ihrer Elemente hat darum sowohl an der Ordnung der Einheit als auch an der der Trennung Anteil; an der der Einheit auf Grund der umfassenden Idee und der atomaren, besser elementaren oder energetischen Grundlage, an der der Trennung der Formenbildung wegen. Wenn es dem objektivierenden Bewusstsein der Persönlichkeit nun gelungen ist, die Mitte zu halten zwischen dem Ich-Komplex hier und den überpersönlichen Bewusstseinsinhalten dort, wenn es sich weder mit diesem noch mit jenem identifiziert, wird es immer mehr zum Bindeglied zwischen der Einheit des Elementaren und der Einheit des Umfassenden. Es hört auf, aus den Bildern der Formenwelt zu bestehen, sondern enthält sie nur noch.[297] Wenn es so fortfährt, die verworrenen Informationen aufzulösen und entsprechend der gewonnenen Einsichten neu zu ordnen, wird es einmal unweigerlich den Willen zur Trennung als Ursache der Verwirrung entdecken. Dann sieht sich die Persönlichkeit vor die elementare Alternative von Wahl und Opfer gestellt.

Die Auflösung des Irrtums verlangt den Willen zur Einheit und erfordert, den Einen Geist als Ordnungsstruktur anzuerkennen. Die Naturseele der Persönlichkeit untersteht aber dem Geist der Trennung und ist das Produkt des Trennungswillens. Weil die Persönlichkeit aber nicht Ziel und Zweck des regenerativen Regelkreises ist, sondern als erkenntnistheoretisches *Organ* zur Bewusstwerdung und Belebung des ursprünglichen menschlichen Systems mit diesem verbunden ist, löst sich die scheinbar so paradoxe Situation auf. J. v. Rijckenborgh beschreibt den sich vollziehenden Prozess wie folgt:

> „Im 1. Johannes 2, Vers 17 wird gesagt: ,Die Welt vergeht mit ihrer Lust. Wer aber den Willen Gottes tut, der bleibt in Ewigkeit.' Man versteht dieses Wort im allgemeinen so: ,mit dem eigenen Willen den Willen Gottes tun.' Empfinden Sie, wie unmöglich das ist? Man kann keinen neuen Wein in alte Schläuche füllen; man kann mit einem irdischen Vermögen keine himmlische Arbeit verrichten.
>
> ,Gottes Willen tun' ist erst möglich, wenn der Mensch Gottes Willen als neues Willensvermögen besitzt. [...] Um das zu ermöglichen, muß der eigene Wille zur Seite treten.

---

297 Jung, Carl Gustav: Kommentar zu: „Das Geheimnis der goldenen Blüte", Abs. 65.

Ist das möglich? – So kann man fragen. Ist ein willenloses Geschöpf denn kein kranker, unbewußter Mensch? In der Tat ist ein willenloser Mensch ein kranker Mensch. Es gibt jedoch eine Willenlosigkeit, die nichts mit Negativität und Krankheit zu tun hat. Diese befreiende Willenlosigkeit zeigt der Mensch, der mit seinem Bewußtsein in seinen eigenen Lebenszustand eingreift. Der Kandidat der christlichen Mysterien muß lernen, den Willen dem eigenen Bewußtsein unterzuordnen. Der Wille mag der Hohepriester des Heiligtums heißen und eine sehr große Macht besitzen, aber über dem Heiligtum brennt eine Flamme, und der Hohepriester ist unter allen Umständen verpflichtet, dieser Flamme zu dienen und sich ihr unterzuordnen. Die Flamme über dem Heiligtum ist das Bewußtsein." [298]

Im Allgemeinen nennen wir es Selbstüberwindung, wenn wir statt unseren Neigungen der Einsicht folgen, uns einer Diät unterziehen, zu Sport, Freundlichkeit o. ä. zwingen. Im westlichen Kulturkreis ist rationale Lebensführung sogar Ausdruck des Zeitgeistes. Wir dürfen aber Verstandestätigkeit und Rationalität nicht mit Bewusstsein verwechseln! Der Verstand kann noch so klar, kultiviert und geschliffen sein, die Kenntnis noch so ausgeprägt; die Ausgangshypothese wird vom Bewusstsein bestimmt. Ein objektives Bewusstsein wird verworrene Informationen nicht zulassen, ein noch zu subjektiv orientiertes sie nicht einmal erkennen. Hinter manch einer sogenannten „Selbstüberwindung" wird sich deshalb der Wille zur Trennung entdecken lassen, der mit Ehrgeiz, Angst, Begehrlichkeit und ähnlichen Trieben zur „olympischen" Leistung anspornt. Erst wenn das Bewusstsein durch das Fegefeuer der Täuschung vollständig hindurchgegangen ist und sich von irrigen Vorstellungen befreit hat, erst dann vermag es auch den Trugschluss des Menschen von Anbeginn zu umfassen und sich vom Trennungswillen zu befreien. In dem Maß, wie die Selbstbezogenheit aufhört, Erkenntnis und Empfindung gegeneinander auszuspielen, wird, durch deren dann möglich werdendes Zusammenwirken, die alle Schranken durchbre-

---

[298] Rijckenborgh, Jan van: „Die Gnosis in aktueller Offenbarung", S. 199/200.

chende Dynamik der Wiedererinnerung geweckt. Rudolf Steiner schreibt dazu:

> „Denn wer die Wahrheit so erkennt, daß er sie fühlt, der wird dabei nicht stehen bleiben, er wird ganz von selbst, ohne jeden Zwang, auch das wollen und tun, was er für richtig und wahr erkannt hat. Und das ist der Prüfstein." [299]

In der „Göttlichen Komödie" steht Dante (das Bewusstsein) kurz vor dem Gipfel des Läuterungsberges, „dort, wo der Schöpfer alles Blut vergossen" (Fegefeuer 27,1) vor einer Flammenwand. Der Weg führt mitten hindurch. Dante ist entsetzt und glaubt, sterben zu müssen, denn dieses Feuer verzehrt alles, was mit der Einheit des Paradiso nicht zu vereinbaren ist. Erst als er erkennt, dass diese Flammenwand die Mauer zwischen ihm und Beatrice (der Monade des Geistes) ist und ein weiteres Verweilen zwecklos, gibt er sich dem Feuer preis, so dass er, reinen Herzens, am Grenzfluss zum Paradies erstmals seine Geliebte, Beatrice, zu Gesicht bekommt. Im Licht des Geistes erfährt das Bewusstsein den Trennungswillen, der das ursprüngliche menschliche System zerstörte, als mangelnde Liebe. So erklärt Beatrice:

> „Begreife, wie dich mein begrab'ner Leib
> In umgekehrter Richtung führen wollte.
> Nie boten dir Natur und Kunst mehr Glück,
> Als durch die schönen Glieder, die mich einst
> Umhüllten und die die Erde jetzt verstreut.
> Doch wenn die höchste Lust durch meinen Tod
> Dir so verloren ging, wie konnte da
> Ein irdisch Ding dein Sehnen noch erwecken?
> Denn schon beim ersten Pfeilschuß hättest du,
> Der trügerisch dich traf, empor zu mir,
> Die es nun nicht mehr gab, dich schwingen müssen."
> (Fegefeuer 31, 47-57)

---

[299] Steiner, Rudolf: „Makrokosmos und Mikrokosmos", S. 283, 11. Vortrag in Wien 31.3.1910.

Dann, nach „oben" blickend, offenbart sich dem Bewusstsein der Eine Mensch, der dieses stets umschlossen und getragen.

> „Und meine Blicke, immer noch nicht sicher,
> Erblickten Beatrice auf dem Tiere,
> Das nur ein Wesen ist in zwei Naturen.
> Unter dem Schleier, jenseits dieses Flusses
> Besiegte Beatrice nur sich selber,
> Die andre nämlich, die sie einst gewesen.
> Da brannte mich die Reue wie mit Nesseln,
> Und jedes Ding, das mich in Liebe nicht
> An sie gebunden, wurde mir verhaßt.
> Die Einsicht biß mich in das Herz. Besiegt
> Brach ich zusammen; wie mir wurde, wußte
> Nur sie, die dieses Sturzes Ursach' war." (Fegefeuer 31, 79-90)

Nun darf Dante den Grenzfluss überqueren und alles vergessen, was Trennung ist. Dort, an der Seite der Monade (Beatrice) findet er sich am Fuße des Baumes der Erkenntnis wieder, am Ausgangspunkt seines Sturzes in die Trennungswelt. In einer Vision überblickt er das Vergangene, sieht, wie die Geisteskraft (der Adler), durch Missbrauch zerstörerisch, aus der Materie ein Drachenwesen hervorbringt, welches den Triumphwagen des Geistes in Stücke schlägt, das menschliche System, die Krone der Schöpfung (Fegefeuer 32).

Wahl und Opfer: Im Streben, eine autonome Existenz zu erschaffen, trennte der Wille das Bewusstsein vom „Ich bin" des Geistes. Das verbindende Element zwischen Form und Geist wurde das Opfer und starb. Im alchemischen Feuerofen des regenerativen Regelkreises wird das Bewusstsein mit der zersetzenden Wirkung des Trennungswillens konfrontiert und transmutiert. Als versengendes Feuer treibt die Kraft des gespaltenen Geistes vorwärts zu bewusstem Sein, wird zum belehrenden „Höllenfeuer", zu läuterndem „Fegefeuer", um schließlich, als „Feuer der Liebe", die Trennung zu verzehren. Doch das Feuer der Einen Liebe nähert sich nicht unkontrolliert; es will *gewählt* werden und fordert das Opfer des in sich abgeschlossenen Systems. Nichts ist selbstverständlicher – es bedeutet aber das Opfer der auf Trennung abgestimmten Naturseele. Dies ist es, was Dante vor der Flammenwand zurückschrecken lässt.

Anders als die Wahl der Trennung, wirkt die Wahl der Liebe nicht vernichtend, umfängt und durchdringt sie doch auch die Erscheinungswelt. Allein das Bewusstsein löst sich von der Trennungsvorstellung. Es hört auf, dem Bezugspunkt des „Ich bin" eine Form zuzuschreiben und (er-)löst ihn dadurch von der Trennungswelt. Wo das Bewusstsein sich den Wirkungen des Einen Geistes unterstellt und es sich der Lösung seiner Bindung an den Trennungsgeist nicht widersetzt, da wird die alte Ordnungsstruktur der Naturseele kraftlos. Durch das Zusammenwirken mit dem Einen Geist entsteht aber gleichzeitig eine neue Ordnungsstruktur: Die Seele des ursprünglichen Menschen der Einheit erwacht wieder zum Leben. In der „Göttlichen Komödie" wird es so dargestellt: Die positiv auf die Impulse des Geistes reagierende Persönlichkeit (des Dichters Dante), der „Schatten", der sich als Dichter Vergil zeigt (Hölle I, 66-67), vermag das Bewusstsein (Dante) nur bis zum Grenzfluss zu bringen, der die Erscheinungswelt von der wahren Natur trennt. Ab dort übernimmt der Geist selbst wieder die Führung, dargestellt durch Beatrice. Die Persönlichkeit, die Persona, die Maske, die biologische Erscheinung, kommt dabei nicht zu Schaden. Der Trennungsgeist hört aber nach und nach auf, durch sie hindurchzutönen, während andererseits der Eine Geist nun, je nach Bewusstseinsentwicklung und Notwendigkeit, durch sie hindurch bis in die Trennungswelt hinein zu wirken vermag.

Völlig aus der Sicht der Persönlichkeit schreibt Simone Weil:

„Die Notwendigkeit, daß Gott mich liebt, liegt außerhalb meines Vorstellungsvermögens, da ich doch so deutlich fühle, daß jegliche Zuneigung, auch die, welche menschliche Wesen für mich empfinden, nur ein Irrtum sein kann. Aber ich kann mir leicht vorstellen, daß er diese Aussicht auf seine Schöpfung liebt, die man nur von dem Punkt aus, an dem ich mich befinde, haben kann. Aber ich verstelle diese Aussicht. Ich muß mich zurückziehen, damit sie offen vor seinen Blicken liegt.

Ich muß mich zurückziehen, damit Gott mit jenen Wesen in Berührung treten kann, die der Zufall auf meinen Weg stellt und die er liebt. Meine Anwesenheit ist zudringlich, als ob ich mich zwischen zwei Liebenden oder zwei Freunden befände. Ich bin nicht das junge Mädchen, das einen Bräutigam erwartet, sondern der lästige Dritte, der mit zwei Brautleuten zusammen ist und erst fortgehen muß, damit sie wahrhaft beieinander seien." [300]

„Dies ist es, was wir Gott geben, das heißt: zerstören sollen. Es gibt durchaus keinen anderen freien Akt, der uns erlaubt wäre, außer der Zerstörung des Ich."[301]

Auch Simone Weil zielt nicht, wie man oberflächlich meinen könnte, auf Selbstmord oder Rückfall in Unmündigkeit, sondern auf eine Lebenshaltung, die bewusst den Eigenwillen dem Willen des Einen unterzuordnen sucht. Besonders deutlich kommt dies in ihrem „fürchterlichen Gebet"[302] zum Ausdruck, in dem sie um das „Dein Wille geschehe ..." des „Vater Unser" ringt. „Fürchterlich" nennt sie es, als man unmöglich freiwillig so etwas erbitten könne; gegen den eigenen Willen gelange man dorthin, stimme jedoch zu.[303] Es ist kein „Also vorwärts denn, in Gottes Namen", sondern Liebe zum Einen und zu dem aus ihm existierendem Geschöpf, wie Matthäus (Matth. 22,37-40) es fordert (s. S. 184).

„Mit Liebe zustimmen, nicht mehr zu sein, wie wir es tun sollen, ist keine Vernichtung, sondern vertikaler Überstieg in die höhere Realität des Seins."[304]

„Entschaffung" nennt sie die entsprechende Lebensweise, in strenger Unterscheidung zur Zerstörung:

---

[300] Weil, Simone: „Schwerkraft und Gnade", S. 61.
[301] Ebd., S. 38.
[302] Weil, Simone: "La connaissance surnaturelle", 204 – 206.
[303] Beyer, Dorothee: „Simone Weil: Philosophin – Gewerkschafterin – Mystikerin", S. 141.
[304] Weil, Simone: „Cahiers" III, 179.

344

„'Entschaffung': Erschaffenes hinüberzuführen in das Uner-
schaffene.
Zerstörung: Erschaffenes zurückführen in das Nichts. Schuld-
hafter ‚ersatz' [sic!] der Entschaffung." 305

Ganz in diesem Sinne heißt es bei Angelus Silesius:[306]

„Je mehr du dich aus dir kannst austhun und entgießen:
Je mehr muß Gott in dich mit seiner Gottheit fließen." (I,138)
„So viel mein Ich in mir verschmachtet und abnimmt,
So viel des Herren Ich dafür zu Kräften kömmt." (V,126)
„Geh aus, so geht Gott ein: Stirb dir, so lebst du Gott:
Sey nicht, so ist es Er: thu nichts, so g'schieht's Gebot." (II,136)

Hier ist die westliche Entsprechung zum östlichen „Wu-Wei"
des Lao-Tse[307], jenes unübersetzbare Wort, welches die Sinologen
gemeinhin mit „nicht-handeln" andeuten, das dann aber zu verstehen ist als: Nicht entsprechend dem Trennungswillen handeln.
In solchem Tun wirkt Tao, und alles wird getan. Auch Lao-Tse ist
dies ein Sterben:

„Wer stirbt, ohne zu vergehn, lebt immerdar." 308

Angelus Silesius:

„Stirb, ehe du noch stirbst, damit du nicht darfst sterben,
Wann du nun sterben sollst; sonst möchtest du verderben." 309

Auch das so dunkle Wort Jesu – des sündelosen Einen Menschen – in Matth. 16,25 erscheint in diesem Zusammenhang präzi-
se:

---

305 Weil, Simone: „Schwerkraft und Gnade", S. 47.
306 Silesius, Angelus: „Cherubinischer Wandersmann".
307 Lao-tse: „Tao-Tê-King", Kap. 2 und 3.
308 Lao-tse: "Tao-Tê-King", Kap. 33.
309 Silesius, Angelus: „Cherubinischer Wandersmann" IV,77.

„Denn wer sein Leben erhalten will, der wird's verlieren; wer aber sein Leben verliert um meinetwillen, der wird's finden."

Von dem hiermit verbundenen inneren Kampf weiß auch Goethe zu berichten:

„Lange hab ich mich gesträubt,
Endlich gab ich nach!
Wenn der alte Mensch zerstäubt,
Wird der neue wach.
Und so lang du das nicht hast,
Dieses: Stirb und werde!
Bist du nur ein trüber Gast
Auf der dunklen Erde." [310]

Geradezu technisch stellt Schiller den notwendigen Nulldurchgang des Bewusstseins dar, der zu erfolgen hat, wenn ideale Moralität und Vernunft die willenbeherrschende Macht des Überlebenstriebes ablösen sollen:

„Es ist also nicht damit gethan, daß etwas anfange, was noch nicht war; es muß zuvor etwas aufhören, welches war. Der Mensch [...] muß *einen Schritt zurückthun*, weil nur, indem eine Determination wieder aufgehoben wird, die entgegengesetzte eintreten kann. Er muß also, um Leiden mit Selbstthätigkeit, um eine passive Bestimmung mit einer aktiven zu vertauschen, augenblicklich *von aller Bestimmung frey seyn*, und einen Zustand der bloßen Bestimmbarkeit durchlaufen.[311] Mithin muß er, auf gewisse Weise zu jenem negativen Zustand der bloßen Bestimmungslosigkeit zurückkehren, in welchem er sich befand, ehe noch irgend etwas auf seinen Sinn einen Eindruck machte. Jener Zustand aber war an Inhalt völlig leer, und jetzt kommt es darauf an, eine gleiche Bestimmungslosigkeit, und eine gleich unbegrenzte Be-

---

[310] Goethe, Johann Wolfgang von: „Selige Sehnsucht", Sophienausgabe mit zusätzlicher fünfter Strophe.

[311] In der Horen-Fassung folgt hier noch: „weil man, um vom Minus zum Plus fortzuschreiten, durch Null den Weg nehmen muß."

stimmbarkeit mit dem größtmöglichen Gehalt zu vereinbaren, weil unmittelbar aus diesem Zustand etwas positives erfolgen soll. Die Bestimmung, die er durch Sensation empfangen, muß also festgehalten werden, weil er die Realität nicht verlieren darf, zugleich aber muß sie, insofern sie Begrenzung ist, aufgehoben werden, weil eine unbegrenzte Bestimmbarkeit statt finden soll."[312]

Warum führe ich hier so viele Zitate an? Wir haben auf unserer Wanderung einen Punkt erreicht, wo wir direkt mit dem „Etwas", dem Mysterium des Seins konfrontiert werden. Naturnotwendig lässt sich hierüber, in einer der Trennungswelt entlehnten Begrifflichkeit, kaum mehr etwas aussagen. Jeder Versuch, es doch zu tun, muss zwangsläufig der komplementären Natur unserer Welt Rechnung tragen, muss das Paradox aushalten. Einheit und Liebe übersteigen den natürlichen Verstand, und nur als Diener des Bewusstseins kann dieser begreifen und vom Erfahrenen zeugen. Notwendigerweise bleibt all solche Mitteilung Fragment und, je nach gewähltem Standpunkt, zeigen sich andere, oft widersprüchliche Bilder, die uns in ihrer Fülle auf Irrtum, Sinnestäuschung oder Verschleierung schließen lassen. Ganz im Sinne Bohrs zeigen sich die verschiedenen Bilder bei genauerer Betrachtung aber als richtig, wenn sie an der richtigen Stelle verwendet werden.

Über alle Kulturkreise und Zeiten hinweg, auch unabhängig von der Herangehensweise, finden wir Dokumente solcher Grenzüberschreitungen. Das Untergangsszenario zeigt sich dabei nur dem an Erscheinungen haftenden Bewusstsein.

Hermes Trismegistos dagegen spricht aus der Perspektive der Einheit zum noch sinnesorganisch gebundenen Bewusstsein:

„16. Wenn du nicht zuerst deinen Körper haßt, mein Sohn, kannst du dein wahres Selbst nicht lieben. Aber wenn du dein wahres Selbst liebst, wirst du die Geist-Seele besitzen; und wenn

---

[312] Schiller, Friedrich: „Über die ästhetische Erziehung des Menschen in einer Reihe von Briefen", 20. Brief, 3. Abs.

du einmal die Geist-Seele besitzen wirst, hast du auch an ihrer lebendigen Kenntnis teil."[313]

„Hass" meint hier nicht Körperfeindlichkeit, sondern zielt auf die innere Teilung der Seele und die notwendige Umkehr ihrer Willensrichtung. Die Aufgabe des Trennungswillens ist dann kein Verlust, im Gegenteil: Erst jetzt wird das *wahre* Selbst bewusst, das, was das Trennungsbewusstsein immer zu besitzen meinte und unter allen Umständen zu erhalten strebte. Die damit verbundene Todesangst war ein Kind des Irrtums. Durch Erkenntnis der Einheit wird der Selbsterhaltungstrieb ausgelöscht, denn das (wahre) Selbst ist wiedergefunden. Im Evangelium der Wahrheit heißt es:

> „Durch die Einheit empfängt jeder sich selbst. Denn in der Gnosis reinigt jeder sich von der Vielheit und geht zur Einheit, indem er die Materie in sich wie ein Feuer verzehrt, die Finsternis durch Licht und den Tod durch Leben (auslöscht)."[314]

Oder, mit einem Wort von Karl Marx:

> „Die Forderung, die Illusion über seinen Zustand aufzugeben, ist die Forderung, einen Zustand aufzugeben, der Illusionen bedarf."[315]

---

[313] Hermes Trismegistos: „Corpus Hermeticum", 7. Buch: „Hermes spricht zu Tat über das Mischgefäß und die Einheit".

[314] Dietzfelbinger, Konrad: „Das Evangelium der Wahrheit". In: „Apokryphe Evangelien aus Nag Hammadi", S. 26. Anm. d. Hrsg. in (...).

[315] Marx, Karl: „Zur Kritik der Hegelschen Rechtsphilosophie". Einleitung, Marx-Engels-Werke, Bd. 1, S. 379.

Evolution

Neues Bewusstsein

Soweit das Bewusstsein den ihm zugehörigen Bezugspunkt im Einen wiedergefunden und von der Formbindung gelöst hat, wird dieser als Bewusstseinsbrennpunkt im Geistfeld des Einen wieder zum Leben erweckt. Einsichten eines solchen Bewusstseins weisen über die Natur der biologischen Persönlichkeit hinaus. Nun hat sich diese im Läuterungsbrand ihres um Objektivität ringenden Bewusstseins wohl von persönlicher Selbstbezogenheit gereinigt; der Trennungsidee in ihrem mikrokosmischen System vermochte sie jedoch nichts anzuhaben, wie wir festgestellt haben. Die verworrenen Informationen im gesamtmenschlichen System sind darum nur erst zum Teil aufgelöst. Die elementarsten Knoten müssen noch bearbeitet werden.

Durch die Heranbildung des objektivierenden Bewusstseins ist die Persönlichkeit geübt, zugunsten tieferer Einsicht und umfassenderer Liebe ihre Selbstbezogenheit zurückzunehmen. Darum ist sie schließlich auch in der Lage, der Ordnungsstruktur des Trennungsgeistes zu entsagen und ihren Willen der Ordnung des Einen Geistes zu unterstellen. Nicht, weil *sie* es will, sondern weil ihr die Notwendigkeit in der betreffenden Situation bewusst ist. Sie lässt nicht zu, dass die den Gesetzen des Trennungsgeistes zugehörige Naturseele die Oberhand behält. Diese wird dadurch gleichsam in einen Todesschlaf versetzt. Weil das Bewusstsein sich in dieser Situation bereits mit dem Feld der Einheit verbunden hat, bedeutet dieser Wegfall der Naturseele tatsächlich keinen Verlust. Im Gegenteil: Das „Selbstopfer" der Naturseele löst die verworrenen Informationsstrukturen auf; denn sie selbst ist die Textur. Die wesentliche Information geht dabei nicht verloren. Von ihren unrichtigen Verknüpfungen gelöst, kann sie nun, entsprechend der Ordnung des Einen Geistes, neu strukturiert werden. *Und das bedeutet die Wiedergeburt der ursprünglichen Geistseele.* Technisch ist dies nichts anderes als das, was wir bei der

Verwandlung der Raupe zum Schmetterling beobachten, nur dass der Wandlungsprozess hier die Seele betrifft.

Es will uns nicht recht von der Zunge, den Schmetterling als eine fliegende Raupe zu bezeichnen. Wir sollten darum auch die Geistseele deutlich von der Naturseele unterscheiden. Beide gehorchen schließlich verschiedenen Ordnungsstrukturen.

Manch einen mag es erschrecken, wenn hier vom Sterben der Naturseele gesprochen wird. Es wird dann ein Verlöschen des Bewusstseins damit in Verbindung gebracht. In unserem Fall hat das Bewusstsein aber bereits am neuen geistigen Feld Anteil und benötigt nur eine neue Offenbarungsmöglichkeit, also eine auf den Einen Geist abgestimmte Seelenstruktur. In der Ordnungsstruktur der Trennung lässt sich doch nun einmal ein Ideal der Geistordnung nicht dauerhaft realisieren. Soll aus Klein-Mäxchen ein verantwortungsvoller Familienvater werden, wird auch er einmal einiges preiszugeben haben. Wenn vom pubertierenden Jugendlichen die unvernünftige, selbstbezogene Kindlichkeit abfällt und Raum schafft, gesellschaftliche Verantwortung zu übernehmen, dann kann das mit heftigen Seelenkämpfen einhergehen; von verlöschendem kindlichen Bewusstsein würden wir aber nicht sprechen, eher von Reifung. In diesem „Verpuppungsstadium", in dem das Kind sich zum Erwachsenen umformt, geht das Bewusstsein nicht verloren, weil die neuen Strukturen nur Schritt für Schritt die nicht mehr hinlänglichen kindlichen ersetzen.

Auch die Geistseele ist, wie neugeborenes Kind, nicht gleich vollendet. Nur in dem Maß, wie das Bewusstsein sich in die neue Ordnung findet, kann die Transformation von der Naturseele zur Geistseele erfolgen. Mit diesem „Stirb und Werde" (Goethe) vollzieht sich auf der Seelenebene ein ähnlicher Prozess wie bei der Entwicklung des objektivierenden Bewusstseins. War dort der persönliche Ich-Komplex das Opfer, geht es hier nun darum, die Ordnungsstruktur der Trennungsidee im *mikrokosmischen System* aufzulösen. Das ist ein ungleich schwierigerer Prozess, den die natürliche Persönlichkeit nicht mehr zu vollbringen vermochte. Mit der werdenden Geistseele wirkt nun aber eine Gewalt in ihr, die dem Trennungsgeist autonom gegenübersteht. Geführt durch die wieder beginnende Wirksamkeit der Monade des Geistes, kann die Informationsverwirrung der Trennungsidee mit großer Sicherheit aufgelöst und neu strukturiert werden.

In der „Göttlichen Komödie" zieht Dante unter Beatrices Führung durch die sieben Himmel der mikrokosmischen, dialektischen Götterwelt der *Wandel*sterne (Mond, Merkur, Venus, Sonne, Mars, Jupiter und Saturn). Alle verworrenen Vorstellungen werden dabei zur Klarheit des Geistes geführt. Das ganze gesamtmenschliche Lebenssystem ist damit in Übereinstimmung zu bringen. An der Grenze, der Sphäre des Fixsternhimmels, wird Dante dann auch geprüft, ob er den Anforderungen der großen Einheit zu genügen vermag, ehe sein Bewusstsein im *Makrokosmos* der Einheit erwachen darf, um dort seine Entwicklung fortzusetzen.

Um Missverständnissen vorzubeugen, sollten wir nur aus der Perspektive der Einheit von einem Transformationsprozess sprechen, denn aus der Perspektive der Erscheinungswelt sind wir versucht, hierin eine Erhebung der Erscheinung zu wahrhaftem Sein zu erwarten, so wie wir das niedrig bewertete Raupendasein zu mutmaßlich höherstehendem Schmetterling erhoben wähnen. Damit wären wir auf eine archetypische *Vorstellung* hereingefallen, denn Raupe und Schmetterling sind Elemente der gleichen Naturordnung, während es im Transformationsprozess der Seele darum geht, ein auf das niedrigere Niveau der Erscheinungswelt gesunkenes Element des Geistes wieder aus ihr zu erheben. Es geht nicht um eine kultivierende Umgestaltung der Erscheinungsform (Trans-formation). Die Erscheinung bleibt Erscheinung. Es geht darum, dass der Eine Geist wieder durch die Form hindurch in Erscheinung tritt. Nicht die Form wandelt sich zu Geist, sondern der Geist wirkt – durch geeignete Seelenstruktur – auf die Form hinüber und durch diese hindurch (Transfiguration). Er wirkt dabei impulsgebend – in der Seele ebenso wie in ihrem Umfeld. Dieser Entwicklungsprozess, die Transfiguration, wird auch als „Verklärung" verstanden, also über die Natur der Erscheinung hinausreichende Klarheit, „Erhellung" (des Unverstandes) oder „Erleuchtung". „Erleuchtung" ist kein Aspekt der Persönlichkeitsentwicklung. „Erleuchtung" nimmt Bezug auf wiedererwachendes geistiges Bewusstsein. Nicht die

Persönlichkeit bewirkt die „Erleuchtung", sondern der Geist, nachdem erstere ihren Willen dem zur Geistordnung erhobenen Bewusstsein unterstellt hat. Statt des Trennungsgeistes wirkt ein neuer „Herr" im System, der Eine Geist des Menschen. So definiert Catharose de Petri:

> „*Transfiguration* ist [...] das vollkommene *Ersetzen* des sterblichen, abgetrennten, erdgebundenen Menschen durch den ursprünglichen, unsterblichen, göttlichen Menschen, den wahren Geistmenschen, dem göttlichen Schöpfungsplane gemäß." [316]

Aus der Perspektive der uns gewohnten Natur der Erscheinungswelt zielt alle Transformation der Evolution auf die Transfiguration, den Ausdruck des Geistes durch sein Geschöpf. Was ist natürlicher? Auch bei Schiller wird der Mensch, der von Natur aus sinnlichen Trieben untersteht, durch den zum wahrhaften Menschsein hinbildenden „Formtrieb", wie er die Geistwirksamkeiten nennt, über die persönliche Ebene emporgehoben:

> „Wo also der Formtrieb die Herrschaft führt, und das reine Objekt in uns handelt, da ist die höchste Erweiterung des Seyns, da verschwinden alle Schranken, da hat sich der Mensch aus einer Größen-Einheit, auf welche der dürftige Sinn ihn beschränkte, zu einer *Ideen-Einheit* erhoben, die das ganze Reich der Erscheinungen unter sich faßt. Wir sind bey dieser Operation nicht mehr in der Zeit, sondern die Zeit ist in uns mit ihrer ganzen nie endenden Reihe. Wir sind nicht mehr Individuen, sondern Gattung; das Urtheil aller Geister ist durch das unsrige ausgesprochen, die Wahl aller Herzen ist repräsentiert durch unsere That." [317]

Schiller stellt hier die Größe der Verantwortung heraus, welche den von Dante beschriebenen, elendig langen Entwicklungsgang rechtfertigt. Es mag hierbei der Eindruck übermenschlicher Größe und Heldenhaftigkeit entstehen; ein Eindruck, der sich,

---

[316] Petri, Catharose de: „Transfiguration", S. 9.
[317] Schiller, Friedrich: „Über die ästhetische Erziehung des Menschen in einer Reihe von Briefen", 12. Brief, Ende.

aufgrund der gestellten Anforderungen, vielleicht ohnehin bereits eingeschlichen hat. Kann ein Mensch wirklich solcher Größe entsprechen?

Selbstverständlich bleibt die biologische Persönlichkeit physikalisch ein offenes System. Darum ist sie gezwungen, ihre Funktionsfähigkeit in der entsprechenden Weise sicherzustellen. Diese Verrichtungen stehen, wo sie maßvoll bleiben, dem Entwicklungsprozess ebensowenig im Wege wie der auf seinen Zuständigkeitsbereich begrenzte Überlebenstrieb. Es sind Funktionen des regenerativen Regelkreises, die den Entwicklungsprozess erst ermöglichen. Diese Bereiche der Naturseele bleiben daher bis zum natürlichen biologischen Tod erhalten. Ihre Struktur als offenes System steht zwar prinzipiell der Ordnung des Einen Geistes entgegen, wo diese sich aber ausschließlich darauf beschränkt, ihrem Zweck im regenerativen Regelkreis zu entsprechen, da wirkt sie dennoch mit diesem zusammen. Es wird also absolut nichts Unmögliches von der Persönlichkeit verlangt. In solchem Wirken gibt sie, was sie ist, hat und vermag dem neuen Werden hin – wie die Sonne. Durch dieses „Opfer" wird das Geschöpf der Erscheinungswelt wie ein transplantiertes Organ (J. v. Rijckenborgh) im menschlichen Mikrokosmos, dem Wesen der Einheit, aufgenommen. Es wird Eins damit. Es wird Eins mit dem menschlichen Mikrokosmos, so wie Idee und Ziel des Regelkreises ja Eins sind mit der Einheit des Makrokosmos. Darum vermag das Bewusstsein auch, sich von der Trennungswelt zur Einheit zu erheben.

In dem hier geschilderten Zustand der biologischen Persönlichkeit vollzieht sich der Wille des Einen Geistes. Dem entspricht aber die Persönlichkeit noch nicht, die sich wohl nach bestem Vermögen von ihrer Selbstbezogenheit gereinigt hat, in deren mikrokosmischer Struktur aber noch der Trennungsgeist das leitende Prinzip ist. Wenn die disponible psychische Energie auch zuletzt kein Gefälle mehr hat, so fordert doch die Entropie ihren Tribut.

Wie löst die Natur solch ein Problem?

Wenn dem biologischen Organismus der Brennstoff ausgeht, beginnt er, seine eigene Substanz zu verbrennen, bis nichts mehr übrigbleibt als „Haut und Knochen". Dieses ist ein *elementarer* Prozess, wie wir ihn in der Sternenentwicklung entdeckt haben.

Greifen wir dieses Bild auf: Das objektivierende Bewusstsein der Persönlichkeit erkennt in zunehmendem Maße das Verlangen nach Idealität als „Hunger" des geistigen Urkerns nach der Einheit. So wie im biologischen Organismus Substanzen aufgenommen und verdaut werden, so werden hier Erfahrungen „verdaut". Die Nährstoffe – die Informationen – sind zunächst „verworren" und müssen deswegen erst einmal in ihre Bestandteile zerlegt werden, ehe sie sich, entsprechend den Anforderungen, neu zusammenstellen lassen. Dieser „Stoffwechselprozess" löst die verworrenen Informationsstrukturen der Naturseele auf und formt daraus eine auf die Ordnung des Geistes abgestimmte Seele. Hat das objektivierende Bewusstsein geleistet, was es vermag, kommt dieser Stoffwechselprozess zum Erliegen. Das ist natürlich ein Zustand, der nicht aufrechterhalten werden kann, allein der Entropie wegen. Das objektivierende Bewusstsein steht darum vor der Wahl: Entweder die neu geformte Seelenstruktur aufzulösen und sich wieder vollständig in der Erscheinungswelt zu verlieren oder die eigene Bestehensgrundlage preiszugeben, also die Ordnungsstruktur des Trennungswillens, die bewusstem Zugriff entzogen ist. Wenn das Bewusstsein hier mutig seinen Weg fortsetzt, dann wird auch die verbliebene „Substanz" der Naturseele verzehrt, soweit sie in diesem Prozess nicht mehr benötigt wird. Paulus rät darum (Röm. 12,1):

> „Ich ermahne euch nun, liebe Brüder [...], daß ihr eure Leiber begebet zum Opfer, das da lebendig, heilig und Gott wohlgefällig sei, welches sei euer vernünftiger Gottesdienst."

Durch die Geistwirksamkeit wird das Bewusstsein in die Lage versetzt, die elementaren Informationsverwirrungen zu erkennen, ihre Auflösung zuzulassen und der Neustrukturierung beizuwohnen. Mit Hilfe der bereits entstandenen Seelenstrukturen wird die Persönlichkeit dadurch allmählich dem Einfluss des Trennungsgeistes entzogen. Geist, neue Seele und Körper verschmelzen so strukturell zur Einheit, während von der Naturseele nur noch „Haut und Knochen" oder das biologische Gewand übrigbleiben, um in der Erscheinungswelt weiterhin wirken zu können. Anders formuliert: Wenn der Überlebenstrieb auf sein Aufgabengebiet, die Erhaltung des biologischen Körpers, begrenzt wird, dann versinkt die ganze angstvolle Selbstbeschützung – im Sinne Schrödingers – als organisches Können im Unbewussten. Unterdessen fördern die dadurch freigesetzten Lernkapazitäten das neue Werden, indem sie auf eine bewusste Mitarbeit in den Regelkreisprozessen hinwirken, zum Segen aller.

Die in diesem Prozess zu überwindenden elementaren Informationsstrukturen, welche den Willen des Trennungsgeistes im gesamtmenschlichen System sicherstellen, sind natürlich primär im überpersönlichen Informationsträger des Mikrokosmos verankert. Hier sind die höheren „Götter des Olymp", denen die Persönlichkeit allein nichts anzuhaben vermochte. Dort finden wir die launische Mondgöttin, die Licht- und Schattenseiten des dialektischen Wesens zum Ausdruck bringt; Merkur, den „Gott der Kaufleute und Diebe"; Venus, die zum Besitzstreben verkommene Liebeskraft; die Sonne als Zentralgestirn der Selbstbezogenheit; Kriegsgott Mars; Götterkönig Jupiter, der *andere* zu beherrschen sucht, statt sich selbst zu beherrschen, und Saturn, die Zeitlichkeit, die ihre Kinder frisst (Kronos).

Diese machtvolle Zusammenballung verworrener Informationsstrukturen aufzulösen, die darin gebundene geistige Essenz von unwahren, weil formgebundenen Vorstellungen zu scheiden und nach den Maßstäben des Einen Geistes neu zu ordnen, wurde von den alten Alchemisten treffend als das Opus Magnum, das „Große Werk" bezeichnet. Die vom Trennungsgeist missbrauchte Materie wird so ihrer wahren Bestimmung zurückgegeben, dem Einen Geist zu dienen.

Persönlichkeit

Wie steht die Persönlichkeit nun in diesem Geschehen, wenn alle Grundpfeiler ihrer dialektischen Existenz ins Wanken geraten und kraftlos werden? Nach ihrem Entschluss, dem neuen Werden in Selbstlosigkeit zu dienen, wird sie sich der Notwendigkeit fügen, welche die Geistordnung verlangt und die erforderlichen

Prozesse, wo immer möglich, unterstützen oder doch zumindest nicht behindern. Das ist kein Heldentum in Hollywood-Manier. Es ist ein Heldentum des „[...] verkaufe was du hast [...] und folge mir nach!" (Matth. 19,21).

Schiller charakterisiert die hier notwendige Lebenshaltung wie folgt:

> „[...] allen *Übeln* der Kultur mußt du mit freyer Resignation dich unterwerfen, mußt sie als die Naturbedingungen des Einzig guten respektiren; nur das *Böse* derselben mußt du, aber nicht bloß mit schlaffen Thränen, beklagen. Sorge vielmehr dafür, daß du selbst unter jenen Befleckungen rein, unter jener Knechtschaft frey, unter jenem launischen Wechsel beständig, unter jener Anarchie gesetzmäßig handelst. Fürchte dich nicht vor der Verwirrung außer dir, aber vor der Verwirrung in dir; strebe nach Einheit, aber suche sie nicht in der Einförmigkeit; strebe nach Ruhe, aber durch das Gleichgewicht, nicht durch den Stillstand deiner Thätigkeit. Jene Natur, die du dem Vernunftlosen beneidest, ist keiner Achtung, keiner Sehnsucht werth. Sie liegt hinter dir, sie muß ewig hinter dir liegen." [318]

Rousseaus Aufruf: „Zurück zur Natur!", erteilt er damit eine klare Absage. Nicht in der *„wirklichen* Natur" sieht er die Erfüllung des Menschseins, sondern in der *„wahren* Natur".

> „Wirkliche Natur existirt überall, aber wahre Natur ist desto seltener, denn dazu gehört eine innere Nothwendigkeit des Daseyns. Wirkliche Natur ist jeder, noch so gemeine Ausbruch der Leidenschaft, er mag auch wahre Natur seyn, aber eine wahre *menschliche* ist er nicht; denn diese erfordert einen Antheil des selbstständigen Vermögens an jeder Äusserung, dessen Ausdruck jedesmal Würde ist." [319]

---

[318] Schiller, Friedrich: „Über naive und sentimentalische Dichtung", S. 24.
[319] Ebd., S. 78.

Die wahrem Menschsein zugehörige innere Notwendigkeit findet – wie könnte es im regenerativen Regelkreis anders sein – ihre Entsprechung im Alltäglichen. Nicht im Glanz der Überwindung tritt der wahre Mensch in der wirklichen, der Erscheinungswelt auf, sondern im Dienst der Notwendigkeit, wie auch C.G.Jung vermerkt:

> „Im allmächtigen Alltag gibt es leider wenig Ungewöhnliches, das gesund wäre. Für merkbares Heldentum ist wenig Raum; nicht etwa, daß die heroische Forderung überhaupt nicht an uns heranträte! Im Gegenteil: das ist ja eben gerade das Leidige und Lästige, daß der banale Alltag banale Forderungen an unsere Geduld, unsere Hingabe, Ausdauer, Aufopferung usw. erhebt, die man nur demütig und ohne irgendwelche beifallerzielende, heroische Geste erfüllen muß, wozu es aber eines nach außen unsichtbaren Heldentums bedarf. Es glänzt nicht, wird nicht belobt und sucht immer wieder die Verborgenheit im alltäglichen Gewand. Das sind die Forderungen, die, wenn nicht erfüllt, die Neurose verursachen." [320]

Bildlich stellt Kafka es dar:

> „Der wahre Weg geht über ein Seil, das nicht in der Höhe gespannt ist, sondern knapp über dem Boden. Es scheint mehr bestimmt stolpern zu machen, als begangen zu werden." [321]

Notwendigkeit innerlich erfassen, heißt Einheit *erfahren*(!). Notwendigkeit löst uns von selbstbezogenem Zwang, als sie unsere Aufmerksamkeit von uns selbst ablenkt. Sie löst uns vom Zwang, auf dass wir der Notwendigkeit dienen. Natürlich wittert der Herrschaftsanspruch des Trennungswillens hier Sklaverei. Er will Liebe *haben*, während Einheit erfordert, in der Liebe zu *sein*. Liebe *ist* Notwendigkeit. Infolgedessen vermag Simone Weil die

---

[320] Jung, Carl Gustav: „Über die Psychologie des Unbewussten", Abs. 72.
[321] Kafka, Franz: „Aphorismen".

Schwierigkeiten des Lebens in völlig ungewohntem Licht zu sehen:

> „Die äußerste Schwierigkeit, die ich oft empfinde, auch nur die geringfügigste Handlung auszuführen, ist eine Gunst, die mir zuteil geworden ist. Denn so kann ich, durch die gewöhnlichsten Verrichtungen und ohne die Aufmerksamkeit auf mich zu lenken, einige Wurzeln des Baumes abtrennen. [...] Man soll nicht bitten, daß diese Schwierigkeit verschwinde; man soll um die Gnade flehen, sie recht zu gebrauchen." [322]

Die Selbstbezogenheit ist es, die sich der Notwendigkeit widersetzt. Weil sie sich ihr widersetzt, sehen wir uns mit der Notwendigkeit *konfrontiert*. Jedoch so: Der *äußere Umstand* legt seinen Finger auf die *innere Not-wendigkeit*, fordert uns auf, den „Staudamm" (Konrad Lorenz) abzubrechen, welcher die (Lebens-)Energie an die eigene Erscheinungsform bindet, auf dass sie nun durch uns hindurchfließe und dadurch dem Einen wieder zuteilwerde, was es uns verliehen. – Zwei Liebende, einander ihr Leben schenkend. – Wo das Bewusstsein sich in seiner Not dem Einen zu-*wendet*, da gewinnt es Klarheit; der Widerstand löst sich auf und neue Handlungsfreiheit wird geboren.

> „Ein Affekt, der ein Leiden ist, hört auf, ein Leiden zu sein, sobald wir eine klare und deutliche Idee von ihm bilden", [323]

sagt Spinoza. Und weiter:

> „Es ist aber zu bemerken, daß wir beim Ordnen unserer Gedanken und Vorstellungen immer auf das achten müssen [...], was an jedem Ding gut ist, damit wir so stets durch den Affekt der Lust zum Handeln bestimmt werden. [...] Wer also seine Affekte und Neigungen allein aus Liebe zur Freiheit zu zügeln trachtet, der wird sich angelegen sein lassen, sosehr er kann, die Tu-

---

[322] Weil, Simone: „Schwerkraft und Gnade", S. 51/52.
[323] Spinoza, Benedictus de: „Die Ethik", V,3.

genden und ihre Ursachen kennenzulernen und seine Seele
mit der Freude zu erfüllen, die aus dieser wahren Erkenntnis
entspringt [...]."[324]

Eine zweite Ebene

Was vom Bewusstsein zu bearbeiten ist, damit wird die Persönlichkeit konfrontiert. Es zeigen sich äußere Umstände, die der Thematik entsprechen. Infolge noch vorhandener Informationsstrukturen des Trennungsgeistes im gesamtmenschlichen System ist die Persönlichkeit geneigt, sich in einer polaren Konfliktsituation zu wähnen und nach entsprechenden Lösungen zu suchen. Mit solcher Reaktionsweise würde sie natürlich den Einfluss des Trennungsgeistes instandhalten. Indem sie sich aber auf das Notwendige beschränkt, schenkt sie dem Bewusstsein Raum, die übergeordnete Geistordnung zu erkennen. Diese lässt sich ja aus begrifflichen Überlegungen allein nicht ableiten, sondern muss in direkter Anschauung erfasst werden, wie Platon in seinem Liniengleichnis zeigt.[325] Erst dann kann die scheinbare Polarität wirklich als komplementäres Ganzes begriffen werden, wodurch selbstverständlich völlig andere Handlungsweisen möglich werden.

Wir kennen dieses Verfahrensprinzip bereits; schließlich ist der Ich-Komplex in derselben Weise aufgelöst worden. Hat sich bei der ahnungsvollen Suche nach einem objektiveren Ausgangspunkt die persönliche Selbstbezogenheit verflüchtigt, so wird nun, durch bewusstes Zusammenwirken mit dem wiedergefundenen geistigen Urkern, die elementare Struktur auf diese neue Basis, das neue geistige Prinzip, abgestimmt. Entsprechend dem hermetischen „wie oben, so unten" sehen wir also dasselbe Gesetz walten, das auf höherer Bewusstseinsebene jedoch an Tiefe gewinnt. Hier ist die Himmelsleiter, auf der das Bewusstsein emporsteigt, deren jede Stufe Aufgabe und beflügelnde Erfahrung birgt, auf stets fortschreitendes Werden vorbereitet und immer weiter in das Mysterium des Lebens hineinführt.

---

[324] Spinoza, Benedictus de: „Die Ethik", V, 10, Anm.
[325] Platon: „Politeia" 511.

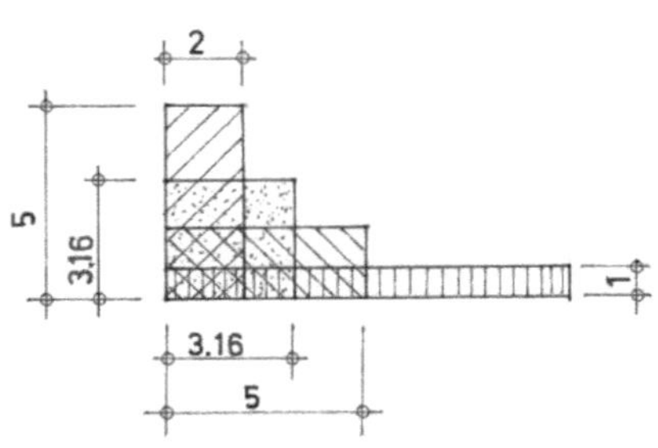

Abb. 15: Flächenwert „10"
Freiheit und Determination

Auf unserer Stufe gilt es hier nun, die Polarität der Trennungsnatur in die Einheit aufgehen zu lassen, die Gegensätze also zu vereinen. Im Rahmen der Ausführungen zur Quantenphysik haben wir gesehen, dass jeder Standpunkt in der Erscheinungswelt einen anderen komplementär ausschließt. Greifen wir darum noch einmal die Heisenberg'sche Unbestimmtheitsrelation auf. Mathematisch lässt sie sich als ein einfaches Produkt aus zwei Faktoren darstellen, also wie ein Rechteck, dessen Fläche das Produkt seiner Seiten ist: $A = a \cdot b$, wobei A die Fläche, a und b die Seitenlängen bezeichnen.[326] Die Unschärferelation besagt nun, dass die Fläche stets gleich bleibt.

Ein komplementäres Spannungsfeld, wie Freiheit und Determination, lässt sich damit anschaulich darstellen: Der Flächenwert 10 wird beispielsweise durch das Seitenprodukt 2 x 5 ebenso eingehalten wie mit 5 x 2, 1 x 10, 3,16 x 3,16 oder 1000 x 0,01 (s. Abb. 15). Die Länge *einer* Rechteckseite, gleichgültig ob die horizontale oder die vertikale, können wir frei wählen. Über die *zweite* Seite haben wir dann keine Gewalt mehr. Wir haben sie indirekt durch unsere Wahl *mitbestimmt* – anders formuliert: Die Länge der zweiten Seite ergibt sich als *Notwendigkeit* aus unserer Wahl und uns bleibt nur, das „Geschick" anzunehmen.

Mit seinen Entscheidungen wirkt der Mensch nicht nur auf sein Umfeld ein, dieses wirkt mit seiner komplementären Seite auch auf ihn zurück. Wer Fünf gewählt, erwartet Fünf auch auf der anderen Seite zu erhalten und steht enttäuscht, wenn ihm nur Zwei gegeben werden. Mit Experimenten, Kämpfen und Debatten um vermeintliches Recht oder Unrecht lassen sich wohl die Erscheinungen verändern, nicht aber das waltende Prinzip.

---

[326] Danin, Danil: „Blick ins Unsichtbare", S. 317.

Würde Freiheit, als eine Seite des Rechtecks, in der Erscheinungswelt maximiert, bliebe für die Ordnung, die andere Seite, kaum mehr Raum. Im entstehenden Chaos vermöchte nur ein sehr reifes Bewusstsein mit dem nötigen Unterscheidungsvermögen die kaum mehr wahrnehmbare Ordnung zu erkennen, um sich sicher zu bewegen.

Würde hingegen die Ordnung maximiert, verbliebe kaum noch individuelle Freiheit. Erstarrung und nahezu völlige Leblosigkeit wären die Folge. Die Selbstorganisation des formgebundenen „menschlichen Geistes" treibt darum letztlich in eine Ordnungsstruktur, die als lebendige Bewegung nur noch deren Zerfall erlaubt.

Weil die Schwerpunkte im komplementären Zielkonflikt frei gewählt werden können, sind die damit verbundenen Probleme in der Raum-Zeit der Erscheinungswelt grundsätzlich nicht lösbar. C. G. Jung stellt daher zu Recht fest,

> „daß die größten und wichtigsten Lebensprobleme im Grunde genommen alle unlösbar sind; sie müssen es auch sein, denn sie drücken die notwendige Polarität, welche jedem selbstregulierenden System immanent ist, aus. Sie können nie gelöst, sondern nur überwachsen werden." [327]

Die Auflösung komplementärer Lebensprobleme kann nur auf der Ebene existenzieller, also tatsächlicher Einheit erfolgen. Auf dieser Ebene existiert der Zielkonflikt nicht. Der „Widerspruch" Seite „a" und Seite „b" löst sich in der Rechteckfläche „A" auf, was natürlich nicht heißt, dass „a" und „b" nicht mehr existierten. Die Fläche schließt die Seiten nicht aus, sondern ein.

Im regenerativen Regelkreis wirkt die Ordnung der Freiheit nicht entgegen; vielmehr sind beide verschiedene, gleichwertige Aspekte des umfassenden Einen. In der Freiheit des Individuums spiegelt sich die grenzenlose Freiheit des Einen, in der Ordnung seine organische innere Struktur, die für alles und alle sorgt.

Fernerhin wird aus dem Vorstehenden deutlich, dass alles Sammeln von Wissen und Information auf der Ebene der Er-

---

[327] Jung, Carl Gustav: Kommentar zu: „Das Geheimnis der goldenen Blüte", Abs. 18.

scheinungswelt bestenfalls unsere Sehnsucht nach Einheit zu stimulieren vermag, uns aber keinen Millimeter voranbringt. Die verlorene Kenntnis der Einheit besteht nicht in abheftbarem Wissen, sondern in Leben. Das Leben ist Eines. Durch unsere Trennungsvorstellung widersetzen wir uns seiner Ordnung – und darum *verlieren* wir es. Es ist ja nicht so, dass das Leben uns *verlassen* würde; im Gegenteil: Es schenkt sich uns, ist in uns und um uns und sucht, wo nur irgend möglich, Einsicht in unseren Herzen zu erwecken.

Wer nun den komplementären Charakter der Natur innerlich zu erfassen vermag, der wird nüchtern feststellen:

1. Die freie Wahl *ist* bereits erfolgt.
2. Die aktuellen Lebensumstände entspringen der Notwendigkeit und haben eine Entsprechung zur getroffenen Entscheidung.
3. Die Notwendigkeit ablehnen und eine neue Wahl treffen heißt: vor Verantwortung fliehen.
4. Dementsprechend wird mit dem Annehmen der Notwendigkeit auch die Verantwortung für die getroffene Wahl übernommen.
5. Wer Verantwortung für die getroffene Wahl übernimmt, genügt prinzipiell der Einheit des komplementären Objekts.

Die Notwendigkeit anzunehmen, erweist sich somit als einzig sinnvolle Reaktion auf die gegebenen äußeren Umstände. Widerstände der alten Seelenstruktur offenbaren die Behinderungen. Diese Widerstände gelten natürlich primär der Reintegration ausgegrenzter Bewusstseinsinhalte, die nun, im Rahmen der Notwendigkeit, in verantwortungsvolles Leben umzusetzen sind. Auch das – hypothetisch – Minderwertigste gilt es dabei, im eigenen Wesen anzuerkennen und, seinem wahren Wert entsprechend, zu achten. Was hierbei an alter Seelenstruktur aufgelöst wird, ist die Missachtung anderer zum Zwecke eigener Erhöhung. Ist dies auch nur einer Träne wert? Praktisch geht es um eine höhere Stufe der Selbsterkenntnis, Selbsterkenntnis auf der Ebene der Einheit. Die *Notwendigkeit* ist dabei der Prüfstein, *die* Liebe, die alles umfasst und sich eigennützigen Liebes*vorstellungen* des Trennungsgeistes verweigert. Mit der Notwendigkeit ist eine offene Tür zur Einheit vor uns gestellt, und es ist nur eine

Frage der Bewusstseinsausrichtung, ob wir diese zu erkennen vermögen oder nicht.

Die *Ausrichtung* des Bewusstseins ist entscheidend, nicht das Bewusstseins*niveau*. Alles Streben nach „höherem" Bewusstsein trägt nur allzu oft das Siegel der Selbstbezogenheit. Wachsamkeit, Pflicht und Verantwortungsbereitschaft schließen Entwicklung in sich ein. In dieser nüchternen Ausrichtung widersteht Goethes Faust, nachdem er alle Sphären der Erscheinungswelt durchschritten hat, der sich stets wieder einschleichenden Sorge:

> „Der Erdenkreis ist mir genug bekannt.
>
> Nach drüben ist die Aussicht uns verrannt;
>
> Tor! wer dorthin die Augen blinzelnd richtet,
>
> Sich über Wolken seinesgleichen dichtet;
>
> Er stehe fest und sehe hier sich um;
>
> Dem Tüchtigen ist diese Welt nicht stumm.
>
> Was braucht er in die Ewigkeit zu schweifen!
>
> Was er erkennt, läßt sich ergreifen.
>
> Er wandle so den Erdentag entlang;
>
> Wenn Geister spuken, geh er seinen Gang,
>
> Im Weiterschreiten find er Qual und Glück,
>
> Er! unbefriedigt jeden Augenblick." [328]

Nicht etwaiger Mühsal oder Belastungen wegen ist er unbefriedigt, sondern im Bewusstsein noch unzureichenden Vollbringens des Notwendigen. Dies ist nicht nur der Anknüpfungspunkt der Sorge, die „durchs Schlüsselloch" ins Haus gelangt, sondern auch der bohrende Stachel der verlorenen Einheit, der zu steter Aufmerksamkeit mahnt. Wenn sich die Notwendigkeit auch jedem danach fragenden Bewusstsein zu erkennen gibt, so tut sie es doch gnädig nicht in ihrer ganzen Fülle, sondern offenbart sich nur dem jeweiligen Bewusstseinsniveau entsprechend. Erkannte Notwendigkeit ist, wie erkannte Wahrheit, darum nicht absolut, sondern entspricht dem aktuellen Vermögensniveau des Erkennenden, auf dass dieser, seiner Wahrheit gemäß, das Notwendige

---

[328] Goethe: „Faust II", 5. Akt, Mitternacht, Zeile 11441 – 11452.

vollbringe. Dem Kind scheint anderes wahr und notwendig als dem Heranwachsenden und diesem wieder anderes als dem Erwachsenen oder gar dem Greis. Auch birgt jedes Umfeld seine eigene Not. Schon deshalb verbieten sich Verallgemeinerungen, zumal in den Umständen die Informationsverwirrung des *individuellen* mikrokosmischen Systems zum Ausdruck kommt, die aktuell erkannt und aufgelöst werden will.

Nun mag sich noch Widerstand bezüglich „Notwendigkeit", „Pflicht" oder „Verantwortung" regen, weil gewähnt wird, die individuelle Freiheit enge sich dadurch ein. Wir sollten dann den Mut haben, uns zuzugestehen, das komplementäre Verhältnis von Ordnung und Freiheit noch aus der polarisierten Perspektive der Erscheinungswelt zu betrachten. Objektiv wird unsere Situation dadurch schließlich nicht schlechter. Dieses bewusste Zugeständnis an uns selbst schärft vielmehr unsere Aufmerksamkeit und nimmt unseren Lebensäußerungen schon allein dadurch unnötige Schärfe. In solchem ruhigen Annehmen der Situation bewahren wir eine Offenheit für die Erfordernisse des notwendigen Ebenenwechsels, von dem der indische Dichter und Philosoph Rabindranath Tagore mit den Worten zeugt:

> „Ich schlief und träumte, das Leben sei Freude;
> ich erwachte und sah, das Leben ist Pflicht;
> ich handelte und siehe, die Pflicht war Freude." [329]

Schule des Lebens

Wir sind nun in der Lage, das Entwicklungsprogramm des regenerativen Regelkreises zu überblicken, zumindest den Teil des Evolutionsbogens, der in die Erscheinungswelt hineinragt. Dabei lassen sich grob sieben Entwicklungsstufen unterscheiden:

1. Evolutionäre Entwicklung eines Selbstbewusstseins.
   Diese Phase vollzieht sich rein naturgesetzmäßig über die Entstehung der biologischen Arten. Es ist die Herausbildung einer ihrer selbst bewussten biologischen Existenz.

---

[329] Tagore, Rabindranath: „Die Seele unserer Seele", S. 6.

2. Bewusstwerdung der Ideale.
   Durch Wahrnehmung der Wirksamkeiten des Geistfunkens wird die biologische Existenz zur „menschlichen" Persönlichkeit. Eine kulturelle Entwicklung entsteht.

3. Scheitern der Ideal-Vorstellungen.
   Im sich stets wiederholenden Zusammenbruch alles Erschaffenen wird letztendlich die Begrenzung des Ich-Bewusstseins erfahren.

4. Suche nach einer neuen inneren Basis (Selbsterkenntnis).
   Unter Preisgabe persönlicher Egozentrik entwickelt sich ein objektivierendes Bewusstsein, das in neuer Weise auf die Impulse des Geistfunkens zu reagieren beginnt. Als biologisches Bewusstsein steht es zwischen den Polen, dem Geistfunken einerseits und dem Ich-Komplex andererseits.

5. Konfrontation mit der Einheit (Läuterung).
   Wenn die Persönlichkeit den geistigen Urkern als das wahre Selbst des Menschen erkennt, dann wird ihr damit auch bewusst, nicht der zentrale Punkt, aber ein wirksamer Faktor im gesamtmenschlichen System zu sein. Sie beginnt, sich von der Ordnung der Erscheinungswelt zu lösen und auf die umfassende Geistordnung abzustimmen.

6. Bewusste Verbindung mit der Einheit.
   Stellt die Persönlichkeit ihren Willen unter das Bewusstsein, so wird sie prozessmäßig zu einem reinen Gefäß für die Wirksamkeiten der Einheit, wobei das Bewusstsein sich mit der Monade des Geistes verbindet. In der Verbindung von Persönlichkeit, Bewusstsein und Monade kann unter Leitung der Monade die verworrene Information im mikrokosmischen Informationsträger aufgelöst und, der Geistordnung entsprechend, neu geordnet werden.

7. Bewusste Selbstwirksamkeit im Einen.
   Ist das ursprüngliche menschliche Lebenssystem wieder hergestellt, kann durch selbständige Tätigkeit im Geiste der Einheit ein selbstschöpferischer Entwicklungsprozess beginnen, der auf dem Energiepotenzial der Erscheinungswelt seinen Anfang nimmt, um von dort zum ursprünglichen Lebensfeld aufzusteigen.

Wenn sich diese Entwicklung auch chronologisch darstellen lässt, so darf daraus doch nicht auf ein strenges lehrplanmäßiges Voranschreiten geschlossen werden, welches uns eine exakte Standpunktbestimmung ermöglichte. Zweifellos muss jede Stufe auf der vorangehenden aufbauen. Aber darum muss deren Entwicklung doch noch nicht vollendet sein. So zeigt sich das Ganze wie eine musikalische Fuge, die das Thema nacheinander in allen Tonhöhen aufnimmt und durchführt, so dass oben wie unten die gleiche Melodie erklingt, nur mit mehr Tiefe.

Die ausgeprägte Fixierung auf das eigene Ich, wie sie sich heute allerorten und in mannigfachen Schattierungen zeigt, ist grundsätzlich keine Degeneration der *biologischen* Menschheit. Aber sie ist Ausdruck der völligen Zerrüttung des *menschlichen Mikrokosmos*, in dem sich die Idee einer autonomen Existenz zu verwirklichen trachtet. Die Ich-Erscheinung ist darum unausweichlich. Die biologische Persönlichkeit wird von dieser, zunächst sehr zu ihrer Freude, aus instinktgetriebenem Sein zur Illusion der Selbstbestimmung geführt. Diese kindliche Freude über das vermeintlich eigene Vermögen weicht der Ernüchterung, wenn die Begrenzungen erfahren werden und das große Fehlen des leitunggebenden Geistes erkannt wird. Damit ist dann aber auch die Basis erreicht, den biologischen Menschen *bewusst* in das mikrokosmische System zu integrieren um dieses in die Ordnung der Einheit zurückzuführen. Die extreme Selbstbezogenheit dürfen wir darum als ein Übergangsstadium sehen, als Phasenübergang von unbewusster, instinktgetriebener Reaktionsweise zu selbstverantwortlichem Mitwirken; von unbewusster Steuerung *durch* den Geist zu bewusster Verbindung *mit* dem Einen Geist.

> „Jeder individuelle Mensch [...] trägt, der Anlage und Bestimmung nach, einen reinen idealischen Menschen in sich, mit dessen unveränderlicher Einheit in allen seinen Abwechslungen übereinzustimmen, die große Aufgabe seines Daseyns ist."[330]

---

[330] Schiller, Friedrich: „Über die ästhetische Erziehung des Menschen in einer Reihe von Briefen", 4. Brief, 2. Abs.

Um dem Erreichen dieses Ziels förderlich zu sein, erhebt Schiller den Anspruch an die menschliche Gesellschaft, sich der Notwendigkeit entsprechend zu wandeln. Das religiöse Gesetz[331] gibt dem noch unreifen Menschen zunächst den äußeren Rahmen als Mindestmaß der Ordnung. Ästhetische Bildung und Tugend muss daraufhin den inneren Sinn aufzuschließen trachten, auf dass einerseits statt des Gesetzes nun der eigene Geschmack ihn vor Verwilderung (Rückfall ins Animalische) und Barbarei (Missachtung der Natur)[332] bewahre und er sich andererseits der Vernunft öffne, die ihn endlich in die Ordnung der Einheit zu führen vermag.

Im regenerativen Regelkreis gibt es nur ein Gesetz: Liebe. Aber zu dem in Trennungsvorstellungen gefangenen Bewusstsein vermag sie nur in dessen Sprache, in Polaritäten zu reden. Darum weisen nicht alle religiösen Lehren sogleich auf das Ziel, sondern begnügen sich zunächst damit, die Aufmerksamkeit auf die im Regelkreis wirkenden Gesetze zu lenken. Dieser Art entsprechen zum Beispiel die mosaischen Gesetze oder die Regeln des Konfuzius. Sie suchen das noch unreife Bewusstsein in verantwortbarer Weise an die Wirksamkeit des geistigen Urkerns heranzuführen. Schriften wie die Bergpredigt oder das Tao-Tê-King hingegen lenken die Aufmerksamkeit auf die Vollendung. Sie wollen keine Gesetze mehr geben, nicht mehr ausgrenzen, sondern skizzieren einen Seinszustand, an dem das gereifte Bewusstsein Maß nehmen kann, die Geister zu unterscheiden und den Weg zu bestimmen.

Die Zweckmäßigkeit solcher Verfahrensweise folgt aus der Natur des regenerativen Regelkreises. Im Augustenburger Brief vom 3. Dezember 1793 beschreibt Schiller die enge Verknüpfung der beiden Weltordnungen (der Ordnungsstruktur der Erscheinungswelt und der des Einen Geistes):

> „Nun sind aber beide Weltordnungen, die physische worin Kräfte, und die moralische, worin Gesetze regieren, so genau auf einander berechnet, und so innig ineinander verwebt, daß Hand-

---

[331] Ebd., Augustenburger Brief vom 3. Dezember 1793, Abs. 26ff.
[332] Ebd., 4. Brief, 6. Abs.

lungen, die ihrer Form nach moralisch zweckmäßig sind, durch ihren Inhalt zugleich eine physische Zweckmäßigkeit in sich schließen; und so wie das ganze Naturgebäude nur darum vorhanden zu seyn scheint, um den höchsten aller Zwecke, der das Gute ist, möglich zu machen, so läßt sich das Gute wieder als ein Mittel gebrauchen, um das Naturgebäude aufrecht zu erhalten. Die Ordnung der Natur ist also von der Sittlichkeit unsrer Gesinnungen abhängig gemacht, und wir können gegen die moralische Welt nicht verstoßen, ohne zugleich in der physischen eine Verwirrung anzurichten." [333]

Staatliche Ordnung kann im besten Falle Hilfestellung, religiöse Lehre Orientierung bieten. Wo aber der innere Sinn aufgeschlossen ist, da erkennt das Herz den Atem des Lebens als den wahren Lehrmeister, der sich, sehr persönlich, seiner Entwicklung annimmt. Sobald die Polarität der Erscheinungswelt in ihrer Einheit erkannt wird, weicht die Heimsuchung einer Handreichung zur Auferstehung. J. v. Rijckenborgh schreibt:

> „Die Welt ist [...] hermetisch verstanden eine Schule, eine Universität, die Übungsschule der Ewigkeit. Sie will und kann uns nicht gefangenhalten. Sie will uns nicht gefangenhalten, weil die Welt Gottes Sohn ist und der Gottesplan vollständig von ihr ausgetragen wird. Und sie kann uns nicht gefangenhalten, weil ihr Wesen und ihre Wirksamkeit vollständig dialektisch sind, nämlich offenbarend, stets auflösend und immer wieder erneuernd.
>
> Nehmen wir nun einmal an, daß Sie dieses alles innerlich verstehen und Sie also in die neue Weltordnung, die wahre Weltordnung des lebendigen Seelenzustandes eintreten, so daß Sie die verschiedenen Aspekte der wahren Welt erkennen. Dann kann es nicht anders sein, als daß Sie auch vollkommen am Sinn und Wesen der Welt mitwirken wollen. Ja, Sie werden es als notwendig

---

[333] Ebd., Augustenburger Brief vom 3. Dezember 1793, 25. Abs.

empfinden. Denn Sie sind dann der Erde entstiegen und in die große Übungsschule Gottes eingetreten." [334]

Der Boden des Brunnenschachtes wird von der senkrecht über ihm stehenden Sonne in der gleichen Weise erleuchtet wie seine Umgebung. So hat das Bewusstsein Anteil am Einen, wenn es sich ihm nur zuwendet und davon ablässt, fortwährend die Brunnenwände zu inspizieren. Wie tief auch der Brunnenschacht sein mag, *in* der Licht*verbindung* – im Bezugssystem des Lichtes (des Geistes) – sind Zeit und Raum aufgehoben. Mit anderen Worten, die Auferstehung des Geist-Seelen-Menschen erfolgt zwar in der Einheit, aber auf dem Boden des Brunnenschachtes. Die Auferstehung ist noch keine Auffahrt zum ursprünglichen Lebensfeld, keine „Himmelfahrt". Diese muss erst noch vollbracht werden.

Was ist dazu nötig? Primär die Ausrichtung auf den Einen Geist. Ist diese gegeben, wird der Mensch *auf der Seelenebene* nicht mehr entsprechend der Gesetzmäßigkeit eines „offenen Systems" operieren, das versucht, möglichst viel Energie an sich zu binden. Er wird vielmehr der Notwendigkeit zu entsprechen suchen, wie sie sich ihm in der Geistordnung zeigt. Die biologische Persönlichkeit bleibt natürlich als „offenes System" erhalten, aber durch sie vermag sich nun, mittels der Seelenwirksamkeit, der Eine Geist in der Erscheinungswelt zu offenbaren.

Die auf die Geistordnung abgestimmte Seele ist an Form nicht mehr gebunden. Das heißt, sie identifiziert sich nicht mit ihr, will sie nicht um jeden Preis erhalten. Sie nutzt sie aber, um dem Geist Ausdruck zu verleihen. Dadurch, dass sie den Energie- oder Informationsfluss aus dem Einen Geist nicht länger als Besitz in sich zurückhält, löst sich die Blockade, der „Staudamm" (Konrad Lorenz), und fließt der Strom (des Lebens) durch sie hindurch. Er fließt durch sie hindurch, um über die Wirksamkeit der Persönlichkeit jenen zur Hilfe zu kommen, die ernsthaft um Objektivität ringen.

---

[334] Rijckenborgh, Jan van: „Die Ägyptische Urgnosis und ihr Ruf im ewigen Jetzt", Teil 3, S. 112/113.

„Es ist uns aufgegeben, unsere Seele, das Eine in uns, das Ewige, zu offenbaren. Dies kann nur geschehen, indem unsere Seele durch die Mannigfaltigkeit des Vergänglichen hindurchgeht, indem sie beständig die Form opfert, um die Ewigkeit des Geistes zu behaupten."[335]

Für das in Polaritäten existierende Trennungsbewusstsein ist Wandel der Form gleichbedeutend mit Austausch der Polaritäten. Was gestern noch gut schien, wird heute verworfen und stattdessen das Gegenteil propagiert: „Früher habe ich jede Fußgängerampel respektiert. Davon habe ich mich befreit!"

Für die Seele, welche dem Einen Geist Ausdruck zu geben sucht, bedeutet Wandel der Form etwas anderes. Sie tauscht nicht dialektische Polaritäten gegeneinander aus, sondern wendet beide Pole der Notwendigkeit entsprechend an. Die Fußgängerampel ist ihr Hilfsmittel, nicht Gesetz. Doch um kindlichem Bewusstsein die Ordnung zu offenbaren, die sein Leben behütet, wird sie dennoch die Ampel als Gesetz achten.

In diesem Geiste bedeutet Formenwandel für die Seele stetigen Gewinn an Freiheit und Bewegungsmöglichkeit, opfert sie doch nur die *ausschließende Fixierung* auf den Pol, nicht den Pol selbst. Diese Ausweitung ihrer Vermögen ist natürlich an Verantwortung gebunden, denn durch solch eine Wandlung der Form verbindet sich die Seele buchstäblich mit dem Leben in anderen Formen, wird sie Eins damit, und hebt eben dadurch die Illusion des Raumes in sich auf. Sie verlässt das kleinmenschliche Sein, wird „Gattung", wie Schiller formuliert.[336] Gattung im Sinne eines Hineinwachsens in den Geist des Einen Menschen: Christus. So wird der Mensch ein „Christ", nach der Definition des Schulreformers und letzten Bischofs der Böhmischen Brüderunität, Johann Amos Comenius (1592 – 1670), der in seinem Alterswerk „Unum Necessarium" schreibt:

---

[335] Tagore, Rabindranath: „Die Seele unserer Seele", S. 11.
[336] Schiller, Friedrich: „Über die ästhetische Erziehung des Menschen in einer Reihe von Briefen", 12. Brief, Ende. Siehe auch S. 352.

„4. Was ist ein Christ? [...] Ein Christ ist Christus ähnlich und durch diese Ähnlichkeit dazu bestimmt, Gott gleich zu werden!"

„5. [...] Die Heilige Schrift drückt das auf verschiedene Weise aus wie: Christi Geist haben, Christum anziehen, in Christo wandeln, nicht für sich selbst, sondern für Gott leben, nicht wir sollen leben, sondern Christus in uns." [337]

Das „Stirb und Werde" (Goethe) des christlichen Mysteriums zeigt sich in diesem Licht als ein Lern- und Einarbeitungsprogramm für die Geist-Seele, um an den Schöpfungsprozessen bewussten Anteil zu erhalten. So schreibt Simone Weil:

„Alles, was unsere natürlichen Fähigkeiten ergreifen, ist hypothetisch. Nur die übernatürliche Liebe ist der Setzung fähig. So sind wir Mit-Schöpfer.

Wir nehmen teil an der Erschaffung der Welt, indem wir uns selbst entschaffen." [338]

Die Teilnahme an den Schöpfungsprozessen kann nur in dem Maß beginnen, wie alle Selbstbezogenheit aus dem mikrokosmischen Lebenssystem verbannt ist. Und selbstverständlich nimmt sie auf dem Boden des Brunnenschachtes ihren Anfang. Indem die Seele die Trennung durch den Raum überwindet, hebt sie ihre eigene Lokalisierung auf. Sie wird sich bewusst, in ihrem Wirkungsfeld zu existieren, so wie die Sonne in ihrem Strahlungsfeld anwesend und wirksam ist und jedes Nukleon in seinem über Raum und Zeit ausgespannten Quantenfeld. In diesem verschränkten Zustand erfährt die Seele ihre Verantwortung auch für die von ihr ausgehenden Wirkungen, welche in anderen Geschöpfen erst zum Ausdruck kommen. Deren freien Willen achtend, wird sie diese nicht zu beeinflussen trachten. Allein durch ihre Ausrichtung und Hingabe an den Einen Geist des Einen Menschen – den Christus – vermag sie *vermittelnd* einzugreifen. *Dessen* Wirkung wird dann, durch sie, als unpersönliche Kraft-

---

[337] Comenius, Johann Amos: „Unum Necessarium – Das einzig Notwendige", Kap. 8, Pkt. 4 und 5.
[338] Weil, Simone: „Schwerkraft und Gnade", S. 49.

wirksamkeit bis in die Erscheinungswelt hinein erfahrbar. Für jene, welche sie zu umfassen vermag, wird die Seele durch diese Arbeit zunehmend atmosphärisch, wird zu einer geistigen Wirksamkeit. Genauer gesagt: Es ist der „Eine Mensch", der sich als geistige Kraftlinienstruktur manifestiert, um alle, die es wünschen, in sich aufzunehmen. Die Bibel nennt dies die Wiederkunft des Menschensohnes in den Wolken des Himmels (Apg. 1,1; Luk. 21,27; Offenb. 14,14).

Der Aufstieg zur Einheit ist also keinesfalls eine Weltflucht und ebensowenig ein Fallenlassen der Mitmenschen in selbstischer Denkweise: „Nach mir die Sintflut." Nein, die Einheit ist nicht irgendwo, weit weg; sie ist eine Totalität. Sie umfängt die wiedergeborene Geistseele vom ersten Beginn an, und mit dem Brunnenschacht reicht sie ihr die Himmelsleiter, mit der sie, sich ständig weitend, selbstbewusst und selbstschöpferisch üben darf, um endlich, im ursprünglichen Lebensfeld angekommen, ihren dort unterbrochenen Entwicklungsgang fortzusetzen.

Der Anforderung des Einen an die Entwicklung des Einzelnen, nämlich nur in Verbindung mit der Entfaltung des Ganzen, wird mit dieser „Himmelfahrt" vollkommen entsprochen. Durch die Ausrichtung auf das Zentral-Eine ergießt sich der Geist in die Welt. So bezeugt auch Dante (Paradies 28, 127-129):

> „Von oben blicken in Bewundrung alle,
>
> Was unter ihnen schon besiegt, weil sie,
>
> Zu Gott hinaufgezogen, zu ihm streben."

*

So zeigt sich, dass die Berichte der Evangelien ihre Tragik verlieren, wenn sie – unbeschadet eventueller historischer Ereignisse – nicht länger auf die Welt der Erscheinungen bezogen werden. Die Texte beschreiben ihrem Wesen nach einen Einweihungsprozess, wie Rudolf Steiner im Vergleich mit den historischen Mysterientraditionen nachweist[339] und J. v. Rijckenborgh in Be-

---

[339] Steiner, Rudolf: „Das Christentum als mystische Tatsache und die Mysterien des Altertums".

zug auf heutige diesbezügliche Anforderungen.[340] Es muss darum unweigerlich zu Missdeutungen kommen, wenn die Befreiungslehre auf der Basis der Gesetzeslehre ausgelegt wird. Darum müssen wir aus der zunehmenden Skepsis gegenüber den dogmatischen Glaubensgrundsätzen der kirchlichen Institutionen nicht notwendig auf eine ethische Verflachung schließen. Unbeschadet der von C. G. Jung beschriebenen Gefahr der Selbstvergötterung dürfen wir in dem verbreiteten Ringen und Streben der Menschen ein sich ausweitendes objektivierendes Bewusstsein feststellen, das nicht mehr äußerem, sondern innerem Gesetze sich verpflichtet fühlt. Es ist der „Glaube" des erwachenden Bewusstseins, von dem J. v. Rijckenborgh schreibt:

> „Glauben [...] heißt: innerlich wissen. Dieses innerliche Wissen ist die Wirksamkeit des Geistfunkenatoms. Darum spricht Paulus vom ‚Glauben in euren Herzen'."[341]

> „... die heiligen Schriften aller Jahrhunderte betonen deutlich, daß Glauben nicht das Bekennen oder Annehmen einer Lehre oder einer Kirche, einer Schule oder eines Gottes ist, sondern sich auf einen Besitz bezieht, dessen man sich tatsächlich bewußt sein muß. Ein derartiger Besitz muß im Herzheiligtum erfahren werden, er muß im Herzen ‚Wohnung nehmen', oder mit anderen Worten, das Uratom, das Geistfunkenatom muß belebt werden. Bevor dieses Atom nicht erweckt ist, gibt es keinen Glauben, kann es keinen geben."[342]

Glauben in diesem Sinne ist das Wiedererinnern der an den Leib gebundenen Seele, von der Platon spricht. Solange die Erinnerung noch nicht erwacht ist, bleibt zur Orientierung nur das Gesetz, durch dessen getreuliche Erfüllung aber dennoch Reifung erreicht werden kann. So Paulus (Röm. 7, 6-7):

> „Nun aber sind wir vom Gesetz los und ihm abgestorben, daß uns gefangenhielt, also daß wir dienen sollen im neuen Wesen

---

[340] Rijckenborgh, Jan van, Gesamtwerk, u. a.: „Der kommende neue Mensch".
[341] Rijckenborgh, Jan van: „Der kommende neue Mensch", S. 51.
[342] Rijckenborgh, Jan van: „Der kommende neue Mensch", S. 169.

des Geistes und nicht im alten Wesen des Buchstabens. Was wollen wir denn nun sagen? Ist das Gesetz Sünde? Das sei ferne! Aber die Sünde erkannte ich nicht, außer durchs Gesetz. Denn ich wußte nichts von der Lust, wo das Gesetz nicht hätte gesagt: ,Lass dich nicht gelüsten!'"

Und im „Buch der Goldenen Vorschriften" heißt es trostreich:

„Wisse, o Schüler, dies ist der *Geheime* PFAD, erwählt von den Buddhas der Vollkommenheit, die Das SELBST opferten, um schwächerer Selbste willen.

Falls jedoch die ,Herzenslehre' für dich zu hochbeschwingt ist, wenn du selbst noch der Hilfe bedarfst und dich fürchtest, anderen Hilfe anzubieten – dann, du furchtsames Herz, sei beizeiten gewarnt: Begnüge dich mit der ,Augenlehre' des Gesetzes. Hoffe dennoch! Selbst, wenn der ,Geheime Pfad' an diesem ,Tag' für dich noch unerreichbar ist, so ist er ,morgen' in deiner Reichweite. Lerne, daß keine einzige Anstrengung, und wäre sie noch so klein, ob in der richtigen oder falschen Richtung, aus der Welt der Ursachen verschwinden kann. Nicht einmal unnützer Rauch verschwindet spurlos." [343]

Als ich mich einst, bei einer gymnastischen Übung, wieder einmal recht schwer tat und eigentlich gar nichts Rechtes zustande brachte, ermunterte mich der Übungsleiter unseres Sportvereins mit den Worten: „Es macht nichts, wenn du es nicht kannst. Versuch es trotzdem! Die Muskulatur baut sich trotzdem auf – schon allein durch den Versuch." Lernt nicht auch das Kind Laufen, weil es das, ungeachtet ständigen Scheiterns, immer wieder versucht? Das Leben fließt hin, wo es benötigt wird. Auch hier gilt das Wort Schrödingers, wonach alles Werden mit Bewusstheit verbunden ist (s. S. 245).

---

[343] Blavatsky, H. P.: Fragment II – „Die zwei Pfade", aus dem „Buch der Goldenen Vorschriften". In: „Die Stimme der Stille", Theosophical University Press, Pasadena, California, USA, 1983, S. 50f.

Quo vadis[344]

So haben wir nun eine bunte Vielfalt wissenschaftlicher Erkenntnisse aus den unterschiedlichsten Fachrichtungen wie Mosaiksteinchen zusammengetragen und versucht, sie sinnvoll um das mysteriöse „Etwas" herum zu platzieren, hoffend, so ein wenig seinem Wesen näher zu kommen. Einheit, die mehr ist als die Summe der von ihr umschlossenen Teile, hat sich dabei als ein Generalschlüssel erwiesen, wenn wir ihn nur anwenden wollten.

Durch die Aufspaltung der Alchemie in einen mystisch-esoterischen und einen naturwissenschaftlich-exoterischen Zweig scheint diesen auch die Einheit abhanden gekommen zu sein. Goethe wie Newton standen noch auf alchemischen Fundament. Newton suchte die hermetische Philosophie – auf der Basis pythagoreischer Vorstellungen, die Welt sei mathematisch beschreibbar – mit „exakter Alchemie" zu untermauern.[345] Goethe dagegen betonte die individuelle Verbundenheit mit dem beobachteten Objekt, was ihn zu Kritik an der Newton'schen Wissenschaft bewegte. So in seinen „Wanderjahren":

> „Der Mensch an sich selbst, insofern er sich seiner gesunden Sinne bedient, ist der größte und genaueste physikalische Apparat, den es geben kann; und das ist eben das größte Unheil der neueren Physik, daß man die Experimente gleichsam vom Menschen abgesondert hat und bloß in dem, was künstliche Instrumente zeigen, die Natur erkennen, ja was sie leisten kann, dadurch beschränken und beweisen will.

---

[344] „Wohin gehst du?" Nach den apokryphen Petrusakten Frage des Apostel Petrus auf seiner Flucht aus Rom an den ihm begegnenden Christus, der ihm antwortete: „Nach Rom, um mich erneut kreuzigen zu lassen", woraufhin auch Petrus umkehrte.
[345] Geberlein, Helmut: „Alchemie", S. 304ff.

Ebenso ist es mit dem Berechnen. – Es ist vieles wahr, was sich nicht berechnen läßt, sowie sehr vieles, was sich nicht bis zum entschiedenen Experiment bringen läßt." [346]

Dem entsprechend lässt er seinen Mephistopheles im Gelehrtengewand räsonieren:

> „Wer will was Lebendiges erkennen und beschreiben,
> Sucht erst den Geist heraus zu treiben,
> Dann hat er die Teile in der Hand,
> Fehlt, leider! nur das geistige Band."[347]

Die Achillesferse von Goethes Naturanschauung liegt natürlich in der Subjektivität mit all ihren Gefahren. Dennoch gesteht Gernot Böhme, Direktor des Instituts für Praxis der Philosophie in Darmstadt, ihr durchaus wissenschaftlichen Charakter zu:

> „Ein Interesse an einer Wissenschaft dieses Typs könnte sich immer dort ergeben, wo nicht nur die Natur als Bereich möglicher Manipulation, sondern zugleich die Wirkung des Menschen in der Natur, wo nicht nur die Erfahrung des Menschen mit der Natur, sondern zugleich seine Selbsterfahrung im Umgang mit der Natur, thematisiert werden." [348]

Die Quantenphysik hat die Unvollständigkeit fragmentaler Wissenschaft offengelegt und die Grenze der darauf basierenden Erkenntnis aufgezeigt. So schreibt Carl Friedrich von Weizsäcker:

> „Wir heutigen Physiker sind in unserem Fach Schüler Newtons und nicht Goethes. Aber wir wissen, daß diese Wissenschaft nicht absolute Wahrheit, sondern ein bestimmtes methodisches

---

[346] Goethe, Johann Wolfgang von: „Wilhelm Meisters Wanderjahre", Makariens Archiv 90, 91. Desgl. in seinem Brief an Zelter vom 22.6.1808: Hecker, M: „Briefwechsel zwischen Goethe und Zelter". Frankfurt 1987, Bd I, S. 222.
[347] Goethe, Johann Wolfgang von: Faust I", Studierzimmer, Zeile 1936 – 1939.
[348] Böhme, Gernot: „Alternativen der Wissenschaft", S. 150.

Verfahren ist. Wir sind genötigt, über Gefahr und Grenzen dieses Verfahrens nachzudenken." [349]

Und der Physiker Hans-Peter Dürr:

„Naturwissenschaft sagt uns, was ist, aber sie gibt keine Auskunft darüber, was sein soll, wie wir handeln sollen. Der Mensch bedarf, um handeln zu können, einer über seine wissenschaftlichen Erkenntnisse hinausgehende Einsicht – er bedarf der Führung durch das Transzendente." [350]

"Physik und Transzendenz bezeichnen nur verschiedene Bereiche der einen Wirklichkeit, die von einer untersten Schicht, wo wir noch vollständig objektivieren können, bis zu einer obersten Schicht reichen, ,in der sich der Blick öffnet für die Teile der Welt, über die nur im Gleichnis gesprochen werden kann'."[351]

Dem mystischen Zweig der Alchemie haben wir den gleichen Text ins Stammbuch zu schreiben. Ist der Eine Geist aus dem Blickfeld geraten, beweist sich das Paulus-Wort (2. Kor. 3,6): „Denn der Buchstabe tötet, aber der Geist macht lebendig." Dann wird gerne schon mal vergessen, dass die Heiligen Schriften für den eigenen Genuss bestimmt sind und nicht dafür, sie anderen „um die Ohren zu hauen." Geschichtsbücher und Zeitungen liefern diesbezüglich mehr denn genügend Beispiele.

Aber auch jene, die nach spiritueller Erneuerung und Transzendenz hungern, tun gut daran, „die Geister zu prüfen", denn aufgrund der Polarität unserer Erscheinungswelt ist der Etikettenschwindel nirgends so verbreitet, und auch erfolgreich, wie hier. Kein Name ist zu heilig, um nicht als Aushängeschild gebraucht zu werden. Heute ist es modern, eigenem Glück mit esoterischer Weisheit etwas nachzuhelfen. Mit verborgenem Wissen, mythischen Ritualen oder magischen Praktiken sollen Erfolg,

---

[349] Weizsäcker, Carl Friedrich von: „Einige Begriffe aus Goethes Naturwissenschaft". In: Goethe „Johann Wolfgang von Goethe, Werke Kommentare und Register" in 14 Bd., Bd. 13: „Naturwissenschaftliche Schriften 1", S. 540.

[350] Dürr, Hans-Peter (Hrsg.): „Physik und Transzendenz – Die großen Physiker unseres Jahrhunderts über ihre Begegnung mit dem Wunderbaren", S. 8 .

[351] Ebd., S. 18f.

Gesundheit oder das eigene Seelenheil sichergestellt werden. Alte Gefäße mit ehrfurchtheischenden Siegeln werden mit profanem Inhalt gefüllt. Eine moderne Wünsch-dir-was-Esoterik scheint das Universum als Selbstbedienungsladen mit Lieferservice zu begreifen, ohne auf die Zahlungsbedingungen wesentliche Aufmerksamkeit zu verwenden. Dabei erleben wir gerade, was es bedeutet, physikalische Gesetze zu selbstbezogenen Zwecken zu gebrauchen, die Natur, in fehlgeleitetem Trieb, als Beute anzusehen.

Sündenkataloge und Reinheitsgebote unterschiedlichster Couleur bilden einen moralischen Gesetzesdschungel, in dem sich für jeden ein passendes Feigenblättchen finden lässt. Wie der Wissenschaft, so ist auch der Ethik vor lauter Bäumen der Wald abhanden gekommen. Es wird um Handlungsmaßgaben gerungen, wo es Lebenshaltung bedarf. Gustav Meyrink schreibt über diese Problematik:

„Vielleicht ist die Wahrheit zu einfach, als daß man sie sogleich zu erfassen vermöchte. – Oder muß der ‚Baum' erst zum Himmel ragen, ehe die Einsicht kommen kann? [...] Mit einem feinen Spürsinn herauszufinden, was diesen Baum grünen macht und vor dem Verdorren schützt, ist der Zweck unseres Lebens. Alles übrige heißt: Dünger schaufeln und nicht wissen, wozu. Doch wie viele mag's ihrer heute wohl geben, die verstehen, was ich meine? – – Sie würden glauben, ich redete in Bildern, wenn ich's ihnen sagte. Die Doppeldeutigkeit der Sprache ist's, die uns trennt. – Wenn ich öffentlich etwas schriebe über inneres Wachstum, so würden sie ein ‚Klügerwerden' darunter verstehen, oder ein ‚Besserwerden'; so, wie sie unter Philosophie eine Theorie verstehen und nicht: ein wirkliches Befolgen. – – Das Gebotehalten allein, selbst das ehrlichste, genügt nicht, um das innere Wachstum zu fördern, denn es ist nur die äußere Form. Oft ist das Gebotebrechen das wärmere Treibhaus. Aber wir halten die Gebote, wenn wir sie brechen sollten, und brechen sie, wenn wir sie halten sollten. Weil ein Heiliger nur gute Taten vollbringt, so wähnen sie, sie könnten durch gute Taten Heilige werden [...]" [352]

Und Rabindranath Tagore lenkt dazu die Aufmerksamkeit auf den zentralen Punkt aller Ethik:

> „Denn die Sünde ist nicht eine einzelne Handlung, sondern eine Lebenshaltung, die es als ausgemacht betrachtet, daß unser Ziel endlich ist, daß unser Ich die letzte Wahrheit ist und daß wir durchaus nicht dem Wesen nach eins sind, sondern daß jeder für sein eigenes, besonderes Leben da ist." [353]

Dies ist die Krise, der sich die Menschheit jetzt im globalen Maßstab gegenübergestellt sieht. Das gewaltige Ausmaß dieser Entwicklung, die alle Lebensbereiche mitreißt und niemanden auslässt, deutet darauf hin, dass für die Menschheit jetzt die ersten beiden Entwicklungsphasen (Herausbildung eines Selbstbewusstseins und Bewusstwerdung der Ideale) definitiv abgeschlossen sind. Die Zeit der Kinderspiele ist vorbei; der regenerative Regelkreis fordert Verantwortungsbewusstsein. So schrieb Al Gore 1992 in seinem Buch „Earth in the Balance":

> „Je gründlicher ich versuche, die Wurzeln für die globale Umweltkrise zu erforschen, um so mehr bin ich überzeugt, daß es sich um eine äußere Manifestation einer inneren Krise handelt, die ich, in Ermangelung eines besseres Wortes als ‚geistige Krise' bezeichnen möchte. Als Politiker weiß ich sehr wohl, daß das Wort ‚geistig' als Erklärung für ein solches Problem besondere Schwierigkeiten mit sich bringt. Aber welches andere Wort könnte die Gesamtheit von Werten und Überzeugungen beschreiben, die unser grundsätzliches Verständnis für unseren Platz im Universum bestimmen?" [354]

---

[352] Meyrink, Gustav: „Das grüne Gesicht", S. 97.
[353] Tagore, Rabindranath: „Die Seele unserer Seele", S. 4.
[354] Gore, Al: „Wege zum Gleichgewicht – Ein Marshallplan für die Erde", S. 25.

Verantwortung setzt Entscheidung voraus. Wenn die Hirnforscher die *aktuelle* Entscheidungsfindung durch systeminterne Denk-, Gefühls- und Handlungsmuster als vorbestimmt erkennen, dann legen sie damit den einzig gangbaren Weg offen. Selbstverständlich muss gehandelt werden; die primäre, vordringliche und kaum zu überschätzende Aufgabe liegt aber in der Lebens*haltung*. Lebensführung ist nur das Ergebnis. An ihr herumzuoperieren ist, wenn auch gut gemeint, Gaukelspiel. Die Lebens*haltung* bestimmt die Art unserer Denk- und Gefühlsstrukturen, welche ihrerseits die Kraftlinien unserer Handlungsweise vorzeichnen. Darum, wollen wir dem verhängnisvollen Automatismus der Trennungsvorstellung entkommen, müssen wir hier ansetzen, wie der Hirnforscher Gerald Hüther deutlich macht:

> „Die Haltungen bestimmen, wie wir unser Gehirn benutzen - was uns wichtig ist, warum [sic!] wir uns kümmern, wie achtsam wir sind, was wir sehen, übersehen, ob wir rücksichtslos sind oder voller Anteilnahme."[355]

Hierin, in der Arbeit an der Lebenshaltung, liegt die von Gerhard Vollmer geforderte „kopernikanische Wendung", in der Entdeckung und Bewusstwerdung des Nicht-Ich-Zentrums, des Zentralgestirns im eigenen mikrokosmischen Lebenssystem. Dieses wieder zu seinem vollen Recht kommen zu lassen, bedeutet für den Menschen nichts weniger als die „Umwälzung seiner Natur", wie Schiller formuliert, und bedarf „einer totalen Revolution in seiner ganzen Empfindungsweise".[356] Hierdurch erst ist die Basis einer wirklich freien Gesellschaft erreicht, einer Gesellschaft, in der der Wille des Ganzen sich durch die Natur des Individuums vollzieht.[357] Kann es denn anders sein? Kann im Außen Friede und Eintracht herrschen, wenn das inn're Wesen trennt, teilt und wertet? Wie lange mag eine Einheit währen, die auf Schöntuerei sich gründet? Es ist eine Frage der Entropie und

---

[355] Hüther, Gerald: zitiert nach: „Das Gehirn ist eine Baustelle", Der Spiegel Wissen Nr.1, 2009, S. 55.
[356] Schiller, Friedrich: „Über die ästhetische Erziehung des Menschen in einer Reihe von Briefen", 27. Brief, 3. Abs. 1.
[357] Ebd., 27. Brief, 10. Abs.

damit der Zeit, wann die Interessen in Konflikt geraten und der regenerative Regelkreis zur Arbeit drängt.

Die stets drängendere Krise ist zwar global, aber gerade deswegen ist das Individuum gefordert, seiner Verantwortung zu entsprechen und sich nicht länger hinter irgendwelchen „Autoritäten" zu verschanzen, denn das umfassende Eine fordert die Antwort des individuell Einen. Die Ordnungsstruktur der Trennungsidee ist blind für Belange des umfassenden Einen. Darum ist von dort keine Lösung zu erwarten und lässt sich nur durch Überwindung der Versklavungsstrukturen auf individueller Ebene eine regenerative Ordnung herbeiführen. Wenn sich der Einzelne seiner innereigenen Verantwortlichkeit verweigert, dann vermag er nur unheildrohendes Gemenge zu erblicken und verschleißt sich im Kampf gegen Phantomgebilde der Trennungsvorstellung.

Die Krise lässt sich als Krankheit der Einheit deuten. In der Symbolik der Parcival-Dichtung stehen wir dem Gralskönig gegenüber, der unsterblich leidet und nicht genesen kann, ehe Parcival – das ist der Mensch – die erlösende Frage stellt. Es genügt nicht, das Leiden zu erkennen. Es genügt nicht, mitzuleiden. Es wird erwartet, dass der Mensch sich der Einheit – die in ihm *ist* – zuwendet, um zu erkennen, *warum* der König krank ist. Durch seine Aufmerksamkeit, sein Interesse, also seine Lebenshaltung und -ausrichtung stellt er die alles entscheidende, genesungbringende Frage.

Vergessen wir bei alldem aber auch nicht, hier in einer Erscheinungswelt zu leben, die bestenfalls als Übungsschule der Einheit erfahren werden kann. Jesu Wort (Joh. 18,36), „Mein Reich ist nicht von dieser Welt" lässt keinen Spielraum für Interpretationen. Und hinsichtlich „Tausendjähriger Reiche" mögen die deutschen Erfahrungen der Welt als mahnendes Beispiel dienen. Ein „Himmelreich auf Erden" ist nicht realisierbar. Der 2. Hauptsatz der Wärmelehre verhindert dies, denn in der Trennungswelt ist die Einheit nicht anders denn als korrigierende und ermöglichende Wirksamkeit anwesend. Den Aufstieg aus der Schattenwelt der Höhle in die lichte Welt wahren Seins hat jeder Mensch selbst zu vollbringen. Auch Platon hält den von ihm skizzierten „Staat" in unserem Lebensfeld für kaum realisierbar und will ihn primär als Leitidee zur Selbstverwirklichung verstanden wissen, wie er am Ende des neunten Buches bezeugt:

> „[...] denn auf Erden findet er sich, glaube ich, nirgends. Aber im Himmel ist er vielleicht als Muster hingestellt für den, der ihn anschauen und gemäß dem Erschauten sein eigenes Innere gestalten will. Ob er irgendwo sich wirklich vorfindet oder vorfinden wird, darauf kommt es nicht an; denn nur den Geschäften dieses Staates wird er sich widmen, eines anderen aber nicht." [358]

Wenn Platon auch dem Rufe Dions (Dionysos II.) nach Syrakus nachkam, an der dortigen Gesetzgebung und Gestaltung des Staates mitzuwirken, so primär darum, die Philosophie nicht dem Gespött preiszugeben, wie er im siebten Brief ausführlich erörtert.[359]

Gleichsam wie eine Sphäre sieht Schiller den idealen Staat, entsprechend dem Verständnis der Menschen:

> „Dem Bedürfniß nach existiert er in jeder feingestimmten Seele, der That nach möchte man ihn wohl nur, wie die reine Kirche und die reine Republik in einigen wenigen auserlesenen Zirkeln finden, wo nicht die geistlose Nachahmung fremder Sitten, sondern eigne schöne Natur das Betragen lenkt, wo der Mensch durch die verwickeltsten Verhältnisse mit kühner Einfalt und ruhiger Unschuld geht, und weder nöthig hat, fremde Freyheit zu kränken, um die seinige zu behaupten, noch seine Würde wegzuwerfen, um Anmut zu zeigen."[360]

In solch schönem, ernsthaften Ringen des Menschen, innerem Gebote zu entsprechen, sei es vor ethischem, philosophischem oder religiösem Hintergrund, offenbart sich der einende Geist. Von Mensch zu Mensch, über Zeit und Raum hin, quer durch alle Kulturen, entdecken wir wohl graduelle Unterschiede, wie bei

---

[358] Platon: „Politeia" 592.
[359] Platon: „Siebter Brief" 328/329.
[360] Schiller, Friedrich: „Über die ästhetische Erziehung des Menschen in einer Reihe von Briefen", 27. Brief, Schluss.

lebendiger Entwicklung nicht anders zu erwarten, doch fließen sie zusammen zu der von Dante im geistig lebend'gen Licht erschauten Himmelsrose (Paradies, 30) zur Ordnung des Geistes. Und noch ihr Schattenbild, das allein wir hienieden wahrzunehmen vermögen, vermag sehnsuchtsvolle Ahnung ihrer Majestät und Glorie in unseren Herzen keimen zu lassen, uns winkend heimzurufen.

*

Ein volles Menschenleben ist es her, seit Relativitäts- und Quantenphysiker ihre umwälzenden Erkenntnisse publik machten. Zeit genug also zur Orientierung und zum Herauswachsen nicht mehr hinreichender Denkkonventionen, zumal die Erkenntnisse der Physiker ja auch nicht allein stehen, sondern quasi nur den „materiellen Kern" bilden einer formaufbrechenden Bewegung, die spätestens mit der einsetzenden Industrialisierung im 19. Jahrhundert ihren Anfang genommen und inzwischen nahezu die gesamte Menschheit ergriffen hat. Sich auflösende Gesellschaftsstrukturen mit wegbrechenden Traditionen und immer abstraktere Wissenschaften, gefolgt von Globalisierung und virtuellen Welten, entwinden dem Menschen jede Form, an der er bislang Halt gefunden hat. Unterdessen rollt eine explosionsartig anschwellende Informationsflut über ihn hin, die ihn zu entmündigen droht, wo es ihm nicht gelingt, in gesundem Urteilsvermögen das wenig Notwendige von der Fülle des Entbehrlichen zu scheiden.

Im Würgegriff der Krise wird der Mensch beinahe zu einem evolutionären Quantensprung genötigt, der ihn zum Homo universalis transfigurieren will, zu einem wahrlichen Menschen, der vollbewusst in der Einheit des Universums steht und wirkt. Aber dies ist dann keine sich automatisch vollziehende Entwicklung mehr. Sie will gewählt werden und verlangt eine freibewusste Hinwendung zum Einen Geist. Der regenerative Regelkreis ermöglicht; er zwingt nicht. Es steht dem Menschen frei, seiner Illusion von Autonomie weiter zu folgen. Er gehorcht dann notwendig dem ausgrenzenden „menschlichen Geist", der ihn mit der Härte des dialektischen Gesetzes als Homo oeconomicus seiner Herde hinzufügen wird. Angesichts der Dramatik dieser Situation sind wir geneigt, wie Hermes, die Menschheit zu beschwören:

> „Wohin eilt ihr, o Menschen, die ihr benebelt seid, weil ihr betrunken seid von dem Wort, das aller Gnosis bar ist, dem Wort der absoluten Unwissenheit, das ihr nicht vertragen könnt und nun auch endlich ausspeit?
>
> Haltet ein, und werdet nüchtern! Seht wieder mit den Augen eures Herzens! Und wenn nicht alle es können, dann doch wenigstens jene, die dazu fähig sind. Die Bosheit der Unwissenheit überflutet die ganze Erde, richtet die Seele zugrunde, die im Körper eingeschlossen ist, und hindert sie, in die Häfen des Heils einzulaufen.
>
> Laßt euch also nicht mitreißen von der Gewalt des Stroms, sondern laßt jene unter euch, die imstande sind, die Häfen des Heils zu erreichen, den Gegenstrom nutzen und einlaufen." [361]

Da der Mensch augenscheinlich versäumt, wie Petrus zu fragen, so neigt sich nun der Geist allen Lebens selbst zu ihm herab und, indem er ihn in weltumspannender Krise die Wirkungen blinden, selbstbezogenen Autonomiestrebens bewusst macht, stellt ER einem jeden die Frage:

Quo vadis, homo?
(Wohin gehst du, Mensch?)

---

[361] Hermes Trismegistos: „Corpus Hermeticum", 3. Buch: „Es ist das größte Übel der Menschen, daß sie Gott nicht kennen".

Anhang

Bildnachweis

Abb.10: Illustration Totengericht des Hunefer aus dem ägyptischen Totenbuch (Originaltitel: Heraustreten in das Tageslicht) nach einem Papyrus der 19. Dynastie, ca. 1275 v. Chr..
Original British Museum, Object ref. no: 1852,0525.1.3 99013, Blatt 3, Bild Nr. 00753627001. © The Trustees of the British Museum

Abb. 11: „Welch ein Durcheinander von Gleisen" auf
http://www.photonade.com
© Reinhold Merkle, D-79254 Oberried

Literaturverzeichnis

Bibelzitate nach der deutschen Übersetzung Martin Luthers, Textfassung 1912, Deutsche Bibelgesellschaft Stuttgart.

Anonym: Drei Eingeweihte – „Das Kybalion. Eine Studie über die hermetische Philosophie des alten Ägyptens und Griechenlands". Hrsg.: Robert Osten, Edition Aurinia, Hamburg 2007.

Anonym: „Fama Fraternitatis R.C. oder Bericht der Bruderschaft des hochlöblichen Ordens R.C. an alle Häupter, Stände und Gelehrten Europas". In: Jan van Rijckenborgh: „Der Ruf der Bruderschaft des Rosenkreuzes: esoterische Analyse der Fama Fraternitatis R.C.". Rozekruis Pers, Haarlem, 3. Aufl. 1985, S. XXI-XL.

Arendes, Lothar: „Das Realismusproblem in der Quantenmechanik". Gießen 1988.

Apelt, Otto (Hrsg.): „Platon: Sämtliche Dialoge". Meiner, Hamburg, unveränderter Nachdruck 1998.

Ashtekar, Bojowald, Jerzy Lewandowski: Artikel der Zeitschrift Advances in Theoretical and Mathematical Physics, zitiert nach:

Vaas, Rüdiger: „Der umgestülpte Urknall". Bild der Wissenschaft 4/2004, S. 54.

Arzt / Holz (Hrsg.): „Wegmarken der Individuation". Könighausen & Neumann, Würzburg 2006.

Bahagavadgita – Des Erhabenen Sang. Übertr. u. kommentiert v. Leopold von Schroeder, in: „Bahagavadgita / Aschtavakragita – Indiens heilige Gesänge". Diederichs, München, 6. Aufl. 1990.

Bauer, Joachim: „Das Gedächtnis des Körpers – Wie Beziehungen und Lebensstile unsere Gene steuern". Eichborn, Frankfurt a. M. 2002.

- „Warum ich fühle, was du fühlst". Hoffmann und Campe, Hamburg 2005.

Betrò, Maria Carmela: „Heilige Zeichen – 580 Ägyptische Hieroglyphen". Fourier 2003, Übers. a. d. Italienischen: Christiane von Bechtholsheim, Originalausgabe: „Geroglifici: 580 segni per capire l`antico Egitto". Mondadori, Milano 1995.

Beyer, Dorothee: „Simone Weil: Philosophin – Gewerkschafterin – Mystikerin". Matthias-Grünewald-Verlag, Mainz 1994.

Blackiston, Douglas: zitiert nach Süddeutsche Zeitung vom 11.3.2008/mcs / Süddeutsche.de: „Was die Raupe lernt, weiß sie auch als Falter noch".
http://www.sueddeutsche.de/wissen/erinnerung-bei-insekten-was-die-raupe-lernt-weiss-sie-auch-als-falter-noch-1.267405. (27.11.2014).

Blavatsky, H. P.: „Die Stimme der Stille". Theosophical University Press, Pasadena, California, USA, 1983.

Blech, Jörg: „Enttarnung der Untermieter". In: Der Spiegel 21/2007, 21.05.2007, S. 140-143.

Bohm, David: „Fragmentierung und Ganzheit". In: „Die implizite Ordnung – Grundlagen eines dynamischen Holismus". Dianus – Trikont Buchverlag, München 1985, S. 19-50 (Original: Wholeness and the Implicate Order, London 1980). Nachdruck: Hans-Peter Dürr (Hrsg.): „Physik und Transzendenz", S. 263-293.

Böhme, Gernot: „Alternativen der Wissenschaft". Suhrkamp, Frankfurt, 1980.

Boltzmann, Ludwig: „Erklärung des Entropiesatzes und der Liebe aus den Prinzipien der Wahrscheinlichkeitsrechnung". Vortrag, gehalten am 28. Oktober 1905 in der Philosophischen Gesellschaft in Wien, Rekonstruktion von Engelbrecht Broda (Hrsg.), Physikalische Blätter 32. Jg. Aug. 1976, S. 337-341.

Braun, Lucien: „Paracelsus". Zürich 1988.

Breuer, Reinhard und Günter Haaf: „Ein ordentliches Chaos". In: GEO Wissen Nov. 1993, S. 32-60.

Brügge, Peter: „Mythos aus dem Computer". Der Spiegel Nr. 39/1993, S. 156-164.

Buddha: „Samyutta-nikâya" 23,1 (Bd. 3, S.188f) des Pâli-Kanons der Pali Text Society in: „Reden des Buddha". Aus dem Pâli-Kanon übers. von Ilse-Lore Gunsser, Reclam Nr. 6245, Erstauflage Stuttgart 1957, S. 70-71.

-    „Mahāsatipatthāna-Suttanta. Das große Lehrgespräch über die Grundzüge des Bewusstseins". In: Dighanikāya Nr. 22, T. W. Rhys Davids und J. E. Carpenter in der Pali Text Society, London 1890 – 1911, In: „Gautama Buddha: Die vier edlen Wahrheiten", S. 109-125.

-    „Mahāvagga". H. Oldenberg, Vinayapitaka, London 1879-1883. In: „Gautama Buddha: Die vier edlen Wahrheiten", S. 332-338.

-    „Gautama Buddha – Die vier edlen Wahrheiten". Texte des ursprünglichen Buddhismus. Hrsg. u. übertragen aus dem Pāli: Klaus Mylius, dtv München, 5. Aufl. 1994, Erstausgabe: Reclam - Leipzig, 1983.

Bundeszentrale für politische Bildung (Hrsg.): „Der Nationalsozialismus". Informationen zur politischen Bildung 123 / 126 / 127. Manuskript: Dr. Helmut Kistler, München, unter Mitwirkung des Instituts für Zeitgeschichte, München, Neudruck 1977.

Burr, H. S. und F. Northrop: „The Electro-Dynamic Theory of Life". In: Main Currents in Modern Thought, Vol. 19, Oct./Nov. 1962.

Capek, M.: „The Philosophical Impact of Contemporary Physics". D. van Nostrand, Princeton, New Jersey 1961.

Comenius, Johann Amos: „Unum Necessarium – Das einzig Notwendige". Amsterdam 1668, Übers. a. d. Lateinischen von Johannes Seeger, Hrsg. Ludwig Keller auf Veranlassung der Comenius-Gesellschaft, Erstausgabe 1904, zweiter, überarbeiteter Druck 1998, Rozekruis Pers-Haarlem.

Danin, Danil: „Blick ins Unsichtbare – Atomphysik – Relativitätstheorie – Quantenmechanik". Progress Verlag Johann Fladung GmbH, Darmstadt 1963.

Dante: „Die göttliche Komödie". Kaiser, Klagenfurt 1986. Originaltitel: La Comedia, übers. a. d. Italienischen: Nora Urban.

Diels, Hermann: „Herakleitos von Ephesos", Griechisch und Deutsch von Hermann Diel, Weidmannsche Buchhandlung, Berlin 1901.

Ditfurth, Hoimar v. / Ernst Peter Fischer (Hrsg.): „Mannheimer Forum 89/90, ein Panorama der Naturwissenschaften". Piper, München 1990.

Deker, Uli und Harry Thomas: „Unberechenbares Spiel der Natur: Die Chaos-Theorie". Bild der Wissenschaft 1/1983, S. 63-75.

Dethlefsen, Thorwald und Rüdiger Dahlke: „Krankheit als Weg – Deutung und Be-deutung der Krankheitsbilder". Bertelsmann, München 1983.

Dietzfelbinger, Konrad: „Das Evangelium der Wahrheit". In: „Apokryphe Evangelien aus Nag Hammadi – vollständige Texte", formuliert und kommentiert, 2. Aufl. Andechs 1989, erstmals übersetzt und herausgegeben im Auftrag des C. G. Jung-Institutes 1956.

- „Mysterienschulen – vom alten Ägypten über das Urchristentum bis zu den Rosenkreuzern der Neuzeit". Diederichs, München 1997.

- „Der spirituelle Weg des Christentums. Das Markusevangelium als Modell". Diederichs, München 1998.

Dorn (Hrsg.): „Physik". Schroedel, Hannover 10. Aufl. 1966.

Dorn, Matthias: Leserbrief zu Lerner / Gosselin, Spektrum der Wissenschaft 10/1997, S. 4f.

Dürr, Hans-Peter (Hrsg.): „Physik und Transzendenz. Die großen Physiker unseres Jahrhunderts über ihre Begegnung mit dem Wunderbaren". Scherz, Bern, München, Wien, 6. Aufl. 1992 der Sonderausgabe 1986.

Eddington, Sir Athur S.: "Wissenschaft und Mystizismus". In: „Das Weltbild der Physik und ein Versuch seiner philosophischen Deutung". Vieweg & Sohn, Braunschweig 1931, S. 310-335.

Egelen, Henning: „Die Erfindung des Ich". In GEO Kompak, Nr. 15 (2008), S. 78-89.

Eigen, Manfred: „Leben". In: Meyers Enzyklopädisches Lexikon in 25 Bänden, 1973 Mannheim, S. 713-718.

Einstein, Albert: „Mein Weltbild". Hrsg. Carl Seelig, Ullstein 29. Aufl. 2005.

- Eröffnungsansprache der 7. Großen Deutschen Funkausstellung und Phonoschau, Berlin, Haus der Rundfunkindustrie, 22. August 1930, einstein-website.de (04/2014).

Engelhardt, Viktor: „Die geistige Kultur der Antike". Manfred Pawlak Verlagsgesellschaft mbH, Herrsching, Lizenzausgabe 1981, Erstausgabe: Phil. Reclam jun. Stuttgart 1956.

Fromm, Erich: „Haben oder Sein. Die seelischen Grundlagen einer neuen Gesellschaft". 6. Aufl. 1980 dtv München, Originalausgabe: "To Have or to Be?". Harpers & Row, Publishers, New York u. a. 1976, deutsche Übers. Brigitte Stein, Überarb. Rainer Funk.

Franck, Adolphe: „Die Kabbala", Paris, 1843.

Frank, Eduard: Nachwort zu: Gustav Meyrink: Der Golem.

Geberlein, Helmut: „Alchemie". Diederichs, München 2000.

Georgi, Howard: „Vereinheitlichung der Kräfte zwischen den Elementarteilchen". Spektrum der Wissenschaft, Juni 1981, S. 71-93, Original:
Scientific American, April 1981.

Gerok, Wolfgang: „Die gefährdete Balance zwischen Chaos und Ordnung im menschlichen Körper. Gesundheit und Krankheit als komplexe Lebenserscheinungen". In: Hoimar v. Ditfurth und E. P.
Fischer, Mannheimer Forum 89/90, Piper, München, 1990,
S. 137-182.

Geyer, Bodo, Dr. sc. nat.: Abschnitt „Raum, Zeit und Gravitation" in
"Kleine Enzyklopädie Natur", S. 459-467. Hrsg. Rainer Gärtner u.a.,
1987, Harri Deutsch, Thun, Frankfurt a. M., S. 467.

Glockner, Hermann (Hrsg.): „Georg Wilhelm Friedrich Hegel. Sämtliche
Werke". Jubiläumsausgabe in zwanzig Bänden, Friedrich Frommann
Verlag, Stuttgart – Bad Cannstatt 1971.

Goethe, Johann Wolfgang von: „Faust". In: „Goethes Faust-Dichtungen".
Goldmann, München 1978, Nachdruck Bd. 8 der „Berliner Ausgabe"
des Aufbau-Verlags, Berlin, Weimar.

-    „Wilhelm Meisters Lehrjahre". Hrsg. Erich Schmidt, Insel Verlag
Frankfurt a. M., 2. Aufl. 1980.

-    „Wilhelm Meisters Wanderjahre". Insel Verlag Frankfurt a. M., 1982.

-    „Selige Sehnsucht". Sophienausgabe mit zusätzlicher fünfter Strophe

-    „Johann Wolfgang von Goethe, Werke Kommentare und Register".
Hamburger Ausgabe in 14 Bänden, Band 13: „Naturwissenschaftliche
Schriften 1". C. H. Beck, Nördlingen, 1981.

Gore, Al: „Wege zum Gleichgewicht. Ein Marshallplan für die Erde".
Fischer, Frankfurt a. M., 1994. Original: "Earth in the Balance: Ecology
and the Human Spirit". Houghton Mifflin, Boston (MA) 1992.

Gralla, Gisbert: „Elektrosmog". In: „Biologisch Bauen", Teil 11, Kapitel 6.
Hrsg.: Institut für Baubiologie GmbH, Rosenheim, Mai 94.

Gurwitsch, Alexander: „Über den Begriff des embryonalen Feldes". In:
Archiv für Entwicklungsmechanik der Organismen 51/1922.
S. 383-415.

Haaf, Günter: „Der gezähmte Zufall". Geo Wissen Nov. 1993, S. 99-116.

Hagenbeck, John: „Aug' in Aug' mit 1000 Tieren. Neue Abenteuer aus
dem Leben des verwegenen Forschers und Tierfängers" Band 2.
Nacherzählt von Jean Babtiste Delacour, Kleins, Lengerich (Westf.)
1963.

Haken, Hermann: „Synergetik". In: „Lexikon der Biologie in 15 Bänden". Spektrum Akademischer Verlag, Heidelberg.

- Beitrag zu: „Enzyklopädie der Ignoranz". In: GEO Wissen, Nov. 1993, S. 175.

Haken, Hermann / Günter Schiepek: „Synergetik in der Psychologie. Selbstorganisation verstehen und gestalten". Hogrefe, Göttingen 2006.

Harf, Rainer: „Zellen die uns menschlich machen". In: GEO Kompak, Nr. 15 (2008), S. 100-101.

Hecker, M: „Der Briefwechsel zwischen Goethe und Zelter". Frankfurt 1987, Bd I.

Hegel: „Aesthetik 2. Teil". In: Glockner, Hermann (Hrsg.): „Georg Wilhelm Friedrich Hegel. Sämtliche Werke", Bd. 12.

Heisenberg, Werner: „Erste Gespräche über das Verhältnis von Naturwissenschaft und Religion". In: Werner Heisenberg: „Der Teil und das Ganze", S. 116-130.

- „Positivismus, Metaphysik und Religion". In: Werner Heisenberg: „Der Teil und das Ganze", S. 279-295.

- „Der Teil und das Ganze. Gespräche im Umkreis der Atomphysik". R. Piper, München 7. Aufl. 2008, Erstauflage 1969.

- „Erinnerungen an Niels Bohr aus den Jahren 1922-1927". Erstveröffentlichung in: „Nils Bohr, hans liv og virke fortalt en kreds at venner og medarbejdere". T. J. Schultz Forlag, Köbenhavn. In: Werner Heisenberg: „Schritte über Grenzen", S. 52-70.

- „Das Naturbild der heutigen Physik". Vortrag im Rahmen der Bayerischen Akademie der schönen Künste am 17.11.1953. In: Werner Heisenberg: „Schritte über Grenzen", S. 95-113. Erstveröffentlichung in Werner Heisenberg: „Das Naturbild der heutigen Physik". Rowohlts deutsche Enzyklopädie, Band 8, Hamburg.

- „Das Naturgesetz und die Struktur der Materie". Vortrag, gehalten am 3.6.1964. Erstveröffentlichung in der Sammlung BELSER-PRESSE, „Meilensteine des Denkens und Forschens", Stuttgart 1967. In: Werner Heisenberg: „Schritte über Grenzen". S. 187-206.

- „Die Bedeutung des Schönen in der exakten Naturwissenschaft". Vortrag, gehalten vor der Bayrischen Akademie der Schönen Künste, München 1970, zuerst veröffentlicht in einer bibliophilen Ausgabe in der Sammlung BELSER-PRESSE, „Meilensteine des Denkens und Forschens", Stuttgart 1971. In: Werner Heisenberg: „Schritte über Grenzen", S. 252-269.

- „Wolfgang Paulis philosophische Auffassungen". In: Die Naturwissenschaften 1959, Heft 24, S. 661-663.

- „Schritte über Grenzen. Gesammelte Reden und Aufsätze". R. Piper, München, 5. Aufl. 1984, Erstausgabe 1971.

Hermes Trismegistos: „Corpus Hermeticum". In: Rijckenborgh, Jan van: „Die Ägyptische Urgnosis und ihr Ruf im ewigen Jetzt".
1. Buch: „Pymander", Bd.1, S. 35-48.
3. Buch: „Es ist das größte Übel der Menschen, daß sie Gott nicht kennen", Bd. 2, S. 21-22.
7. Buch: „Hermes spricht zu Tat über das Mischgefäß und die Einheit", Bd. 2, S. 143-148.

- „Kybalion". In: Anonym: Drei Eingeweihte: „Das Kybalion".

Hoefer, Ferdinand: „Histoire de la Chimie". Band 1, Paris 1866.

Hüther, Gerald: „Bedienungsanleitung für ein menschliches Gehirn". Vandenhoek & Ruprecht, Göttingen 2006.

Hüther, Gerald im Gespräch mit Angela Gatterburg und Bettina Musal: „Das Gehirn ist eine Baustelle". Spiegel-Gespräch, Der Spiegel Wissen Nr. 1, 2009, S. 52-57.

Ions, Veronica: „Ägyptische Mythologie". Übers. Julia Schlechta, Neuer Kaiser Verlag – Buch und Welt 1988, engl. Erstausg. 1965: „Egyptian Mythology", kompl. überarb. 1968, neu überarb. 1982.

Jordan, Pascual: „Die Weltanschauliche Bedeutung der modernen Physik". Klinger-Verlag, München 1971, Heft 3 der „Schriftenreihe der Liga Europa". In: Dürr: „Physik und Transzendenz", S. 207-227.

Jung, Carl Gustav: „Über die Psychologie des Unbewussten". Ges. Werke VII, Walter-Verlag Olten 1964.

- „Die Beziehung zwischen dem Ich und dem Unbewussten". Ges. Werke VII, Walter-Verlag Olten 1964.

- „Theoretische Überlegungen zum Wesen des Psychischen". Ges. Werke VIII, Walter-Verlag Olten 1971.

- „Über Grundlagen der analytischen Psychologie. Die Tavistock Lectures 1935". Ges. Werke XVIII-I.

- „Über die Archetypen des kollektiven Unbewussten". Ges. Werke IX, erster Halbband, Walter-Verlag Olten 1980.

- „Aion, Beiträge zur Symbolik des Selbst". Ges. Werke IX, zweiter Halbband, Walter-Verlag Olten 2001.

- „Westliche Religionen, Psychologie und Religion". Ges. Werke XI, Walter-Verlag Olten 1973.

- „Psychologie und Alchemie". Ges. Werke XII, Walter-Verlag Olten 1972.

- Kommentar zu: „Das Geheimnis der goldenen Blüte". Ges. Werke XIII, Walter-Verlag Olten 1978.

Jung, Carl Gustav und Richard Wilhelm: „Geheimnis der goldenen Blüte – Das Buch von Bewusstsein und Leben", Einführung von C. G. Jung, Diederichs 2005.

Kafka, Franz: „Aphorismen".
http://www.digbib.org/Franz_Kafka_1883/Aphorismen.
(1.11.2014).

Kast, Bas: „Ich fühle also bin ich". In: GEO Kompakt, Nr. 15, (2008), S. 36-41.

Kerner, Chalotte: „Hab Chaos im Herzen ...". In: GEO Wissen, Nov. 1993, S. 139-142.

Kirchhoff, Jochen: „Giordano Bruno". Rowohlt, Reinbeck bei Hamburg 1980.

Klein, Stefan: „Die Entmachtung der Uhren". Der Spiegel Nr. 1/1997, S. 92ff.

Kluckhohn, Paul und Richard Samuel (Hrsg.): Novalis: Schriften. „Die Werke Friedrich von Hardenbergs", Band 1: 3., Band 2-4: 2. nach den Handschriften ergänzte, erw. und verb. Auflage, Stuttgart Kohlhammer, 1960-1977.

Kübler-Ross, Elisabeth: „Über den Tod und das Leben danach". 10. Auflage. Silberschnur Verlag, Güllesheim 2002.

Küng, Hans: „Große christliche Denker". München 1994.

Lao-tse: „Tao-Tê-King. Das Heilige Buch vom Weg und von der Tugend". Übers. Günther Debon, Reclam Stuttgart, verb. Ausg. 1979.

Leibold, Gerhard: „Trotz Wetterfühligkeit gesund und fit – Vorbeugung und Behandlung durch Naturheilmittel". Englisch, Wiesbaden 1987.

Leibniz, Gottfried Wilhelm: „Monadolgie". Meiner, Hamburg 2. Aufl. 1982.

Leonard, George: „Der Rhythmus des Kosmos". Scherz 1980, Original: „The Silent Pulse". 1978 by George Leonhard.

Lerner, Lawrenc S. und Edward A Gosselin: „Galileo Galilei und der Schatten des Giordano Bruno". Spektrum der Wissenschaft, 1/1987, S.102-113.

Lorenz, Konrad: „Die Naturwissenschaft vom menschlichen Geiste". Festvortrag anlässlich der Verleihung der Goldenen Medaille der Humboldt-Gesellschaft für Wissenschaft, Kunst und Bildung e. V. am 18. März 1972 in Mannheim. Physikalische Blätter Juni 1973, S. 243-251, Nachdruck. Erstveröffentlichung in: Mitteilungen der Humboldt-Gesellschaft, Folge 5, Januar 1973, Mannheim, S. 117-127.

Luczak, Hania: „Die Macht die uns lenkt". In: GEO Kompakt Nr. 15 (2008), S. 102-115.

Maclean's Magazine, Sept. 1968: „Science and Psi". In: Ostrander, Sheile und Lynn Schroeder: „PSI", S. 346.

Marx, Karl: „Zur Kritik der Hegelschen Rechtsphilosophie". Einleitung in: „Marx-Engels-Werke". Berlin: Dietz Verlag 1957, Band 1.

Marzluf, Arnulf: „Wie das Gehirn das Denken produziert". WESER KURIER 15.08.2007.

Maxwell, James Clerk: Essay von 11.02.1873, zitiert nach: Deker, Uli und Harry Thomas: a.a.O., S. 65.

Mc Vittie, Brona: „Wie gestaltet die Epigenetik das Leben?". Übers. Tanja Wohlgemut / Susanne Weber Juni 2006.
http://epigenome.eu/de/1,3,0. (1.11.2014).

Mechsner, Franz: „Im Anfang war der Hyperzyklus". In: GEO Wissen Nov. 1993, S. 72-86.

Meyrink, Gustav: „Der Golem". Ullstein, 1990.

- „Das grüne Gesicht". Knaur, München 1983, Erstausgabe 1916.

Mirandola, Pico della: „Über die Würde des Menschen". Übers. a. d. Neulateinischen: Herbert Werner Rüssel, 4. Aufl. Zürich 1996.

Monod, Jaques: „Le Hasard et la Nécessité". Éditions du Seuil, Paris 1970.

Mückenheim, W: „Das EPR-Paradoxon und die Unbestimmtheit der Realität". Physikalische Blätter 1983, Nr. 10, Physikverlag Weinheim, S. 331-336.

Nestle, Wilhelm: „Die Vorsokratiker in Auswahl". Übers. u. hrsg. Jena 1908.

Nietzsche, Friedrich: „Also sprach Zarathustra. Ein Buch für Alle und Keinen". Anaconda, Köln 2005.

Novalis: „Blüthenstaub", in: „Novalis: Schriften. Die Werke Friedrich von Hardenbergs". Band 2, Paul Kluckhohn und Richard Samuel Stuttgart (Hrsg.), 1960-1977, S. 413-464. Entstanden 1797/98. Erstdruck: Athenäum (Berlin), 1. Bd., 1. Stück, 1798.

Nature 401, 1999, S. 680-682: „Wave-particle duality of C60 molecules". M. Arndt., O. Nairz, J. Vos-Andrae, C. Keller, G. van der Zouw, A. Zeilinger.

Nature 413, 2001, S. 400-403: „Experimental long-lived entanglement of two macroscopic objekts". B. Julsgaard, A. Kozhekin, E. S. Polzik.

Okochi, Ryogi: „Der Mensch als Bodhisattva – Zur interkulturellen Verständigung". In: „Denken und Umdenken – Zu Werk und Wirkung von Werner Heisenberg". S. 217-245 – Hrsg.: Heinrich Pfeiffer, R. Piper & Co. Verlag, München, Zürich 1977.

Origenes: „Geist und Feuer". Übers. Hans Urs von Balthasar, 2. Aufl. Salzburg o. J., 1938, S. 189, in: Hans Küng: „Große christliche Denker". München 1994.

Ostrander, Sheile und Lynn Schroeder: „PSI: Die wissenschaftliche Erforschung und praktische Nutzung übersinnlicher Kräfte des Geistes und der Seele im Ostblock". Scherz, Bern, München, Wien 10. Aufl. 1974, Original: „Psychic Discoveries Behind the Iron Curtain", 1970.

Papus: „Die Kabbala". Autorisierte Übersetzung von Julius Nestler, Fourier Verlag, Wiesbaden, 15. Aufl. 1998, übertragen und teilweise Bearbeitung nach Papus: „La Cabbale". Paris 1903, 2. Edition.

Paracelsus: Sämtliche Werke, Abt. 1: „Medizinische, naturwissenschaftliche und philosophische Schriften". Hrsg. Karl Sudhoff, Bd. XII, 8, München, Berlin 1922–33. In: Paracelsus: „Vom Licht der Natur und des Geistes. Eine Auswahl aus dem Gesamtwerk", Hrsg. Kurt Goldammer, Reclam, Stuttgart 1993.

Patočka, Jan: „Vom Ursprung und Sinn des Unsterblichkeitsgedankens bei Plato". In: Pfeiffer, Heinrich (Hrsg.): „Denken und Umdenken – Zu Werk und Wirkung von Werner Heisenberg."

Pauli, Wolfgang: „Der Einfluss archetypischer Vorstellungen auf die Bildung naturwissenschaftlicher Theorien bei Keppler". In: C. G. Jung u. W. Pauli: „Naturerklärung und Psyche". Studien aus dem C. G. Jung -Institut, Bd. IV, Rascher-Verlag, Zürich 1952

- Brief an C. F. v. Weizsäcker vom 5.5.1953, in: „Wolfgang Pauli, Wissenschaftlicher Briefwechsel mit Bohr, Einstein, Heisenberg u. a.". Band 4, 1953-1954, Hrsg. Karl von Meyenn, Springer, Berlin, Heidelberg, 1999, S. 138-142.

Petkova Valeria I., Ehrsson H. Henrik: „If I Were You: Perceptual Illusion of Body Swapping". PLoS ONE 3(12) 2008: e3832. doi:10.1371/journal.pone.0003832, Hrsg. Justin Harris, University of Sydney, Australia.

Petri, Catharose de: „Transfiguration". 2. Aufl. 1980, Rozekruis Pers, Haarlem, Übers. aus dem Niederländischen, ursprünglicher Titel: „Transfiguratie".

Petri, W.: „Evolution und Bewußtsein". Naturwissenschaftliche Rundschau Heft 10/1983 über einen Aufsatz von Pavel Simonov: „Das psychische Unbewußte: Unterbewußtsein und Überbewußtsein".

Pfeiffer, Heinrich (Hrsg.): „Denken und Umdenken – Zu Werk und Wirkung von Werner Heisenberg". Piper & Co. Verlag, München, Zürich 1977.

Philberth, Bernhard: „Der Dreieine". Christina Verlag, Stein am Rhein, 3. Aufl. 1974.

Platon: „Platon: Sämtliche Dialoge". Hrsg. Otto Apelt, Meiner, Hamburg, unveränderter Nachdruck 1998.

Plotin: „Die Enneaden des Plotin". Übers. Hermann Friedrich Müller, Berlin 1878. Erstdruck in lateinischer Übers. durch Marsilio Ficino: Florenz 1492.

Pressmann, Alexander S.: „Elektromagnetische Felder – Informationsträger in der lebenden Natur". Österreichisches Ärzteblatt 1969, 24. Jahrg., Nr. 20, 2241-2252.

- „Electromagnetic Fields and Life". New York, London 1970.

Quispel, Gilles: „Paulus und Hermes Trismegistos". In: „Die hermetische Gnosis". Hrsg.: Gilles Quispel, Haarlem 2000.

- (Hrsg).: „Die hermetische Gnosis". Haarlem 2000. Übers. a. d. Niederländischen: K. Warnke und K. Dietzfelbinger. Ursprüngl. Titel: „De Hermetische Gnosis in de loop der eeuwen". Trion, Baarn 1996.

Rensch, B.: „Biophilosophie auf erkenntnistheoretischer Grundlage: Panpsychistischer Identismus". G. Fischer, Stuttgart 1968, 6. Aufl.

Reiter, Udo (Hrsg.): „Meditation – Wege zum Selbst." München, Mosaik Verlag, 1976.

Rijckenborgh, Jan van: „Der Ruf der Bruderschaft des Rosenkreuzes: esoterische Analyse der Fama Fraternitatis R.C.". Rozekruis Pers, Haarlem, 3. Aufl. 1985, Übers. a. d. Niederländischen, ursprüngl. Titel: „De roep der Broederschap van het Rozenkruis". Erstausgabe 1939 durch John Twine.

- „Der kommende neue Mensch". 3. überarb. Aufl. 1985, Rozekruis Pers, Haarlem, Übers. aus dem Niederländischen, Erstausgabe 1953: „De komende nieuwe mens".

- „Die Gnosis in aktueller Offenbarung". 2. überarb. Aufl. 1982, Rozekruis Pers, Haarlem, Übers. aus dem Niederländischen, Erstausgabe 1955: „De Gnosis in actuele openbaring".

- „Die Ägyptische Urgnosis und ihr Ruf im ewigen Jetzt". Teil 1, 2. überarb. Aufl. 1982, Rozekruis Pers, Haarlem, Übers. aus dem Niederländischen, ursprüngl. Titel: „De Egyptische Oergnosis en haar roep in het eeuwige nu".

- „Die Ägyptische Urgnosis und ihr Ruf im ewigen Jetzt". Teil 2, 2. überarb. Aufl. 1983, Rozekruis Pers, Haarlem, Übers. aus dem Niederländischen, ursprüngl. Titel: „De Egyptische Oergnosis en haar roep in het eeuwige nu".

- „Die Ägyptische Urgnosis und ihr Ruf im ewigen Jetzt". Teil 3, 2. überarb. Aufl. 1985, Rozekruis Pers, Haarlem, Übers. aus dem Niederländischen, ursprüngl. Titel: „De Egyptische Oergnosis en haar roep in het eeuwige nu".
- „Das Mysterium Leben und Tod". 6. überarb. Aufl. 1992, Rozekruis Pers, Haarlem, Übers. aus dem Niederländischen, ursprüngl. Titel: „Het mysterie van leeven en dood".

Rijckenborgh, Jan van / C. de Petri: „Die chinesische Gnosis. Kommentare zum Tao Teh King von Lao Tse". Rozekruis Pers, Haarlem 1988, Übers. aus dem Niederländischen, Ursprünglicher Titel: „De Chinese Gnosis".

Rizzolatti, Giacomo / Corrado Sinigaglia: „Empathie und Spiegelneurone: Die biologische Basis des Mitgefühls". Übers.: Friedrich Griese, Band 11 von edition unseld, Suhrkamp, Frankfurt a. M. 2008. Titel der Originalausgabe: „So quel che fai. Il cervello che agisce e i neuroni specchio". Mailand, Raffaello, Cortino Editore 2006.

Roberts, Richard R.: Vortrag „Why I love microbes", gehalten während der 57. Tagung der Nobelpreisträger in Lindau 2007, zitiert nach Scheppach, S. 68.

Roth, Gerhard: „Fühlen, Denken Handeln. Wie das Gehirn unser Verhalten steuert". Suhrkamp Frankfurt a. M. 2001.
- im Spiegel-Streitgespräch mit dem Moraltheologen Eberhard Schockenhoff: „Das Hirn trickst das Ich aus". Der Spiegel Nr. 52/2004, S. 116-120.

Sachsse, H.: „Die Erkenntnis des Lebendigen". Friedrich Vieweg & Sohn, Braunschweig 1968.

Salisbury, Harrison E. (Hrsg.): „The Soviet Union: The Fifty Years". New York 1967.

Scarani, Valerio: „Physik in Quanten – Eine kurze Begegnung mit Wellen, Teilchen und den realen physikalischen Zuständen". Originalausgabe: „Initation à la physique quantique". Vuibert, Paris 2003, aus dem Englischen übers. von Anna Schleitzer, Elsevier, München 2007.

Schatz, Gottfried: „Unheimliche Gäste. Können Parasiten unsere Persönlichkeit verändern?" Neue Zürcher Zeitung, 23. Januar 2008, NZZ Online: http://www.nzz.ch/nachrichten/kultur/aktuell/unheimliche_gaeste_1.656052.html. (1.11.2014).

Scheppach, Joseph: „Die Herrschaft der Bakterien". In: P.M. 10/2008, S. 64-71.

Schiller, Friedrich: „Über die ästhetische Erziehung des Menschen in einer Reihe von Briefen". Hrsg. Klaus L. Berghahn, Reclam, Stuttgart, 2000.

- „Über naive und sentimentalische Dichtung". Hrsg. Klaus L. Berghahn, Reclam, Stuttgart, 2002.

Schmid, Wilhelm.: „Auf der Suche nach einer neuen Lebenskunst. Die Frage nach dem Grund und die Neubegründung der Ethik bei Foucault". Frankfurt a. M., Suhrkamp 1991.

Schmutzer, E.: „Symmetrien in den physikalischen Naturgesetzen II". Physikalische Blätter 1973, S. 264, Nachdruck aus: Scientia, Mailand, Jan./Febr. 1971.

Schnabel, Ulrich: „Amerikanische Physiker schufen erstmals Materie aus reinem Licht". DIE ZEIT, 42 / 1997,
http://www.zeit.de/1997/42/materie.txt.19971010.xml. (20.07.2010).

Schrödinger, Erwin: „Das arithmetische Paradoxon – Die Einheit des Bewusstseins". In: „Geist und Materie".

- „Meine Weltsicht". Paul Zsolnay Verlag GmbH, Wien, Hamburg 1961.

- „Geist und Materie". Braunschweig 1959, Rechte bei Paul Zsolnay Verlag GmbH, Wien, Hamburg.

Schweitzer, Albert: „Verfall und Wiederaufbau der Kultur". In: Gesammelte Werke in 5 Bänden, Bd. 2, C. H. Beck München.

Seelig, Carl (Hrsg.): „Albert Einstein - Mein Weltbild". Ullstein 29. Aufl. 2005.

Sheldrake, Rupert: „Der 7. Sinn der Tiere". Scherz, Berlin, München, Wien, 3. Aufl. 1999.

- „Das Gedächtnis der Natur. Das Geheimnis der Entstehung der Formen in der Natur". Scherz, Berlin, München, Wien, 1990.

Sigel, Felix: „Schuld ist die Sonne." MIR-Verlag Moskau / VEB Fachbuchverlag Leipzig 1. Aufl. 1972.

Silesius, Angelus: „Cherubinischer Wandersmann, oder Geistreiche Sinn- und Schlußreime zur Göttlichen Beschaulichkeit anleitend". Sulzbach 1829.

Slavenburg, Jacob: „Ein Schlüssel zur Gnosis, Einblick in die Bedeutung des Textfundes von Nag Hammadi für die Menschen von heute". Rozekruis Pers, Haarlem 2003, 2. Aufl. Übers.: Elvira Schallock, Schlussredaktion: Christoph Steen, Ursprünglicher Titel: „Een sleutel tot gnosis, inzicht in de betekenis van Nag-Hammadi-vondst voor de mens van nu". Uitgeverij Ankh-Hermes bv, Deventer, 2000, Erstausgabe 1997.

Simonov, Pavel V.: „Das psychische Unbewusste: Unterbewusstsein und Überbewusstsein", Priroda, H. 3, 24 (1983).

Spinoza, Benedictus de: „Die Ethik". Übers.: Jakob Stern, revidiert von Irmgard Rauthe-Welsch, Reclam, Stuttgart 1980.

Steiner, Rudolf: „Das Christentum als mystische Tatsache und die Mysterien des Altertums". Rudolf Steiner Verlag, Dornach, Schweiz, 9. Aufl.

- „Der Kreislauf des Menschen durch die Sinnen-, Seelen- und Geisteswelt". Öffentlicher Vortrag, Wien 19.3.1910. In: Rudolf Steiner: „Makrokosmos und Mikrokosmos".

- „Makrokosmos und Mikrokosmos". Rudolf Steiner Gesamtausgabe, Hrsg. Ulla Trapp, Dornach, 3. Aufl. 1988.

Stierstadt, Klaus: „Phasenübergänge in Physik und Biologie". Physikalische Blätter 1978, S. 304 - 317 und 358 - 369.

Tagore, Rabindranath: „Die Seele unserer Seele". Die goldene Mitte, Heft 21, Heilbronn Verlag, Heilbronn 1991.

Thiel, Bernward: „Von der Drei zur Vier: Individuationsprozeß und Naturerkenntnis bei Wolfgang Pauli". In: Arzt / Holz (Hrsg.).

Traub, Rainer: „Rätselhafte Herdentiere". In: Der Spiegel Wissen Nr. 1, 2009, S. 38 - 45 .

Tschernogorowa, Wera Alexandrowna: „Geheimnisse der Mikrowelt". Verlag Harri Deutsch, Zürich, Frankfurt a. M., Thun 1976.

Tryon, P. Edward: „Is the Universe a Vacuum Fluctuation?". Nature 246, 14.12.1973, S. 396 - 397.

Upanishaden: Die Geheimlehre der Inder, übertragen von Alfred Hillebrandt, Diederichs, München, 12. Aufl. 1996.

Vaas, Rüdiger: „Der umgestülpte Urknall". In: Bild der Wissenschaft 4/2004, S. 50 - 55.

Valentinus: „Evangelium der Pistis Sophia". hermanes T. Verlag C. M. Siegert, Bad Teinach-Zavelstein 1987.

Von Bryce S. De Witt: „Quantentheorie der Gravitation". Spektrum der Wissenschaft, Febr. 1984, S. 30 - 45.

Vollmer, Gerhard: „Evolutionäre Erkenntnistheorie". Hirtzel, Stuttgart 1975.

Wehner, Rüdiger: im Gespräch mit Arnulf Marzluf über Selbstorganisation und kollektive Intelligenz in: „Die Effizienz der Egoismen". WESER KURIER 9.2.2000.

Weil, Simone: „Schwerkraft und Gnade". Übers. Friedhelm Kemp, Kösel, München, 3. Aufl. 1981, Titel der frz. Originalausgabe: „La Presanteur et la Grâce". Librairie Pon, Paris 1947.

- „La connaissance surnaturelle". S. 204-206, zitiert nach: D. Beyer, S. 140f.
- „Cahiers III", 1976, S. 179, zitiert nach: D. Beyer, S. 128.

Weinreb, Friedrich: „Buchstaben des Lebens – Nach jüdischer Überlieferung". Herder, Freiburg im Breisgau 1979, Hrsg. Gertrude und Thomas Sartory.

Weizsäcker, Carl Friedrich von: „Die Einheit der Natur". Hanser, München, 2. Aufl. 1971.
- „Einige Begriffe aus Goethes Naturwissenschaft". In: „Goethe. Johann Wolfgang von Goethe, Werke Kommentare und Register". Hamburger Ausgabe in 14 Bänden, Bd. 13: „Naturwissenschaftliche Schriften 1".
- „Der Garten des Menschlichen – Beiträge zur geschichtlichen Anthropologie." Hanser, München, Wien, 6. Aufl. 1978.

Wehowsky, Stephan: „Die unvernünftige Gesellschaft". GEO Wissen, Nov. 1993, S. 152-161 (über die Gesellschaftstheorie von Niklas Luhmann).

Wehr, Gehrhard: „Gnosis, Gral und Rosenkreuz, Esoterisches Christentum von der Antike bis heute". Anaconda, Köln, 2007, Erstausgabe Stuttgart 1975 unter dem Titel: „Esoterisches Christentum, Aspekte – Impulse – Konsequenzen".

Weyl, Hermann: „Die Einsteinsche Relativitätstheorie". In: „Gravitation", mit einer Einführung von Jürgen Ehlers und Gerhard Börner, Spektrum Akademischer Verlag, 2. Aufl. 1996, S. 24-31.

Wickler, Wolfgang: „100 Jahre Charles Darwin". In: Bild der Wissenschaft 5/1982.

Wilhelm, Richard: „Tai I Gin Hua Dsung Dschi – Schulprinzipien der Goldenen Blüte". In: C. G. Jung und Richard Wilhelm: „Geheimnis der goldenen Blüte"

Wolkenstein, M. V.: „Physik und Biologie". Referat über die Arbeit von M. V. Wolkenstein, Sov. Phys. Uspekhi 16, 207 (1973) Ri/63. In: Physikalische Blätter 1975, S. 125/126.

Wolf, Gerald: u. a. Abschnitt „Evolution" in :"Kleine Enzyklopädie Natur", S. 256-260. Hrsg. Rainer Gärtner u. a., 1987, Harri Deutsch, Thun, Frankfurt a. M.

Wolf, Tinka: „Diese Untermieter leben in unseren Körpern". In: DIE WELT ONLINE WISSEN vom 06.03.2008,
http://www.welt.de/wissenschaft/medizin/article1764976/Diese_Untermieter_leben_in_unseren_Koerpern.html. (1.11.2014).

Zimmer, Dieter E.: „Im Dickicht der Gefühle – Wissenschaftsreport"
Teil 3: „Die Angst im Nacken", ZEITmagazin, Nr.14, 27.März 1981,
S. 34-36, 38, 40, 42.

Index